單晶片 8051 實務

(附範例光碟)

劉昭恕　編著

全華圖書股份有限公司

國家圖書館出版品預行編目資料

單晶片 8051 之實務學習 / 劉昭恕編著 .一初版.
-- 新北市：全華圖書,2016.10
面 ； 公分
參考書目：面
ISBN 978-986-463-375-3(平裝)
1. 微電腦
471.516 105018327

單晶片 8051 實務

(附範例光碟)

作者 / 劉昭恕
發行人 / 陳本源
執行編輯 / 林珮如
封面設計 / 楊昭琅
出版者 / 全華圖書股份有限公司
郵政帳號 / 0100836-1 號
印刷者 / 宏懋打字印刷股份有限公司
圖書編號 / 06319007
初版一刷 / 2016 年 10 月
定價 / 新台幣 420 元
ISBN / 978-986-463-375-3
全華圖書 / www.chwa.com.tw
全華網路書店 Open Tech / www.opentech.com.tw
若您對書籍內容、排版印刷有任何問題，歡迎來信指導 book@chwa.com.tw

臺北總公司(北區營業處)
地址：23671 新北市土城區忠義路 21 號
電話：(02) 2262-5666
傳真：(02) 6637-3695、6637-3696

中區營業處
地址：40256 臺中市南區樹義一巷 26 號
電話：(04) 2261-8485
傳真：(04) 3600-9806

南區營業處
地址：80769 高雄市三民區應安街 12 號
電話：(07) 381-1377
傳真：(07) 862-5562

前言

市面上，微電腦單晶片 8051 相關的書籍已琳瑯滿目，相關課程的開設也不勝枚舉，在學校中，「微處理機原理與應用」已成爲相關科系的必修課程，在產業界中，微處理機相關的修業與是否能順利使用它，更是公司決定錄用與否所採納的條件之一。然而，由於學習者對於微電腦單晶片 8051 的內部架構或動作流程的不瞭解，及對其應用角色的誤解，在面對各式各樣的需求而使用微電腦單晶片 8051 來進行程式(韌體)設計時，往往誤將其當作純軟體來設計，由於缺乏系統性的操控觀念及反應速度的調配理解，使得單晶片 8051 的使用者，一直無法可以有效率地設計出操控平順的控制核心。

「單晶片 8051 實務」的編寫方式，不同於其它的相關書籍，主要爲了讓學習者，除了可以很快地學會單晶片 8051 相關的基本知識及技能外，也希望藉由此書的引導，懂得如何從整個控制系統或產品設計需求，以及規格制定的角度上，解析系統動作的時序及進行操控流程的展開與組成，同時體會出微電腦單晶片 8051 在控制系統中所扮演的關鍵角色，並學會如何透過系統動作流程及反應速度的分析及適當規劃後，再來進行韌體編程的設計。

本書中也介紹微電腦單晶片 8051 相關之韌體編輯工具的使用、功能測試用的模擬軟體及動作驗證用的實作平台，讓學習者可以很快且順利地學會如何使用單晶片 8051，且依一定的程序來進行程控設計及驗證。除此之外，本書也編排各種實務應用的設計情況，以逐步引導的練習方式，由淺入深，且搭配範例程式的具體說明，讓學習者可以很快的入門。若學習者可以務實地經過多番的實務設計及反覆的練習，很自然地，一定可以學會系統規劃及程式設計的訣竅。

從產品的開發與應用來看，若經深入地瞭解操控元件的性能及其成本，將可以很容易地發現微電腦單晶片 8051 爲何在產業界中被廣泛使用的原因？事實上，微電腦單晶片 8051 在系統中所扮演的角色，就是一種微控制器，也就是控制系統的核心。除此之外，爲了可以利用微電腦單晶片 8051 來進行各種介面的訊號處理及其應用需要，以及導入控制相關的使用，本書中也以各種專題練習的方式，來完整地闡述及呈現上述相關應用設計的過程及結果，以期讓學習者可以從各種實務專題範例的練習與學習中，培養出產品開發的實務能力。

「滿足規格要求的系統操控，才是設計。」及「符合功能及規格的硬體動作，才是程式設計的最終目的。」此兩句話，就足以道出本書編寫的目的及其內涵。希望藉由「單晶片 8051 實務」的編寫，對於有心致力於控制核心的開發者，可以得到啓發性的幫助及實質的效益，在此，筆者願與大家相互共勉之！

編輯部序

「系統編輯」是我們的編輯方針，我們所提供給您的，絕不只是一本書，而是關於這門學問的所有知識，它們由淺入深，循序漸進。

「微處理機」相關課程已是大專院校理工科系的必修課程，所以有必要對單晶片 8051 做更有系統的認識與瞭解。本書中以 C 語言及組合語言做編寫，學習完整且有效率。並介紹微電腦單晶片 8051 相關之韌體編輯工具的使用、功能測試用的模擬軟體及動作驗證用的實作平台，讓讀者可以學會如何使用單晶片 8051。提供許多範例，由淺入深，引領讀者快速地瞭解單晶片的編程設計。本書適合大學、科大電子、電機、資工系「單晶片實習」、「單晶片應用與實習」等課程使用。

同時，爲了使您能有系統且循序漸進研習相關方面的叢書，我們以流程圖方式，列出各有關圖書的閱讀順序，以減少您研習此門學問的摸索時間，並能對這門學問有完整的知識。若您在這方面有任何問題，歡迎來函連繫，我們將竭誠爲您服務。

相關叢書介紹

書號：06107027
書名：C 語言程式設計(第三版)(附範例光碟)
編著：劉紹漢
16K/698 頁/620 元

書號：06239017
書名：微電腦原理與應用－Arduino(第二版)(附範例光碟)
編著：黃新賢.劉建源.林宜賢.黃志峰
16K/336 頁/360 元

書號：10414
書名：嵌入式系統－以瑞薩 RX600 微控制器為例
編著：洪崇文.張齊文.黎柏均 James M. Conrad Alex ander G. Dean
16K/536 頁/500 元

書號：0526303
書名：數位邏輯設計(第三版)
編著：黃慶璋
20K/384 頁/360 元

書號：06131020
書名：PIC Easy Go－簡單使用 PIC(第三版)(附範例光碟 16F883、PCB)
編著：黃嘉輝
16K/320 頁/500 元

書號：0528874
書名：數位邏輯設計(第五版)(精裝本)
編著：林銘波
18K/664 頁/650 元

書號：10382007
書名：單晶片 8051 與 C 語言實習(附試用版與範例光碟)
編著：董勝源
20K/552 頁/420 元

◎上列書價若有變動，請以最新定價為準。

流程圖

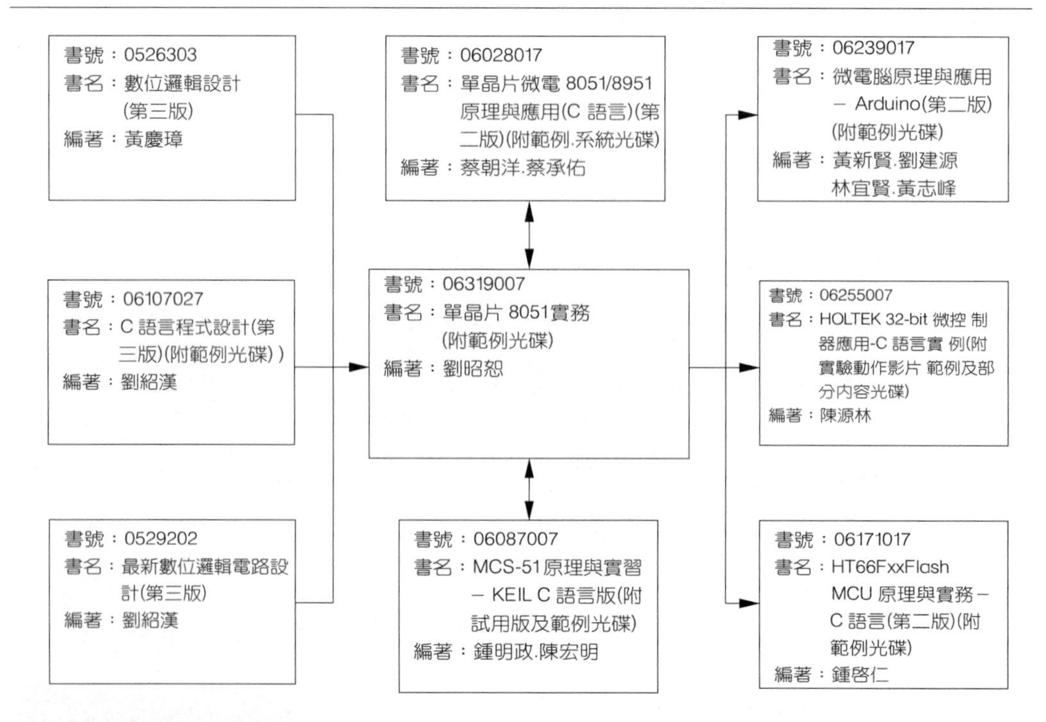

目錄

附錄

Chapter 1

單晶片 8051 的角色

由於半導體技術的長足發展與進步，各式各樣的電控系統或產品開發，也隨之蓬勃發展。尤其是，可攜式產品(如 3C 產品及智慧手機等)及多媒體應用(如虛擬實境(VR)及線上遊戲等)相關產品的充斥及廣泛使用，再加上「工業 4.0」的全球風潮，以及國內對於「生產力 4.0」的技術深耕與推展，不管是「智慧製造」或是「智慧商業」，抑或是「智慧農業」，智慧控制核心的概念及微電腦系統的使用，儼然成爲這個時代必備的技術基礎與職能需要，因此，微電腦「單晶片 8051」的瞭解及順利使用，更是邁入此技術時代洪流的入門基石之一，以下各節，將以系統性的解說方式，逐步地讓學習者，可以瞭解單晶片 8051 的角色且順利使用它的相關開發工具。

1.1 系統與控制

智慧自動化系統(見圖 1.1)一直是控制系統設計的終極目標。控制系統的組成主要包括進行動作的模組或元件，以及搭配其上的電控系統，其準確的時序動作及穩定的控制性能，則是動作流程與控制法則的有效處理展現。而動作流程與控制法則的具體施行，則是由控制單元或控制器來執行。雖然，只要是可具體施行上述功能的硬體都可稱之爲控制器，但是，爲了可以滿足彈性程控相關功能的需要，也就是可以在特定架構的硬體上，來進行各種脈波訊號(或是數位訊號)的時序編程或數值運算，因此，大部份的控制器核心大多是由微電腦系統所組成。

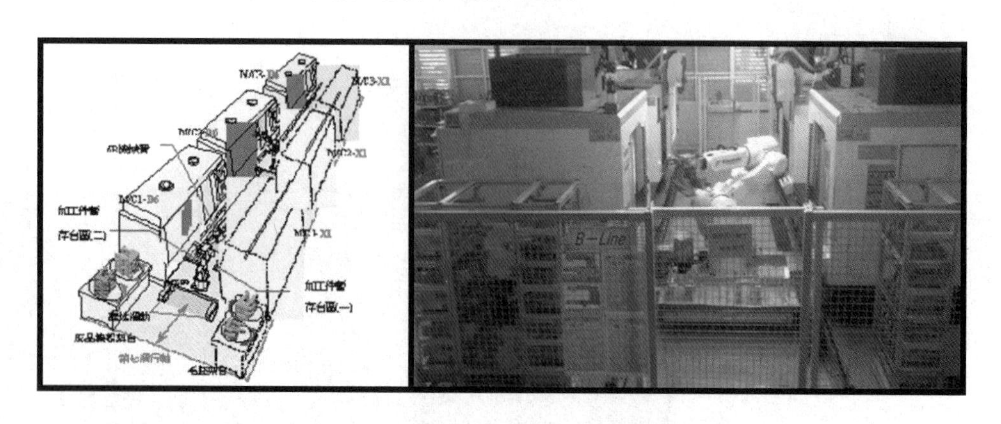

圖 1.1 智慧自動化系統(台弟工業之軌道移動式機器人自動加工產線)

1.1.1 控制系統結構與訊號傳輸

一般而言，控制系統的組成架構，包括致動的對象(如馬達或液、氣壓 Pump 等)、驅動(或功率放大)電路、感測電路及控制器(訊號一般爲小訊號且被轉換成數位訊號)等。例如，一個 X-Y 平台的控制系統(可見圖 1.2)，整個控制系統的連結及操控，可被視爲是在各個瞬時有效訊號的轉換與傳遞。當然，也可以很自然地發現，所謂的操控，就是有效訊號的產生，且依設定的傳輸速度來進進出出。

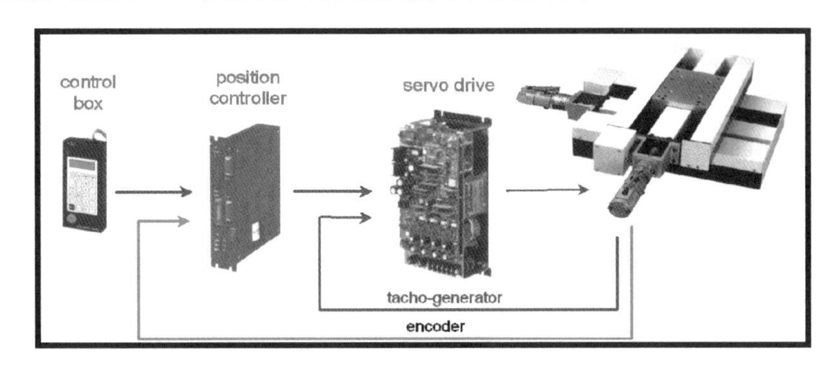

圖 1.2 控制系統的組成結構與連結

再以一個具 GPS 導航能力的自走車(見圖 1.3)爲例，其控制系統的組成，包括馬達驅動模組(驅動器及步進馬達)、導航系統(衛星接收器及電子羅盤)、編碼器計算之單晶片(光學編碼器及液晶顯示模組)及中央控制模組(單晶片)等。整個系統的操控，乃規劃以中央控制模組爲控制核心，再對周邊的模組，依時序的規劃設計，做有效訊號的傳輸及控制。

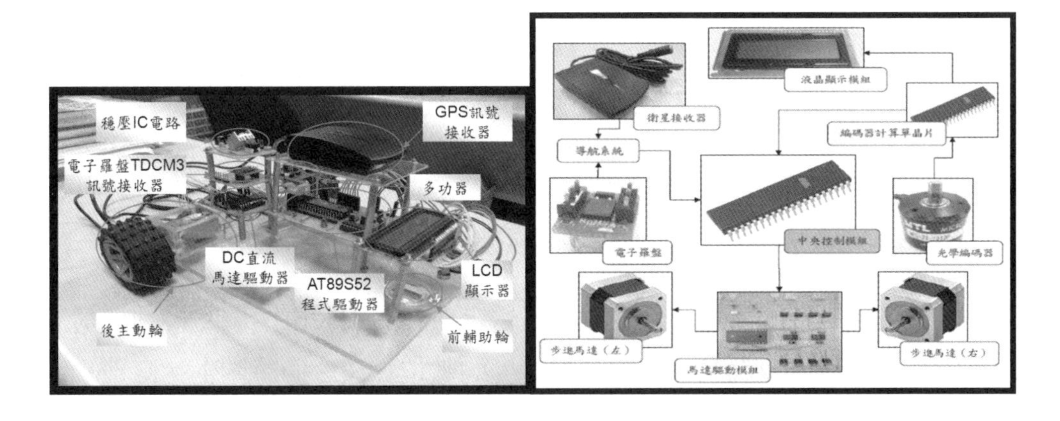

圖 1.3 具 GPS 導航能力的自走車及其控制系統

若將上述的整個電控系統，以電路板的方式來加以整合或組成(見圖 1.4)，那麼，該電控系統則往往被稱之爲該控制系統的控制器。

圖 1.4 電控系統之整合或組成

1.1.2 控制與訊號轉換

若以控制核心爲操控中心，往周邊裝置的訊號連結來看，其間的傳輸訊號大多是小訊號(或稱之爲數位訊號)。毫無疑問地，數位訊號的傳輸，就是脈波的寬度及時序的操控(見圖 1.5)。當然，各數位訊號是有進有出的，而特別要注意的是，所選用的控制核心的腳位數目是否足夠？及其是否可以滿足產生各波形的速度？

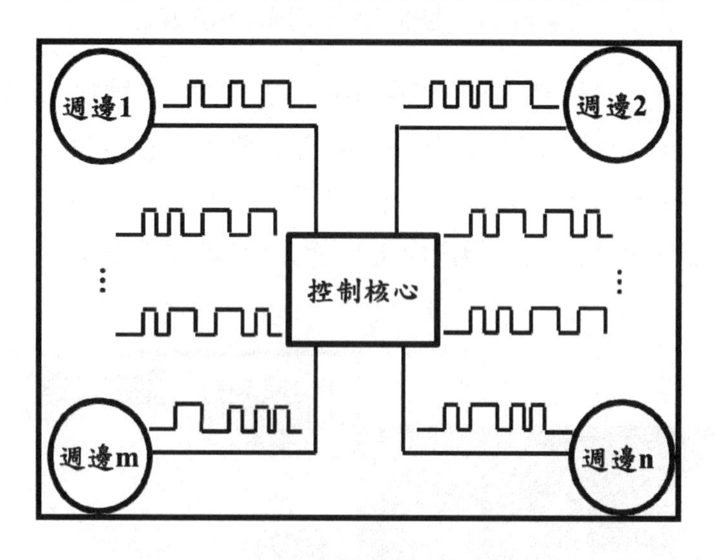

圖 1.5 控制中心對周邊裝置之連結及數位訊號傳輸

因此，對於控制核心而言，依設計規格需求而對周邊裝置所做的控制規劃，就是數位訊號的時序轉換，也就是一連串各種寬度的數位脈波之適時產生。

1.2 系統的操控

對於系統的操控，不管是物理系統的動作，抑或是多媒體的視聽效果，其最底層的技術層次，就是「硬體動作」，例如，電晶體對訊號的開關控制或放大。若以數位系統而言，所謂的硬體動作，就是讓硬體元件產生一連串的脈波訊號，至於數值的計算與邏輯的判別，同樣地，也可以用數位邏輯的設計方式來加以實現，若將其電路集成，則可稱之爲「算數邏輯單元」(ALU)。而不同寬度脈波的產生，可以視爲在「控制單元」(CU)時序控制下之算術邏輯的運算結果。若將上述兩個單元合而爲一，則稱之爲「中央處理單元」(CPU)。

「滿足規格要求的系統操控，才是設計。」而控制系統的規格要求，除了是穩定度及精密度外，最基本的，就是時序的正確操控。以一個氣壓推進式自動鑽孔機(可見圖 1.6)之控制設計爲例，在確定好感測輸入(如極限開關)及驅動輸出(如電磁閥)後，也就是 I/O 裝置，接下來就是操控動作的時序或狀態的規劃(可見圖 1.7)。而控制器設計，就是設法將此時序或狀態操控動作，可以確實的實現。

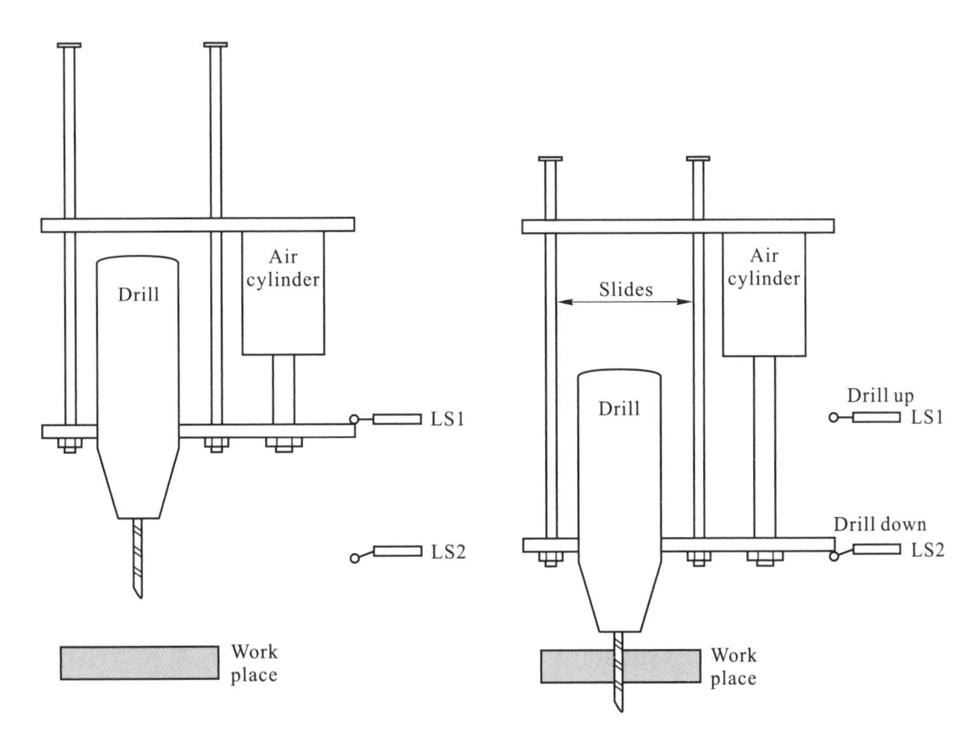

圖 1.6 氣壓推進式自動鑽孔機

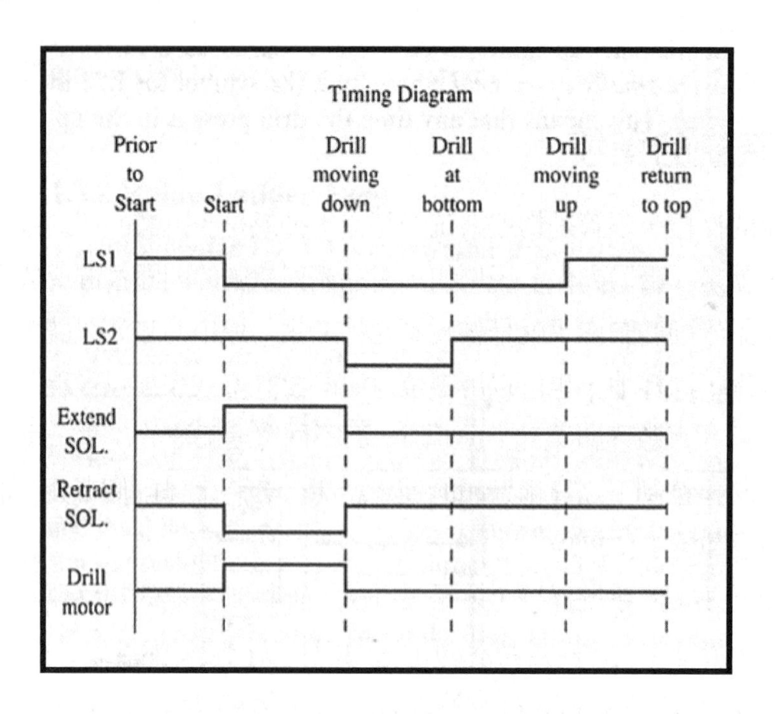

圖 1.7 操控動作的時序規劃

因此，我們可以使用數位邏輯的硬體設計方式來實現操控，或是選用具彈性程控的微電腦控制器，如單晶片 8051，以程式編程的方式，來具體實現上述氣壓推進式自動鑽孔機之操控動作。

1.2.1 系統的反應速度

在進行系統操控設計之前，最根本且必須要特別注意的事，就是該系統的「反應速度」，也就是說，此系統在單位時間內可以做的變化次數，一般來講，會以頻率(Hz)做單位，因此，也可稱之爲「反應頻寬」。而控制核心爲了可以即時的監控該系統，控制核心的訊號處理速度必須遠高於受控系統的反應速度，一般會取 10 倍(或更高)以上。若以一個週期性的弦波爲例，弦波起伏週期時間的倒數就是系統的反應速度，因此，控制核心的操控速度(或取樣)應取其 10 倍，兩者之對應關係可見圖 1.8，弦波上的紅點就是表示控制核心的操控速度。

也就是說，當有一顆馬達的轉速爲 6,000(rpm)時，也就是 100(圈/秒)，其電控系統的處理速度，就應該有 1,000(Hz)以上。若控制核心每次的運算處理，需要花費 1,000 個機械週期時間(假設約執行 1,000 行程式指令，這部份須視微處理機的規格)，那麼，控制核心的運算速度，則必須選爲數 M(Hz)以上，才來得及操控該馬達。

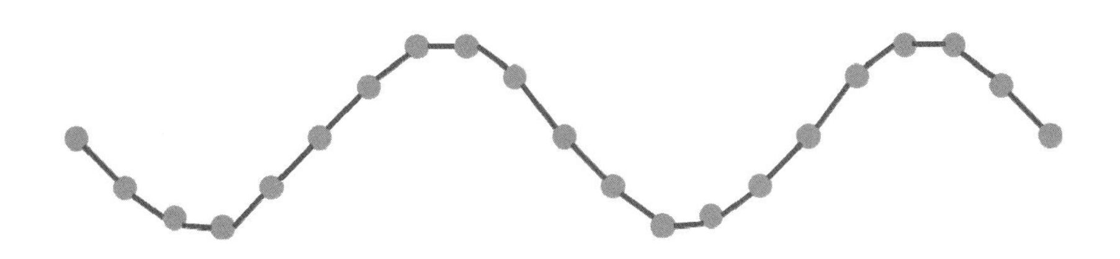

圖 1.8 系統反應速度與操控速度間的對應關係

若以動畫或電影的播放爲例(見圖 1.9)，其動作乃由一連串的圖片所組成。視覺因有反應速度及視覺暫留的特性，因此，只要圖片約以每秒 32 張(或以上)圖幅的速度來播放，視覺就會感受到動畫或電影的連續動作。若加快播放的速度(當然影像總組成的動作時間要保持一樣)，視覺感受的動畫或影片的效果仍會是一樣的。相反地，若視覺的反應速度可以加快，如具有超人般反應速度的眼睛，在播放速度仍保持不變的情形下，那麼眼睛必然會看到斷斷續續動作的動畫或影片。

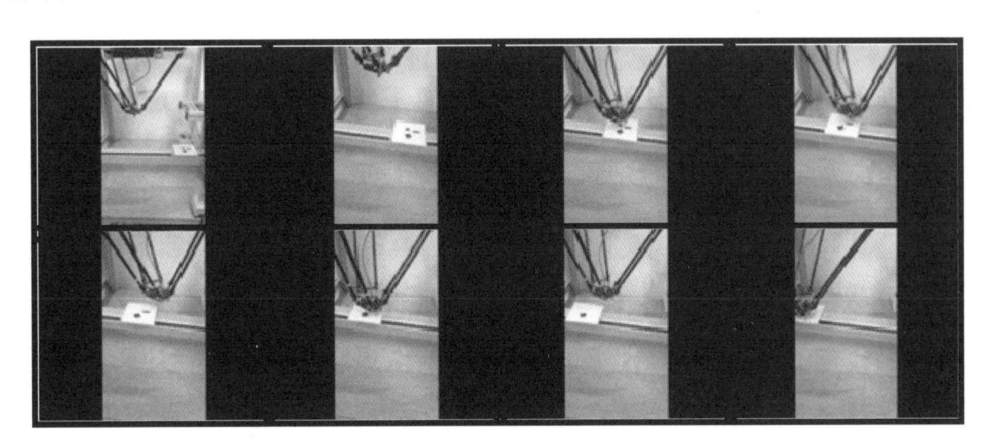

圖 1.9　並聯式機器人之物件取放影片播放

因此，控制性能的好壞，除了是設法讓依時序規劃的波形，可以正確產生外，對於系統反應速度所對應之操控速度的適當規劃，尤其是，在單一微電腦的操控架構下，若想去同步操控許多不同反應速度的周邊裝置時，操控速度的調控與安排，將會是決定該系統是否可以被平順操控的關鍵，這部份將會在後面章節的範例中加以說明。

1.2.2　系統的操控時序

豪無疑問地，控制系統中的每個周邊裝置都有其最佳的反應速度。所以，一般而言，在單一周邊裝置操控的場合下，微電腦的程式設計，應該是一點困難都沒有，例如，只做馬達的變速控制或只做感測訊號的迴授處理。但若要一邊即時處理感測迴授訊號，同時也要做馬達的變速控制時，在進行控制設計時，若不懂得考量各動作的反應速度，往往就會出現不同裝置間，發生動作箝制的困擾。

所幸的是，由於每個周邊裝置有其最佳的反應速度，且選用的控制核心有遠高於周邊裝置中最快反應速度的訊號處理速度，因此，只要以控制核心的反應速度當作基頻(或是當作波形產生的最小單位時間)，在時間軸上展開，再將各周邊裝置所要求的反應速度(或頻率)，逐一地繪在該時間軸上(見圖 1.10)，就可以發現，每個周邊裝置在不同的時間點上，應該都是可以被順利地規劃及操控，這也就是操控程式是否可以被成功設計出來的秘訣所在。

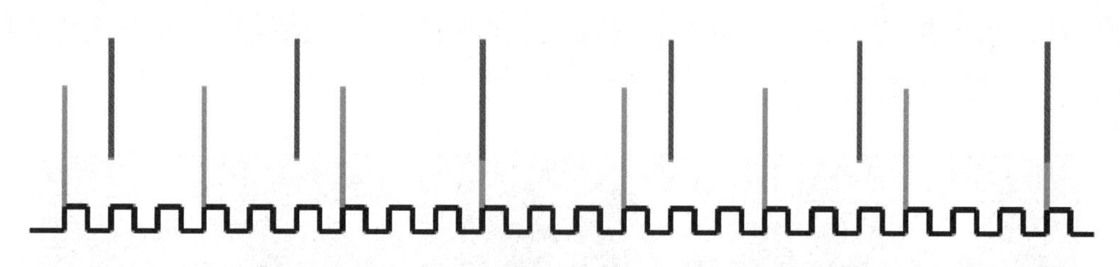

圖 1.10 控制核心的反應速度當作基頻之操控時序圖(紅、藍代表不同的裝置)

1.3 微處理機與微電腦單晶片 8051

1969 年，大型積體電路(LSI)被成功地製造出來，而此時，桌上型電算機也正處於開發的階段。由於許多電算機的製造商，爲了提高其市場的競爭力，因此設法不斷地降低成本，以促進產品的暢銷，所以，許多的電路設計，因而轉向研製成大型積體電路。尤其是，將電算機的中央運算 IC，透過半導體技術的集成，使得原來需要 20~30 個 IC 的裝置，可以減少到僅須 3~4 個 IC 即可。

在當時，各公司所製作的此類 IC，大多數爲桌上型電算機所使用的 LSI，且其功能大致相同。但是，因硬體的設計結構並不具有彈性，所以常常爲了更改一小部份的功能，整個 LSI 就必須重新設計及製作，以致於成本的負擔反而加重。因此，許多電子工程師及製造商就開始思考另一個問題：「如何能夠改變電算機系統中的一小部份，整個系統功能就得以改變或改善。」因而導致了微處理機的基本雛型構思，這也就是爲何日後形成「微處理機須搭配韌體」而相結合於特定組成架構的原因。

「微電腦」的組成架構如圖 1.11，包括中央處理單元(控制單元、算術邏輯單元及內部記憶體)、記憶體單元及輸出/入單元。若將微電腦的 CPU 集成一個 IC 晶片，則此晶片則稱之為「微處理機」(見圖 1.11 的虛線部份)。

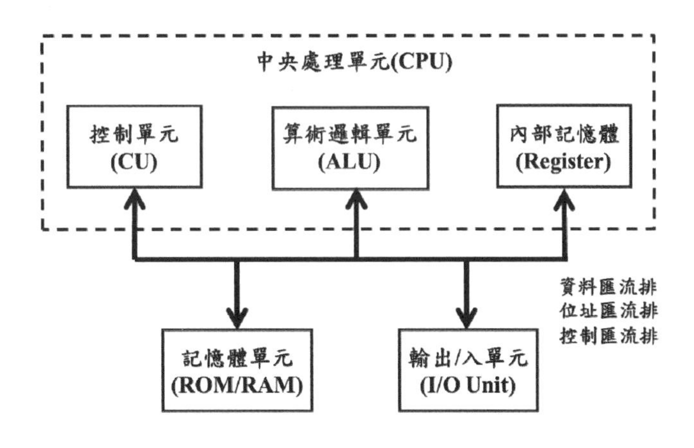

圖 1.11　微電腦及微處理機

「單晶片」就是將微電腦的 CPU、記憶體及 I/O 埠，整合集成於一個 IC 晶片上，其功能就相當是一部小型的微電腦。由於單晶片的結構比一般通用型微電腦簡單、價格低廉且開發容易，所以，常被應用在工業控制及家電產品上，也因此，又被稱之為「微控制器」(Microcontroller)，其中，以 8051 系列的單晶片最具經典代表。

至於微處理機、微電腦單晶片及多核心(或多微電腦單晶片)系統間之隸屬關係及對外的連結方式，可見圖 1.12 所示，其中虛線方塊則代表微電腦單晶片。如此，就會有界面處理及通訊協定的問題發生，這部份將在後面的章節範例中說明。

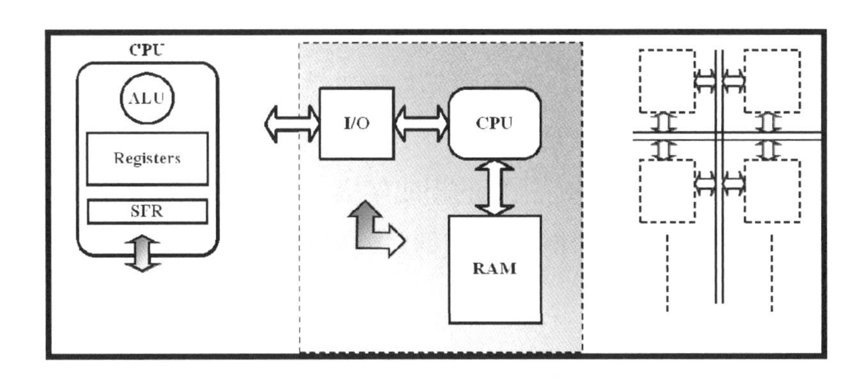

圖 1.12　微處理機、微電腦單晶片及多核心(或多微電腦單晶片)系統間之隸屬關係

1.3.1 硬體、韌體及應用軟體

從微電腦單晶片在控制系統中的位置及角色來看，因其特定的硬體架構設計，所以可對記憶體 ROM 中的程式碼(韌體)進行讀取、解譯及執行等動作流程(這部分會在後面章節中介紹)，如此，隨著韌體的設計，單晶片將可以形成具特定功能的微控制器。換句話說，經過設計的單晶片就是一個具特定功能的硬體 IC。

至於應用軟體的角色，則是以此特定功能的硬體 IC 或平台為基底，搭配特定的編輯軟體而加以設計的程式，進而發展出各種應用功能的操控系統，所以，應用軟體的執行，常會發生系統相容性的問題。例如，在 XP 作業系統的個人電腦上，用 C 語言所發展的影像辨識功能之應用軟體。硬體、韌體及應用軟體之間的角色及其間之關聯性，可見圖 1.13 所示。

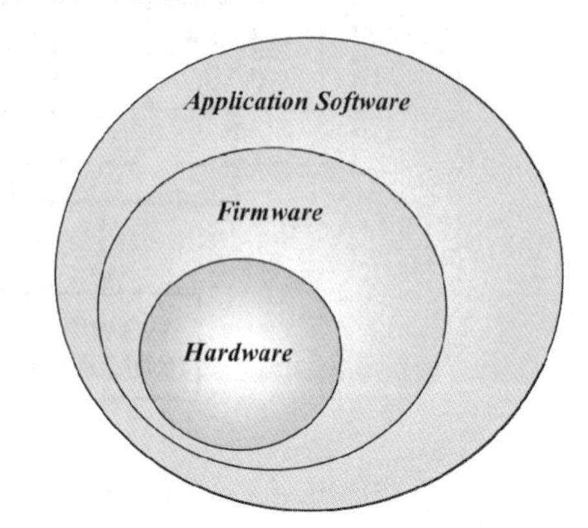

圖 1.13 硬體、韌體及應用軟體之間的角色及其間之關聯性

因此，不管是韌體，還是應用軟體，其最終展現的各種功能，都是由硬體去執行的。所以，在進行程式設計時，應該先瞭解所選用硬體(例如單晶片 8051)的特定架構及其動作流程，再以程式編程的方式，去具體實現規格的需要或操控訊號的時序要求。所以，「符合功能及規格的硬體動作，才是程式設計的最終目的。」

1.3.2 韌體與微處理機的組合關係

為了讓電算機系統的硬體 IC，具有可彈性變動功能的能力，因而產生微處理機及程式記憶體(ROM)相組合的特殊架構(見圖 1.14)，程式記憶體 ROM 中的程式碼稱之為韌體，微電腦單晶片 8051 亦是有相似的組成架構，而不同的微處理機，因其硬體核心設計的不同，將會對應不同的指令碼(或稱為機械碼)。

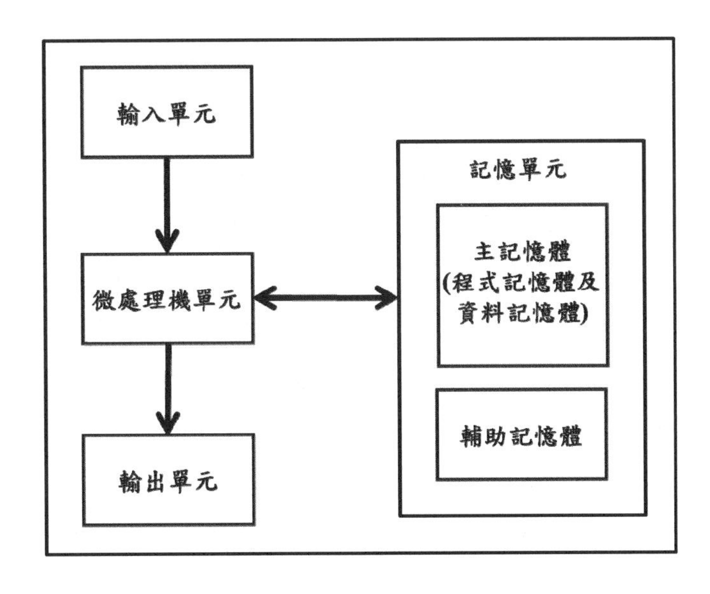

圖 1.14　微處理機及程式記憶體(ROM)相組合的特殊架構

一般而言，微處理機內部的特殊架構示意圖如圖 1.15 所示，乃利用程式計數器(PC)及記憶位址暫存器(MAR)來決定定址位址，且以位址匯流排與記憶體 ROM 之位址線接腳連結，定址的韌體內容則可透過讀取動作，從資料匯流排傳入至指令暫存器(IR)。整個相關的動作流程，將會在後面的章節中加以介紹及說明。

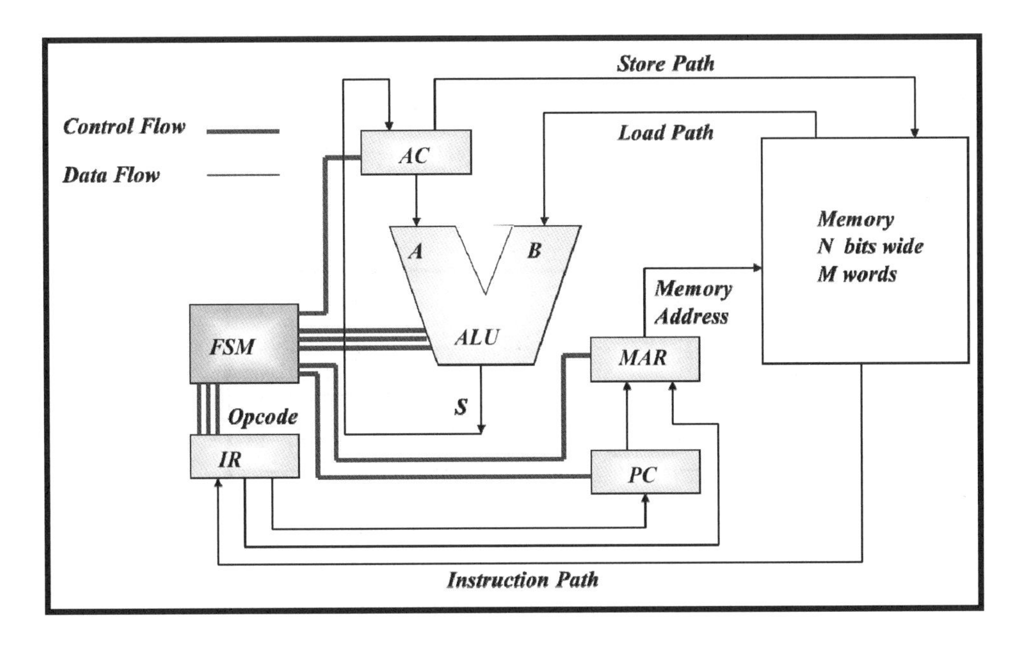

圖 1.15　微處理機內部的特殊架構示意圖

微處理機或單晶片的供應商，為了程式設計的編輯需要，必須提供高階語言(組合語言或 C 語言)的程式編輯軟體及該微處理機或單晶片之指令集。該軟體，可以將所設計之高階語言程式，組譯(Compiler)成機械碼(Machine Code)(見圖 1.16)。對於程式設計者而言，可以不需知道微處理機之硬體核心的實際動作內容，只需瞭解廠家所提供之指令集的意義(動作流程)及每個指令所花費的時間(稱之為機械週期)。因此，不管是以那種高階語言所設計的程式，其所佔用的記憶體空間及執行效能，端賴組譯後之機械碼的長度及內容。因此，程式設計若能越貼近微處理機的硬體動作流程，則其展現的操控效能將會更高。

指令	機械碼	指令動作
ADD A #data	0010 0100 Immed.data	ADD (A) ←(A)+#data
INC A	0000 0100	INC (A) ←(A)+1
MUL A B	1010 0100	MUL (A) ←low byte of (A)x(B) (B) ←high byte of (A)x(B)

圖 1.16 指令、機械碼及其動作

對於微處理機而言，其操控的對象就是記憶體或 I/O，其動作內容，就是資料的轉換與傳遞，而韌體就是程式碼，也就是指揮微處理機來進行上述的動作及產生時序的波形。圖 1.17 是微處理機系統及相關訊號進出的示意圖，表示微處理機的整個操控過程就是控制訊號的解譯及資料訊號進出的操控過程。

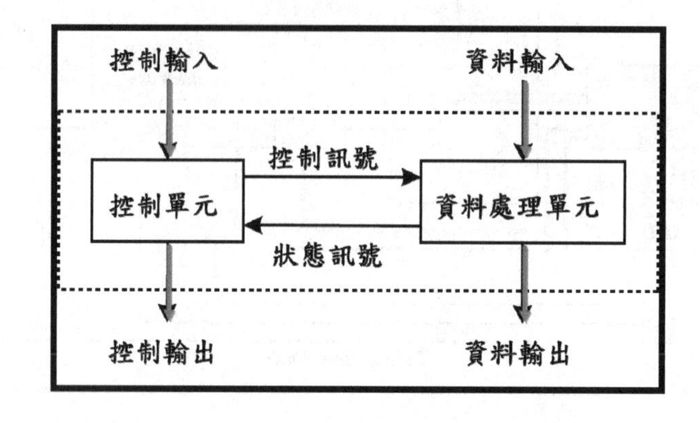

圖 1.17 微處理機系統及相關訊號進出的示意圖

1.3.3 什麼是單晶片 8051

在 1980 年代時期，由於科技的進步及在各種功能的需求下，微電腦系統因此而漸次地朝兩個大方向來發展；一個爲朝向具有較寬的資料路徑、系統電路更複雜及指令集功能更強大的方向來發展，主要應用在通用型電腦的主機上，如 Pentium 系列的晶片；另一個爲朝向高度整合系統來發展，乃結合微處理機、記憶體及輸出/入埠於同一晶片上，形成單晶片，又稱之爲微控制器，常被應用在工業控制與家電產品上，其中以 8051 系列的晶片最具代表。單晶片依其功能及發展的年代，約可分成以下幾個世代：

第一個世代的單晶片：於 1976 年，由 Intel 公司所發展之專用型 CPU 單晶片，其中以 MCS-48 爲代表，是現代「單晶片的雛形」。

第二個世代的單晶片：於 1978 年，由 Intel 公司所發展的 MCS-51 系列，提升的功能，包括 16 位元的定址空間、串列通訊 UART 功能及特殊功能暫存器(SFR)的集中管理模式等，一直是目前極具重要地位的「單晶片系列」。

第三個世代的單晶片：於 1982 年，單晶片除了增強外部介面的電路外，且具有測控的功能及可更便捷地進行程式的儲放與修改，如 ADC、DAC、高速 I/O 埠、WDT(看門狗)及 FlashROM 等。單晶片的代表，如 ATMEL 的 89C51 及 RISC 的 PIC 等。

第四個世代的單晶片：於 1990 年迄今，乃爲了因應市場上不同的功能需求，所發展出各具特色的單晶片，如 ATMEL 的 AVR 系列及嵌入式系統的 ARM 等，讓單晶片的應用從工業控制、玩具及家電產品等領域，朝向數位行動通訊方向來發展。

不管是哪一世代的單晶片，大都使用相同的核心(CPU)或相似的架構，因此，對應的韌體架構及語法也大多是相同的。對於使用者而言，只要事先依各家所提供之內部記憶體所規劃的內容，來指定相對應的功能腳位即可，所設計的程式則不需要做大幅度的修改。因此，可以顯而易見地，只要學會如何使用微電腦單晶片 8051 後，同樣地，也可以很快地學會如何使用其它的微處理機或單晶片，所以，對於微電腦單晶片 8051 的瞭解及其實務應用的學習，將有其關鍵的必要性。

1.4 單晶片 8051 之規格

微電腦單晶片 8051 是一顆 8 位元的微控制器，具有布林代數的功能，32 條雙向以及可單獨定址的 I/O Port，內部具有 128/256Bytes 的資料記憶體，並可擴展到外部 64Kbytes，二組 16bit 之計時計數器，全多工傳輸訊號系統"UART"，5 個中斷源及兩個中斷控制準位暫存器，內部有 4Kbytes 的程式記憶體，並可以擴展到外部 64Kbytes。

在使用微電腦單晶片 8051 之前，必須先對其規格加以瞭解，如此，才能正確且順利地操控它，其中，包括元件的包裝類型及接腳定義、周邊相關的電路及其應用、內部記憶體的配置及規劃等。也就是說，在經過內部記憶體適當的規劃(一般會寫在標頭檔(例如 REG52.H)中)及相關電路的正確連結後，後續的程式編程才可以開始進行。各家的單晶片供應商，則必須提供內部記憶體之規劃檔、韌體編程環境、產生物件檔(obj 檔)及 Compiler(產生 bin 檔或 hex 檔之燒錄檔)等之應用軟體，以利使用者後續之設計使用。若一個程式因功能規劃的需要，而被分成許多的功能小程式來書寫，每個小程式都可以被分別轉換成 obj 檔，最後也可以將其鍊結(Link)且一起 Compiler 成一個燒錄檔。至於相關應用軟體的使用流程及操作步驟，將在後續的章節中，再加以說明。

1.4.1 單晶片 8051 的包裝及腳位

微電腦單晶片 8051 被規劃成有意義的腳位共有 40 pins，其外觀的包裝類型有三種，分別爲 DIP (圖 1.18)、PLCC44 (圖 1.19)及 QFP44 (圖 1.20)。其中，DIP 較爲常見且被使用，爲雙排 pin 的包裝，而 PLCC44 及 QFP44 的包裝尺寸較小，且由於既定封裝的腳數緣故，在外觀上，皆有 44 pins 的腳位，其中，4 個 pin 的腳位爲空 pin (常標示爲 n.c.)。除此之外，要特別注意的是，兩者在 pin 腳定義的順序上稍有不同，因此，在進行電路佈線(Layout)時，電路圖上的腳位定義，須加以小心及留意。

一般而言，元件正面的斜邊或●標記處爲第一 pin 的腳位，接下來的腳位順序，則以逆時鐘方向來計數。

P1.0	1	40	Vcc
P1.1	2	39	P0.0/AD0
P1.2	3	38	P0.1/AD1
P1.3	4	37	P0.2/AD2
P1.4	5	36	P0.3/AD3
P1.5	6	35	P0.4/AD4
P1.6	7	34	P0.5/AD5
P1.7	8	33	P0.6/AD6
RST	9	32	P0.7/AD7
RXD/p3.0	10	31	$\overline{EA}$
TXD/P3.1	11	30	ALE
$\overline{INT0}$/P3.2	12	29	$\overline{PSEN}$
$\overline{INT1}$/P3.3	13	28	P2.7A15
T0/P3.4	14	27	P2.6/A14
T1/P3.5	15	26	P2.5/A13
$\overline{WR}$ /P3.6	16	25	P2.4/A12
$\overline{RD}$ /P3.7	17	24	P2.3/A11
XTAL2	18	23	P2.2/A10
XTAL1	19	22	P2.1/A9
GND	20	21	P2.0/A8

8051 單晶片

圖 1.18 單晶片 8051 之 DIP 包裝及腳位(第一 pin 腳位在左上角或●標記處)

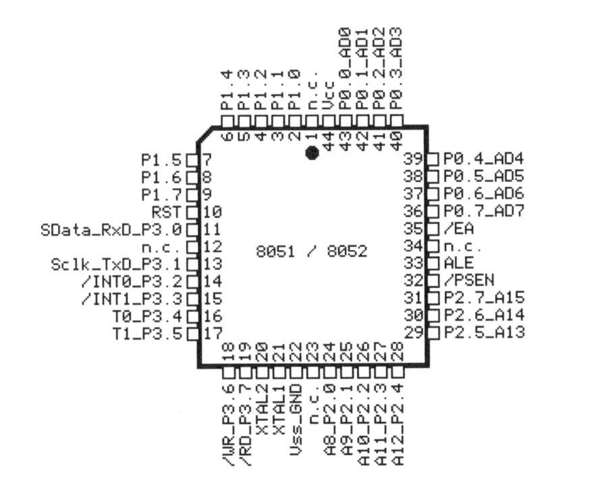

圖 1.19 單晶片 8051 之 PLCC44 包裝及腳位
(第一 pin 腳位在上側的中間●標記處)

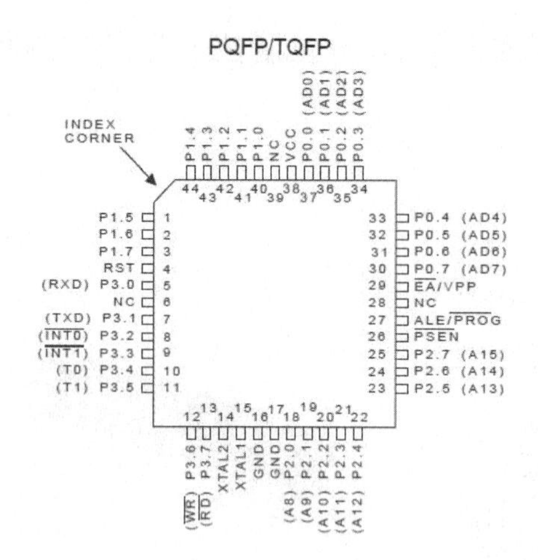

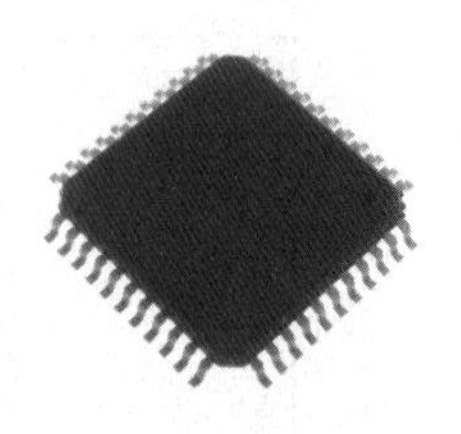

圖 1.20 單晶片 8051 之 QFP44 包裝及腳位(第一 pin 腳位在斜口處或●標記處)

如前所述，微電腦單晶片 8051 總共規劃有 40 支接腳，主要由 4 個 8 位元雙向的 I/O 埠(Ports)所組成，其中 Port3(pin10~pin17)，除了可以當作一般的 I/O 使用外，也兼具有其他的特殊功能(可見表 1.1)，如外部中斷、外部計數器、串列傳輸及讀寫的控制訊號等。(括號內爲腳號)

表 1.1 Port3 之特殊功能表列

Bit	Name	Bit Address	Alternate Function
P3.0	RxD	B0H	Receive data from serial port
P3.1	TxD	B1H	Transmit data for serial port
P3.2	nInt0	B2H	External interrupt 0
P3.3	nInt1	B3H	External interrupt 1
P3.4	T0	B4H	Timer/Counter0
P3.5	T1	B5H	Timer/Counter1
P3.6	nWR	B6H	External data memory write strobe
P3.7	nRD	B7H	External data memory read strobe

(pin 10~pin 11) RxD, TxD：由串列控制暫存器 SCON 來設定。

(pin 12~pin 13) Int0, Int1 ：可以規劃爲低準位動作或是負緣觸發，此可以由計時計數控制暫存器 TCON 來決定之。

(pin 14~pin 15) T0, T1 ：當使用計時器時，單晶片 8051 會自動除頻 12；當使用計數器時，外部輸入腳有一負緣產生時，計數暫存器就會加一。

(pin 16~pin17) nWR, nRD：用來控制寫入或讀取外部資料記憶體。

以下，就其它腳位之功能及注意事項加以說明：

(pin 40) VCC：為晶片之電源接腳，接上電源 DC 5V。

(pin 20) GND：為晶片之電源接腳，接地。

(pin 39~pin32) Port0：可做一般的 I/O 及外部記憶體擴充使用。在當作一般的 I/O 使用時，務必在 pin 腳的外部接上提升電阻(一般為 1~2.2KΩ)(見圖 1.21)。在做外部記憶體擴充時，則當作位址匯流排(A0~A7)及資料匯流排(D0~D7)之複合使用，利用 ALE 接腳的輸出信號，搭配 74LS373 的栓鎖功能，來進行分時複用。

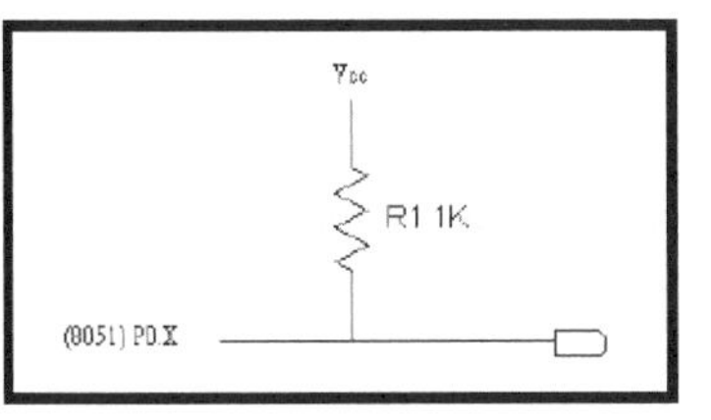

圖 1.21 提升電阻

(pin1~pin8) Port1：為一般的 I/O 使用，晶片內部已設計有提升電阻。

(pin21~pin28) Port2：為一般的 I/O 使用，內部也已設計有提升電阻。在做外部記憶體擴充時，則當作位址匯流排(A8~15)使用。

(pin9) RST：為晶片的重置信號輸入腳，只要輸入一個高電位脈衝，脈衝寬度大於 2 個機械週期的時間，就可以完成重置的動作。

(pin30) ALE/PROG：在做外部記憶體(包括外部資料記憶體及外部程式記憶體)擴充時，做為位址栓鎖致能(ALE)的輸出脈衝，利用此信號可將位址栓鎖住(接於 74LS373 之腳位 LE)，以便定址且取得資料碼。若未用於外部記憶體時，該腳位會有 1/6 石英晶體的振盪頻率輸出，可做為外部時脈；除此之外，在燒錄 EEPROM 時，此接腳就是程式燒錄之輸入端。

(pin29) PSEN：作為致能外部程式記憶體用之讀取脈波使用。在每個機械週期，該腳位會產生 2 次脈波。當外接 ROM 時，須與 ROM 的/OE 腳位相連接。

(pin31) EA/VPP：當接腳接高電位(DC 5V)時，表示單晶片是使用內部程式記憶體；當接腳接低電位(GND)時，表示單晶片是使用外部程式記憶體。除此之外，當在燒錄內部 EEPROM 時，也利用此腳位來連接 DC 12V 之燒錄用供應電壓。

(pin18~pin19) XTAL2, XTAL1： 用來連接石英晶體振盪器，對於單晶片 8051 而言，因其內部的硬體設計關係，其工作的機械週期時間(sec)=1/(石英晶體振盪頻率/12)。

在瞭解微電腦單晶片 8051 接腳之定義後，使用者務必要進行確認且正確地搭配各功能之電路接法，如此，微電腦單晶片 8051 才會正常的工作，以下章節，將對微電腦單晶片 8051 之周邊電路及接法加以說明。

1.4.2 單晶片 8051 的周邊電路

依上章節之各腳位定義及其功能介紹，若使用內部程式記憶體(nEA 腳位接 High)模式時，單晶片 8051 的周邊電路接法如圖 1.22 所示。其中，除要確認電源腳位(VCC 及 GND)要接上外，要注意震盪器有無震盪脈波產生，尤其要注意的是 RST(重置)的電路接法，若有不當的接法時，則會發生一直重置的狀況。

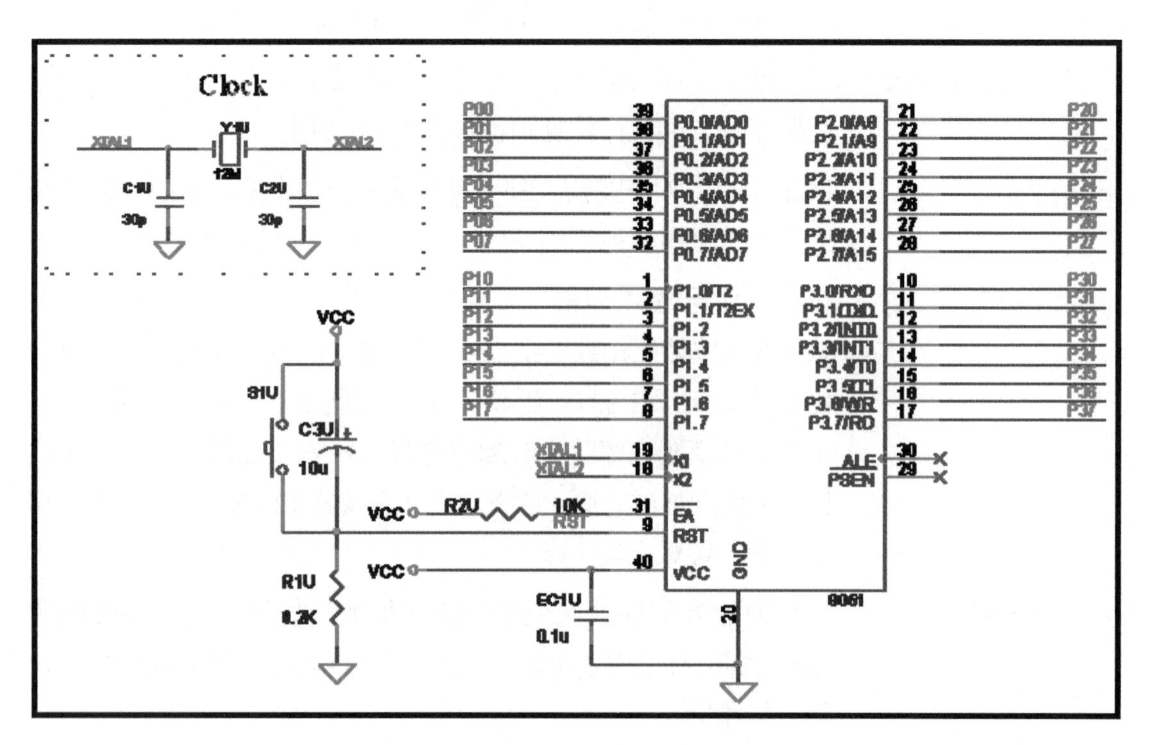

圖 1.22 單晶片 8051 的周邊電路

若使用外部程式記憶體(nEA 腳位接 Low)模式時，如圖 1.23 電路接法，為使用外部資料記憶體擴充及使用外部程式記憶體之周邊接線圖，乃利用 ALE 接腳的輸出信號，搭配 74LS373 的栓鎖功能，來進行分時複用，且利用 PSEN 作爲致能外部程式記憶體用，當外接 ROM 時，須與 ROM 的/OE 腳位相連接。若是外部資料記憶體擴充，則利用 nWR 及 nRD 來控制寫入或讀取外部資料記憶體。記得，若 Port0 在當作一般的 I/O 使用時，務必在 pin 腳的外部接上提升電阻。

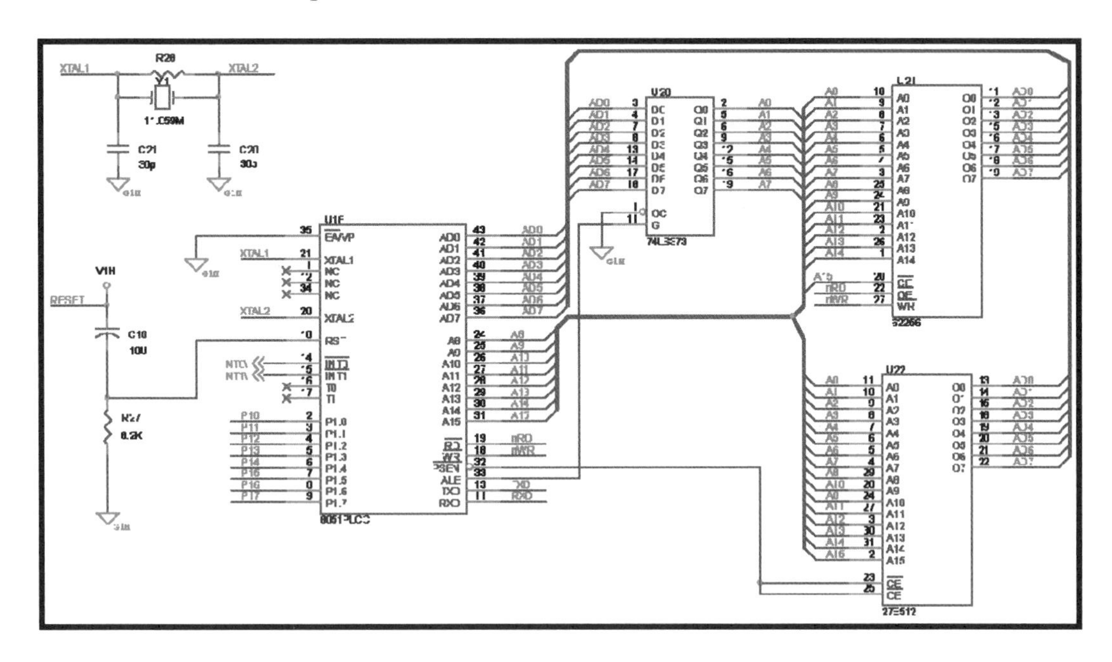

圖 1.23 使用外部資料記憶體擴充及使用外部程式記憶體之周邊接線圖

1.4.3 認識 MCS-51 系列

MCS-51 系列之單晶片，內部爲 8 位元之 CPU，依其功能來分類可分成基本型、內部記憶體之基本型、低功率基本型、高階語言型、A/D 型、DMA 型及多平行埠型等，其相對應的單晶片型號可見表 1.2。

表 1.2 MCS-51 系列單晶片依功能分類之型號表

基本型	8051, 8031, 8051AH, 8031AH, 8751H
增加內部記憶體之基本型	8052AH, 8032AH, 8752BH
低功率基本型	80C51BH, 80C41BH, 87C51
高階語言型	8052AH – BASIC 用
A/D 型	83C51GA, 80C51GA, 87C51GA
DMA 型	83CI52JA, 80C152JA, 80C52JB, 83C152JC
多平行埠型	83C451, 80C451

各單晶片型號的規格表列，包括是否有內含程式記憶體及記憶長度、內部資料記憶體長度、輸出/入線數、記時/記數器數、特殊功能暫存器數、外部程式記憶體可定址範圍及外部資料記憶體可定址範圍等，可見表 1.3。

表 1.3 MCS-51 系列單晶片之規格表

型號	8031	8032	8051	8052	8751	8752
內含程式記憶體	0	0	4K ROM	8K ROM	4K EPROM	8K EPROM
內含資料記憶體	128	256	128	256	128	256
輸入/輸出線數	16	16	32	32	32	32
計時/計數器	2	3	2	3	2	3
中斷源	5	6	5	6	5	6
串列通訊	1. 同步模式 2. 非同步模式 9 或 10 個位元 3. 可程式規劃					
特殊功能暫存器	21	26	21	26	21	26
外部程式記憶體	64K	64K	64K	64K	64k	64K
外部資料記憶體	64K	64K	64K	64K	64k	64K

1.4.4 認識 MCS-51 的記憶體結構

微處理機操控的腳位，雖然有記憶體或 I/O 之別，但其 I/O 的操控或電位，皆以其記憶體的規劃方式來進行，因此，整個微處理機的定址系統，可視為是一種記憶體定址系統。在 MCS-51 系統中，程式記憶體和資料記憶體是完全獨立定址的，其中資料記憶體又可分為外部資料記憶體和內部資料記憶體。以下，將進一步地說明各記憶體的意涵及其定址方式：

1. **程式記憶體：**

由 nEA 腳位的電位，來決定是否使用內部(nEA=High)或外部(nEA=Low)的程式記憶體，當使用外部的程式記憶體時，MCS-51 會使用 nPSEN 的訊號，來提取外部程式記憶體的程式碼(相對應電路圖，可見圖 1.23)。在單晶片 8051 裏有一個指向下一個將執行指令的程式計數器(PC)暫存器，主要由 PC 的值來決定程式執行次序。當微電腦單晶片 8051 被 Power on 或被重置時，PC 內的預設值為 0000H。若使用外部程式記憶體，則依可定址範圍，將有 64Kbytes 的空間。

2. **外部資料記憶體：**

單晶片 8051 依定址的範圍，可以提供 64Kbytes 可擴充的外部資料記憶體，以彌補內部資料記憶體不足的情況發生。但是，存取的速度會不如內部資料記憶體的速度。在存取外部資料記憶體時，主要是透過 nRD 及 nWR 這兩根控制訊號，並搭配 ALE/nPSEN 來使用。(相對應電路圖，可見圖 1.23)

3. **內部資料記憶體：**

單晶片 8051 本身內含有 128/(256) Bytes 的資料記憶體，可以提供快速的存取，並且提供了 128 bits 的位元單獨存取功能。單晶片 8051 的整個內部資料記憶體的定址範圍(00H-FFH)，依其功能性規劃，又可以細分為四個區塊，分別為 Register Banks (00H-1FH)、Bit-Addressable RAM (20H-2FH)、General-Purpose RAM (30H-7FH)及 Special Function Registers (80H-FFH)。(見圖 1.24) 內部資料記憶體各功能區塊的說明及定址方式如下：

(1) Register Banks：

此區塊有四個 Bank，每一個 Bank 含有八個 Registers，分別稱為 R0, R1, R2, …, R7。這四個 Bank 中，只能有一個 Bank 被選定啓動，其餘三個 Bank 在同一時間內，是不能被存取的。這些暫存器的定址方式為暫存器定址，常被用於需要大量重複計算的核心程式中。

暫存器定址：　MOV　A,　R5　　　(機械碼：1110 1rrr)

(2) Bit-addressable RAM：

單晶片 8051 包含有 210 個位元定址，其中有 128 bits 位元定址空間位於(20H-2FH)，其餘均位於 Special Function Registers 中，事實上，單晶片 8051 的四個 I/O Port 亦是對應到 Special Function Registers 中。因此，單晶片 8051 可以單獨地對 I/O Port 做腳位設定。位元定址的方式如下：

位元定址：　SETB　67H　　　(機械碼：1101 0010 bit.addr)

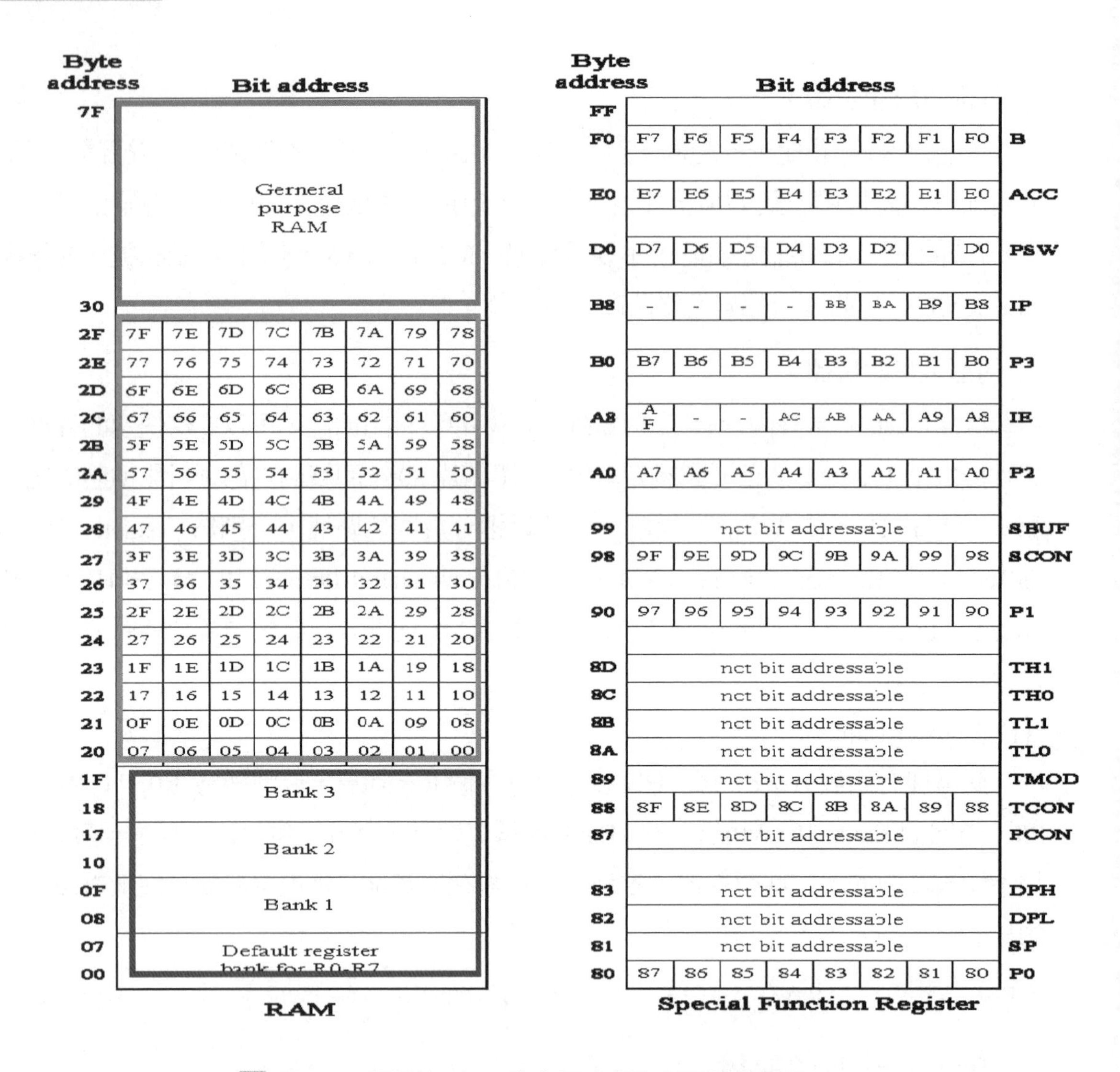

圖 1.24 單晶片 8051 的整個內部資料記憶體配置

(3) General Purpose RAM：

單晶片 8051 有 80 Bytes 空間範圍的一般 RAM，從 30H 到 7FH (8052 另外加 128Bytes 於 80H 到 FFH)。其定址方式有以下幾種方式：

直接定址：	MOV	A, 5FH	(機械碼：1110 0101 addr7-addr0)
立即定址：	MOV	R1, #5FH	(機械碼：0111 1rrr immed.data)
間接定址：	MOV	A, @R0	(機械碼：1110 011i)

(4) Special Function Registers：

Special Function Registers 爲特殊功能設定的暫存器，其規劃的範圍、名稱及初始值設定如表 1.4 所示。

表 1.4　特殊功能設定的暫存器，其規劃的範圍、名稱及初始值(第二行為初始值)

F8								
F0	B 00H							
E8								
E0	ACC 00H							
D8								
D0	PSW 00H							
C8	T2CON 00H	T2MOD 11111110B	RCAP2L 00H	RCAP2H 00H	TL2 00H	TH2 00H		
C0								
B8	IP 11000000B							
B0	P3 FFH							
A8	IE 01000000B							
A0	P2 FFH							
98	SCON 00H	SBUF 00H						
90	P1 FFH							
88	TCON 00H	TMOD 00H	TL0 00H	TL1 00H	TH0 00H	TH1 00H		
80	P0 FFH	SP 07H	DPL 00H	DPH 00H				PCON 00110000B

1.5 單晶片 8051 之開發工具

微電腦單晶片 8051 之開發工具，主要包括程式的編輯、組譯及燒錄。以下，就本書所使用的程式編輯及組譯之整合開發軟體，Keil μVision，以及各種的程式燒錄方式及工具，一般燒錄器燒錄及線上燒錄等，加以說明。

1.5.1 使用 Keil μVision 整合開發環境

市面上，可以用來進行單晶片 8051 程式的編輯、連結及組譯工作，進而產生可燒錄的程式檔之軟體很多，但其中有許多產品是屬於有版權的高單價軟體。爲了讓學習者可以很方便地練習及使用單晶片 8051，因此，本書採用由 Keil 公司所提供的產品 Keil μ Vision，做爲單晶片 8051 的編輯軟體。

Keil μ Vision 由美國 Keil Software 公司所開發，可支援組合語言及 C51 兩種程式語言的編撰，且適用於多種 MCS-51 架構的單晶片之開發使用。各版本中，Keil μVision2 爲免費試用產品，是一套 IDE(整合發展環境)的軟體，程式從編輯、連結到組譯，都可以一氣呵成，在使用上，也相當地快速及方便。在本書中的程式編輯及組譯，是以 Keil 的軟體爲主，如果爲了進階開發或範例程式需求者，可自行至 http://www.keil.com/download/list/c51.htm 網頁，下載相關的資源。

當程式開發是在一台並不具備 Keil μ Vision 編譯系統的電腦時，使用者首先便需執行安裝程序，程序步驟如下：(以 Keil μVision2 安裝爲例)

1. 點選 Setup.exe，接著在 Setup μ Visoin 視窗中點選 Install Support for Additional Microcontroller Architectures 選項，且按下 Next。

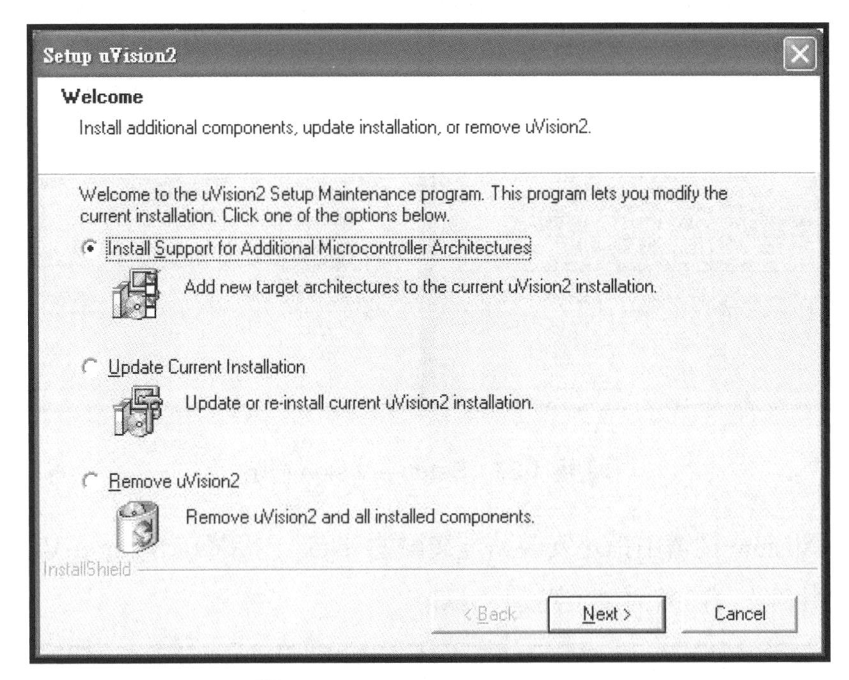

圖 1.25　Keil μVision2 安裝

2. Install Shield Wizard 視窗中點選 Eval Version 評估試用版本，接著在 Setup μ Visoin 視窗中點選 Next 以確定安裝。

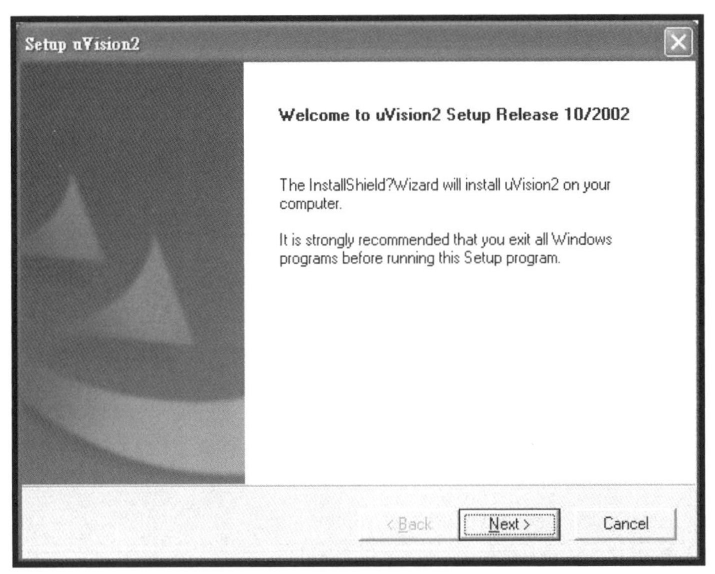

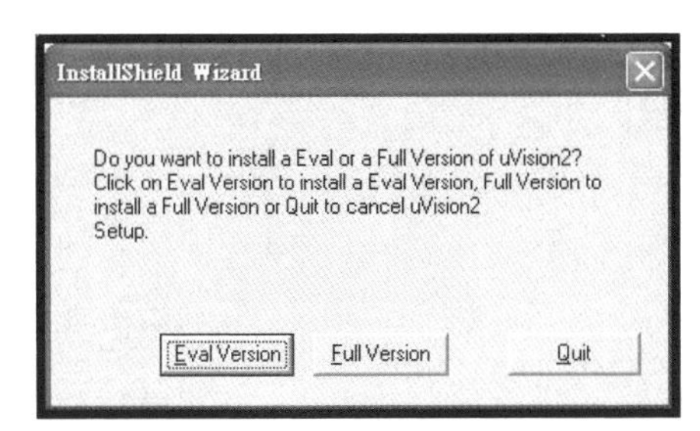

圖 1.26　點選 Eval Version 評估試用版本

3. Setup μ Vision 視窗中點選 Yes，接著在 Setup μ Vision 視窗中點選 Next。

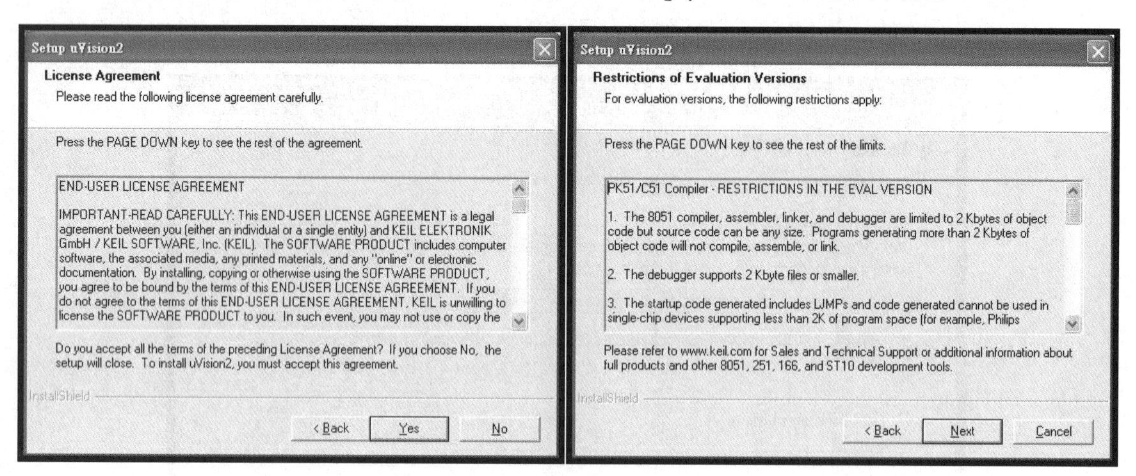

圖 1.27 Setup μ Vision 視窗

4. Setup μ Vision 視窗中指定安裝路徑後點選 Next，接著在 Setup μ Vision 視窗中輸入使用者及公司名稱後，點選 Next。

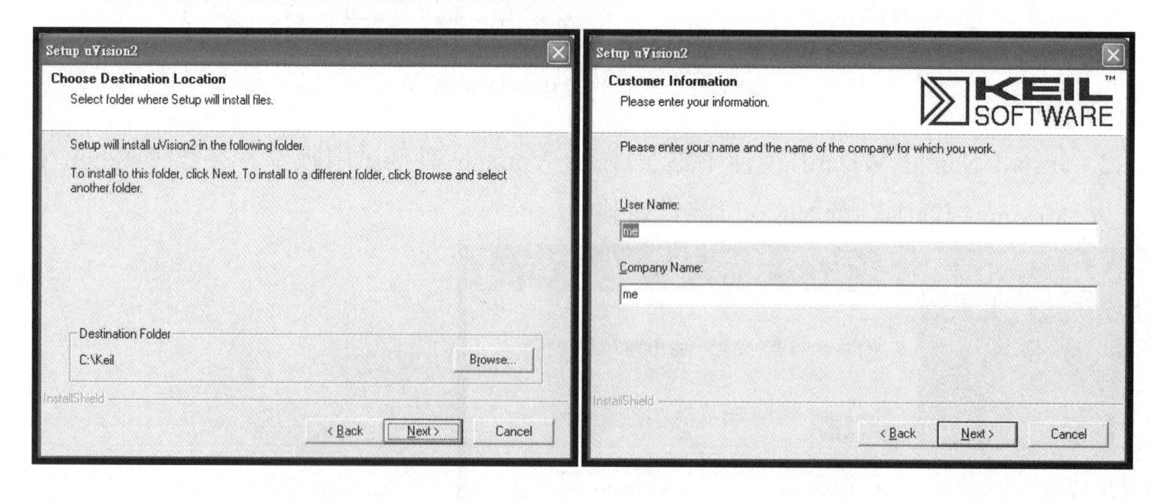

圖 1.28 Setup μ Vision 視窗中輸入使用者及公司名稱

5. Setup μ Vision 視窗中點選 Next 開始安裝，接著 Setup μ Vision 視窗隨即出現安裝進度的視窗，安裝過程隨時可按下 Cancel 以結束安裝程序。

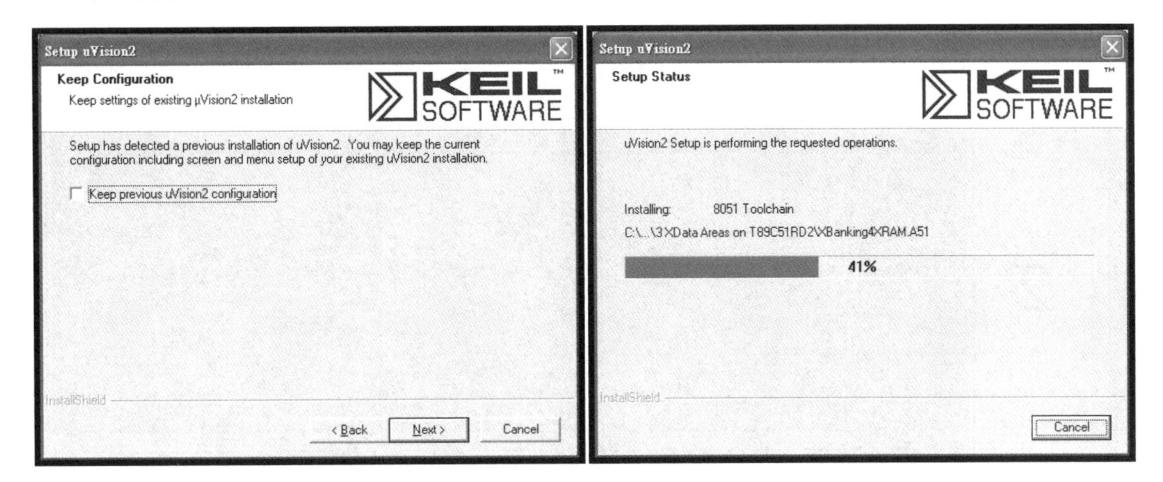

圖 1.29 Setup μ Vision 安裝進度視窗

6. 安裝完成

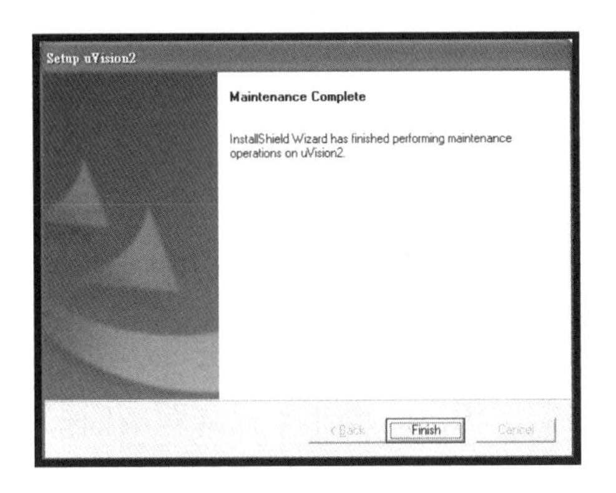

圖 1.30 安裝完成

完成了安裝程序後，可以在桌面或開始的程式集裡找到 Keil μVision2 的啓動捷徑。在使用任何的編譯系統前，都必須先了解其工作視窗的環境，在 Keil μVision2 的整合工作環境中，可概分爲四大工作區塊：

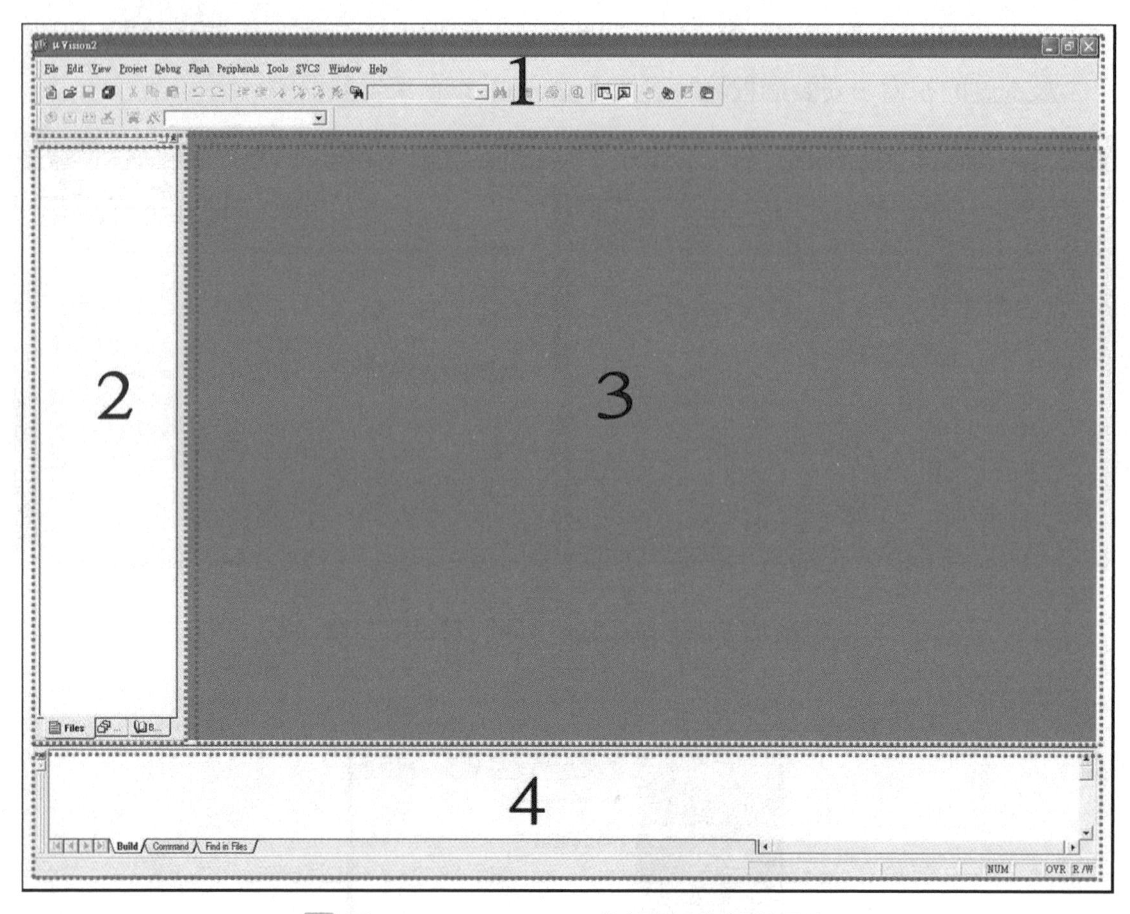

圖 1.31 Keil µ Vision2 的整合工作視窗環境

其中，區塊 1 爲功能表列，包含了 11 項的主要功能：

(1) File：功能表提供個別檔案的操作，包含新增檔案(New)、開啓檔案(Open)、關閉檔案(Close)、儲存檔案(Save)、另存檔案(Save As)、關閉程式等(Exit)，這些檔案操作命令，大多可在檔案工具列裡找到相對應的按鈕。

(2) Edit：功能表提供編輯命令，包含複製(Copy)、剪下(Cut)、貼上(Paste)、復原/取消復原(Undo、Redo)，縮排/取消縮排(Indent Selected Text、Unindent Selected Text)、書籤功能(Toggle Bookmark、Goto Next Bookmark、Goto Previous Bookmark、Clear AllBookmarks)、找尋與取代功能(Find、Replace、Find in Files、Incremental Find)。

(3) View：功能表提供視窗組件的控制，包含切換顯示狀態列(Status Bar)、切換顯示檔(FileToolbar)、切換顯示建構工具列(Build Toolbar)、切換是否除錯/模擬工具列(Debug Toolbar)、切換顯示專案視窗(Project Window)、切換顯示輸出視窗(Output Window)、切換顯示原始檔案瀏覽器(Source Browser)。

(4) Project：功能表提供專案管理功能，包含開新專案(New Project)命令、輸入 µVision 1 版的專案(Import µVision1 Project)命令、開啓專案(Open Project)命令、關閉專案(Close Project)、編譯與建立連結或燒入檔案(Build…)等。

(5) Debug：程式除錯功能，包含啓動/停止斷點(Start/Stop Debug Sesion)、除錯執行(Go)、進入函式(Step)、跳過函式(Step Over)、離開函式(Step Out of Current Function)、執行至游標處(Run to Cursor Line)、停止除錯執行(Stop Running)、設置斷點(Breakpoint)、插入或清除斷點(Insert/Rrmove Breakpoint)、致能/除能斷點(Enable/Disable Breakpoint)等。

(6) Flash：提供晶片的下載與清除的功能，將可執行碼燒錄到晶片，或將晶片中的資料清除。

(7) Peripherals：提供切換是否顯示 CPU 內部各周邊裝置的顯示視窗。

(8) Tool：功能表提供 PC-Lint 程式語法檢查工具。

(9) SVCS：提供版本結構管理功能。

(10) Window：提供工作區內的視窗排列功能。

(11) Help：應用系統求助功能。

區塊 2 爲專案視窗，在專案視窗裡主要有三個管理選單：檔案管理(Files)、暫存器管理(Regs)、輔助說明頁面(Books)，選擇的路徑就在專案視窗的最底部直接點選即可，管理視窗的架構與檔案夾結構相同，可點選資料夾的展開/縮版功能，開啓函括檔案。

區塊 3 爲工作區，點選『專案視窗』所開啓的資料內容將以視窗的形式呈現在工作區內，若同時開啓多個檔案，則可利用 Window 功能表裡的命令，以進行視窗的排列。

區塊 4 爲輸出視窗，在輸出視窗中主要區分爲三個頁面：編譯器建構(Build)、命令操作(Command)、搜索檔案(Find in Files)，當執行編譯命令或搜尋指令時，系統會將編譯(包含錯誤與警告等相關資訊)、命令或搜尋的結果顯示於輸出視窗上。

1.5.2 使用一般燒錄工具

當程式完成解譯且形成燒錄檔後，若使用有內部程式記憶體的單晶片，可直接透過燒錄器來進行燒錄。若單晶片選用外部程式記憶體(通常是因爲韌體的長度超過內部程式記憶體的長度)，則是將燒錄檔燒錄到 EEPROM(選定好 EEPROM 的型號)中。(相對應電路圖，可見圖 1.23)

MCS-51 系列的程式燒錄器很多，若屬於具備多用途的燒錄器，其單價較高，但可燒錄各種廠家及型號的單晶片，只要該燒錄器有提供單晶片的廠牌及型號的 Device Library 載入功能。至於不同包裝的單晶片，只要再搭配腳位轉換的 IC 座即可使用。市面上，也有指定特定單晶片型號的燒錄器，其價格十分經濟，非常適合用於專題練習及雛型機開發之場合使用。

以下，將介紹如何使用燒錄器 LEAPER-5E 之 MCS-51 WRITER(外觀見圖 1.32)及其燒錄的流程。該裝置電源部分，可直接連接外部電源或使用 DC9V 的電池，因此，在使用上相當的方便。

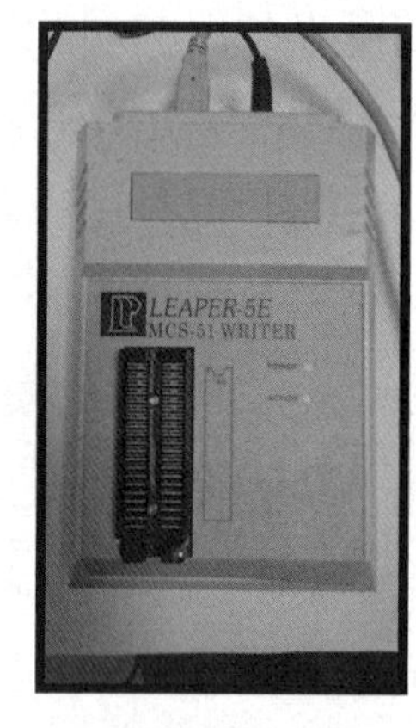

圖 1.32　LEAPER-5E 之 MCS-51 WRITER

1. 將單晶片放在燒錄的腳座上，且電源打開，接著，打開燒錄軟體的視窗。

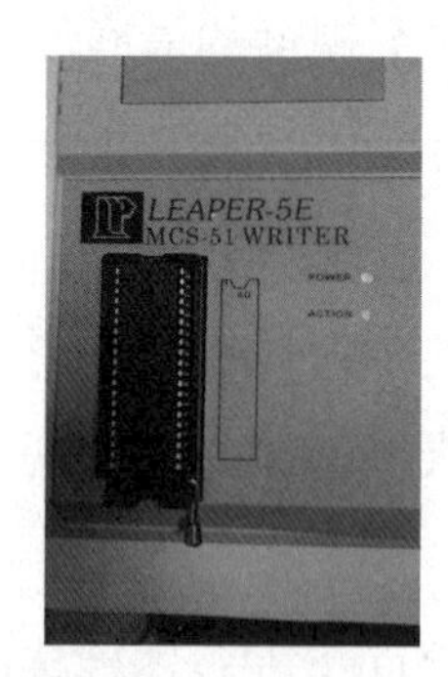

圖 1.33　單晶片放在燒錄的腳座上、電源打開且打開燒錄軟體的視窗

2. 點選 Types，以選擇單晶片型號。

圖 1.34　點選 Types，以選擇單晶片型號的視窗

3. 選好廠家及型號後，點選 OK。

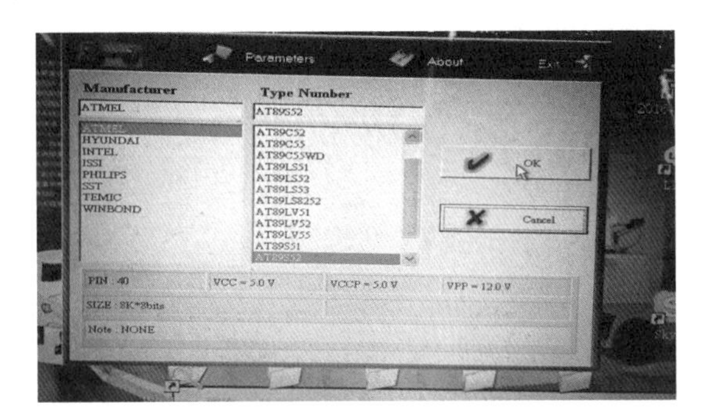

圖 1.35　選好廠家及型號後，點選 OK 的視窗

4. 點選 Load，準備選擇燒錄檔。

圖 1.36　點選 Load，準備選擇燒錄檔的視窗

5. 以 Browse 來選出燒錄檔。

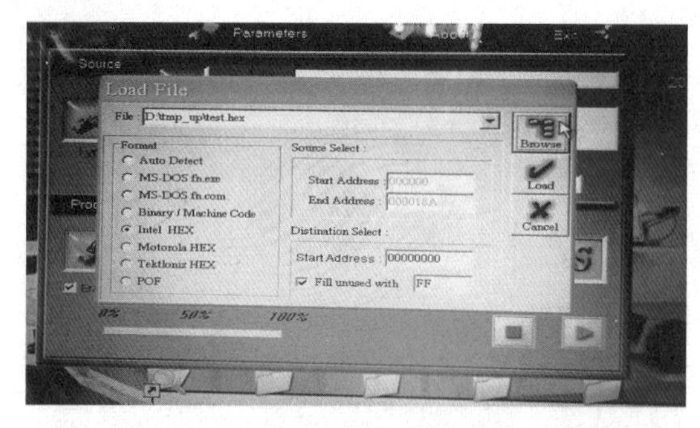

圖 1.37　以 Browse 來選出燒錄檔的視窗

6. 同時勾選 Intel HEX 後，按 Load。

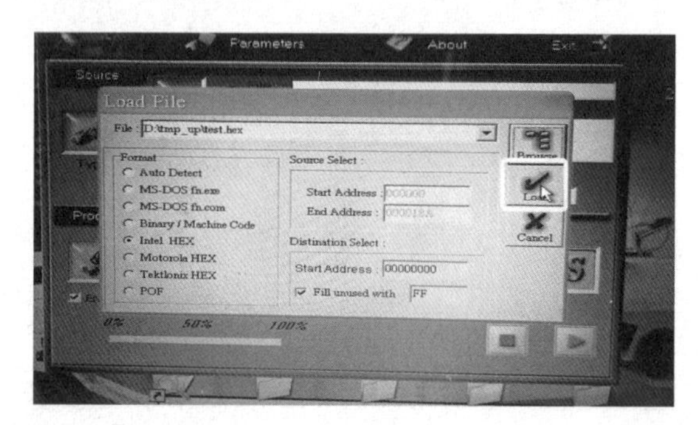

圖 1.38　同時勾選 Intel HEX 後，按 Load 的視窗

7. 燒錄檔載入後，出現 Get Check Sum 視窗，接著按確定。

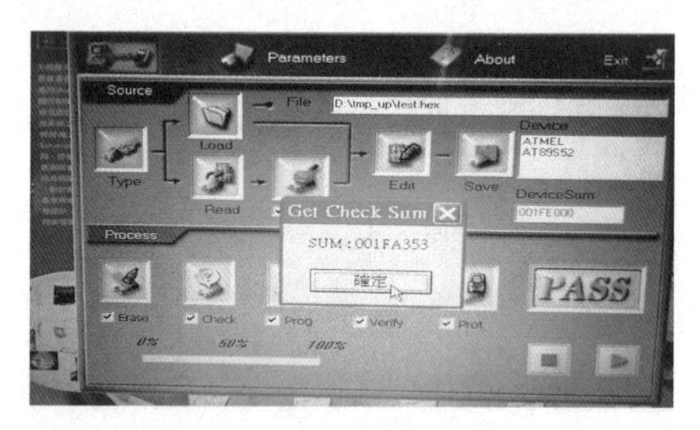

圖 1.39　燒錄檔載入後，出現 Get Check Sum 視窗，接著按確定的視窗

8. 按三角形鈕，可執行自動燒錄程序。

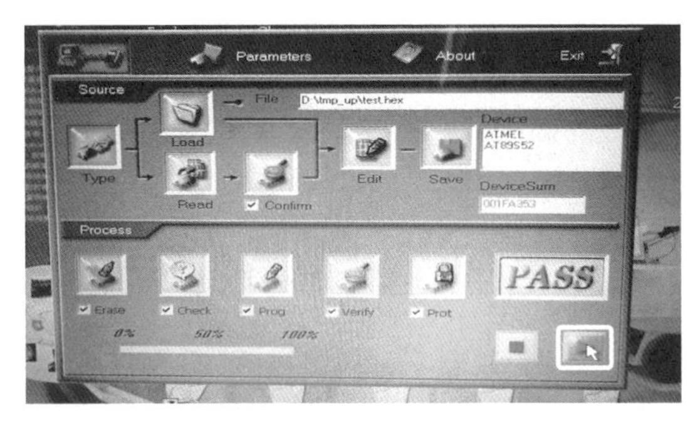

圖 1.40　按三角形鈕，可執行自動燒錄程序的視窗

9. 完成燒錄後，每個燒錄步驟都會變色表執行完畢，且出現 PASS 字樣。

圖 1.41　完成燒錄後，每個燒錄步驟都會變色表執行完畢，且出現 PASS 字樣

10. 也可手動執行每個燒錄步驟，完成後會變色表執行完畢。

圖 1.42　手動執行每個燒錄步驟，完成後會變色表執行完畢

11. 程式燒錄完成後，單晶片即可取出使用。

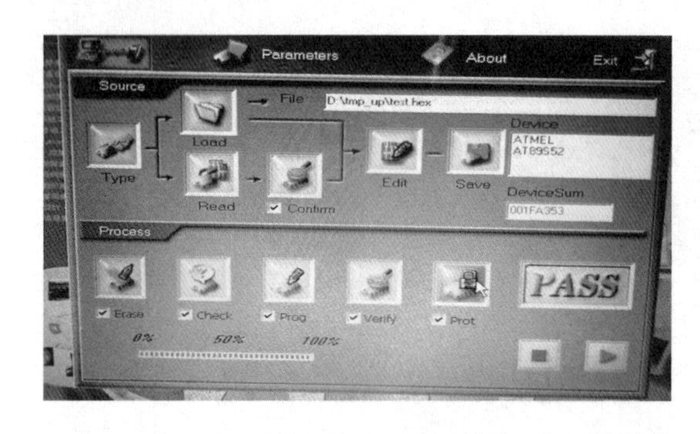

圖 1.43　程式燒錄完成後，單晶片即可取出使用

1.5.3　使用 AT89S51 之線上燒錄

Atmel 公司所出產之 AT89S51、AT89S52 及 AT89S53 等單晶片，具有線上燒錄(In System Programming)功能，其內部含有燒錄器，所以不必另外購買燒錄器，就可以直接把編譯好的燒錄檔，燒錄至上述單晶片之內部程式記憶體中。

有關 ISP 與 AT89S51、AT89S52 及 AT89S53 等單晶片之電路接法如圖 1.44，相關燒錄應用軟體可至 http://www.winsite.com/usb/usb+isp+atmel+programmer/下載，燒錄應用軟體之操作視窗如圖 1.45 所示。

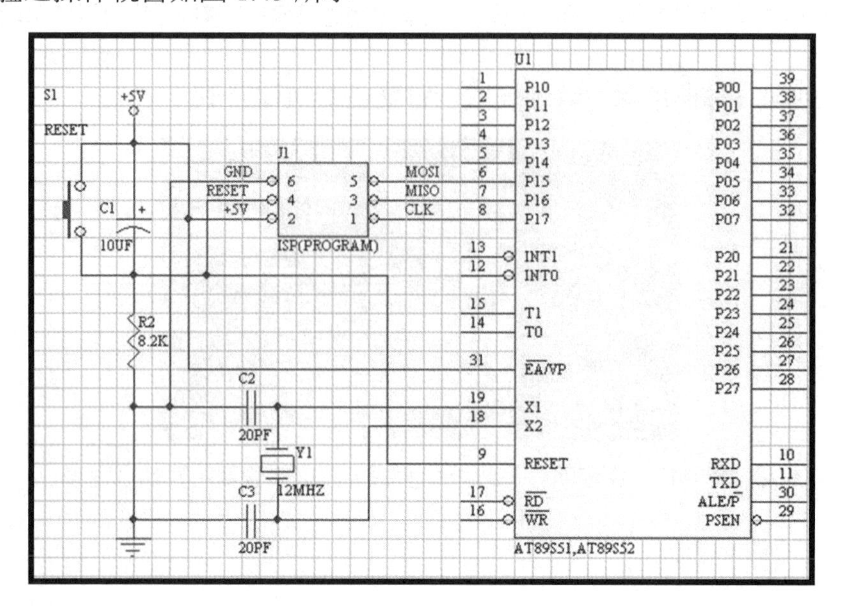

圖 1.44　ISP 與 AT89S51、AT89S52 及 AT89S53 等單晶片之電路接法

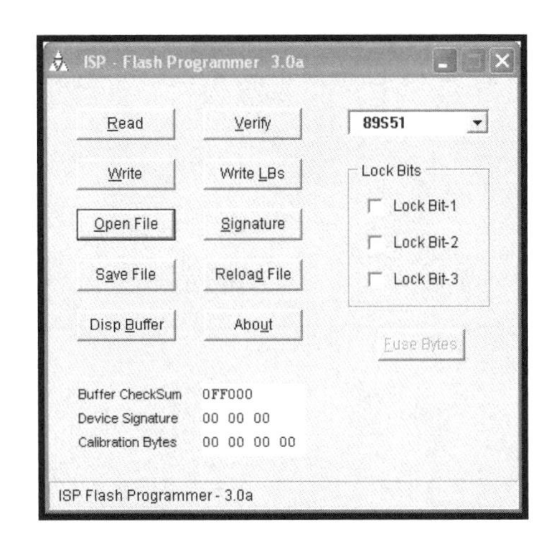

圖 1.45 燒錄應用軟體之操作視窗

有關於與電腦連結之 ISP 燒錄連接線，使用者可以依電路圖中之 pin 腳定義來自行製作，也可選用市面上已製作好之連接線。

Chapter 2

單晶片 8051 的應用

微電腦單晶片 8051 是一顆 8 位元的微控制器，具有 32 條雙向且可單獨定址的 I/O Port，內建 128/256Bytes 的資料記憶體，並可擴展到外部 64Kbytes，二組 16bit 之計時計數器，全多工傳輸訊號系統 UART，5 個中斷源及兩個中斷控制準位暫存器，內部有 4Kbytes 的程式記憶體，並可以擴展到外部 64Kbytes，非常適合工業控制與家電產品等領域之應用。

在前面章節中，已針對微電腦單晶片 8051 的規格、腳位定義、周邊相關電路及其開發工具加以介紹及說明。因此，本章節將進一步地針對微電腦單晶片 8051 的應用加以說明，包括單晶片開發的步驟及選擇原則、單晶片 8051 的動作流程、程式編輯及編譯、動作模擬軟體及實驗驗證平台等使用程序。

2.1 單晶片開發步驟及選擇原則

使用者在進行產品開發及設計時，有必要遵守一定的開發步驟及元件的使用原則。對於單晶片的使用而言，其開發流程，大概可分成以下幾個步驟：

(1) 瞭解產品的要求

(2) 確定產品的功能目標

(3) 進行軟、硬體的功能劃分

(4) 進行設計與動作的模擬

(5) 燒錄應用程式與動作測試

(6) 產品製作。

也由於單晶片的提供廠家及其種類相當多，因此，若從產品開發及量產的角度來看，對於單晶片的使用，其選擇的原則大致如下：

(1) 選用熟悉的或相近的微處理器或單晶片

(2) 能滿足產品的功能應用即可，不要一味追求高性能的晶片

(3) 選用的晶片要在國內有成熟的開發系統與穩定的貨源。

很明顯地，由於市面上微電腦單晶片 8051 的普遍使用，因此可以滿足上述的單晶片使用原則。而且，毫無疑問地，對於產品的開發而言，微電腦單晶片 8051 的使用，將是非常好的選擇之一。為了讓使用者可以充份地使用微電腦單晶片 8051，以下將針對其動作流程加以說明。

2.2 單晶片 8051 的動作

微電腦單晶片 8051 有其特定的組成架構，主要由 CPU、內部記憶體(資料記憶體及程式記憶體)及一些 I/O 所組成，再加上特殊功能暫存器的適當規劃，將可以透過固定的硬體動作流程來產生功能性動作，包括指令擷取、指令解譯、執行指令動作及資料回存等動作。

由於微電腦單晶片 8051 的訊號進出動作就是記憶體的定址動作，因此，執行指令的動作，就是依編譯指令後所產生的時序波形，來進行記憶體的定址動作及算數邏輯運算等動作的流程。

以下章節，將就微電腦單晶片 8051 的系統架構及動作流程，來分別加以介紹及說明：

2.2.1 單晶片 8051 的架構

微電腦單晶片 8051 的系統架構如圖 2.1 所示，具有一顆 8 位元的 CPU，32 條雙向且可單獨定址的 I/O Port(P0、P1、P2 及 P3)，128/256Bytes 的資料記憶體(RAM)，二組 16bit 之計時計數器，全多工傳輸訊號系統 UART，5 個中斷源(Timer0、Timer1、INT0、INT1 及 UART)及 4Kbytes 的程式記憶體(ROM)。

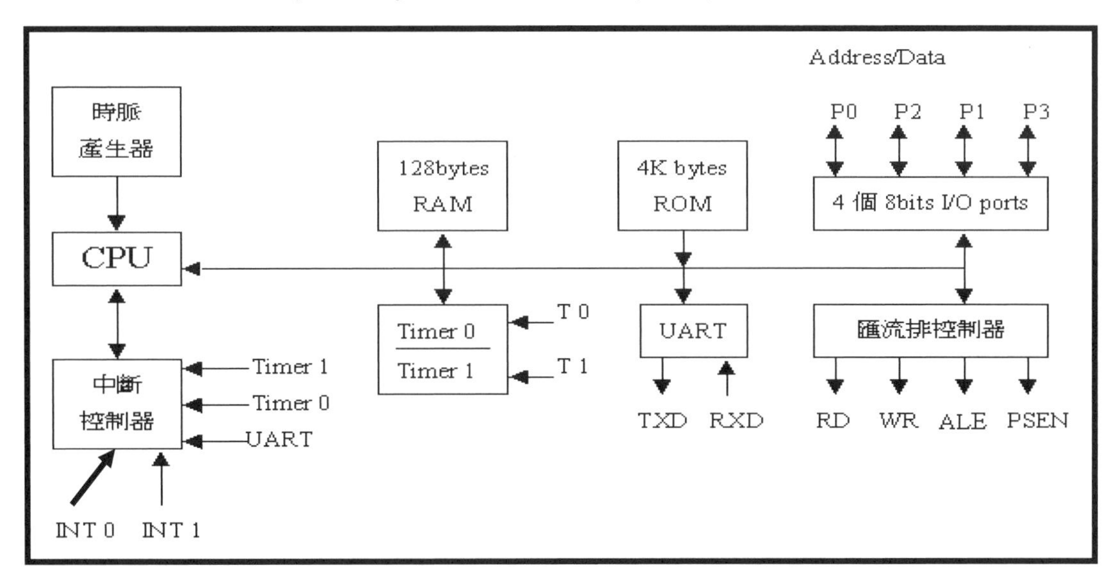

圖 2.1 微電腦單晶片 8051 的系統架構圖

至於微電腦單晶片 8051 的硬體實現(可見圖 2.2)，可以使用硬體描述語言(Hardware Description Language)來加以設計，其功能組成則是由內部記憶體及暫存器的內容規劃來進行。也就是說，微電腦單晶片 8051 的內部組成及指令(機械碼)的硬體動作，皆已先行設計及配置好，使用者只要適當排序功能動作(也就是程式設計)的一連串機械碼，再搭配微電腦單晶片 8051 的硬體動作流程，微電腦單晶片 8051 就可以依程式設計的內容來動作。

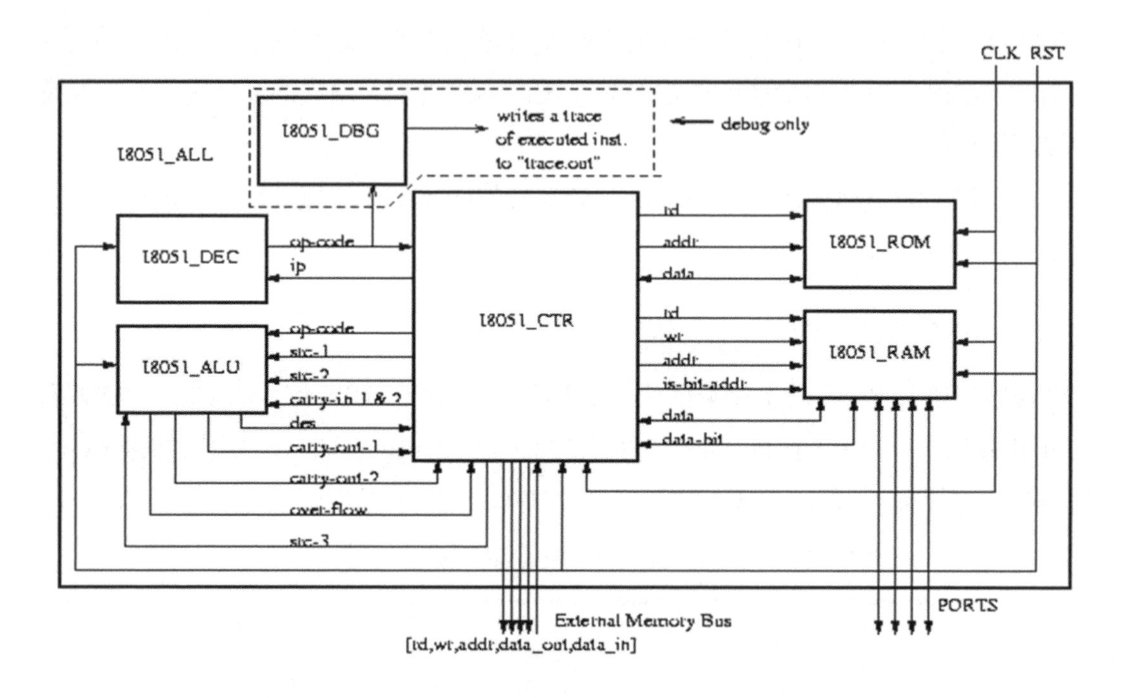

圖 2.2 微電腦單晶片 8051 硬體實現之系統方塊圖

很明顯地，微電腦單晶片 8051 的程式設計就是硬體的動作設計，也是數位波形產生時序的設計，因此，使用者必須對其內部架構及動作流程有所瞭解後，才能設計出好的韌體，得以順利地操控微電腦單晶片 8051，以符合產品規格需要。

2.2.2 單晶片 8051 的動作流程

一般而言，微電腦單晶片 8051 的動作流程，可見圖 2.3。

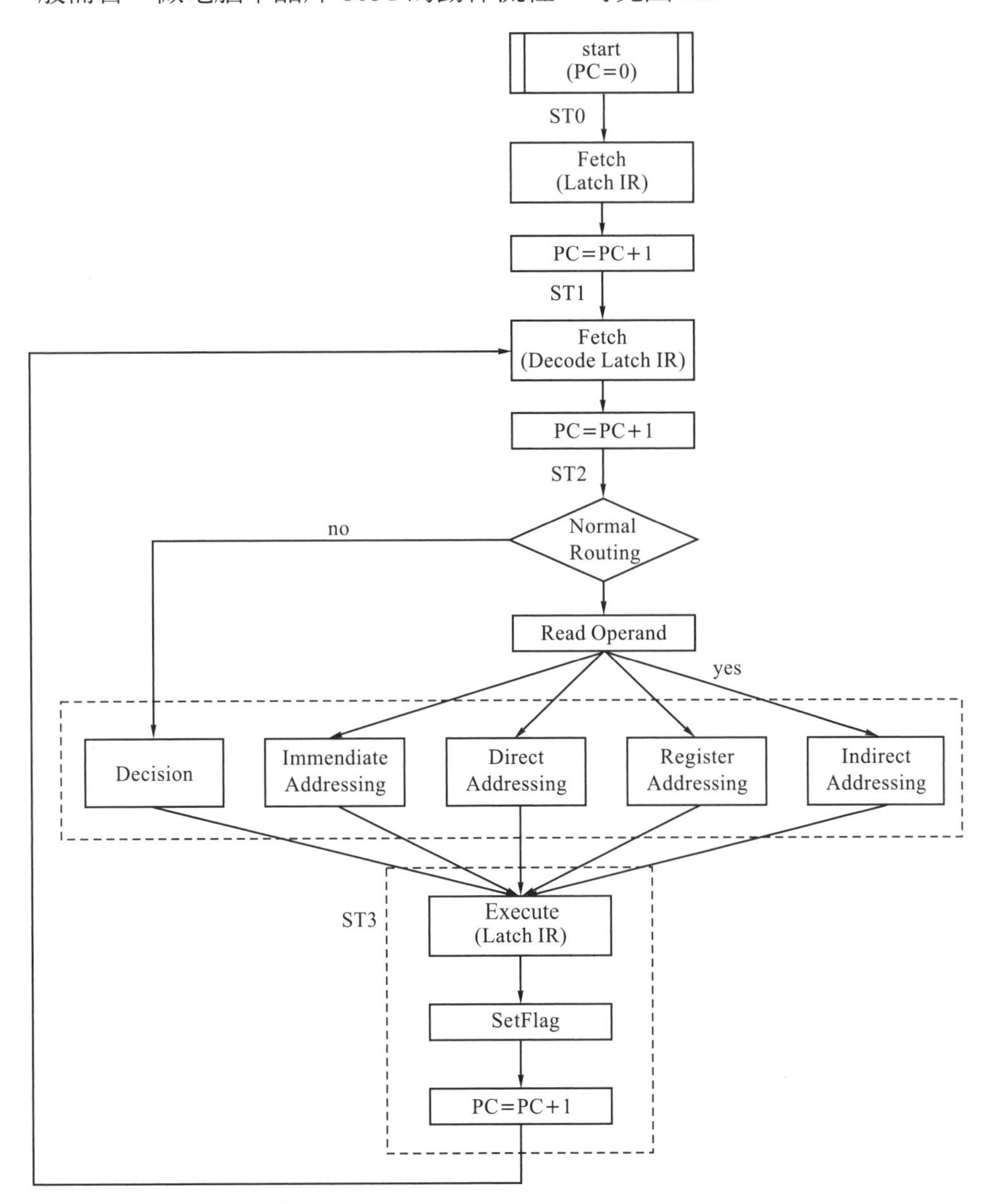

圖 2.3 微電腦單晶片 8051 的動作流程

微電腦單晶片 8051 乃依程式計數器(PC)內容來依序地進行程式讀取、解譯、定址及執行等動作步驟。若以各動作的示意圖來看，其動作的流程，茲說明如下：

1. 指令擷取：將程式記憶體中被定址的機械碼內容讀入至指令暫存器中。

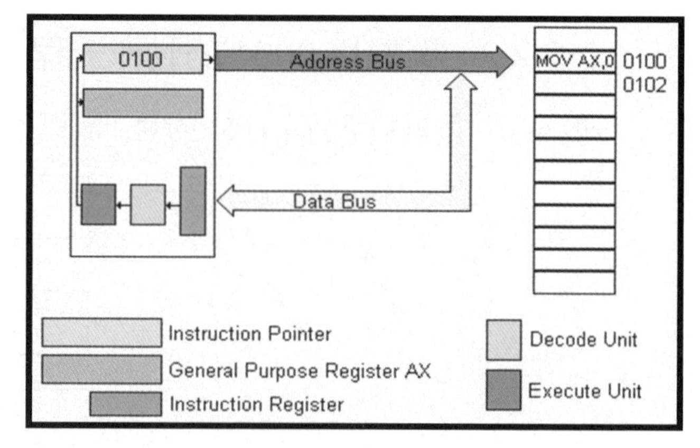

圖 2.4　指令擷取

2. 指令解譯：解譯機械碼的動作內容，以產生各動作的控制時序波形。

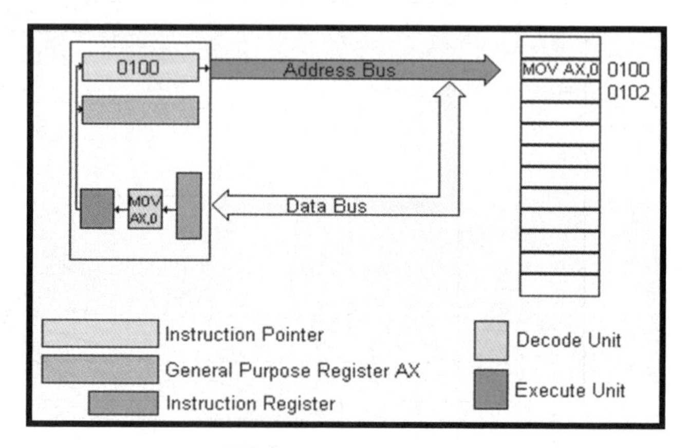

圖 2.5　指令解譯

3. 執行指令：執行指定動作後，位址暫存器內容將指定到下一個程式位址。

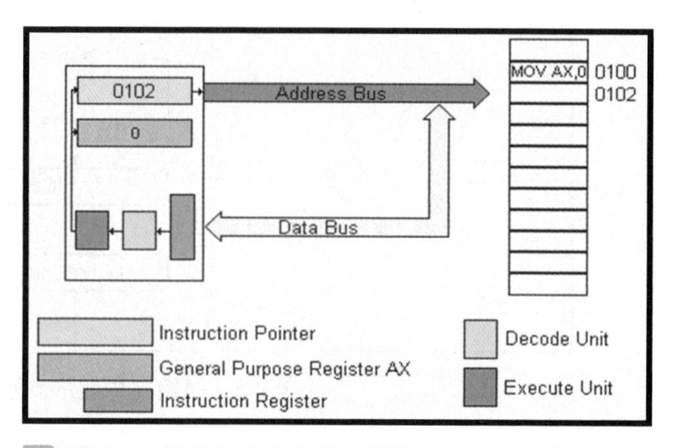

圖 2.6　執行指令動作後，將指定到下一個程式位址

2.3 單晶片 8051 的使用

微電腦單晶片 8051 的韌體設計、編譯、燒錄及執行流程如圖 2.7。原始程式可以由組合語言或 C51 語言來編輯，只要可以解譯成 obj 檔，各部分程式都可以被鍊結 (Linker)且 Compiler 成一個燒錄檔。

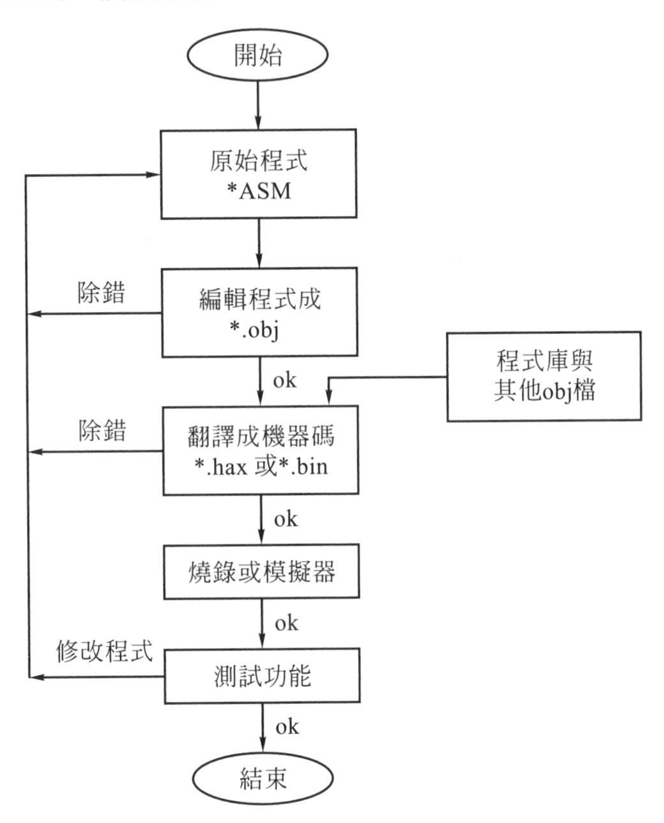

圖 2.7 微電腦單晶片 8051 的韌體設計、解譯、燒錄及執行流程

以下，將就微電腦單晶片 8051 的編輯軟體、模擬軟體、實驗平台之介紹及使用步驟，分別加以說明。

2.3.1 單晶片 8051 的編輯軟體

在前面的章節中，已介紹及說明爲何使用 Keil μVision 軟體的原因及如何 Install 該軟體，同時說明各視窗的功能及應用。以下，將以逐步操作視窗畫面的方式，來引導使用者可以快速地使用此單晶片 8051 的編輯軟體來進行編輯及編譯，包括組合語言及 C51 等兩種程式語言。

1. 打開 Keil μVision 軟體且進入起始畫面

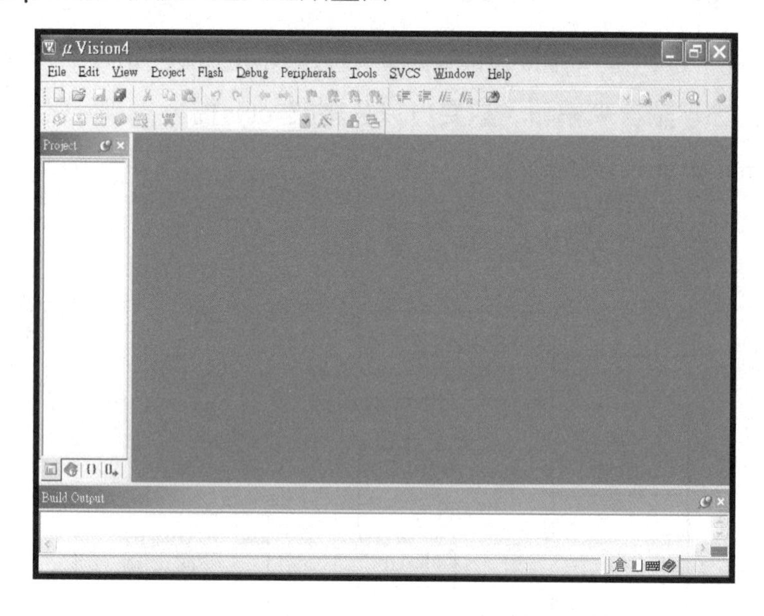

圖 2.8　Keil μVision 軟體起始的視窗畫面

2. 建立 New μVision Project

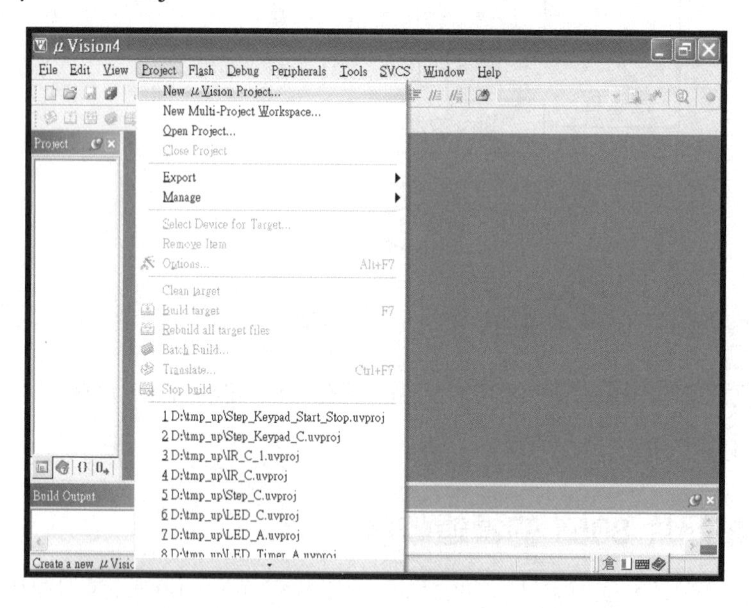

圖 2.9　建立 New μVision Project 的視窗畫面

3. 命名 NewµVision Project (假設命名爲 test)

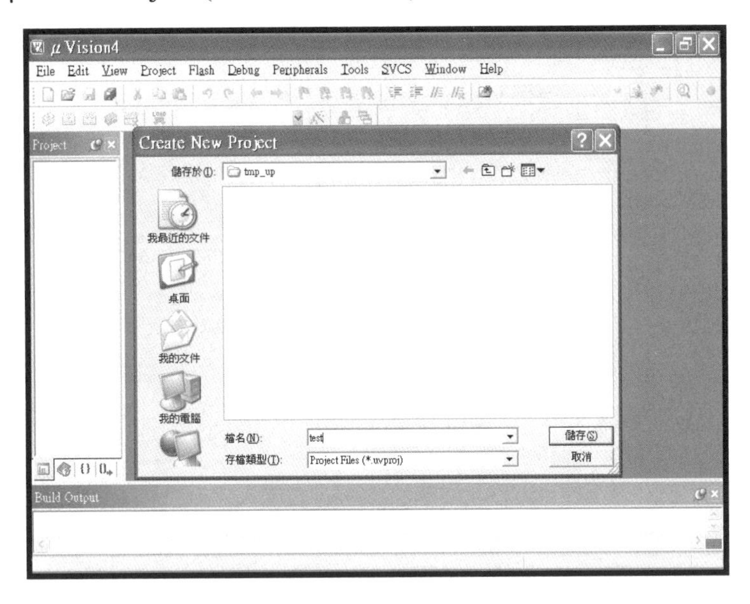

圖 2.10 命名 New µVision Project 的視窗畫面

4. 進入 CPU 選擇畫面

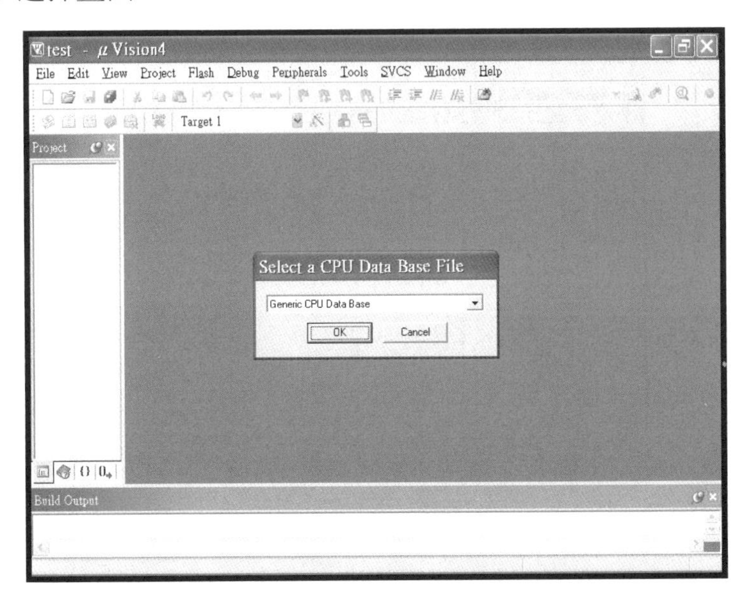

圖 2.11 進入 CPU 選擇的視窗畫面

5. 選擇所使用的 CPU

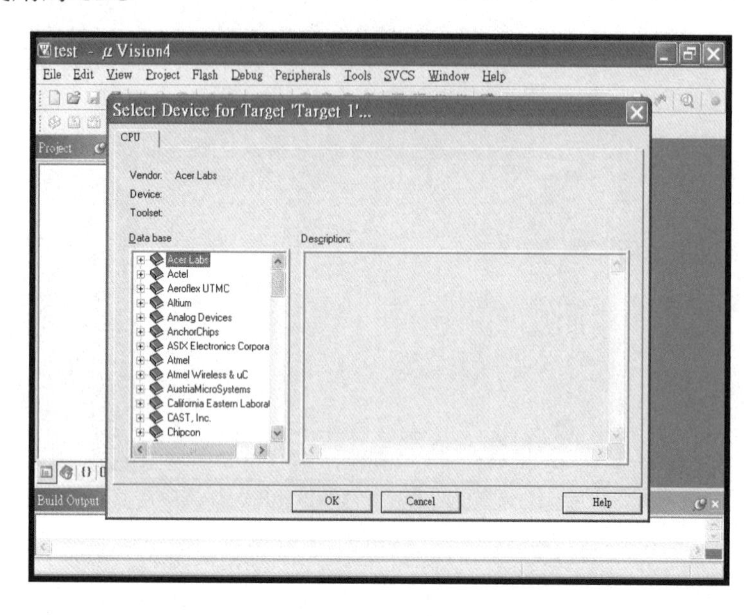

圖 2.12 選擇所使用的 CPU 視窗畫面

6. 假設選定 Atmel AT89S52(依使用的單晶片廠家及型號而定)

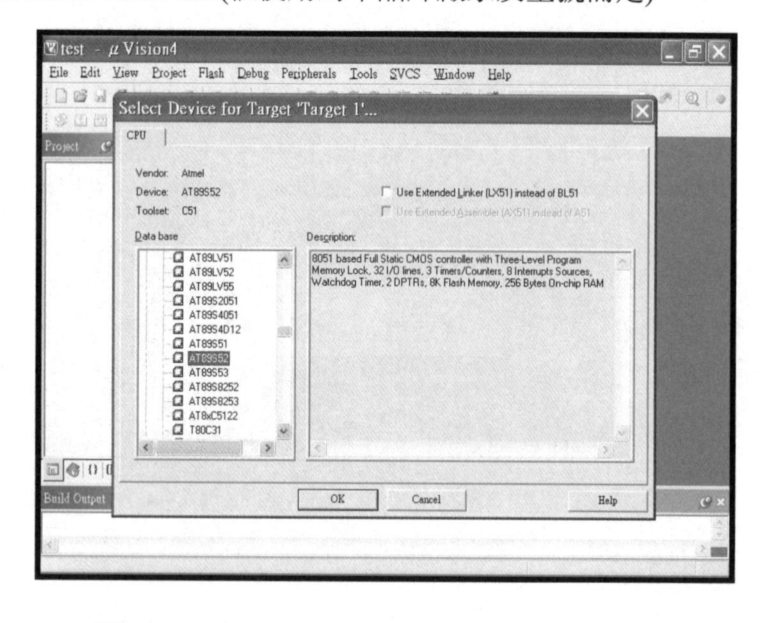

圖 2.13 假設選定 Atmel AT89S52 的視窗畫面

7. 選擇 Copy Standard 8051 Startup Code to Project Folder

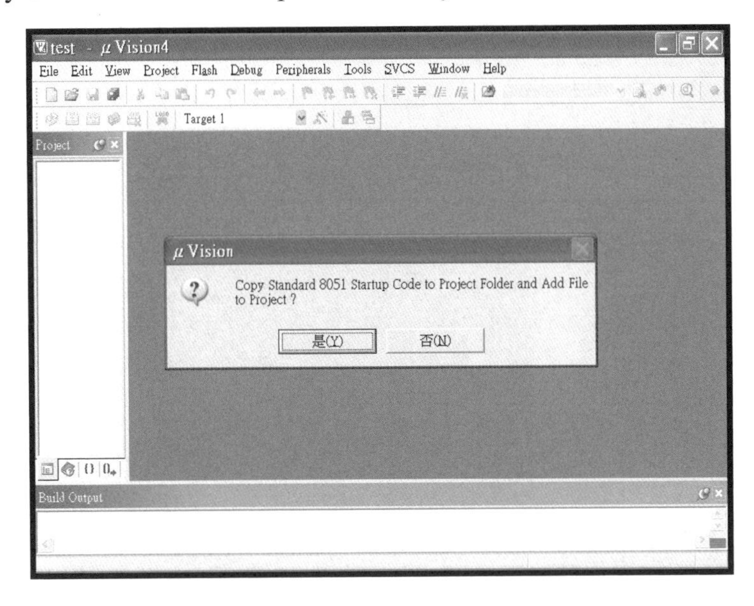

▲ 圖 2.14　選擇 Copy Standard 8051 Startup Code to Project Folder 的視窗畫面

8. 完成 New Project 建立

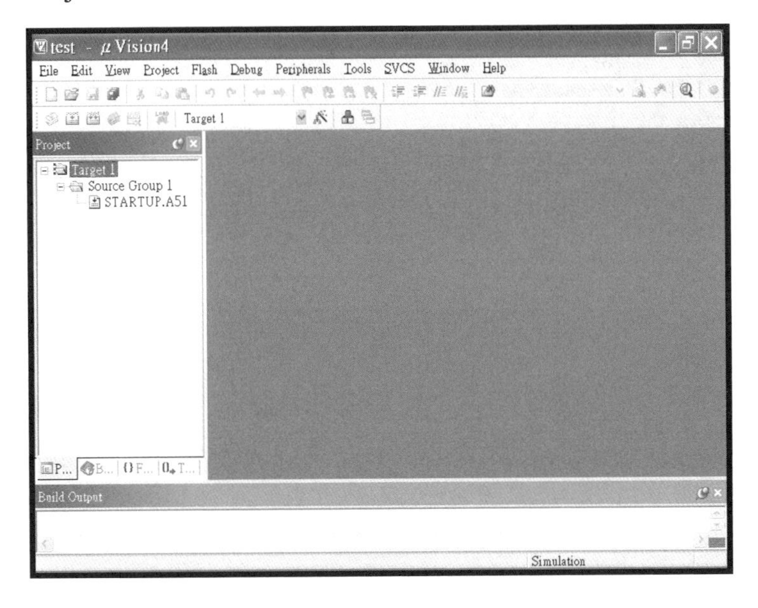

▲ 圖 2.15　完成 New Project 建立的視窗畫面

9. 選擇 File→New(建立新 File)

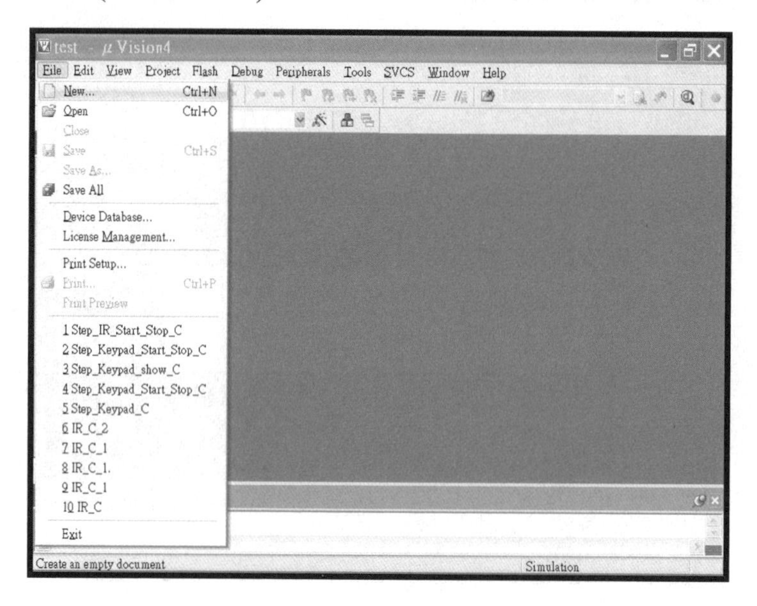

圖 2.16 建立新 File 的視窗畫面

10. 鍵入程式碼(組合語言版)

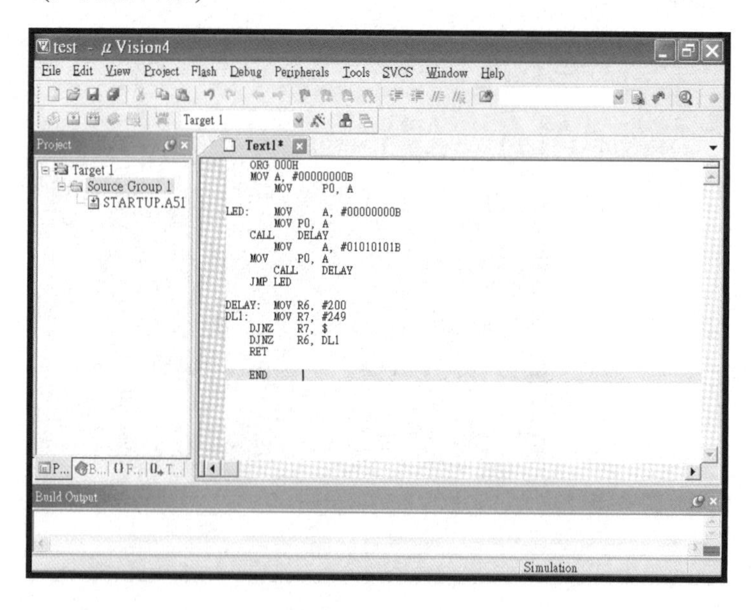

圖 2.17 鍵入程式碼(組合語言版)的視窗畫面

11. 選擇 Save As

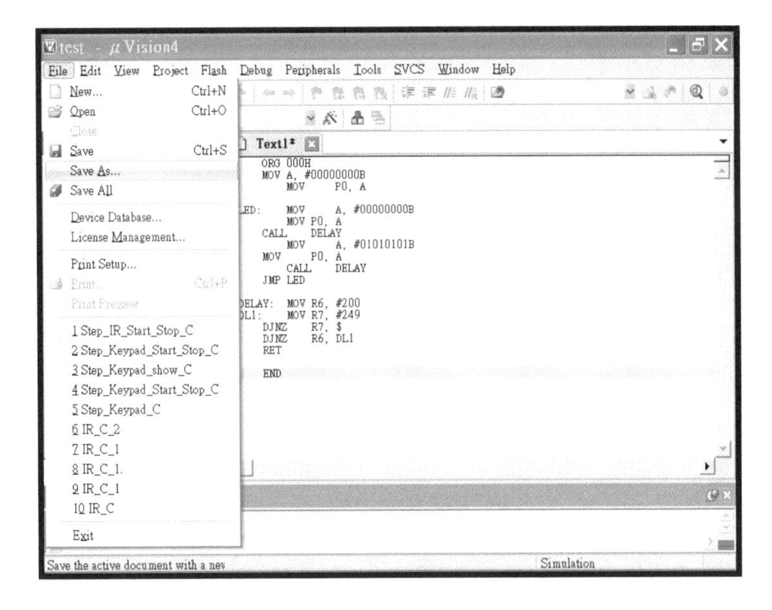

圖 2.18 選擇 Save As 的視窗畫面

12. 假設命名爲 LED.a51(要鍵入附檔名)

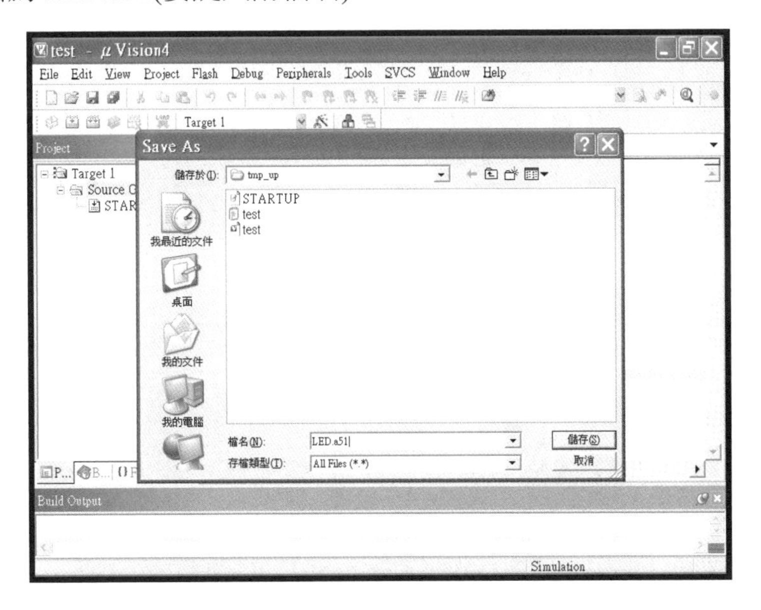

圖 2.19 假設命名為 LED.a51 的視窗畫面

13. 組合語言命名成功(編輯視窗非單一黑色而出現各種顏色)

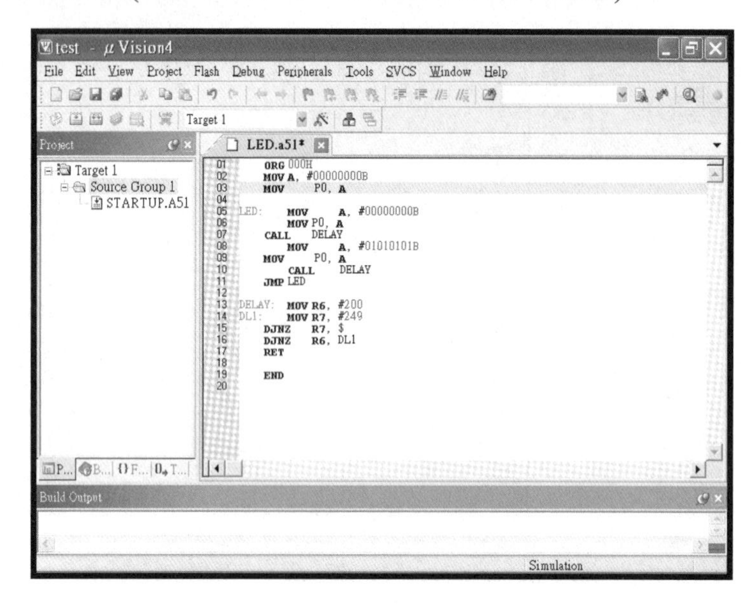

圖 2.20　組合語言命名成功的視窗畫面

14. 點在 Source Group 1 上，按滑鼠右鍵，再選 Add Files to Group “Source Group 1”

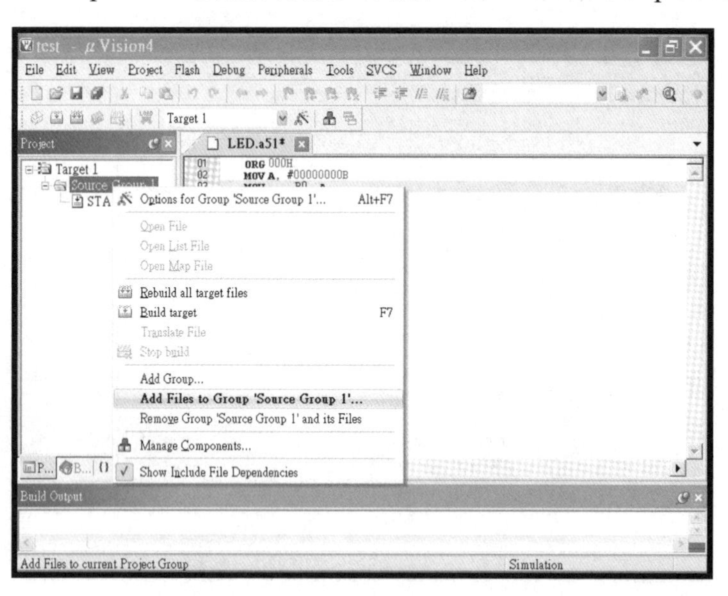

圖 2.21　點在 Source Group 1 上，按滑鼠右鍵，選加入檔案的視窗畫面

15. 點選剛剛命名爲 LED.a51 之檔案，發現檔案加入 Source Group 1 中

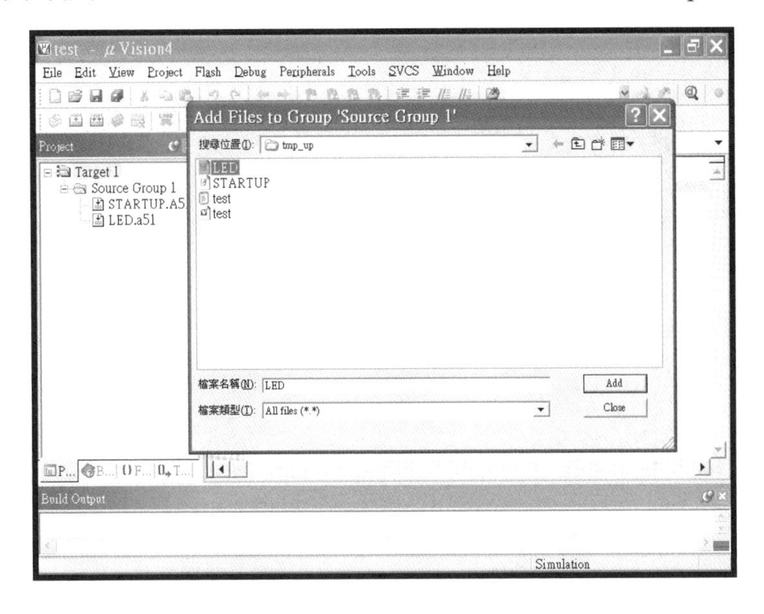

圖 2.22 點選剛剛命名為 LED.a51 之檔案的視窗畫面

16. 點在 Target 1 上，按滑鼠右鍵，點選 Options for Target “Target 1”

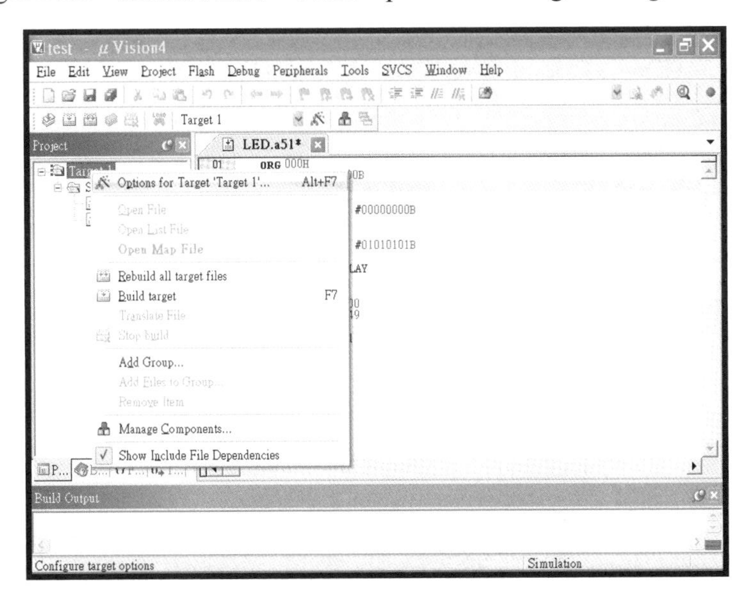

圖 2.23 選 Options for Target “Target 1”的視窗畫面

17. 勾選 Output 之 Create HEX File

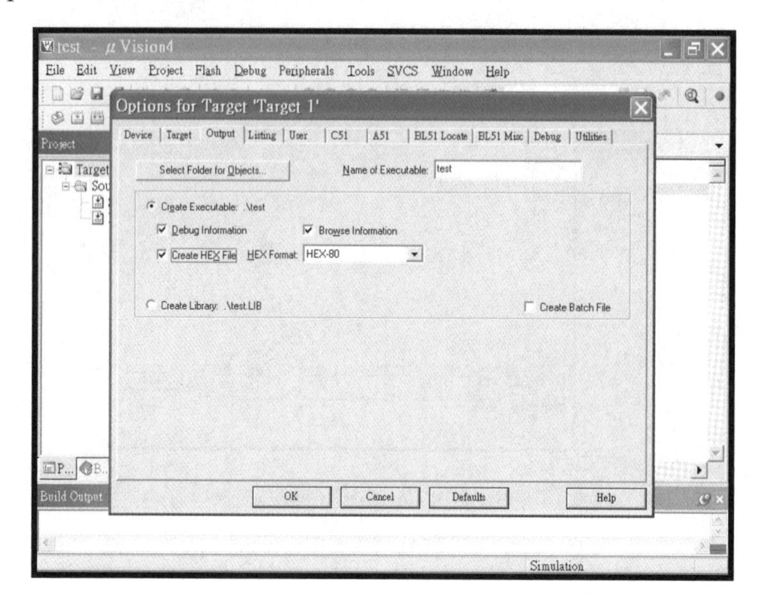

圖 2.24　勾選 Output 之 Create HEX File 的視窗畫面

18. 點選 Project 中之 Rebuild all target files，進行 Compiler

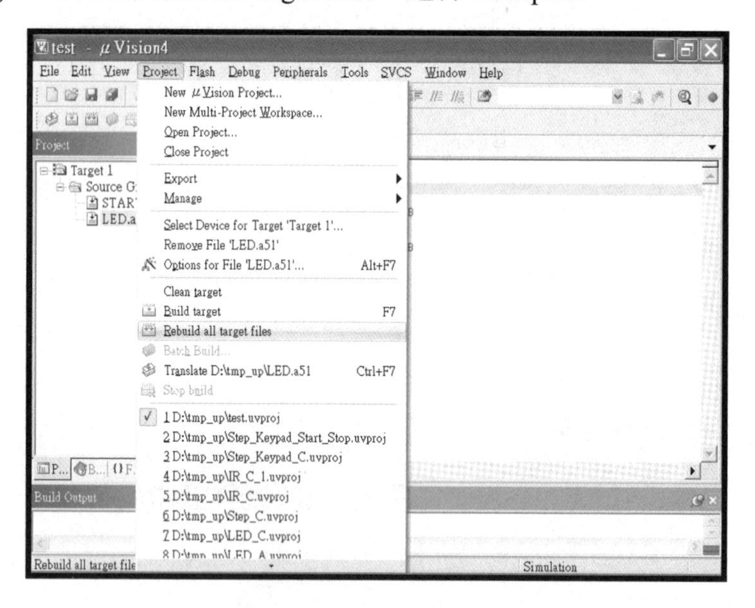

圖 2.25　點選 Project 中之 Rebuild all target files，進行 Compiler 的視窗畫面

19. 完成 Compiler (訊息可看 Build Output 視窗，顯示已產生 test.hex 檔)

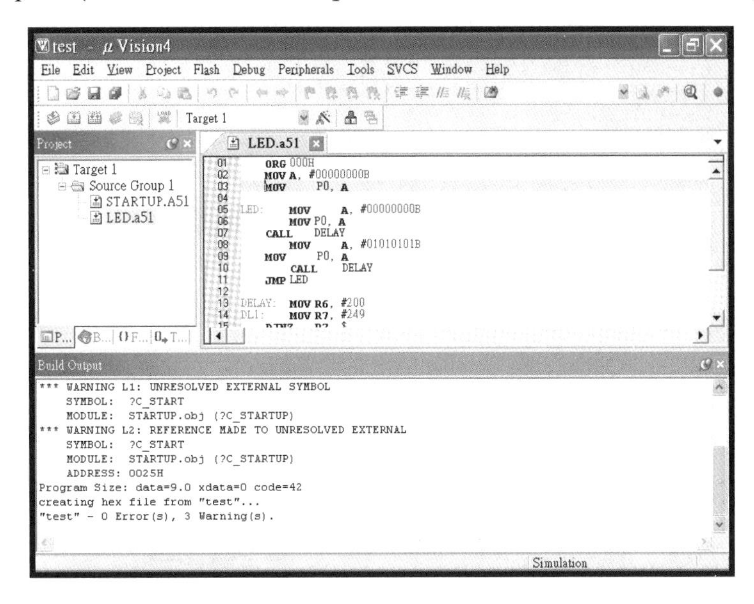

▲ 圖 2.26　完成 Compiler 的視窗畫面

20. 鍵入程式碼(C51 語言版)

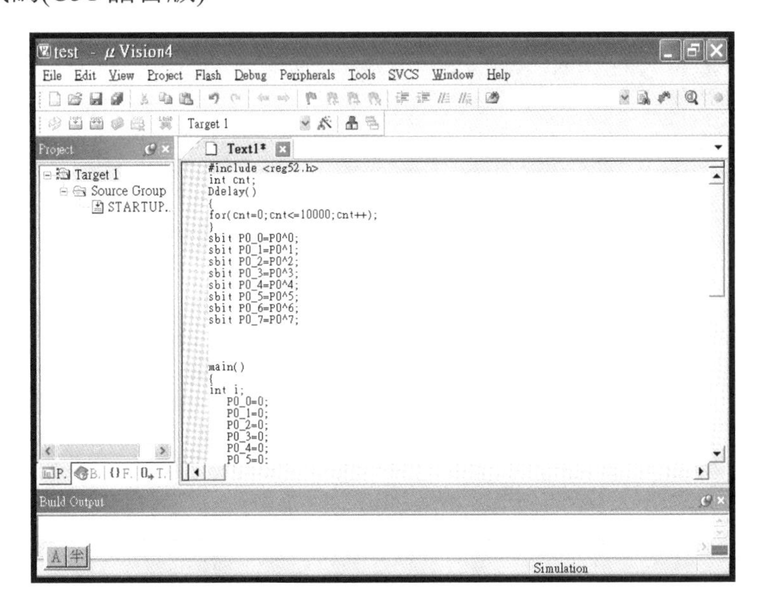

▲ 圖 2.27　鍵入程式碼(C51 語言版)的視窗畫面

21. 選擇 Save As，且假設命名爲 LED.c(要鍵入附檔名)

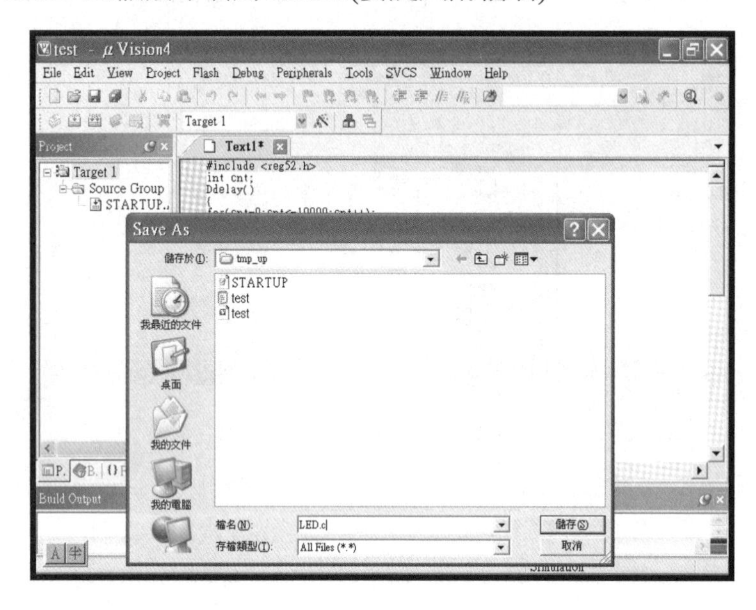

圖 2.28　選擇 Save As，且假設命名為 LED.c 的視窗畫面

22. C51 語言命名成功(編輯視窗非單一黑色而出現各種顏色)

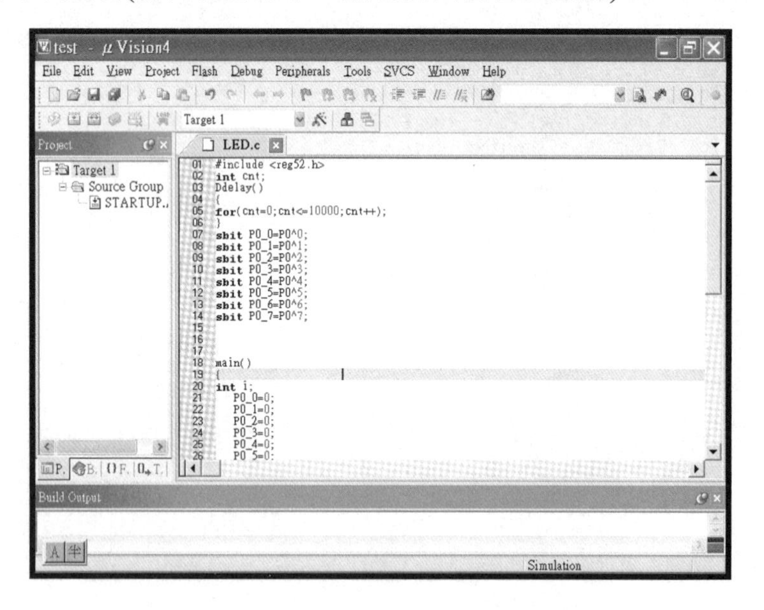

圖 2.29　C51 語言命名成功之視窗畫面

23. 點在 Source Group 1 上，按滑鼠右鍵，再選 Add Files to Group“Source Group 1”

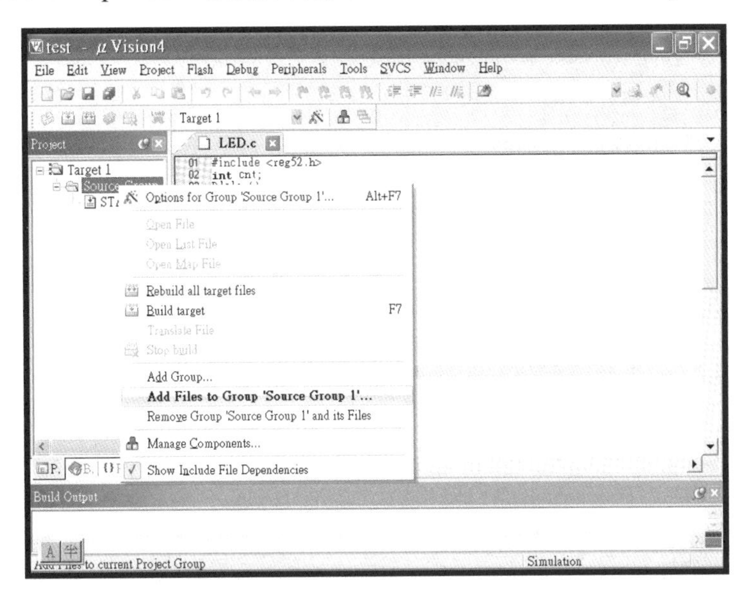

圖 2.30　點在 Source Group 1 上，按滑鼠右鍵，選加入檔案之視窗畫面

24. 點選剛剛命名爲 LED.c 之檔案

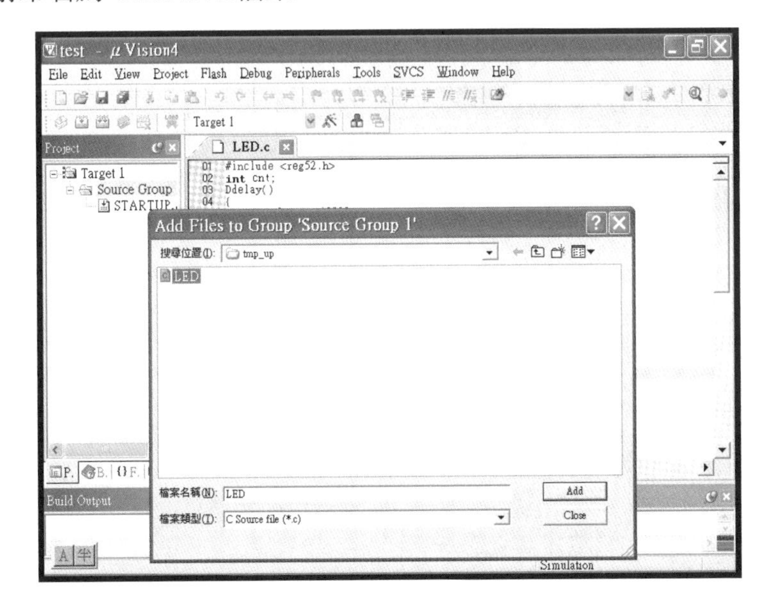

圖 2.31　點選剛剛命名為 LED.c 之視窗畫面

25. 發現檔案加入 Source Group 1 中

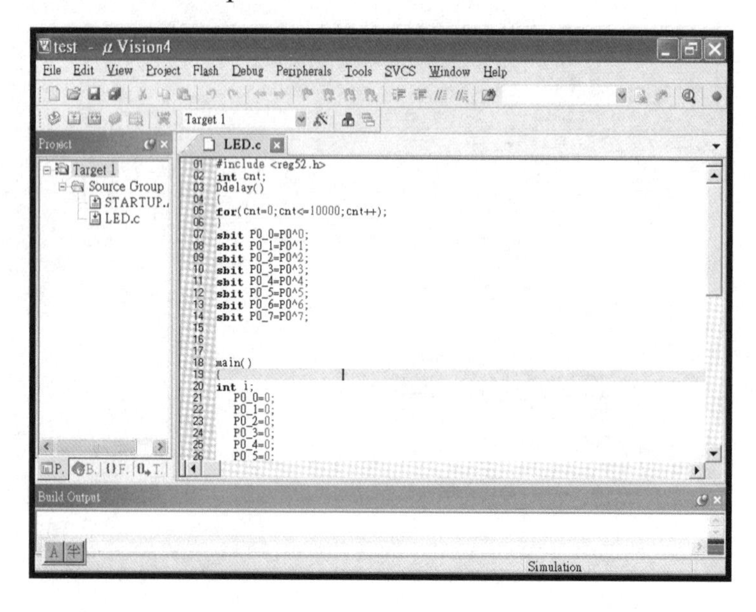

圖 2.32　檔案加入 Source Group 1 中之視窗畫面

26. 依上步驟之組合語言設定方式，將 Target 1 的 Options 之 Output 勾選 Create HEX File 後，執行 Project 之 Rebuild all target files 以進行 Compiler

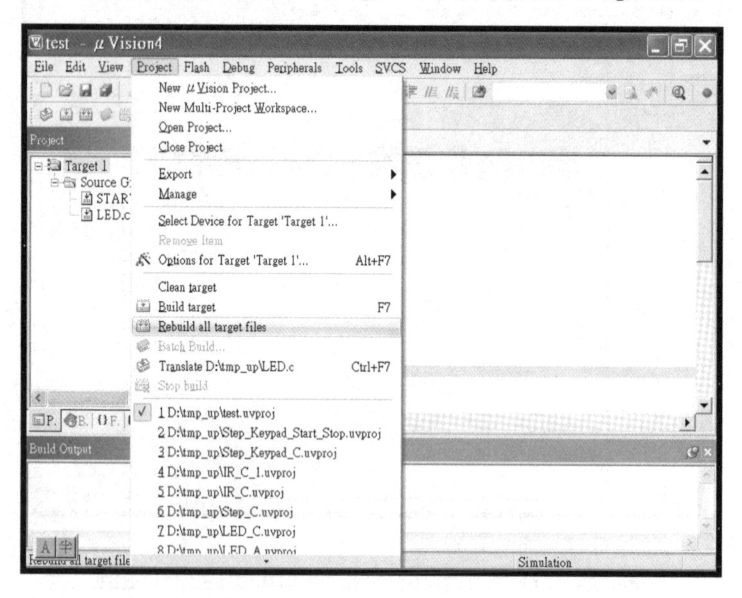

圖 2.33　進行 Compiler 之視窗畫面

27. 完成 Compiler (訊息可看 Build Output 視窗，顯示已產生 test.hex 檔)

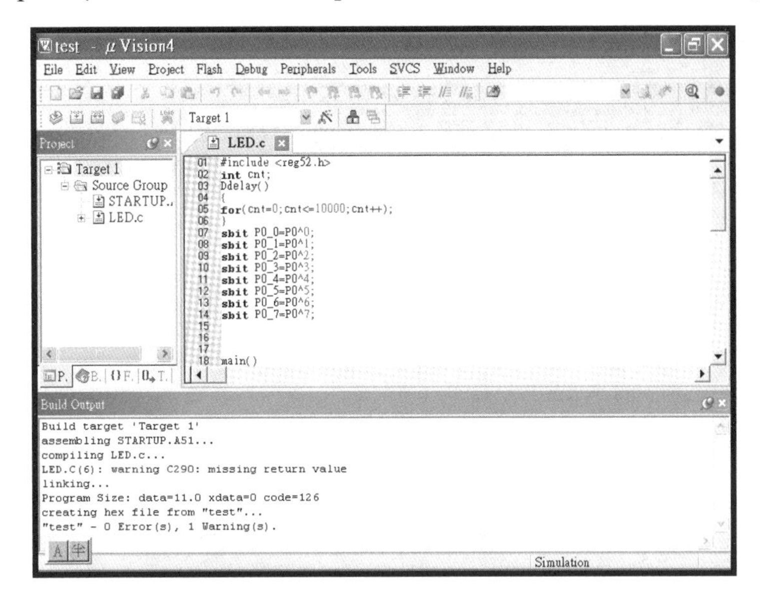

圖 2.34　完成 Compiler 之視窗畫面

2.3.2　單晶片 8051 的模擬軟體

完成單晶片 8051 程式之編輯及編譯後，接著，需要設法以模擬軟體方式，來先行進行相關動作之功能驗證。本書所建議使用的單晶片 8051 的模擬軟體爲 SimLab-8051，主要是因爲該軟體具有以下之特點，所以非常適合於單晶片 8051 程式編程後之功能模擬。

1. 完全的軟體模擬，不需要任何的硬體接線。
2. 具有一般模擬器的單步除錯功能。
3. 可以隨時觀察、修改記憶體及內部特殊暫存器內容。
4. 內建有程式組譯器或可選擇其他組譯器及編輯器。
5. 提供相關程式和硬體線路，且可列印。
6. 內建有數十種常用實習模組，可以做基礎程式到專題模組之模擬練習。

有關 SimLab-8051 的操作程序及相關說明如下：

首先，用滑鼠點選：[開始] → [程式集(P)] → [SIMLAB-8051] →[SimLab_8051]，會進入程式歡迎起始頁面，再用滑鼠點一下後，就會進入以下之工作視窗畫面：

圖 2.35　工作視窗畫面

對於 SimLab-8051 發展環境之各項功能解說如下：

1. **檔案功能：**

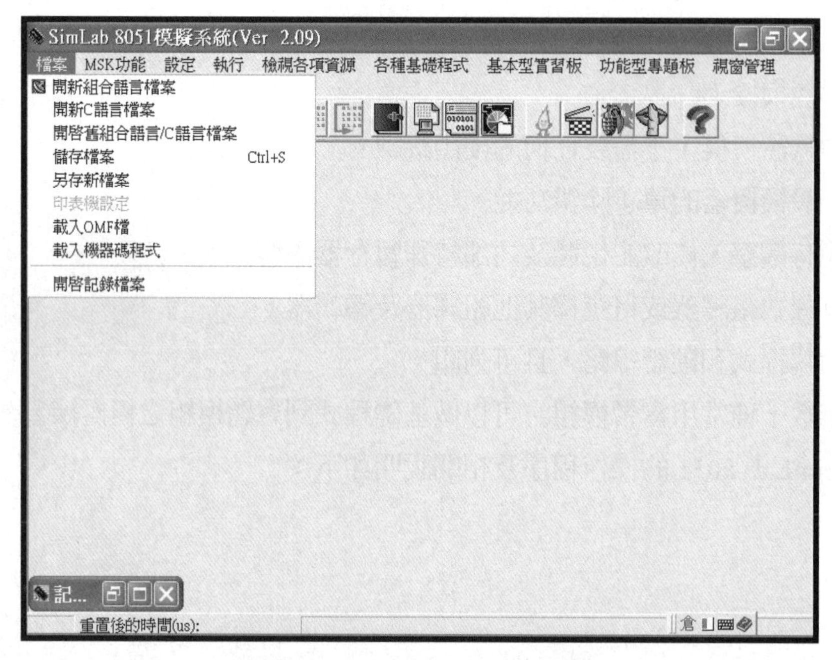

圖 2.36　檔案功能之視窗畫面

其中，開新組合語言檔案及開新 C 語言檔案，分別表可在視窗內編寫組合語言原始程式及 C 語言原始程式，且可做儲存、組譯及載入等工作。

開啓舊組合語言/ C 語言檔案，爲開啓一個已存在的組合語言或 C 語言檔案，點選欲開啓的檔案之後，即自動開啓一個程式編輯視窗。

載入機器碼程式，表爲可將已 Complier 好的 hex 檔載入，猶如將程式碼燒錄的意思。

2. MSK **燒錄功能：(在此不贅述)**

圖 2.37　MSK 燒錄功能之視窗畫面

3. **設定功能：參數設定，有 4 個參數設定選項**。

其中，組譯器/編譯器設定功能，表爲組譯器/編譯器的選擇，若選爲內定組譯器/編譯器，則爲使用 SIMLAB-8051 所提供的組譯器。當組譯程式時，它會呼叫內建的組譯器來組譯。若不想用內建的組譯器，則可選擇 Franklin 或 2500AD 組譯器。

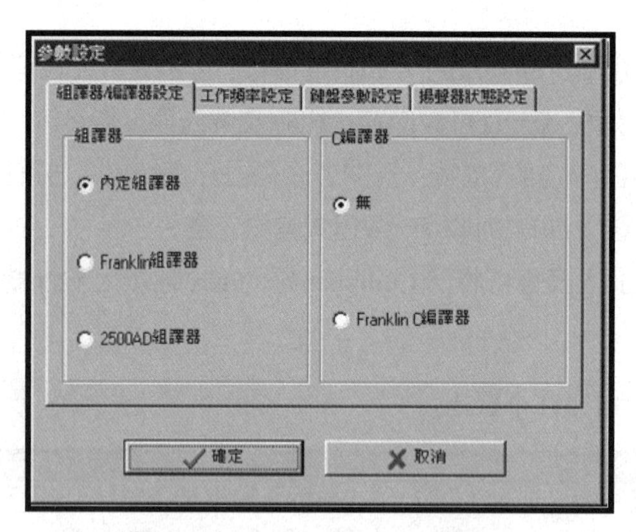

圖 2.38 設定功能之視窗畫面

工作頻率設定，爲設定模擬時的外接時脈頻率，單位爲 MHz 時脈，設定關係程式執行速度，一般內定值爲 12 MHz。

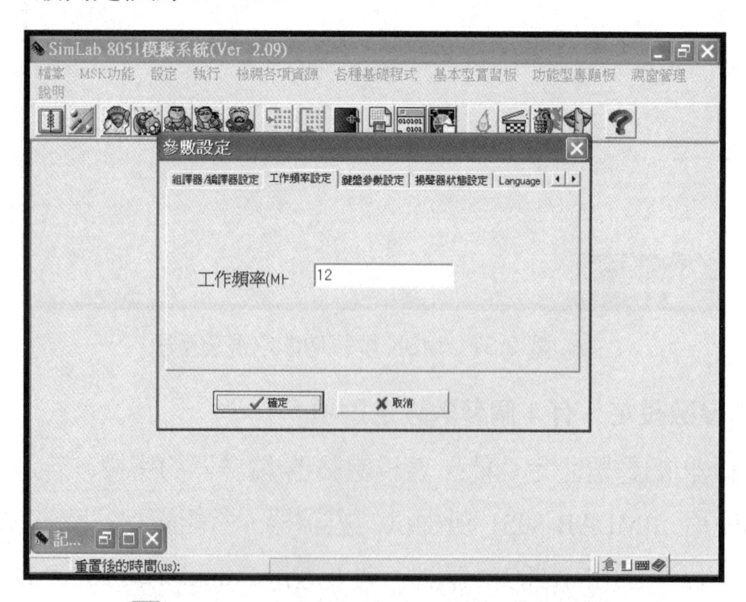

圖 2.39 工作頻率設定功能之視窗畫面

鍵盤參數設定，爲設定在模擬實驗板上的按鍵的動作特性，包括彈跳時間、ON 的時間及 OFF 的延遲時間。

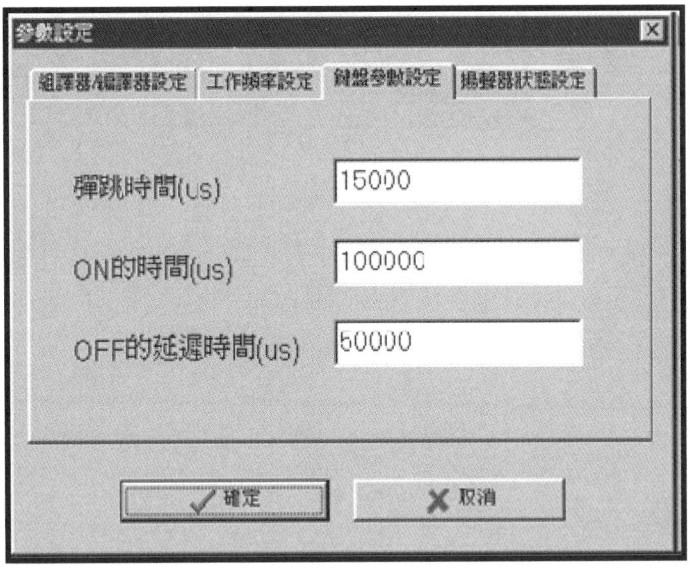

參數設定
組譯器/編譯器設定 工作頻率設定 鍵盤參數設定 揚聲器狀態設定
彈跳時間(us) 15000
ON的時間(us) 100000
OFF的延遲時間(us) 50000
確定 取消

圖 2.40 鍵盤參數設定功能之視窗畫面

揚聲器狀態設定，爲設定在模擬實驗板上的喇叭的動作特性。包括連續發聲、測試發聲、延遲發聲及靜音發聲等設定。實驗板上的喇叭會藉由 PC 上的喇叭發聲。

圖 2.41 揚聲器狀態設定功能之視窗畫面

4. **執行功能：**

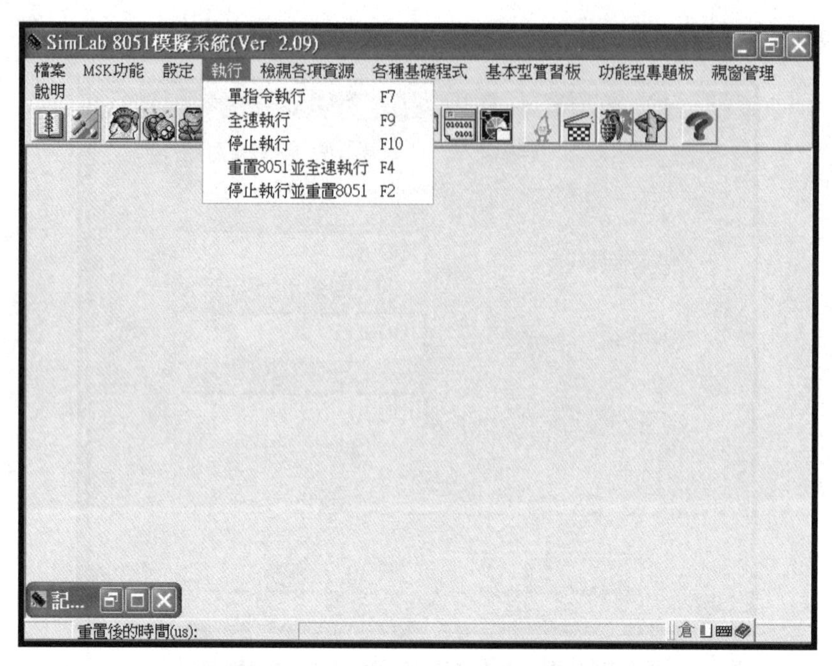

圖 2.42 執行功能之視窗畫面

其中，單步執行，為程式會執行一個指令然後停止。若有開啓程式視窗，則可看到紅色條狀的執行點移動了一個指令行，表示程式執行了一個指令。

全速執行，為從目前的執行點，開始以全速執行程式。

停止執行，為中止程式的執行，從程式視窗中看到程式停止在某一行程式上。

重置 8051 並全速執行，為重置 8051 後，開始以全速執行程式。重置後，內部特殊暫存器及 I/O 狀態將恢復重置狀態，而內部記憶體之值不變。

停止執行並重置 8051，為中止正在執行的程式，並重置 8051 CPU，使執行程式的起始位址在 0000H (即 PC=0000H)。

5. **檢視各項資源功能：**

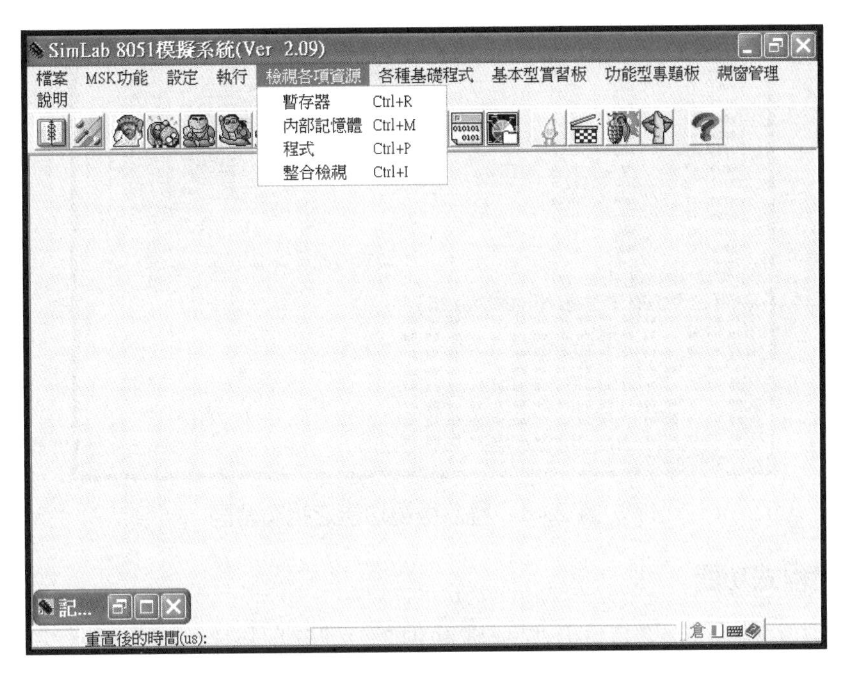

圖 2.43　檢視各項資源功能之視窗畫面

其中，暫存器，爲執行此功能後，會出現一個 8051 內部特殊暫存器的觀察視窗。可用滑鼠點選欲修改的暫存器，待出現一個虛線方框後，輸入 16 進位數值，然後按[ENTER]或滑鼠再點擊其它位置時，即完成修改。

內部記憶體，爲 8051 內部 RAM 的觀察視窗，可觀察 RAM 內值的變動情形，並可以隨時修改。

程式，爲開啓程式視窗，可從程式視窗觀察目前程式的執行點。紅色條狀爲目前程式的執行點。

整合檢視，爲整合暫存器、內部記憶體及程式三個視窗。整合視窗中的程式視窗中，手指圖示指向代表目前的執行點。可在整合視窗的程式視窗中設定中斷點，就是將滑鼠移到欲設定中斷點的指令上，雙擊滑鼠左鍵，則該指令的前面會出現一個禁止圖示，代表該處爲中斷點，且可設定多個中斷點。當全速執行時，遇到中斷點會停止執行。若要取消中斷點設定，就是將滑鼠移到設定中斷點的指令上，雙擊滑鼠左鍵即可。

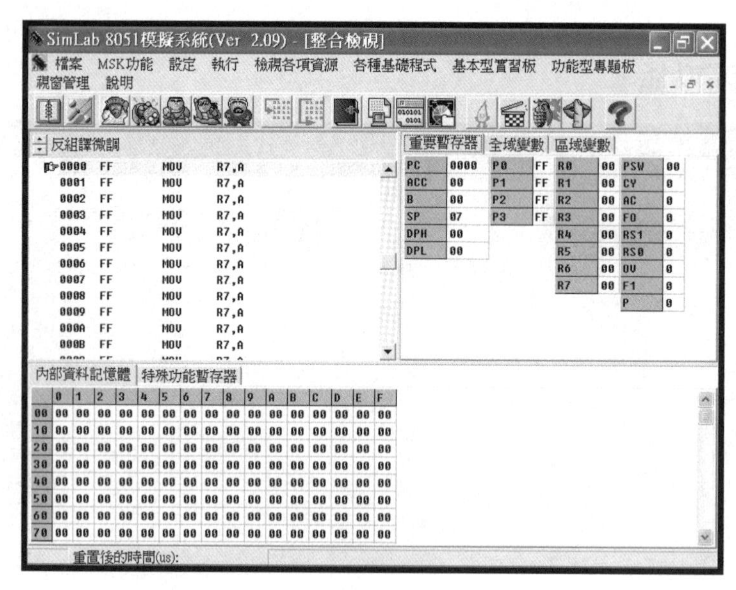

圖 2.44　整合檢視功能之視窗畫面

6. **各種基礎程式功能：**

在此項功能的下拉表中有五個基礎範例庫，點選其中一項之後，會出現範例視窗。範例視窗裏面包括一些此類程式技巧的範例檔名和說明。

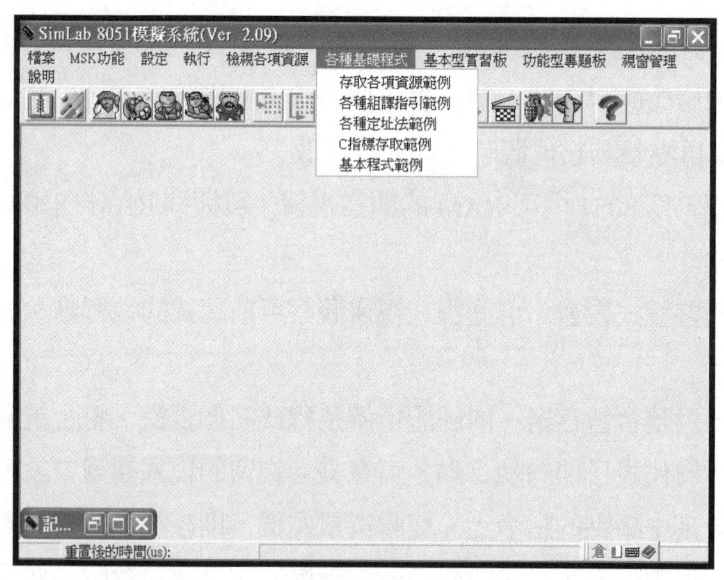

圖 2.45　各種基礎程式功能之視窗畫面

7. **基本型實習板功能：**

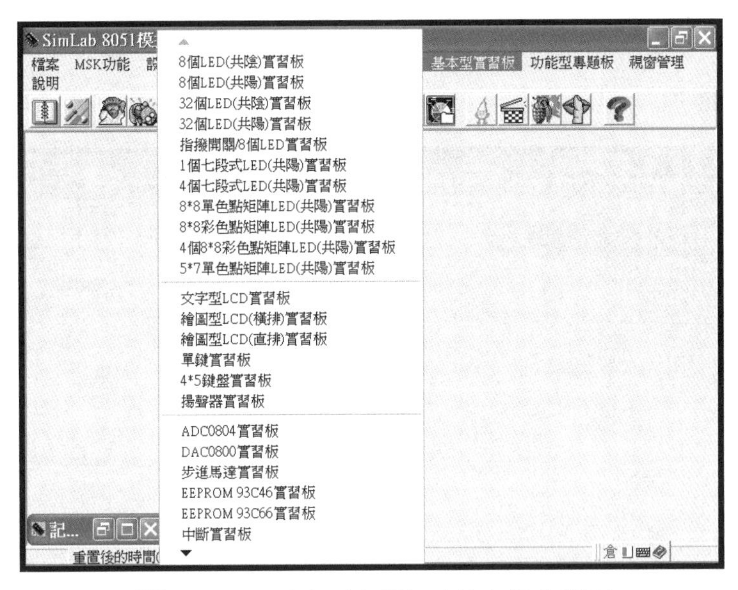

圖 2.46 基本型實習板功能之視窗畫面

其中，包括 23 個實習，爲一般常見的基本實習項目，在每項實習視窗中皆有範例說明、示意圖及線路圖之視窗選項等。

8. **功能型專題板功能：**

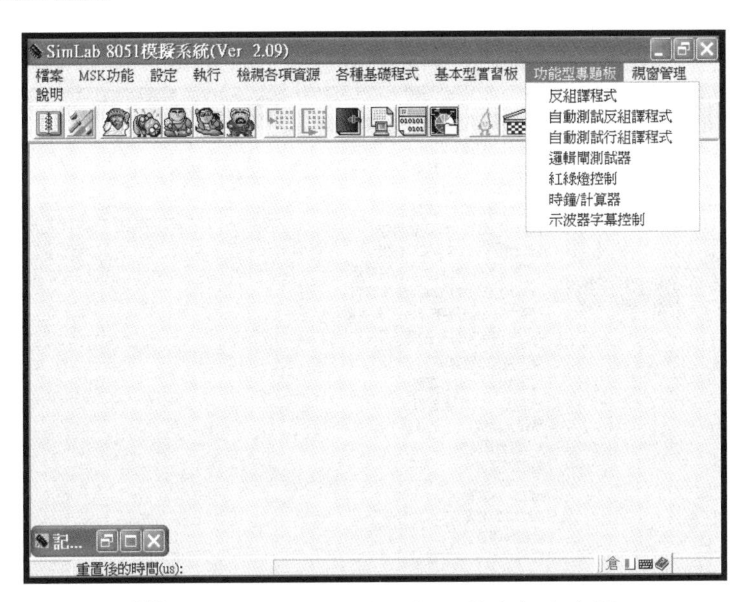

圖 2.47 功能型專題板功能之視窗畫面

其中，這類實習主要是表現出某種特定功能的微處理機，不單只是某種程序或部分元件的動作而已。

9. **視窗管理功能：**

圖 2.48 視窗管理功能之視窗畫面

接著，打開基本型實習板功能中之 8 個 LED(共陰)實習板，可以看到實習板之示意圖。

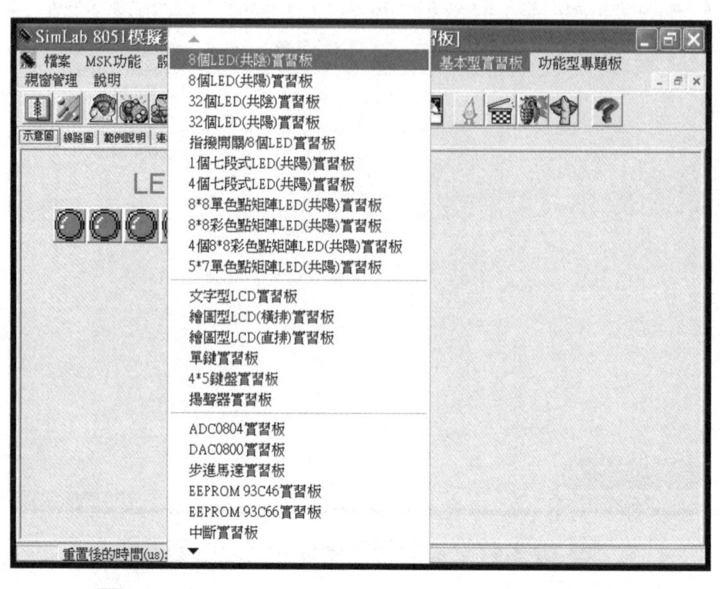

圖 2.49 8 個 LED(共陰)實習板之視窗畫面

點選線路圖，可見 8 個 LED(共陰)實習板之線路圖：

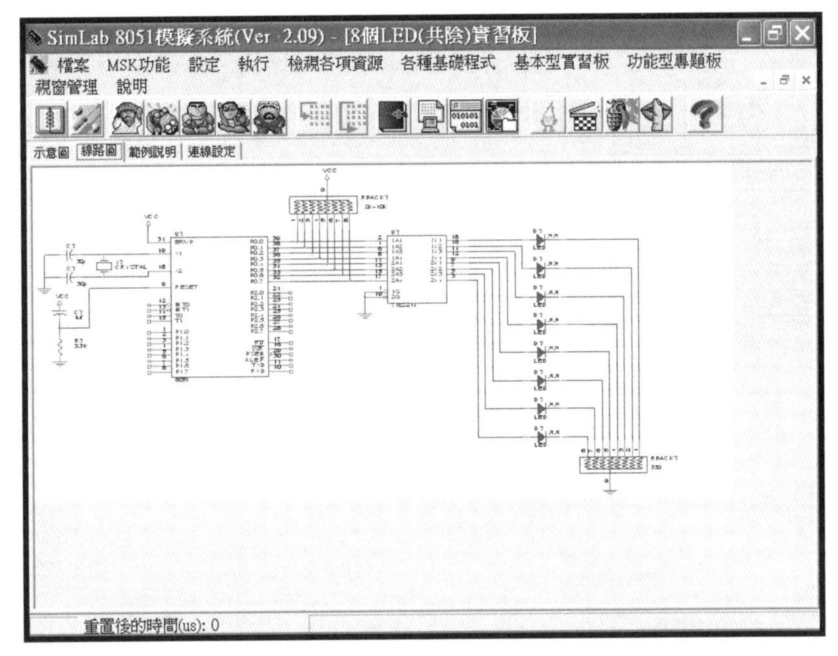

圖 2.50　8 個 LED(共陰)實習板之線路圖的視窗畫面

點選範例說明，可見 8 個 LED(共陰)實習板之設計說明：

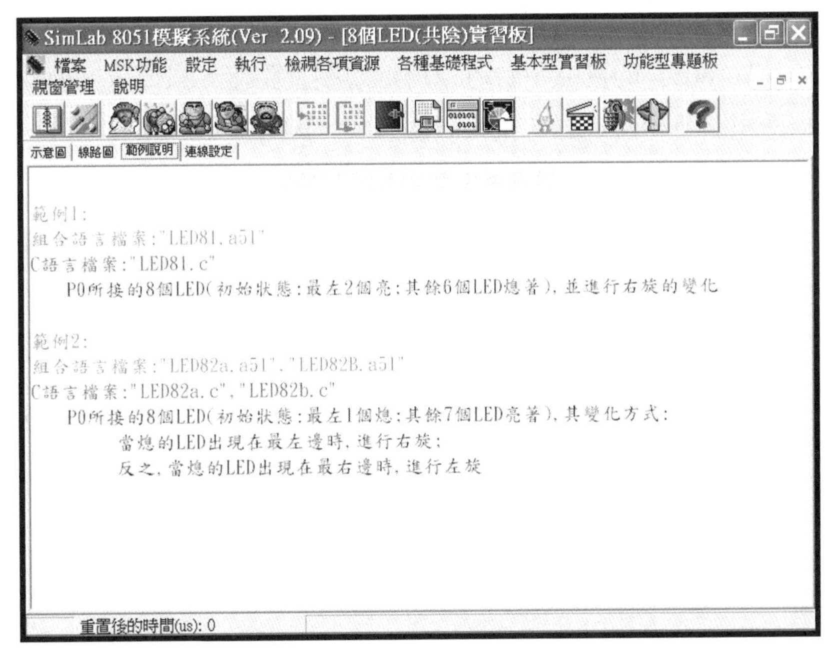

圖 2.51　8 個 LED(共陰)實習板之範例說明的視窗畫面

點選連線設定，可見 8 個 LED(共陰)實習板之腳位設定：

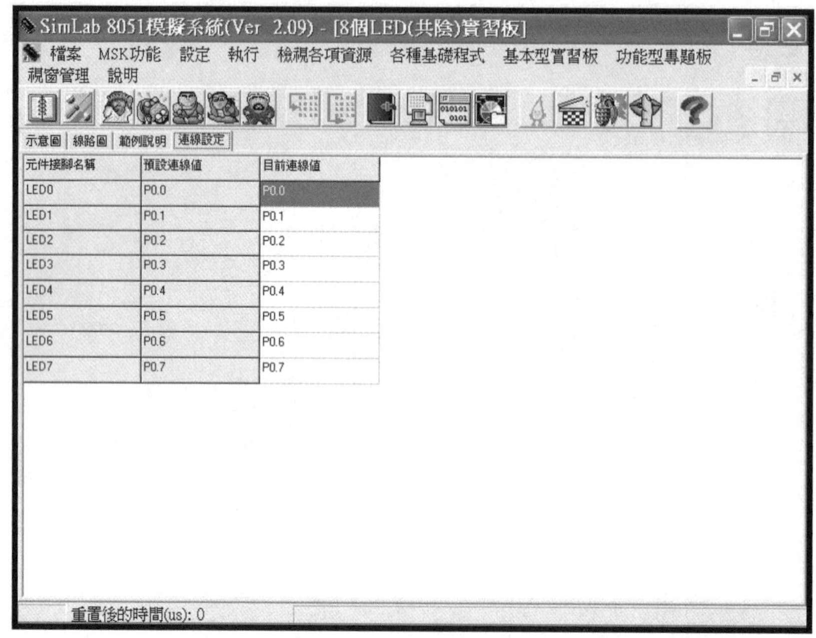

圖 2.52　8 個 LED(共陰)實習板之腳位設定的視窗畫面

2.3.3　單晶片 8051 的實驗平台

微電腦單晶片 8051 的實驗平台可以自行規劃及製作，只要依之前章節所介紹的電路，接好周邊電路及相關燒錄方式來燒錄程式，即可使用。除此之外，本書中也介紹兩種微電腦單晶片 8051 的實驗平台，使用者可自行參酌購買使用，其中一種是 SimLab-8051 實驗板，另一種是 TE-8051A 實驗板。以下，將就這兩種實驗板之使用方式來加以說明：

1. SimLab-8051 **實驗板**：

SimLab-8051 實驗板之外觀可見圖 2.53，該實驗板具有 ISP 線上燒錄功能，且內含有 10 種以上的實習模組，可以搭配 SimLab-8051 模擬軟體來一起使用。程序為，先利用模擬軟體來確認所設計的功能後，再直接用實驗板來驗證其動作。

圖 2.53 SimLab-8051 實驗板之外觀

接著，進行燒錄碼載入 SimLab-8051 實驗板的流程。首先，先將 SimLab-8051 實驗板以 USB 的傳輸線接到電腦端，然後，打開桌面之 nuvoton 應用程式。(使用前，要先執行廠商提供之 Setup, ISP-ICP Utility 應用程式來 install nuvoton 應用程式)

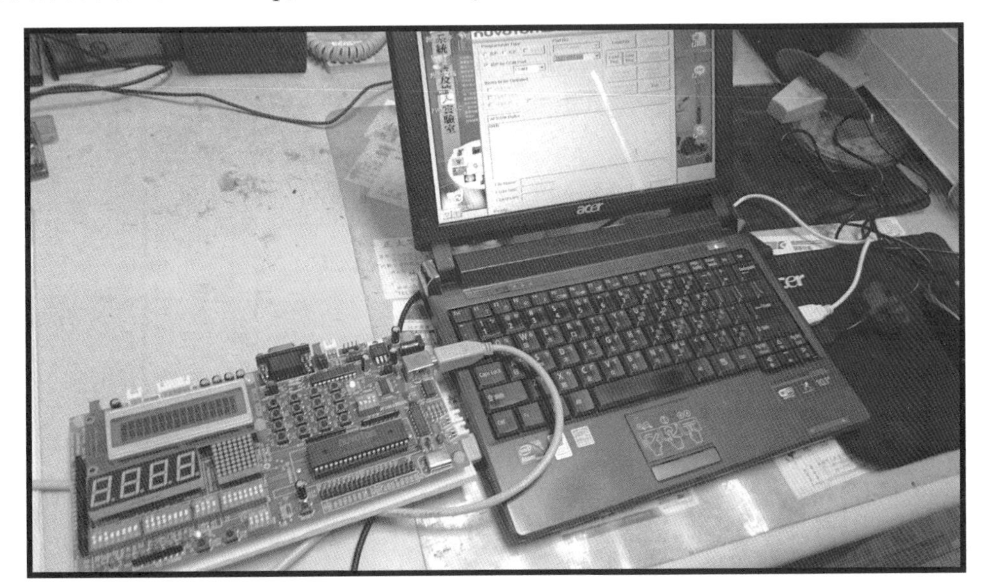

圖 2.54 以 USB 的傳輸線接到電腦端，然後，打開桌面之 nuvoton 應用程式

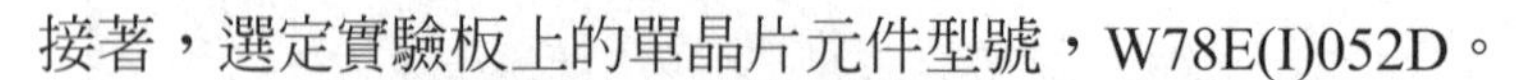

接著，選定實驗板上的單晶片元件型號，W78E(I)052D。

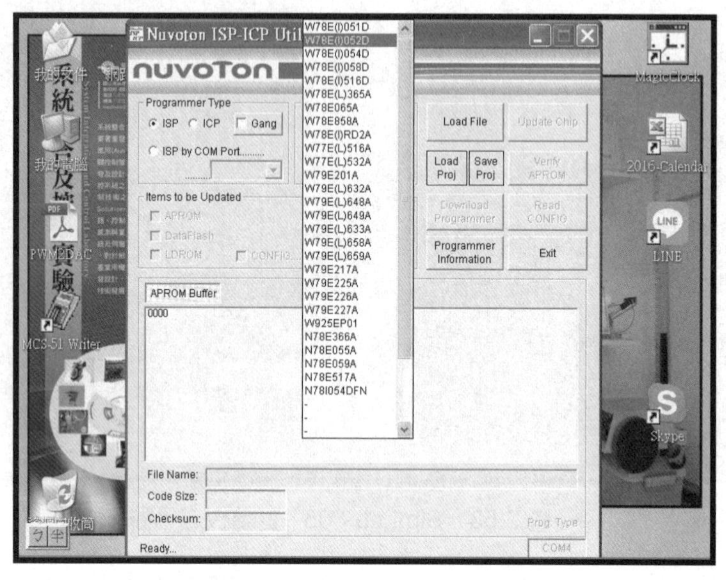

▲ 圖 2.55　選定實驗板上的單晶片元件型號，W78E(I)052D

勾選 ISP by COM Port，會自動出現 COM Port 號碼。然後，選 Load file 以選擇要載入的燒錄碼。

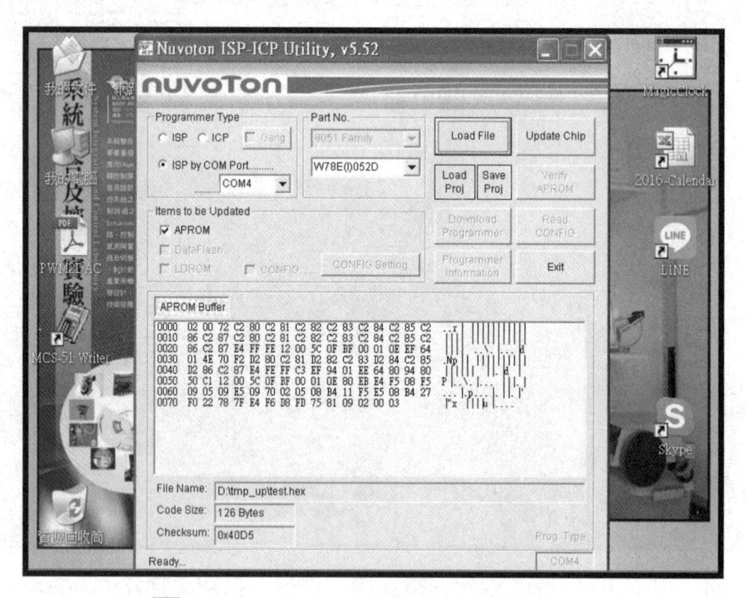

▲ 圖 2.56　選 Load file 以選擇燒錄碼

接著，選定要載入的燒錄碼。

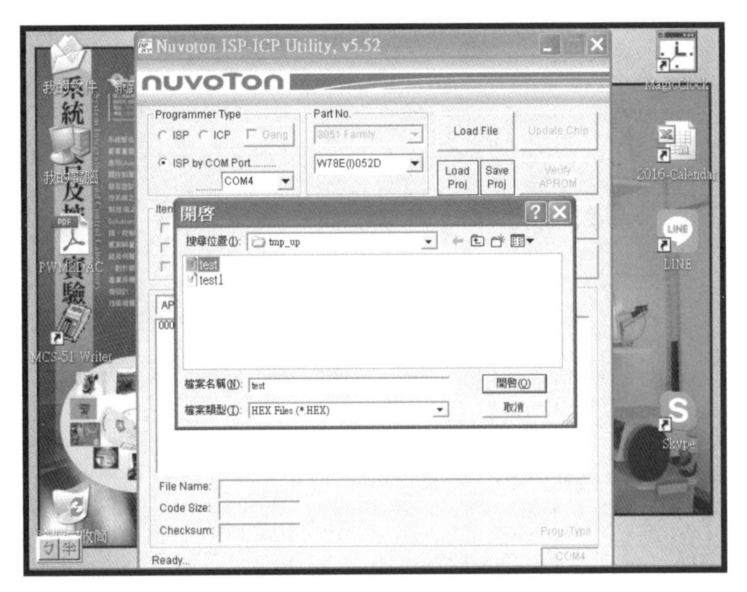

圖 2.57　選定燒錄碼

選定燒錄碼時，要同時按 SimLab-8051 實驗板的重置鍵，如此，才可以成功地進行燒錄碼載入及燒錄動作。完成後，會出現 PASS 視窗及 Chip is successfully updated！字串。接著，按 OK 鈕。

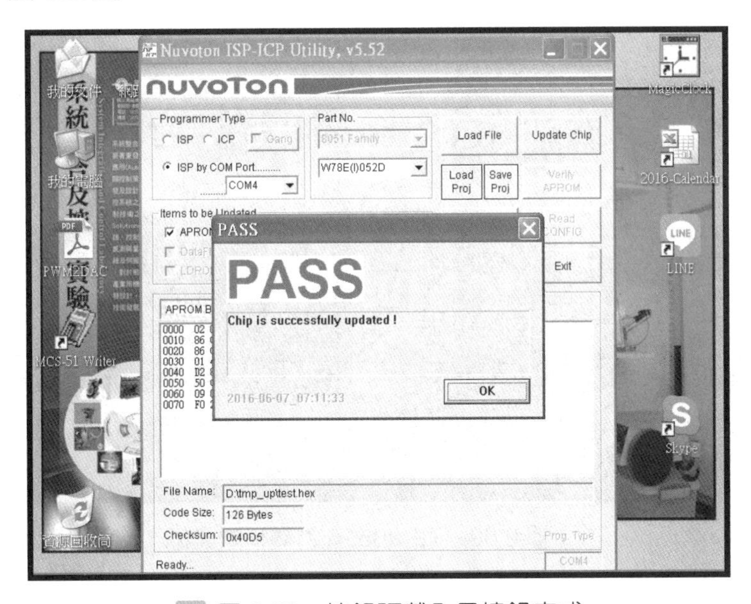

圖 2.58　燒錄碼載入且燒錄完成

完成燒錄碼載入且燒錄後，可在操作視窗中可看到燒錄的程式碼內容。

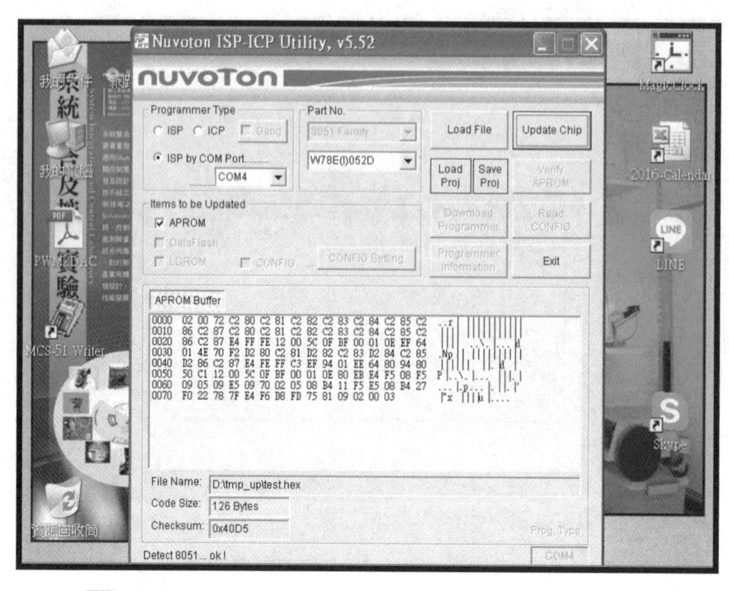

圖 2.59　操作視窗中可看到燒錄的程式碼內容

2. TE-8051A **實驗板：**

TE-8051A 實驗板之外觀可見圖 2.60，該實驗板也具有 ISP 線上燒錄功能，且內含有 10 種以上的實習模組。

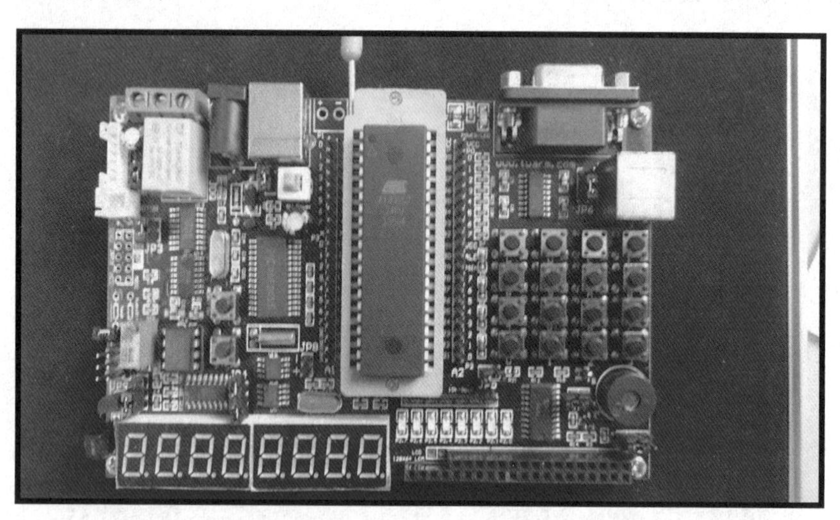

圖 2.60　TE-8051A 實驗板之外觀

接著，進行燒錄碼載入 TE-8051A 實驗板的流程說明。首先，先將 TE-8051A 實驗板以 USB 的傳輸線接到電腦端。(使用前，要先執行廠商提供之 Setup 應用程式，以 install ATMEL ISP 應用程式)

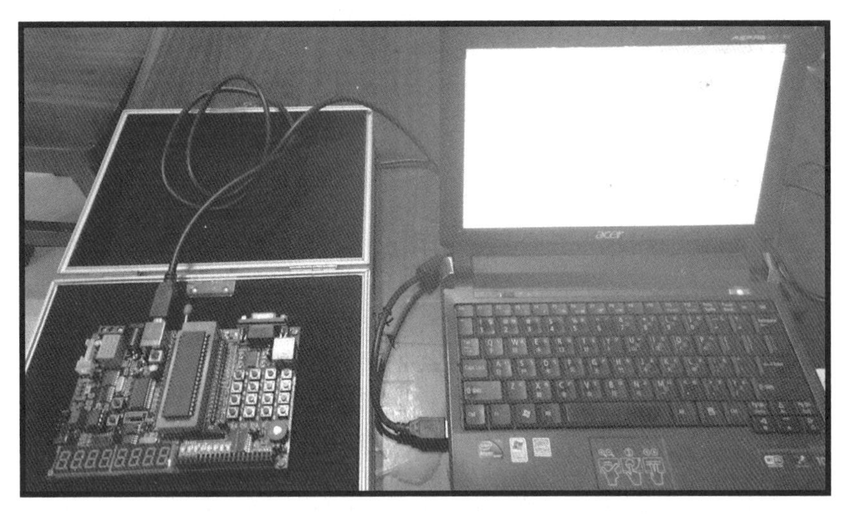

圖 2.61　以 USB 的傳輸線接到電腦端

接著，打開桌面之 ATMEL ISP 應用程式。

圖 2.62　打開桌面之 ATMEL ISP 應用程式

選擇[檔案]中之[打開檔案]，以選擇燒錄檔。

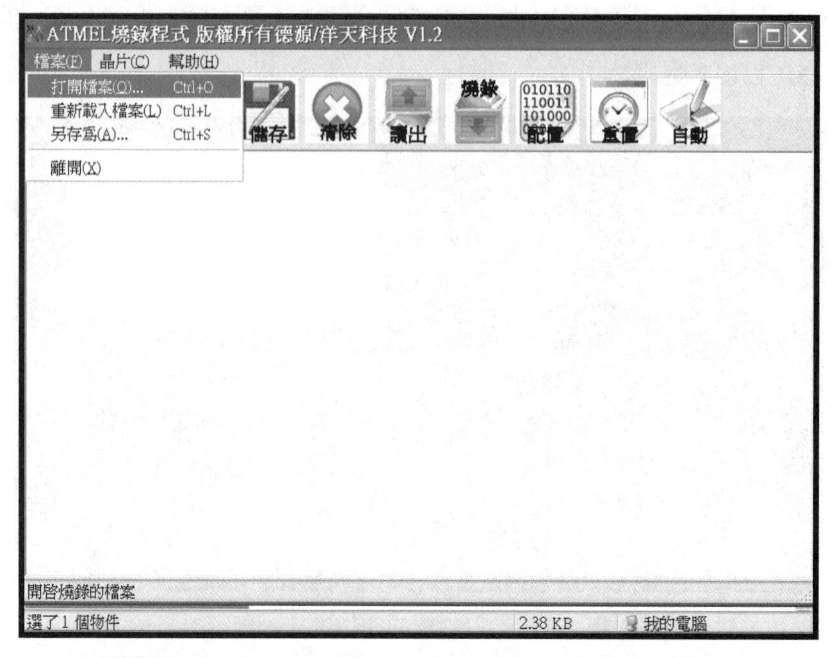

圖 2.63　選擇[檔案]中之[打開檔案]，以選擇燒錄檔

選定後，燒錄檔的程式碼會出現在操作視窗中。

圖 2.64 燒錄檔的程式碼會出現在操作視窗中

接著，按[燒錄]鈕，以進行程式燒錄。

圖 2.65　按[燒錄]鈕，以進行程式燒錄

然後，出現燒錄過程之視窗，燒錄成功後按[確定]鈕。

圖 2.66　燒錄過程之視窗，燒錄成功後按[確定]鈕

接著，按[重置]鈕，TE-8051A 實驗板將會開始動作。

▲ 圖 2.67　按[重置]鈕，TE-8051A 實驗板將會開始動作

2.4　單晶片 8051 的程式編輯與模擬

爲了可以確實地從程式編輯、Compiler 到功能模擬來順利地使用微電腦單晶片 8051，以下，將分別依組合語言及 C51 語言，來進行整個操作流程的介紹。

(A) 組合語言的操作流程：

1. 打開 Keil µVision 軟體

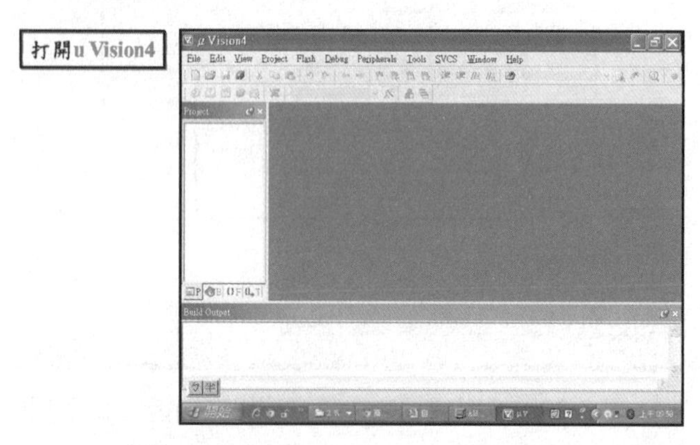

▲ 圖 2.68　打開 Keil µVision 軟體

2. 選 New Project 且命名(此例命名爲 liu)

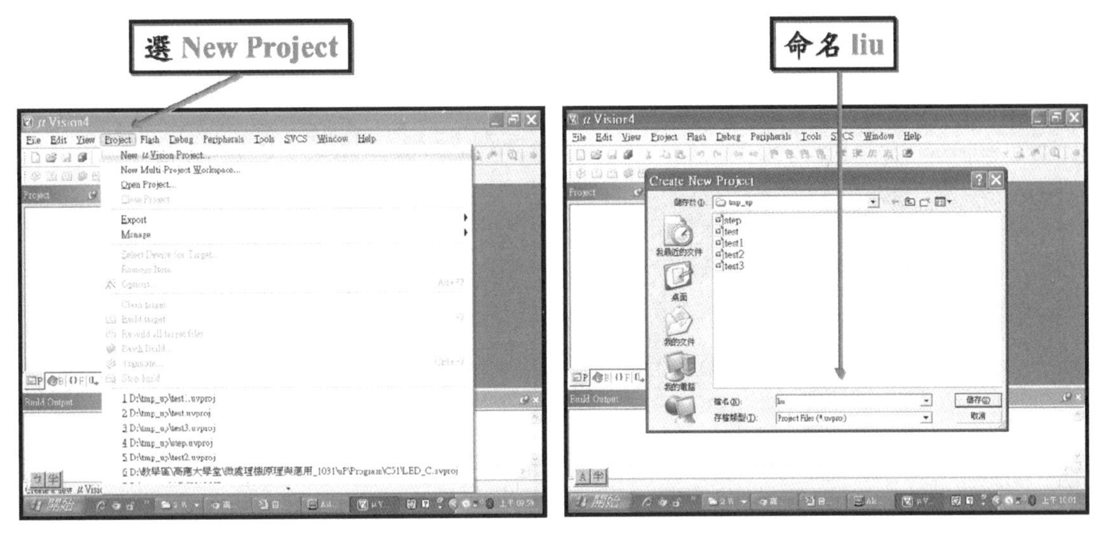

圖 2.69　選 New Project 且命名

3. 選元件型號(此例選 Atmel 89s52)

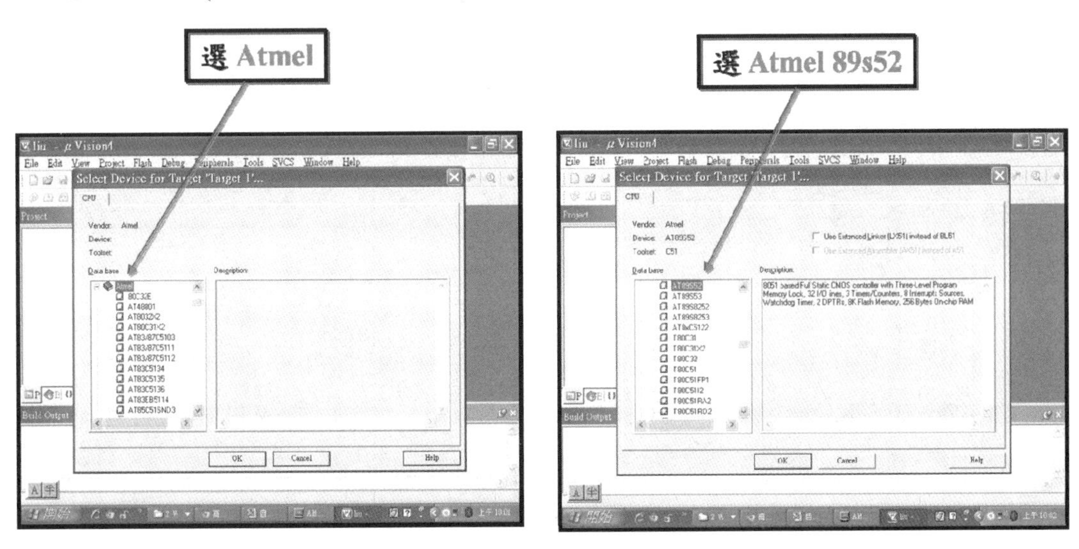

圖 2.70　選元件型號

4. 選是，接著選 New File

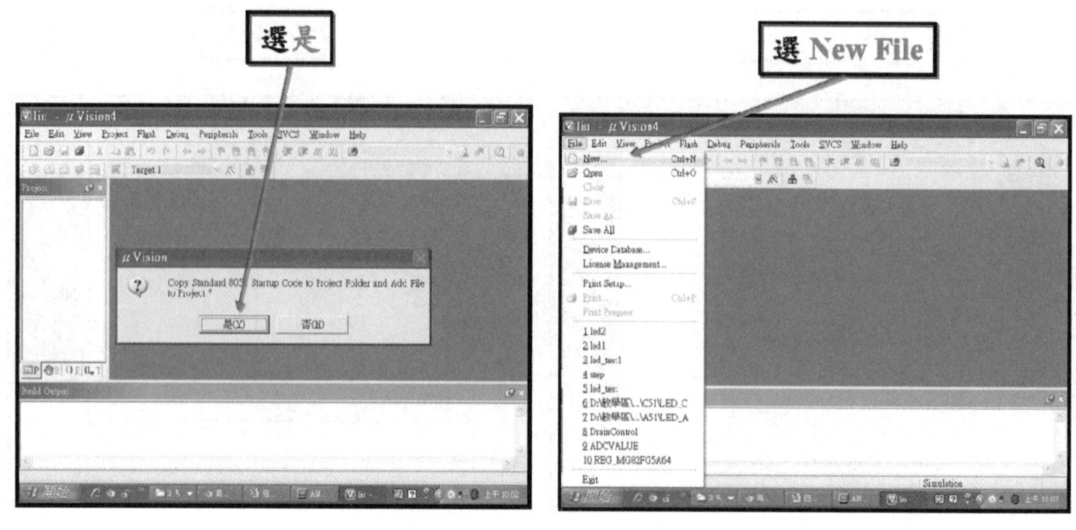

▲ 圖 2.71　選 New File

5. 鍵入程式後，選 Save As

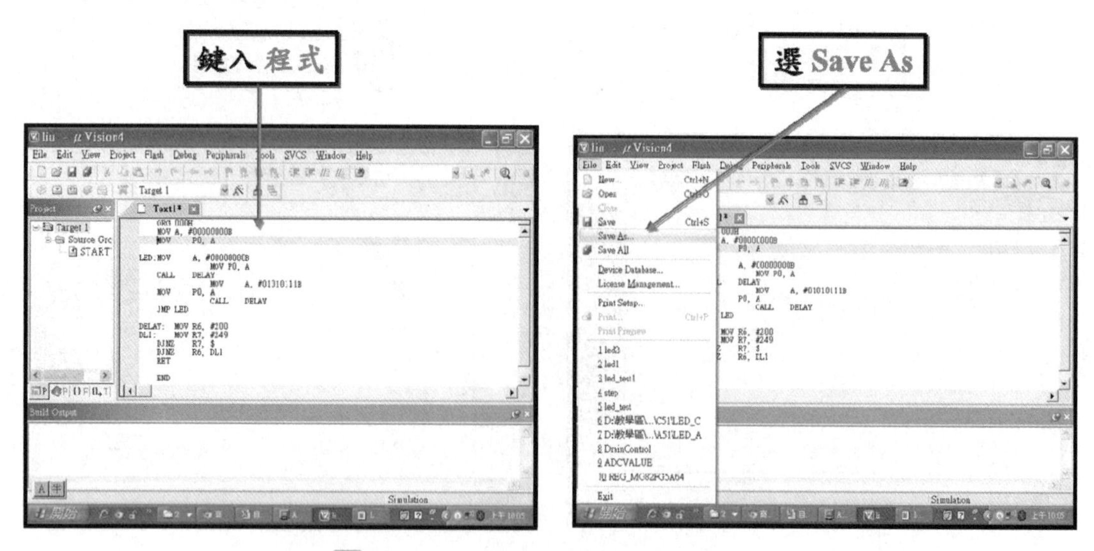

▲ 圖 2.72　鍵入程式後，選 Save As

這裏，使用的組合語言範例程式內容如下：

LED.a51

```
        ORG   000H
        MOV   A, #10000000B
NEXT:   MOV   P0, A
        CALL  DELAY
        RR    A
        JMP   NEXT

DELAY:  MOV   R6, #200
DL1:    MOV   R7, #249
        DJNZ  R7, $
        DJNZ  R6, DL1
        RET

        END
```

6. 命名(此例命名爲 LED.a51)，若完成，視窗會出現正確格式的顏色

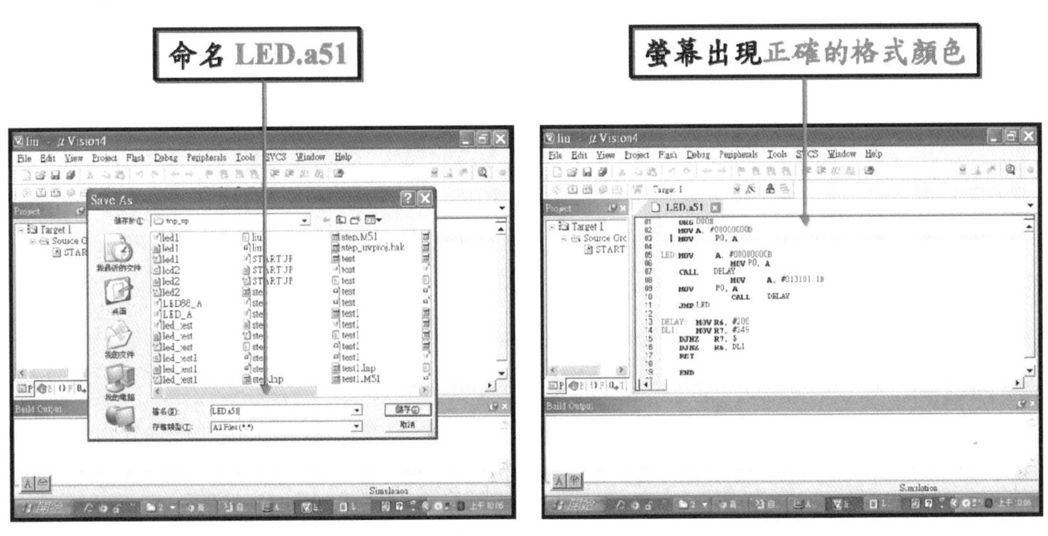

圖 2.73 命名

7. 選 Source Group 按滑鼠右鍵，選 Add File to Group

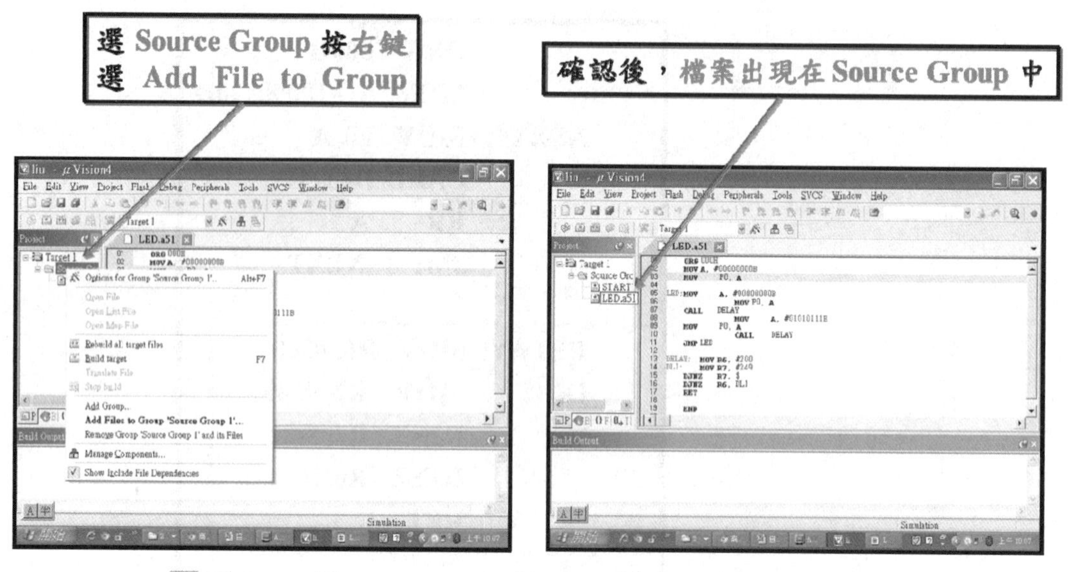

圖 2.74 選 Source Group 按滑鼠右鍵，選 Add File to Group

8. 選 Target 1 按滑鼠右鍵，選 Options for Target 1 且勾選 Create Hex File

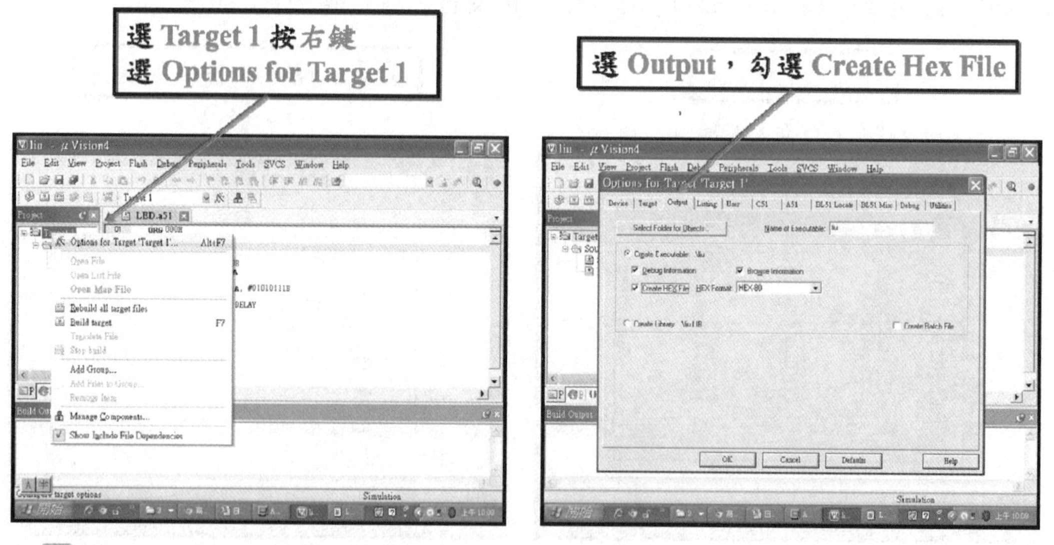

圖 2.75 選 Target 1 按滑鼠右鍵，選 Options for Target 1 且勾選 Create Hex File

9. 選 Project 中的 Rebuild all target files，執行 Compiler

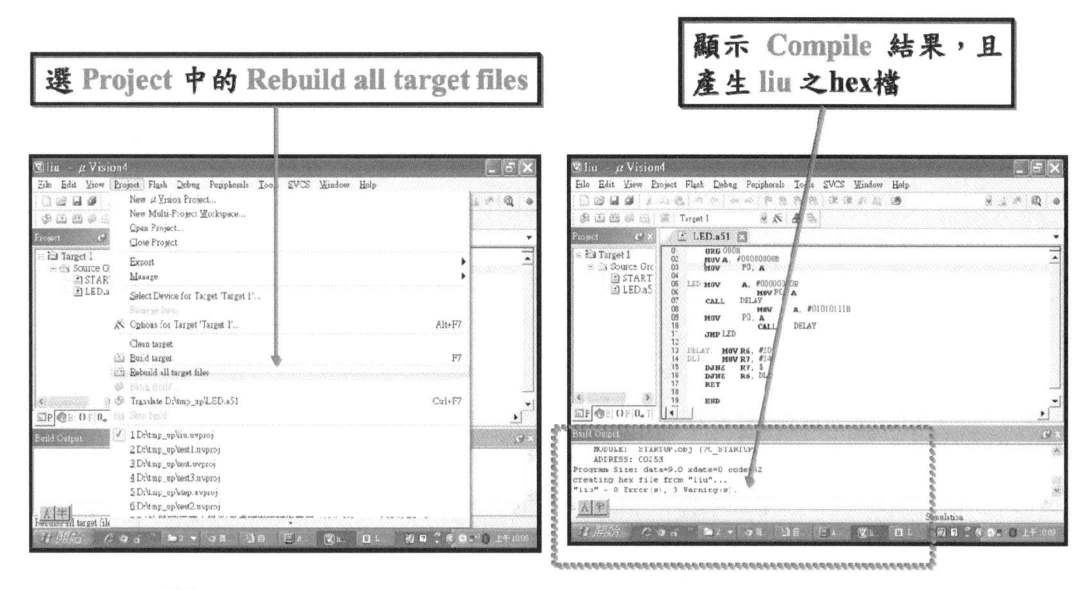

圖 2.76　選 Project 中的 Rebuild all target files，執行 Compiler

10. 產生 Hex 檔(此例產生 liu.hex)

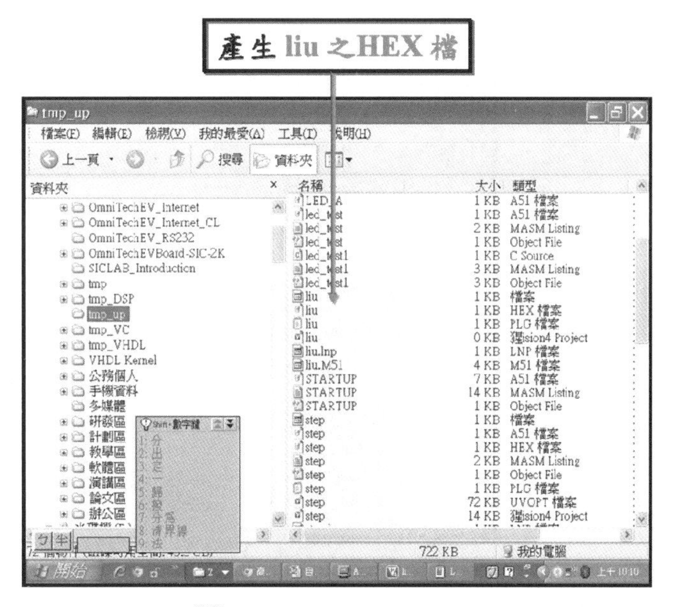

圖 2.77　產生 Hex 檔

11. 打開 SinLab_8051

圖 2.78 打開 SinLab_8051

12. 選擇基本實習板 8 個 LED(共陰)實習板

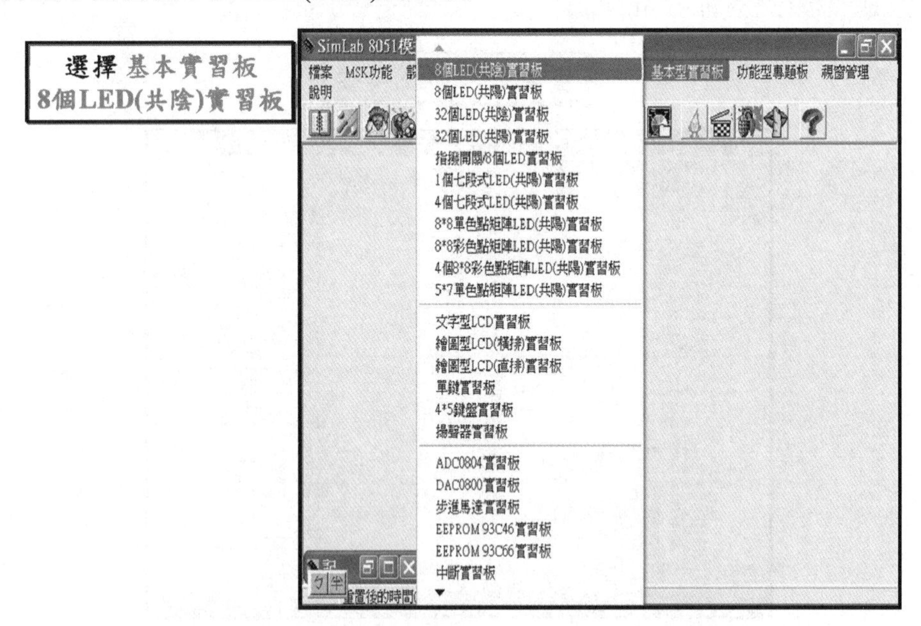

圖 2.79 選擇基本實習板 8 個 LED(共陰)實習板

13. 出現 8 個 LED(共陰)實習板視窗

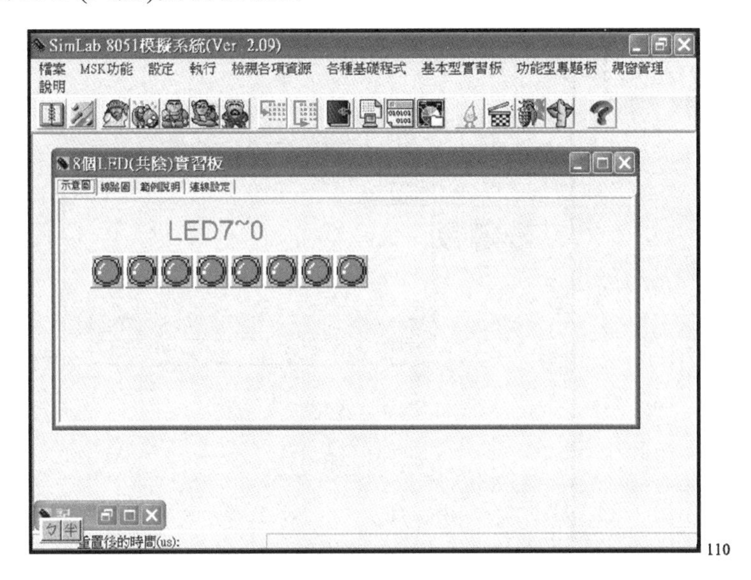

圖 2.80　出現 8 個 LED(共陰)實習板的視窗

14. 打開檔案中之載入機器碼程式

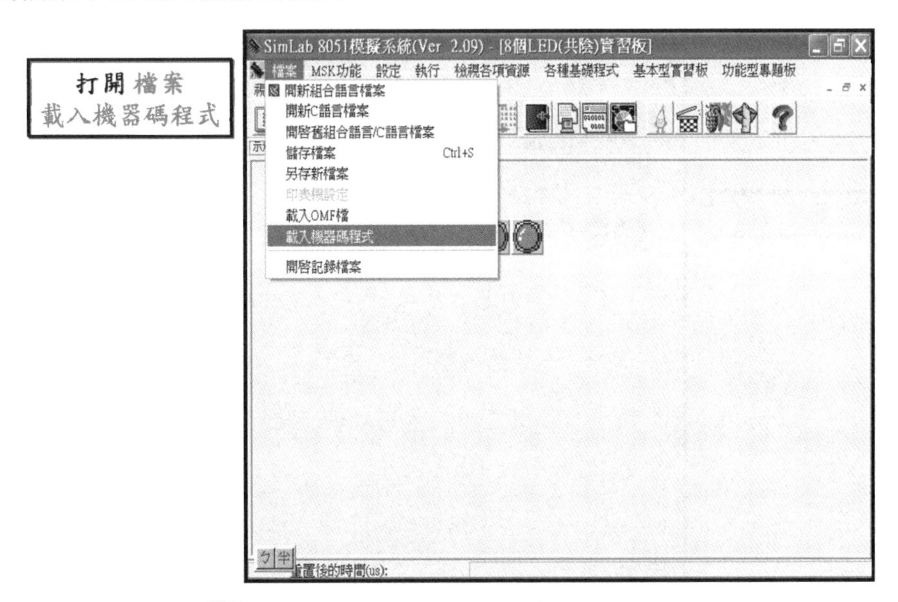

圖 2.81　打開檔案中之載入機器碼程式

15. 載入燒錄檔(此例爲 liu.hex)

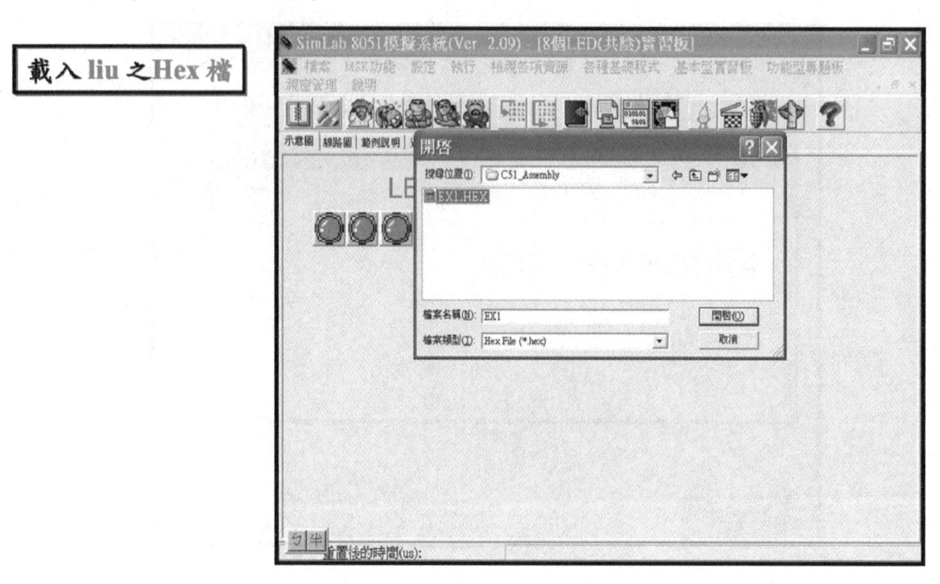

▲ 圖 2.82 載入燒錄檔

16. 按[重置/執行]鈕

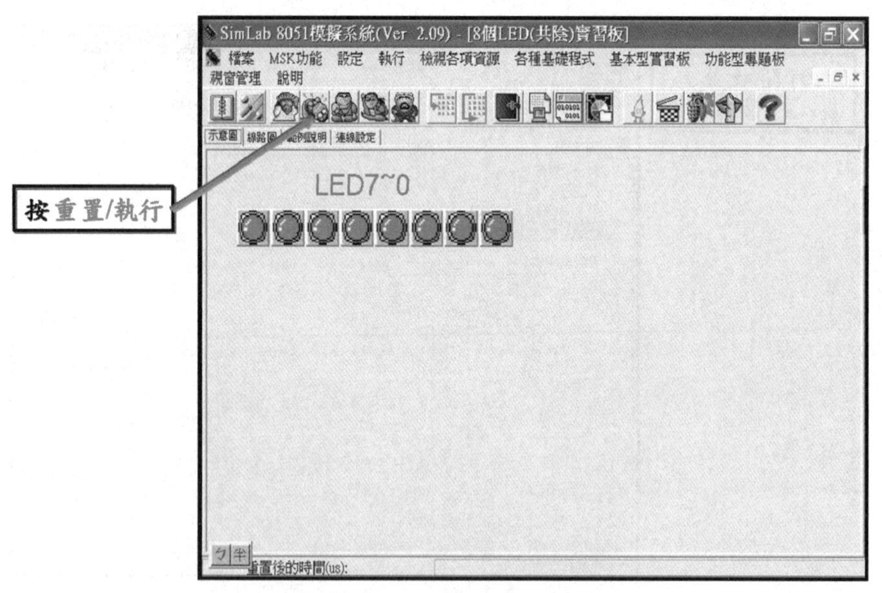

▲ 圖 2.83 按[重置/執行]鈕

17. 動作執行結果

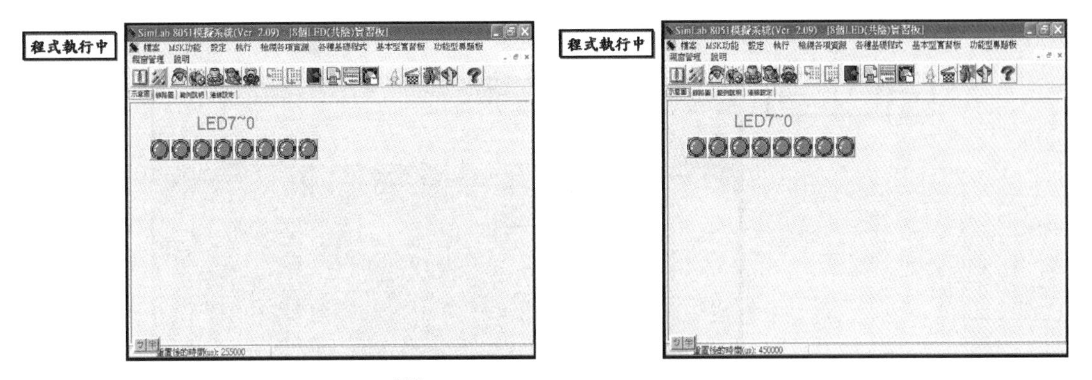

圖 2.84 動作執行結果

18. 按[停止/重置]鈕，動作停止

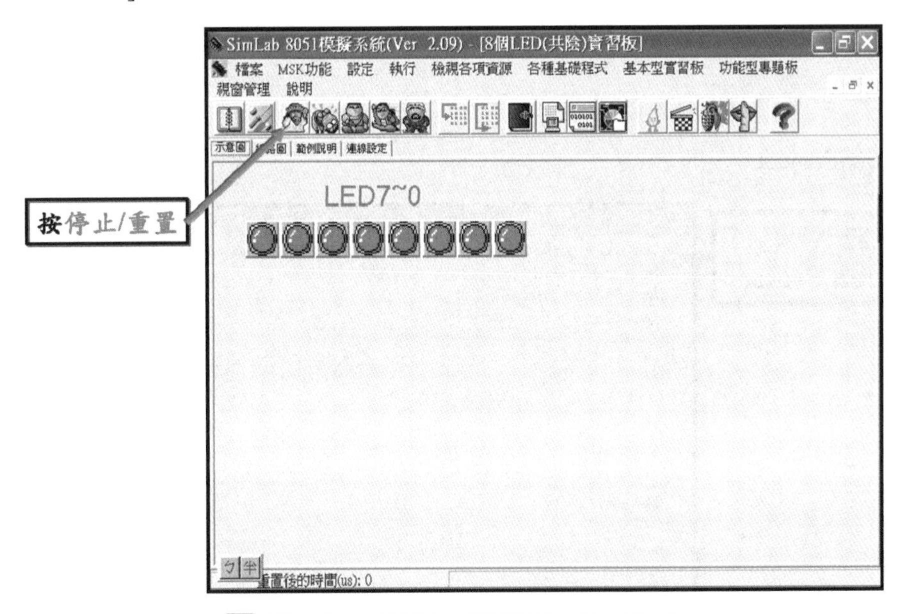

圖 2.85 按[停止/重置]鈕，動作停止

(B) C51 語言的操作流程：

1. 打開 Keil µVision 軟體

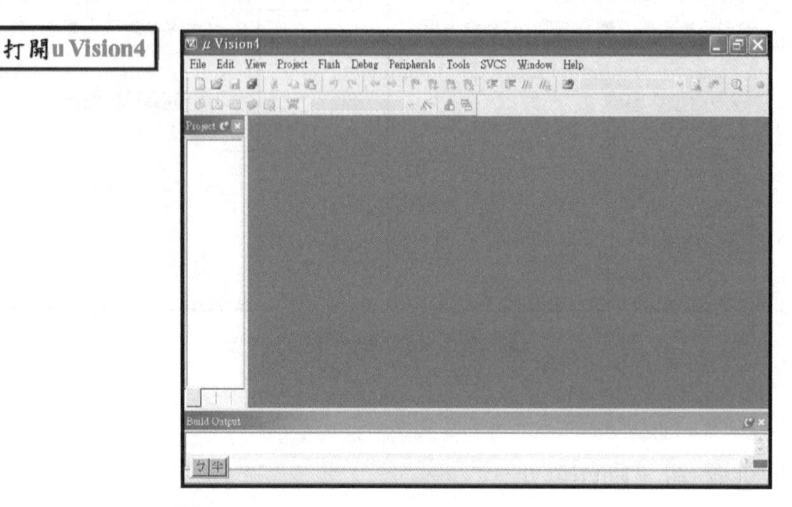

圖 2.86 打開 Keil µVision 軟體

2. 選 New Project

圖 2.87 選 New Project

3. Project 命名(此例爲 LED)

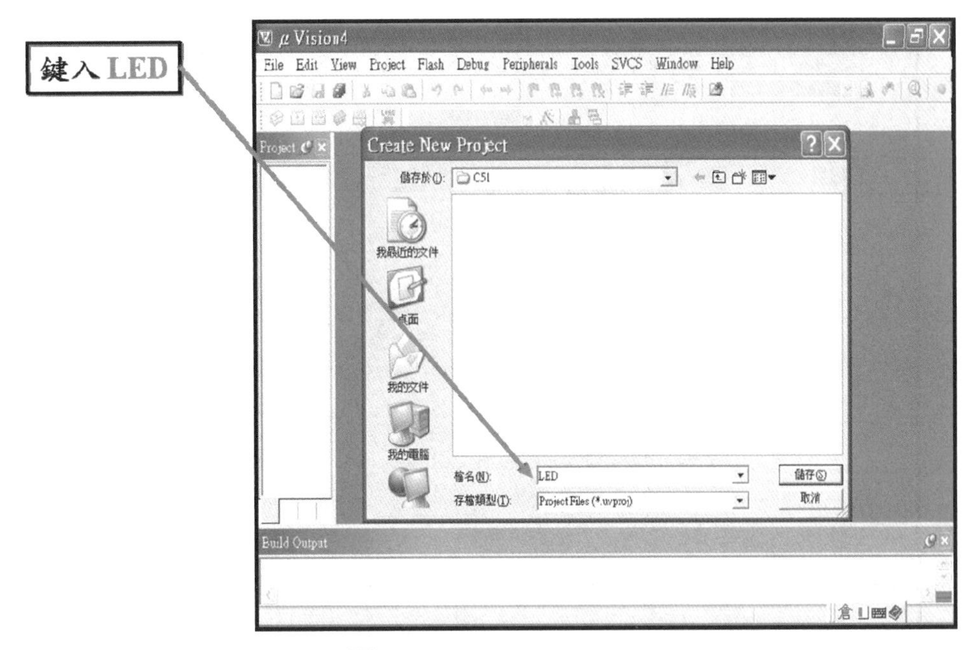

▲ 圖 2.88　Project 命名

4. 選元件型號(此例選 Atmel 89s52)

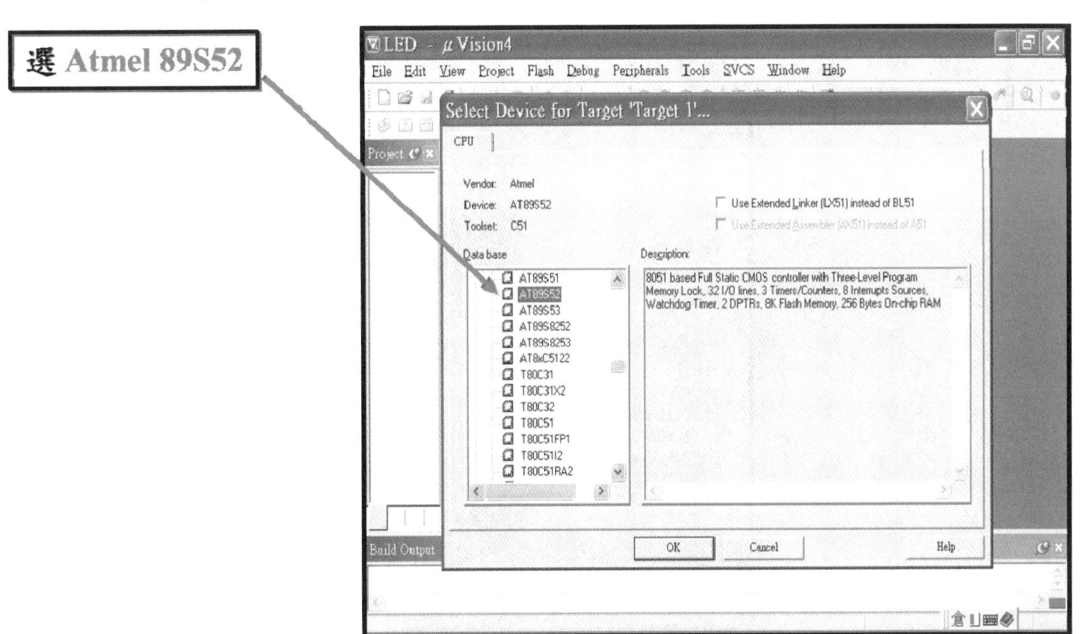

▲ 圖 2.89　選元件型號

5. 進入編輯視窗

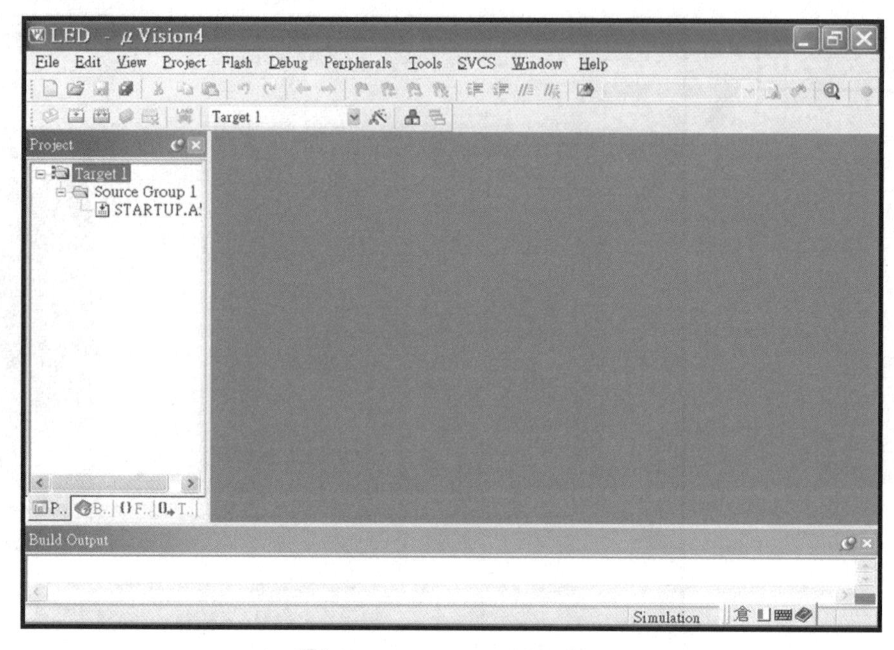

圖 2.90　進入編輯視窗

6. 執行 New File

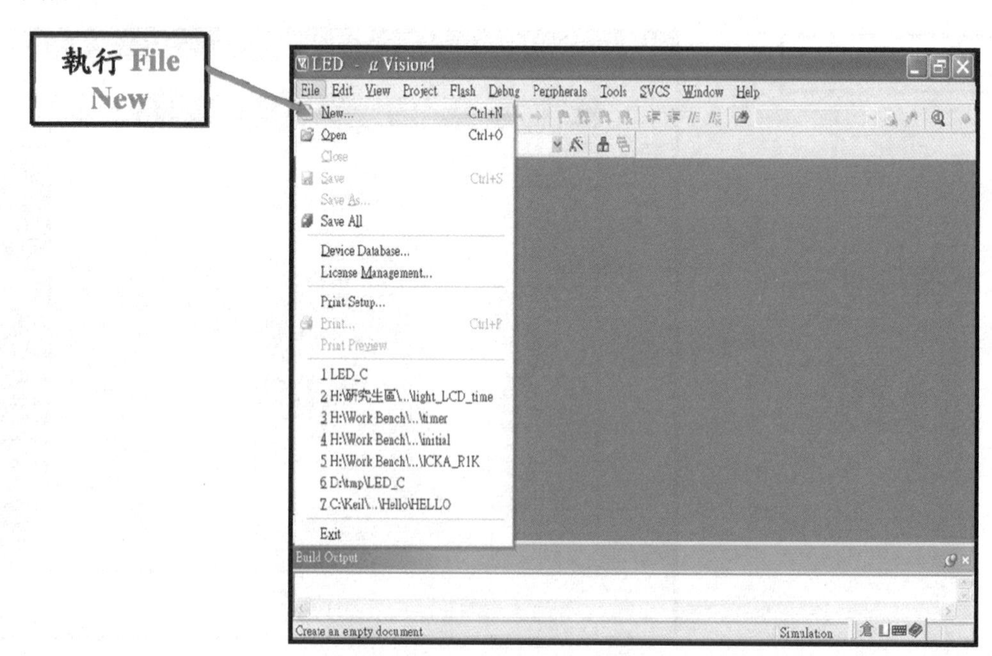

圖 2.91　執行 New File

7. 鍵入程式內容

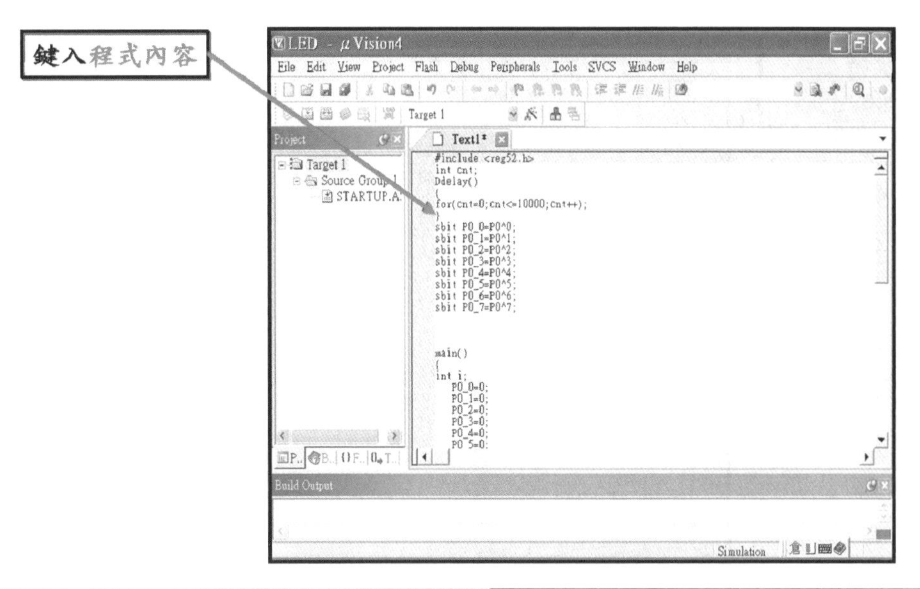

LED.c

```
#include <reg52.h>
int cnt;
Ddelay()
{for(cnt=0;cnt<=10000;cnt++);}
sbit P0_0=P0^0;
sbit P0_1=P0^1;
sbit P0_2=P0^2;
sbit P0_3=P0^3;
sbit P0_4=P0^4;
sbit P0_5=P0^5;
sbit P0_6=P0^6;
sbit P0_7=P0^7;
main()
{ int i;
  P0_0=0;
  P0_1=0;
  P0_2=0;
  P0_3=0;
  P0_4=0;
  P0_5=0;
  P0_6=0;
  P0_7=0;
while(1)
 {
  P0_0=0;
  P0_1=0;
  P0_2=0;
  P0_3=0;
  P0_4=0;
  P0_5=0;
  P0_6=0;
  P0_7=0;
 for (i=0; i<1; i++)
  {   Ddelay();  }
  P0_0=1;
  P0_1=0;
  P0_2=1;
  P0_3=0;
  P0_4=1;
  P0_5=0;
  P0_6=1;
  P0_7=0;
  for (i=0; i<1; i++)
  {   Ddelay();  }
 }
}
```

圖 2.92　鍵入程式內容

8. 執行 File Save As

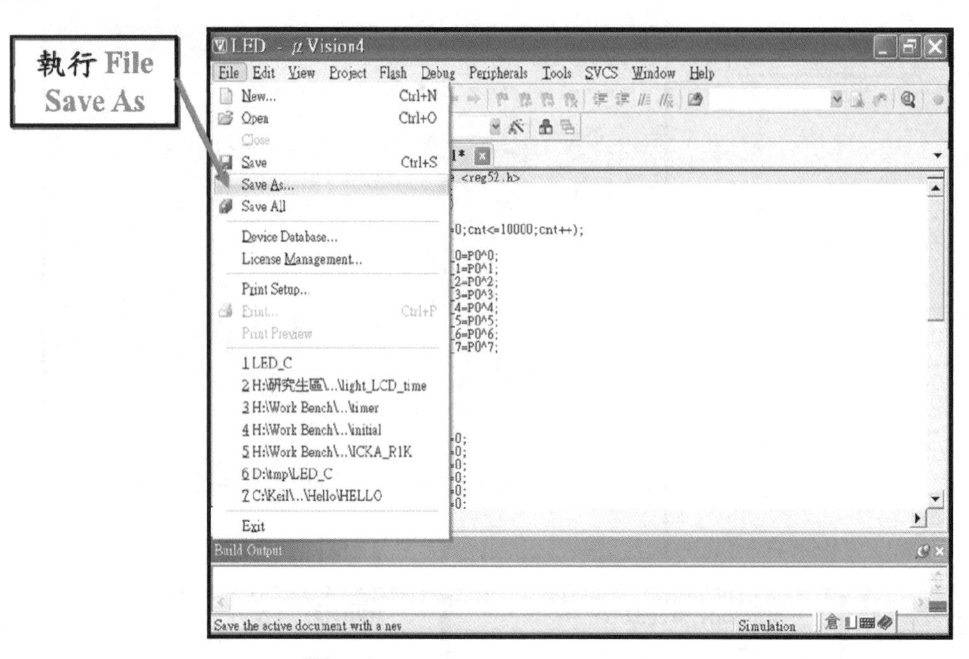

圖 2.93　執行 File Save As

9. 存成 C51 檔(此例爲 LED.c)

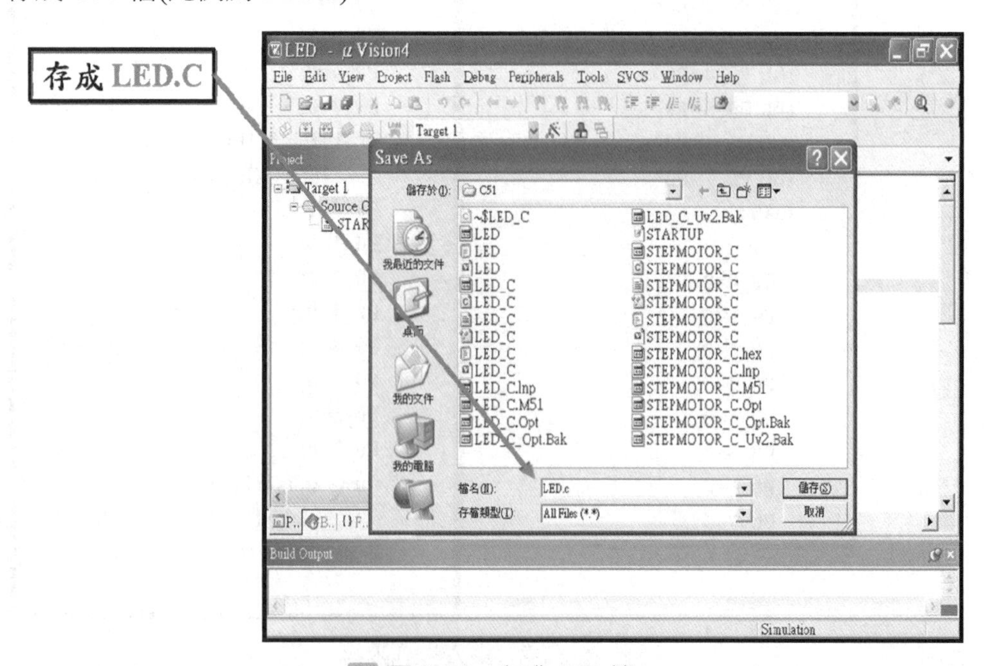

圖 2.94　存成 C51 檔

10. 選 Source Group 按滑鼠右鍵，選 Add File to Group

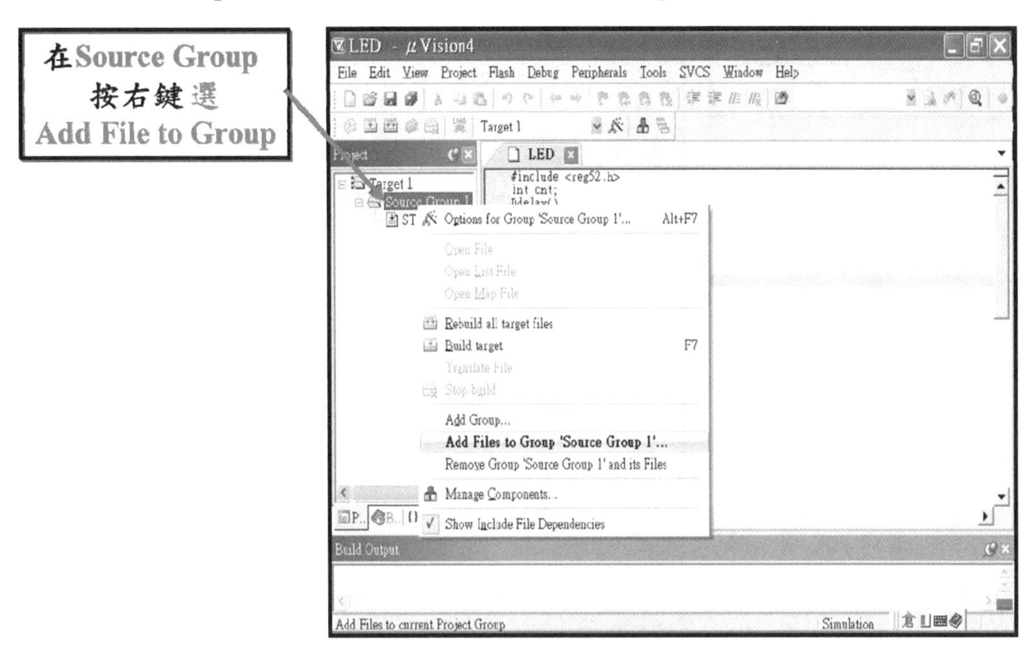

圖 2.95　選 Source Group 按滑鼠右鍵，選 Add File to Group

11. 程式加入 Source Group

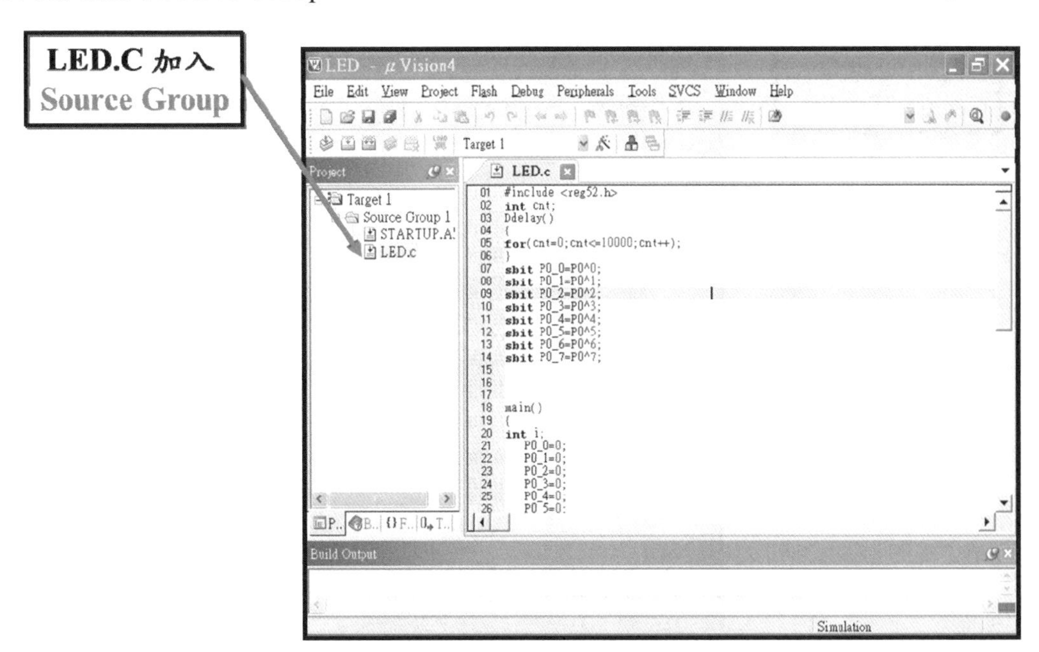

圖 2.96　程式加入 Source Group

12. 選 Target 1 按滑鼠右鍵，選 Options for Target 1

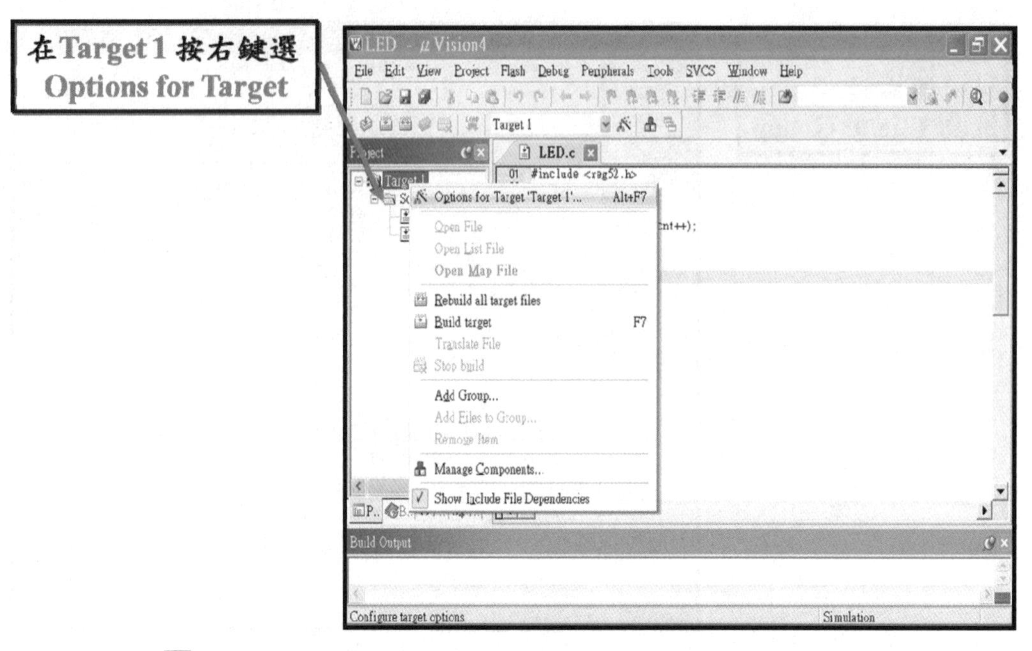

圖 2.97　選 Target 1 按滑鼠右鍵，選 Options for Target 1

13. 選 Output 的 Create Hex File

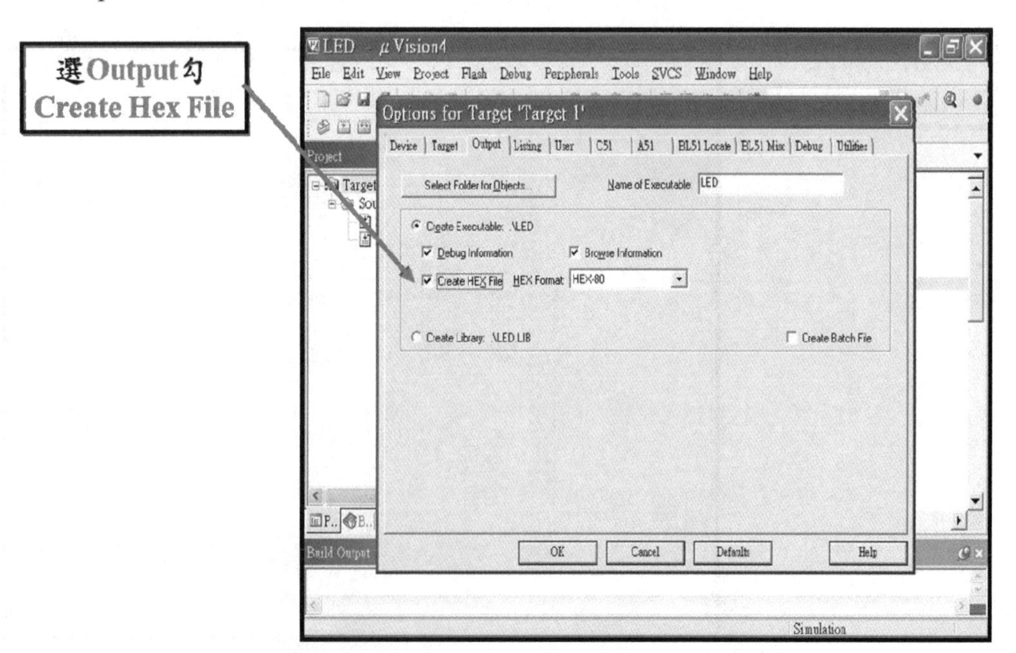

圖 2.98　選 Output 的 Create Hex File

14. 執行 Project 中 Rebuild all target files

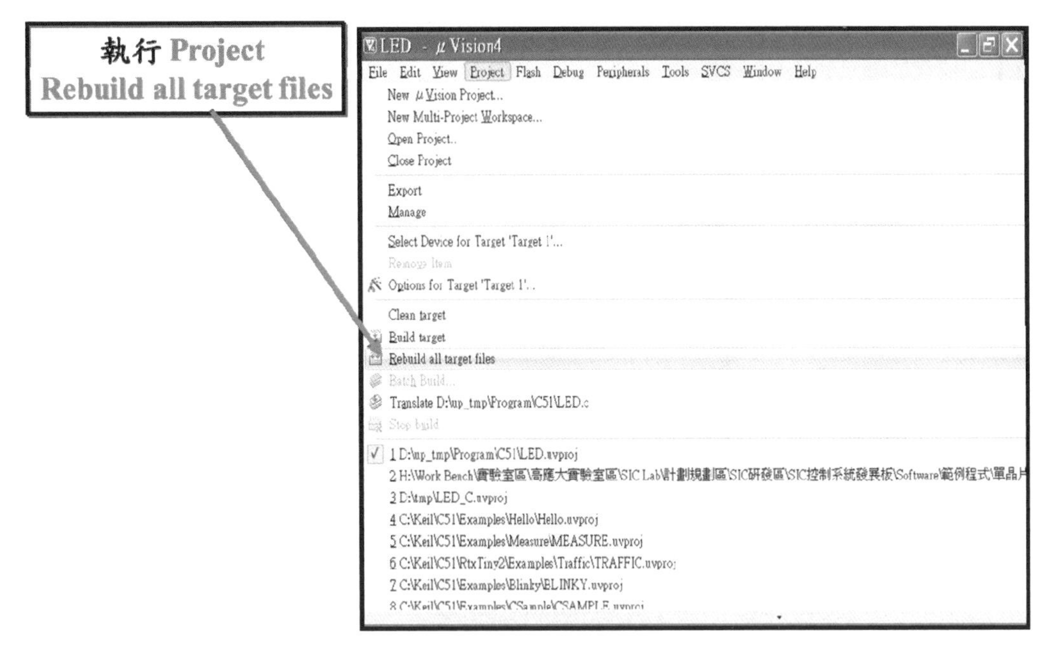

圖 2.99　執行 Project 中 Rebuild all target files

15. Compiler 完成，且產生 hex 檔

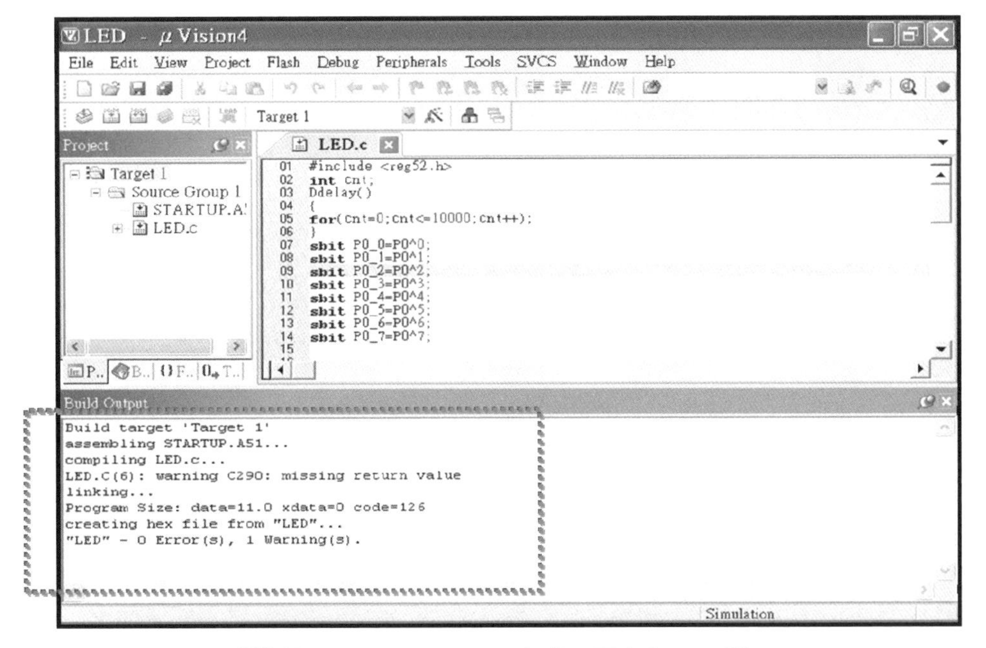

圖 2.100　Compiler 完成，且產生 hex 檔

16. 可執行 Debug，觀察解譯之組合語言程式及記憶體配置

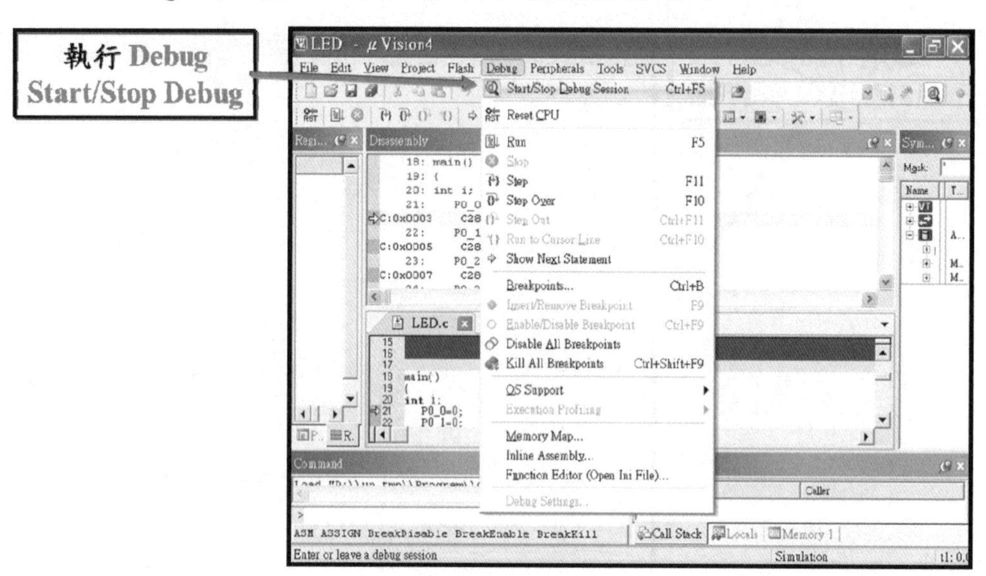

圖 2.101　可執行 Debug，觀察解譯之組合語言程式及記憶體配置

成功產生燒錄檔後，後續的軟體模擬動作流程與之前介紹的相同，因此，不再加以贅述。

Chapter 3

單晶片 8051 的程式設計

微電腦單晶片 8051 的程式設計就是微控制器硬體動作的設計，因此，在進行程式設計前，有些事宜是必須要先行規劃及瞭解的，如此，系統才能順利地操控：

1. 在控制系統中，須先確定各功能方塊圖之輸出/入的可控範圍值，以決定訊號間的轉換倍率或單位換算。(例如，多少的電壓(V)對應到多少的角度(rad))

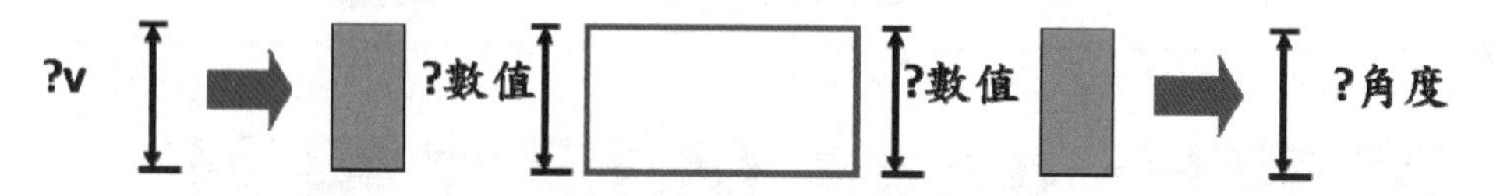

圖 3.1 決定功能方塊圖之輸出/入的可控範圍值

2. 確定各功能方塊圖之解析度(用幾個位元來代表數值大小)，以決定數幅之有效數字範圍。(例如，操控精度須控到小數點第三位，要用幾位元來表示)

圖 3.2 確定各功能方塊圖之解析度

3. 確定各功能方塊圖所要求之反應速度，且求得所有方塊圖的反應頻率之公倍數，以決定操控的基頻及系統頻寬。於是，控制系統會形成許多層的操控迴路，而程式設計就是滿足各迴路之觸發時機及動作。

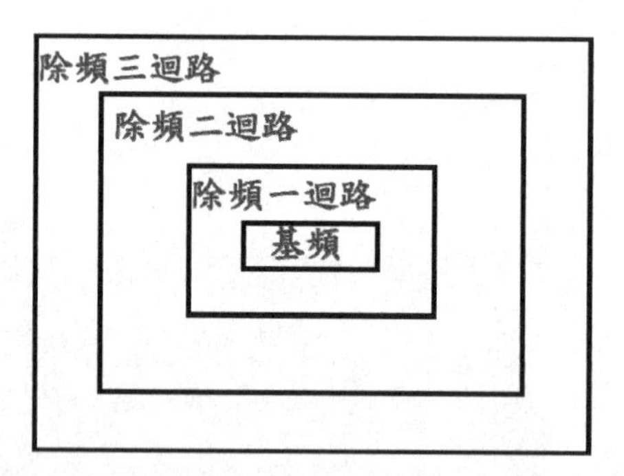

圖 3.3 確定各功能方塊圖所要求之反應速度及基頻

4. 確定各功能方塊圖觸發之時序圖，以決定整個系統的控制流程或狀態機。

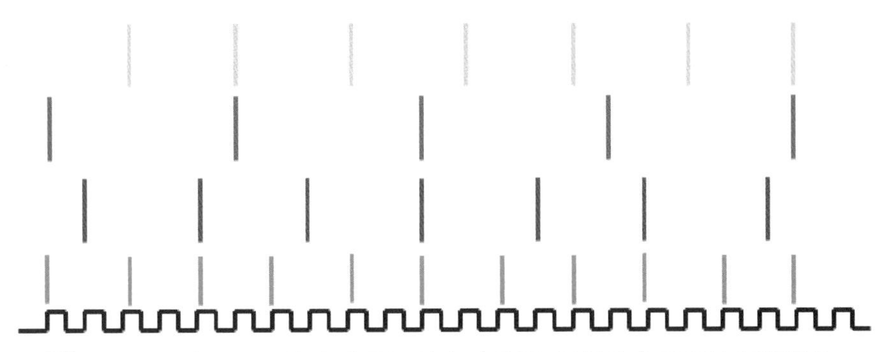

圖 3.4　確定各功能方塊圖觸發之時序圖(各顏色表不同的觸發對象)

5. 依上述功能及時序的分析來選定控制系統的結構，同時決定微控制器的數目及相關界面的處理。也就是說，控制系統要採用單 CPU 還是多 CPU 架構?若採用多 CPU，則須決定處理界面及通訊協定事宜。(如 UART 或 USB 等)

當所開發控制系統之架構規劃、操控數値範圍、解析度及時序流程有所瞭解後，才能開始進行程式的設計。以下，就是針對進行微電腦單晶片 8051 程式設計時，所需之定址方式、各種程式語言設計、一般 I/O 控制、中斷及界面協定等內容來加以說明。

3.1　單晶片 8051 之定址與指令

微電腦單晶片 8051 是一個 8 位元的微處理機，所以指令碼長度爲 8 位元，因此，理論上可以提供 256 種可能的指令(編碼)。但是，爲了不同功能的需要，一些額外的資料或位址，則必須加入指令中，所以，微電腦單晶片 8051 的指令集，總共可以分類成 139 個指令爲一位元組，92 個指令爲二位元組的和 24 個指令爲三位元組。(指令集可見附錄說明)

爲了可以順利地瞭解各指令的動作意義，一些指令符號的定義說明，茲條列如下表所示：

表 3.1 指令符號定義表

符號	說明
Rn	所選擇暫存器庫中之 R0~R7，n=0~7。
direct	直接定址位址。
@Ri	間接定址位址，i=0 或 1。
#data	8 位元資料常數。
#data16	16 位元資料常數。
addr11	11 位元位址常數，使用於 ACALL 及 AJMP 指令。
addr16	16 位元位址常數，使用於 LCALL 及 LJMP 指令。
rel	8 位元偏移位址常數，使用於 SJMP 及相對跳躍指令中。
bit	位元定址位址。
←	以右方資料取代左方資料。
(X)	將 X 內容取出。
((X))	以 X 內容爲位址，以間接定址方式取出資料。
rrr	n 之 2 進制値。如 n=6，rrr=110。

有關微電腦單晶片 8051 指令集中的指令，可以分類成以下幾種：

1. 算數運算指令(Arithmetic Instructions)，爲執行加、減、乘、除、遞增、遞減等指令。

例如：ADD

寫法：ADD A, <來源位元組>

功能：加法

說明：將指定位址(來源位元組)的值與累積器(A)內的值相加，再將結果存回累積器中。

```
ADD A, Rn
ADD A, direct
ADD A, @Ri
ADD A, #data
```

2. 邏輯運算指令(Logical Instructions)，爲執行 AND、OR、XOR、旋轉位元、移位、及互補等指令。

例如：ANL

寫法：ANL <目的位元組>, <來源位元組>

功能：兩個位元組作 AND 運算

說明：將目的位元組與來源位元組作 AND 運算，並將結果存至目的位元組內。

```
ANL A, Rn
```

```
ANL A, direct
ANL A, @Ri
ANL A, #data
ANL direct, A
ANL direct, #data
```

3. 布林代數指令(Boolean Instructions)，爲進行單獨位元設定和清除、反相、ANL、ORL 及條件式跳躍等指令。

```
例如：CLR
寫法：CLR <目的位元>
功能：將位元內的資料清除為 0。
CLR A
CLR C
CLR bit
CLR P1.3
```

4. 程式分支指令(Program Branching Instructions)，包括短距離/長距離跳躍、無條件/條件式跳躍、呼叫副程式和空指令等。

```
例如：SJMP
寫法：SJMP 標名
功能：短程跳躍
說明：為無條件跳躍指令，可跳至此指令前 128 位元組至後 127 位元組之位址範圍內。
```

5. 資料傳輸指令(Data Transfer Instructions)，爲資料的移動，可以分爲內部 RAM 的資料移轉和外部 RAM 的資料移轉或交換等指令。

```
例如：MOV
寫法：MOV <目的位元組>, <來源位元組>
功能：位元組資料的轉移
說明：複製來源位元組內的資料至目的位元組。
MOV A, Rn
MOV A, direct
MOV A, @Ri
MOV A, #data
MOV Rn, A
MOV direct, Rn
```

其它詳細的指令及其動作內容，則可參考附錄中的說明。

各指令的動作，由上範例說明可以發現，依其執行方式而有不同的定址方式，以下將分別加以說明：

1. 暫存器定址(Register Addressing)：可以直接存取 R0-R7 等 8 個工作暫存器、ACC(就是 A)、B、P0、P1 等。

   例如：ADD A, Rn

   說明：其指令碼為 00101nnnB，前 5 個位元 00101B 表示 opcode，後三個位元 nnnB 表示暫存器 Rn。(B 表二進制碼)

2. 直接定址(Direct Addressing)：直接將某個位址的值傳給 CPU 中的某個暫存器。

   例如 1：MOV A, 30H

   說明：把 30H 位址內的值傳給累加器 ACC。(H 表 16 進制碼)

   例如 2：MOV P1, A

   說明：把累加器 ACC 的值傳送到 Port 1。(P1 表 Port 1)

3. 間接定址(Indirect Addressing)：藉由暫存器 R0、R1、DPTR 存放運算元位址，在該位址存取真正運算元資料，其方法是在暫存器名稱前加上一個@符號。

   例如：假設 R1 值為 40H，而位址 40H 內的值為 55H。

   ```
   MOV A, @R1
   ```

   則執行後 ACC 的值為 55H。

4. 立即定址(Immediate Addressing)：直接以一個數值作爲運算元，在數值前有一個#符號。數值可分爲 2 進位(B)，10 進位，16 進位(H)。

   例如 1：MOV A, #01100100B

   說明：將 100 存入 ACC 中。

   例如 2：MOV A, #100

   說明：將 100 存入 ACC 中。

   例如 3：MOV A, #64H

   說明：將 100 存入 ACC 中。

   例如 4：MOV DPTR, #8000H

   說明：為 3 位元組的指令，為將 16 位元常數 8000H 存在 Data Pointer 暫存器中。

5. 相對定址(Relative Addressing)：相對定址只用在跳躍指令，其移位值爲一有號 8 位元(-128 到 127)。它被加到 Program Counter 以形成下一個將被執行的指令位址。

   例如：假設標籤 THERE 表示位於 1040H 的指令。

   ```
       SJMP                THERE
   …
   THERE:
   ```

...

說明：若上述指令的執行，為位於 1000H 和 1001H 的指令，則下一個指令位址將會是位於距離 3EH 後的 1040H(1002H + 3EH=1040H)的地方。

6. 絕對定址(Absolute Addressing)：只有 ACALL 和 AJMP 兩種指令，爲一個 2 位元組指令，允許 2Kbytes Page 的分枝。

例如：假設標籤 THERE 表示位於 0F46H (0000,1111,0100,0110B)的指令。

```
AJMP THERE
```

說明：若上述指令為分別位於 0900H 和 0901H，則組譯器會編該指令碼為

```
1110,0001B              ; 1st byte (A10-A8 + opcode)
0100,0110B              ; 2nd byte (A7-A0)
```

注意：A15-A11 沒有變化，表示在同一個 Page。

7. 長定址(Long Addressing)：只有 LCALL 和 LJMP 兩種指令，爲一個 3 位元組指令。其優點是 64K Code Space 可以充分利用，而缺點是速度慢。

8. 索引定址(Indexed Addressing)：索引定址爲使用一組基底暫存器(通常是 Program Counter 或 Data Pointer)和一個位移器(ACC)，構成有效的位址。

例如：MOVC A, @A+<base-reg>

瞭解微電腦單晶片 8051 的指令及定址方式後，程式語言就是設法組合各指令的動作以實現控制系統所規劃的硬體動作。

3.2 單晶片 8051 之程式語言

微處理機單晶片 8051 的程式設計就是指令碼的適當組成，因其發展歷程的不同而有不同的程式編輯語言，其中，最常用的高階程式語言爲組合語言及 C51 語言。而不管是哪一種程式語言，經編譯後，最終型態都是 CPU 所認知的機械碼(也就是說，程式設計結果的優劣及程式碼長度是看機械碼的內容)，其內容就是微控制器訊號波形的處理(或運算)及時序產生的設計。以下，分別就單晶片 8051 的組合語言及 C51 語言之設計架構及注意事項加以說明。

3.2.1 單晶片 8051 之組合語言

一般而言，微處理機的供應商一定會提供組合語言形式的編輯軟體。組合語言的編寫，必須對微處理機架構及指令集有一定程度的瞭解，才能充份有效地運用微處理機所提供的硬體動作及功能，原則上，所有的微處理機的程式語言都有一定的組成架構，這也表示只要學會一種微處理機，其它的微處理機的應用及程式編輯方式都是類似的。

首先，要先進行硬體及暫存器的位址規劃(也就是 Hardware Configuration)，所以，微處理機廠商必須提供該處理機相對應的各種標頭檔(*.h)，其內容就是硬體內部的設定規劃，且加以宣告連結至程式內；接著，要進行設定初始化(Initialization)的動作，包括程式記憶體的位址歸零及各暫存器的內容設定等，如此，可以藉由暫存器的內容設定不同，進行各種工作模式的切換；接著，為變數類型的宣告及常數設定(Variables and Constants Declaration)等；接著為主程式及副程式的設計(Main Program and Sub-program Design)，基本上，全部的內容就是一個程式，對於副程式的使用，主要是針對有些重覆使用的動作或經判別以進行不同動作時，寫成副程式則較為簡潔及方便，其缺點是要進行呼叫或跳躍指令，會花較長的指令週期時間。

微電腦單晶片 8051 的組合語言編輯，其大致的程式架構如下：

```
ORG 000H                                  ;程式記憶體位址歸零
Variables EQU Address of Registers        ;設定變數的位址，例如 45H
…
    MOV <目的位元組>, 設定值               ;初始值設定，例如 00000000B
    …
Label1:                                   ;主程式標籤
Instruction Operand1 Operand2             ;執行指令
    …
    CALL Label3                           ;呼叫副程式
    …
    JMP Label2                            ;跳躍至指定標籤
    …
Label2:                                   ;屬一般標籤
    …
```

```
        …
Label3:                          ;屬副程式標籤
        …
    RET                          ;副程式執行結束及返回
        …
        …
END                              ;整個程式結束
```

例如：設計一程式讓 P0^0 腳位的電位依時間做交互地變換

```
        ORG   000H               ;程式記憶體位址歸零
        DAT1  EQU  45H           ;設定變數 DAT1 的位址為 45H
        DAT2  EQU  46H           ;設定變數 DAT2 的位址為 46H
        MOV  DAT1, #00000000B    ;DAT1 的初始值設定為#00000000B
        MOV  DAT2, #00000001B    ;DAT2 的初始值設定為#00000001B
NEXT:                            ;主程式標籤為 NEXT
MOV  A, DAT1                     ;將 DAT1 的值複製到 Acc
MOV  P0, A                       ;將 Acc 的值複製到 Port0
        CALL  DELAY              ;呼叫副程式 DELAY
        MOV  A, DAT2             ;將 DAT2 的值複製到 Acc
        MOV  P0,A                ;將 Acc 的值複製到 Port0
CALL  DELAY                      ;呼叫副程式 DELAY
        JMP   NEXT               ;跳躍至指定標籤 NEXT
DELAY:                           ;副程式標籤 DELAY
MOV  R6, #200                    ;將#200 複製到 R6
DL1:                             ;一般標籤 DL1
MOV   R7, #249                   ;將#249 複製到 R7
DE1:                             ;一般標籤 DE1
DJNZ  R7, DE1                    ;將 R7 減 1，若不等於零，跳躍至 DE1
        DJNZ  R6, DL1            ;將 R6 減 1，若不等於零，跳躍至 DL1
        RET                      ;副程式執行結束及返回
        END                      ;整個程式結束
```

要注意的是，組合語言的註解是用"；"來做分隔。至於其它組合語言相關的指令使用及其細節，則請參酌附錄之說明。

3.2.2 單晶片 8051 組合語言之編譯

有關微電腦單晶片 8051 組合語言程式之編譯，可依第二章之 2.3 節的編輯軟體介紹及編譯程序與設定來進行，如此，可順利的得到該程式的燒錄檔(*.hex)。當然，也可依第二章之 2.3 節的模擬軟體及實驗平台介紹，來做進一步的功能驗證。相信使用者經過反覆的練習，將可以很快地熟悉各種軟體工具的使用及操作。

3.2.3 單晶片 8051 之 KEIL C 語言

早期微處理機程式設計者喜歡使用組合語言來撰寫單晶片 8051 的程式，因爲它可以直接操作暫存器和記憶體，且掌控單晶片 8051 內部的每個工作細節。但隨著 8051 系列晶片種類的多樣化、功能多元化及程式複雜化，使得程式設計者都逐漸改採 C51 語言來編寫單晶片 8051 的程式。在必要的時候，設計者也可以直接針對記憶體及暫存器下達動作命令、修改其內容及決定其配置的方式。

C51 語言的程式寫法，基本上和一般的 C 語言相類似。程式主體是由許多的函式(Function)所組合而成，其主體內容必須以大括號{ }來包含。程式的執行，就是在函式間彼此呼叫來完成。一個完整的程式，無論它有幾個函式，其中必定有一個名爲 main( ) 的函式，C 語言的編譯器會認定它爲程式的起始點，也就是程式第一個被執行的函式。以一個最基本的 C51 語言的程式爲例：

```
#include <reg51.h>                    //宣告且連結標頭檔 reg51.h
void main()                           //主程式 main
          {
P0=0x81;                              //將 0x81 值輸出到 Port0
P1=0x0F;                              //將 0x0F 值輸出到 Port1
P2=0x55;                              /*將 0x55 值輸出到 Port2 */
P3=0xC3;                              /*將 0xC3 值輸出到 Port3 */
          }
```

從 C51 程式的基本結構可以看出，程式主體是由一個 main( )的函式所組成。大括號內的{ }即爲 C51 程式碼。有關撰寫 C51 程式需要注意的事項如下：

1. C51 程式結構中，程式碼是由敘述(Statement)所組成，每個敘述就相當是一行指令碼，必須用分號標記";"做爲結尾。因此，在程式編輯器中，若編譯器沒有看到";"，會視爲是同一行來處理。
2. C51 會區分字母的大小寫，所以千萬不要將大小寫混用，如 main 不可寫成 MAIN。
3. C51 的註解有兩種寫法。一種以"//"開頭，編譯器會把"//"之後的文字全部當做爲註解，直到此行的尾端。另一種方式是用 /*…(註解)…*/。標記"/*"是註解的開始，標記"*/"爲註解的結束，兩者之間是不限行數的。註解不參與程式的執行，若適時在程式中加入註解，標明各區段程式的功能，可以增加程式的可讀性，對於日後程式的除錯與維護都有很大的幫助。
4. #include 是個前置命令，在 C51 程式執行前對編譯器所下的指示。<reg51.h>是在編譯單晶片 8051 程式時，必須指定載入的標頭檔，其部份內容將如下所示：

```
Header file for generic 80C51 and 80C31 microcontroller.
Copyright (c) 1988-1997 Keil Elektronik GmbH and Keil Software,
Inc. All rights reserved.
---------------------------------------------------------------------*/
/* BYTE Register */
sfr P0   = 0x80;
sfr P1   = 0x90;
sfr P2   = 0xA0;
sfr P3   = 0xB0;
sfr PSW  = 0xD0;

/* TCON */
sbit TF1  = 0x8F;
sbit TR1  = 0x8E;
sbit TF0  = 0x8D;
sbit TR0  = 0x8C;
sbit IE1  = 0x8B;
```

5. 在 C51 程式語言的敘述，相當於組合語言的指令碼，大致可以分爲下列四種：
   (1) 資料宣告：爲常數、變數與各種結構的資料宣告，是在記憶體位置上預留資料存放的空間。不同的資料型態，佔據記憶體空間的大小，會因資料存放格式的不同而有所不同，因此，宣告就等於是在進行記憶體空間的配置，可以省去在組合語言中，繁複的資料搬移與定址工作。在標準的 ANSI C 語言中，提供 char、int、short、long、float 及 double 等基本的資料型態。資料型態的預設值是帶有正負號(以最高位元來表示其正負號，0 爲正，1 爲負)。若在資料型態前面加上關鍵字"unsigned"，則是指資料是不帶符號。(可見表 3.2)

表 3.2 資料型態表

符號	位元組	說明
char	1	字元型態，帶正負號字元，範圍 –128~127
unsigned char	1	字元型態，無正負號字元，範圍 0~255
enum	1~2	範圍 –128~127 或 –32768~+32767
short	2	短整數型態，範圍 –32768~+32767
unsigned short	2	無號短整數型態，範圍 0~65535
int	2	有號短整數型態，範圍 –32768~+32767
unsigned int	2	無號整數型態，範圍 0~65535
long	4	有號長整數型態，範圍 –214783648~+214783647
unsigned long	4	無號長整數型態，範圍 0~4294967295
float	32	符點數型態，範圍 –3.402823E ± 38 ~ 3.402823E ± 38

基本的變數宣告的方法如下：

```
(unsigned/singed)  變數型態  變數名稱(=初始值);
```

```
#include <reg51.h>
void main()
{    /* 無號數的宣告  */
   unsigned  char     usg_var1=1;     //宣告爲無號數字元資料型態
   unsigned  int      usg_var2=2;     //宣告爲無號數整數資料型態
   unsigned  short    usg_var3=3;     //宣告爲無號數短整數資料型態
   unsigned  long     usg_var4=4;     //宣告爲無號數長整數資料型態
    /* 有號數的宣告  */
   char               sg_var1=-1;         //宣告爲有號數字元資料型態
   int                sg_vars2=-2;        //宣告爲有號數整數資料型態
   short              sg_vars3=-3;        //宣告爲有號數短整數資料型態
   long               sg_vars4=-4;        //宣告爲有號數長整數資料型態
}
```

```
C:0x0000    020037   LJMP     C:0037
      2: void main()
      3: {
      4:     /* 無號數的宣告   */
      5:     unsigned  char     usg_var1=1;   //  宣告爲無號數字元資料型態
C:0x0003    750801   MOV      0x08,#0x01
      6:     unsigned  int      usg_var2=2;   //  宣告爲無號數整數資料型態
C:0x0006    750900   MOV      0x09,#0x00
C:0x0009    750A02   MOV      0x0A,#0x02
      7:     unsigned  short    usg_var3=3;   //  宣告爲無號數短整數資料型態
C:0x000C    750B00   MOV      0x0B,#0x00
C:0x000F    750C03   MOV      0x0C,#0x03
      8:     unsigned  long     usg_var4=4;   //  宣告爲無號數長整數資料型態
      9:
     10:     /* 有號數的宣告   */
C:0x0012    E4       CLR      A
C:0x0013    751004   MOV      0x10,#0x04
C:0x0016    F50F     MOV      0x0F,A
C:0x0018    F50E     MOV      0x0E,A
C:0x001A    F50D     MOV      0x0D,A
     11:     char       sg_var1=-1;      //  宣告爲有號數字元資料型態
C:0x001C    7511FF   MOV      0x11,#0xFF
     12:     int        sg_vars2=-2;     //  宣告爲有號數整數資料型態
C:0x001F    7512FF   MOV      0x12,#0xFF
C:0x0022    7513FE   MOV      0x13,#0xFE
     13:     short      sg_vars3=-3;     //  宣告爲有號數短整數資料型態
C:0x0025    7514FF   MOV      0x14,#0xFF
C:0x0028    7515FD   MOV      0x15,#0xFD
     14:     long       sg_vars4=-4;     //  宣告爲有號數長整數資料型態
C:0x002B    74FF     MOV      A,#0xFF
C:0x002D    7519FC   MOV      0x19,#0xFC
C:0x0030    F518     MOV      0x18,A
C:0x0032    F517     MOV      0x17,A
C:0x0034    F516     MOV      0x16,A
```

圖 3.5　C51 之變數宣告及其轉譯為組合語言之定址

(2) 算術邏輯運算：利用簡單的運算符號，提供加、減、乘、除、與 AND、OR、NOT、XOR…等運算。

以下分別為算術運算、關係運算及邏輯運算之範例及結果：

```
#include <reg51.h>
void main()
{
   /* 無號數的宣告 */
   unsigned int a=37,b=45;
   unsigned int c,d,e,f,g;
   c=a+b;
   d=a-b;
   e=a*b;
   f=a/b;
   g=a%b;
   a++;
   b--;
}
```

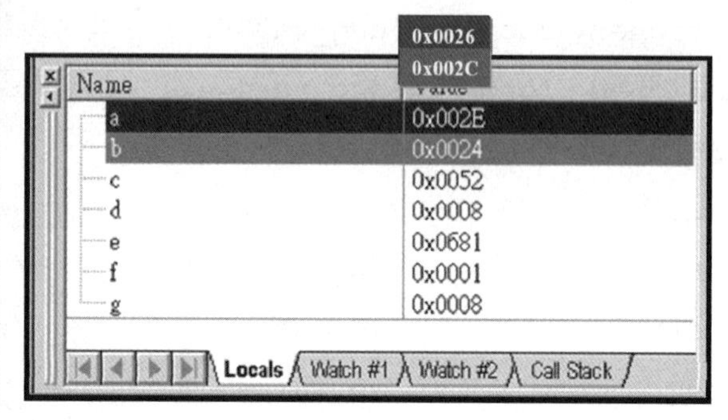

圖 3.6 算術運算後之結果值

```
#include <reg51.h>
void main()
{
   int a=0xc3,b=0x1f;
   int c,d,e,f,g,h;
   c=(a>b);
   d=(a<b);
   e=(a==b);
   f=(a<=b);
   g=(a>=b);
   h=(a!=b);
}
```

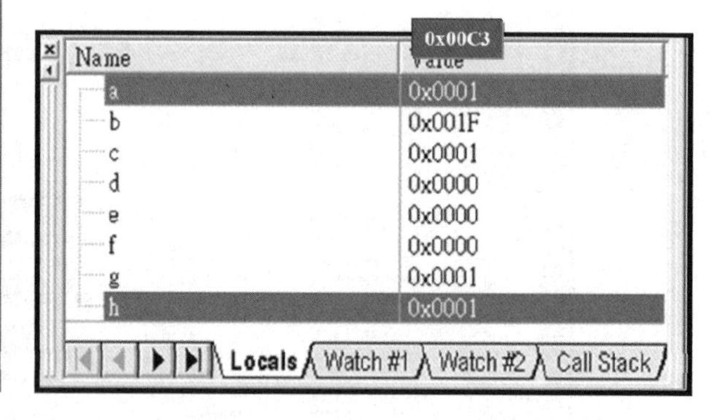

圖 3.7 關係運算後之結果值

```
#include <reg51.h>
void main()
{
  int a=0x42,b=0x51;
  int c,d,e;
  c=a&&b;
  d=a||b;
  e=!c;
}
```

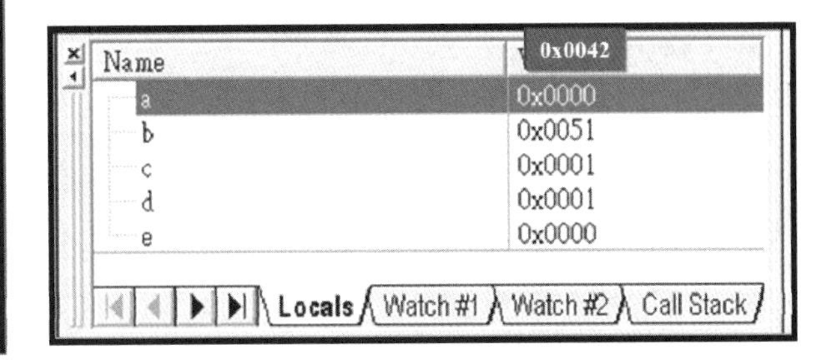

圖 3.8 邏輯運算後之結果值

(3) 程式流程控制：提供更簡便的迴圈、條件判斷…等的程式流程控制功能。

以「迴圈應用」為例：

```
void main()
{   int i, sum1=0;
    int j=1, sum2=0;
    int k=1, sum3=0;
   /* for 迴圈敘述計算 1 加到 10 的總和 */        //for 迴圈
for(i=1;i<=10;i++)
     sum1+=i;
   /* while 迴圈敘述計算 1 加到 10 的總和 */    //while 迴圈
    while(j<=10){
      sum2+=j;
      j++;     }
/* do-while 迴圈敘述計算 1 加到 10 的總和 */     //do while 迴圈
    do {
      sum3+=k;
      k++;
             }
while(k<=10);
}
```

以「條件分歧應用」為例：

```
#include <reg51.h>
void main()
{
   while(1){
            if(P1==0x01)                        //條件分歧 if
              P0=0x80;
            else                                //條件分歧 else
              P0=0;
         }
}
```

以「多重條件分歧應用 1」為例：

```
#include <reg51.h>
void main()
{   /* if- else if 判斷 P1 輸入狀態，決定 P0 輸出結果 */
  P1=0x00;
  for(;;) {
    if(P1&0x01)                                 //多重條件分歧 if
        P0=0x80;
    else if (P1&0x02)                           //多重條件分歧 else if
        P0=0xC0;
else if (P1&0x04)                               //多重條件分歧 else if
        P0=0xE0;
    else if (P1&0x08)                           //多重條件分歧 else if
        P0=0xF0;
    else                                        //多重條件分歧 else
        P0=0x00;
  }
}
```

以「多重條件分歧應用 2」為例：

```
#include <reg51.h>
void main()
{   /* switch case 判斷 P1 輸入狀態，決定 P0 輸出結果 */
   P1=0x00;
   while(1) {
      switch(P1)                              //多重條件分歧 switch
        {
       case 0x01 :                            //多重條件分歧 case
              P0=0x80;
             break;
       case 0x02 :                            //多重條件分歧 case
              P0=0xC0;
             break;
       case 0x04 :                            //多重條件分歧 case
              P0=0xE0;
             break;
       case 0x08 :                            //多重條件分歧 case
              P0=0xF0;
              break;
        }
      }
}
```

(4) 函式呼叫：透過函式呼叫功能，以形成具有結構化的程式。

以「延遲副程式」為例：

```
void delay10ms(int count)                  //副程式 delay10ms
{
   int i,j;
   for(i=0;i<count;i++)                    //透過引數 count 控制外迴圈數
    for(j=0;j<1940;j++);
```

```
}
main()      //主程式 main
{
  delay10ms(100);
}
```

以「傳回值的函式」為例：

```
#include <reg51.h>
char CHK_PORT(char inp);                    //副程式 CHK_PORT 的宣告
void main()//主程式 main
{
   P0=0x00;
   P1=0x00;
   while(1) {
   P0=CHK_PORT(P1);
            }
}
char CHK_PORT(char inp)                     //副程式 CHK_PORT
{ char temp_out;
switch(inp)
   {
     case 0x01 :
       temp_out=0x80;
       break;
     case 0x02 :
       temp_out=0xC0;
       break;
case 0x04 :
       temp_out=0xE0;
       break;
     case 0x08 :
       temp_out=0xF0;
       break;
```

```
    default:
      temp_out=0;
    }
      return temp_out;                    //副程式 CHK_PORT 傳值
}
```

以「指標與陣列」為例：

```
#include <reg51.h>
void main()
{
   int i;
   char  array[5]={0xc1, 0xc2, 0xc3, 0xc4, 0xc5};
   char  *ptr_a;
   ptr_a=&array;
   for(i=0; i<=4; i++)
   P0=array[i];
}
```

至於其它 C51 語言相關的指令使用及其細節，請參酌附錄之說明。

3.2.4 單晶片 8051 KEIL C 語言之編譯

同樣地，有關微電腦單晶片 8051 KEIL C51 語言程式之編譯，可依第二章之 2.3 節的編輯軟體介紹及編譯程序與設定來進行，如此，將可順利的得到該程式的燒錄檔(*.hex)。當然，也可依第二章之 2.3 節的模擬軟體及實驗平台介紹，來做進一步的功能驗證。相信使用者經過反覆的練習，將可以很快地熟悉各種軟體工具的使用及操作。

3.3 單晶片 8051 之基本 I/O 控制

在使用及瞭解微處理機動作的最根本程控方式，就是 I/O 的控制。也就是說，I/O 的操控，就是學習如何使用韌體來操控硬體的基礎入門。微處理機 I/O 的順利操控，除了可以此來確認該硬體各腳位動作是否爲正常工作外，也可藉此來逐漸地發展韌體程式的各種動作，如此得以瞭解及驗證該微處理機的各種功能。

微電腦單晶片 8051 有 4 個 Ports，皆可當做一般 I/O 使用，唯 Port0 腳位在當做一般 I/O 使用時，須接上提升電阻至電源 Vcc，才能正常工作。此外，由於 I/O 控制訊號爲小訊號，電流量約 20mA，對於輸入訊號及負載裝置的驅動，切忌直接連接或驅動，應依其電氣訊號要求大小及動作反應規格，加以設計隔離電路、濾波電路、電流放大電路或功率放大電路等電路，以確保硬體動作的正確及電路操控的安全。

3.3.1 基本 I/O 電路

微電腦單晶片 8051 基本 I/O 的周邊電路，可見第一章 1.4.2，要注意的是，確認電源腳位(V_{CC} 及 GND)要接上外，要注意震盪器有無震盪脈波產生，尤其要注意的是 RST(重置)的電路接法及 nEA 接腳的電位。以下將就其輸入訊號處理及負載裝置的驅動電路，分別加以介紹。

對於輸入訊號之電氣大小與單晶片 8051 之 I/O 腳位所能負荷的電氣大小不同時，建議採隔離方式，如光耦合器，來進行訊號的轉換，可見圖 3.9。

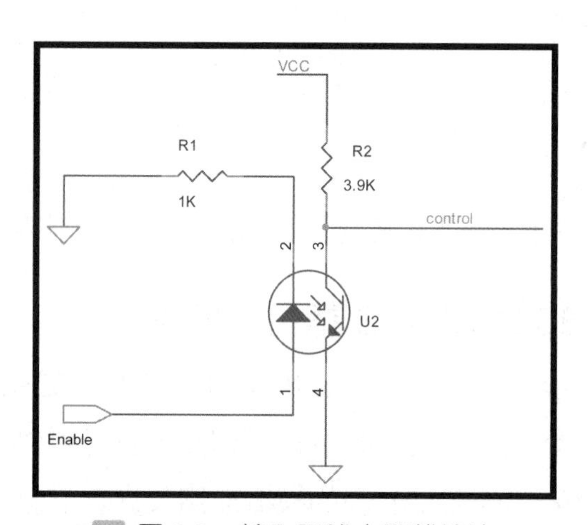

圖 3.9 輸入訊號之隔離接法

對於小訊號輸出的接法，與上述電路相似，依功能啓動其電位確認之需要，故採用圖 3.10 的接法，其中 PC817 爲光耦合器。

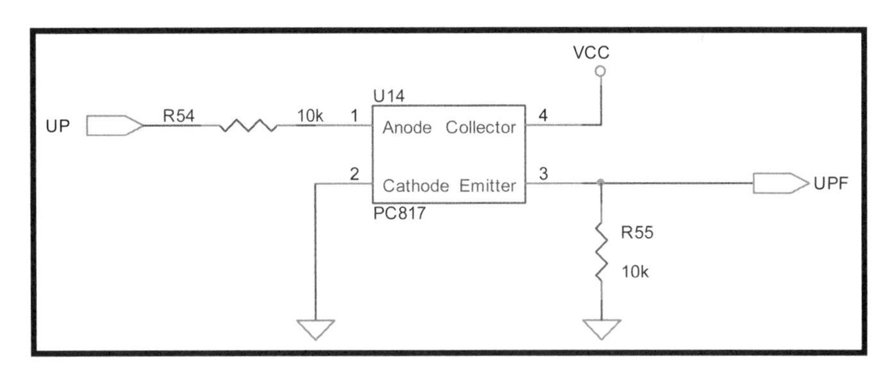

圖 3.10　輸出訊號之隔離接法

對於輸出顯示燈號的控制，不要使用單晶片 8051 之 I/O 腳位直驅方式，依所耗電流大小的需要，可採用緩衝電路(見圖 3.11)及電流放大電路(見圖 3.12)的接法。

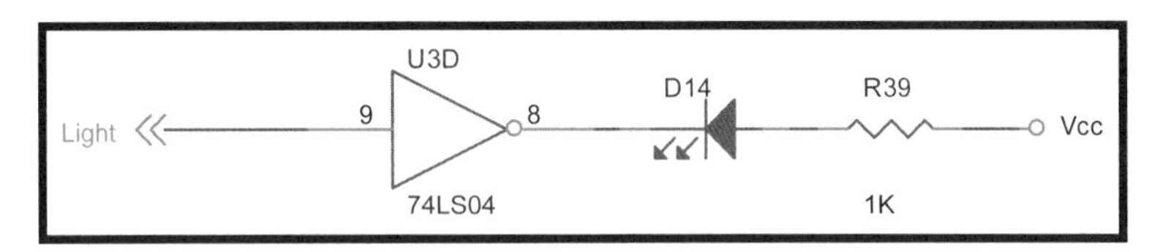

圖 3.11　輸出顯示燈號之緩衝電路接法

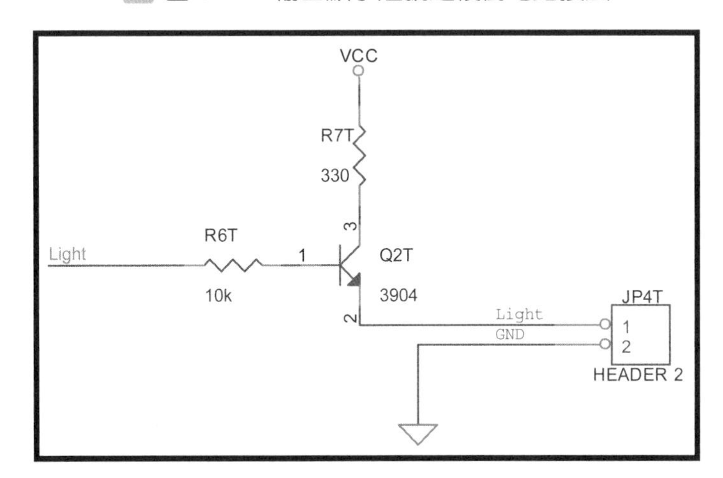

圖 3.12　輸出顯示燈號之電流放大電路接法

對於輸出負載之驅動，需要較大電流時的驅動電路，依電流大小需要，可採用電流放大電路，見圖 3.13 為驅動蜂鳴器之電路，但輸出迴路的電阻值要選小(要注意其可以承受的功率)。

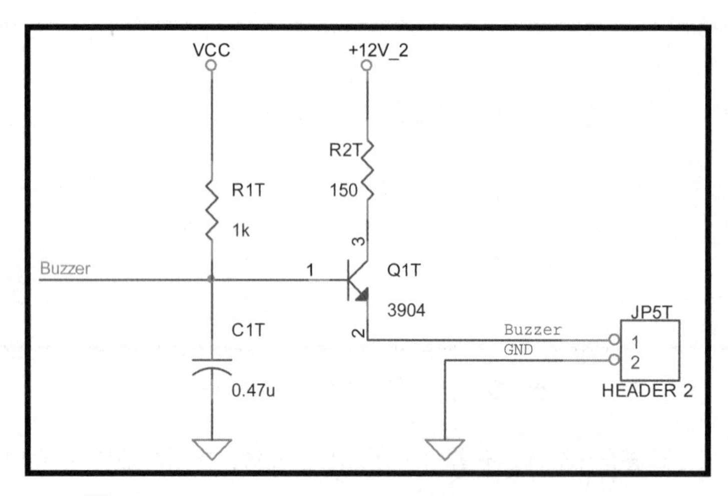

圖 3.13 輸出驅動蜂鳴器之電流放大電路接法

對於輸出負載之驅動，需要不同電位轉換及大電流時，建議採用電晶體進行電壓轉換及電流放大，最後以達靈頓電晶體來驅動負載，圖 3.14 爲直流馬達單向驅動的電路。

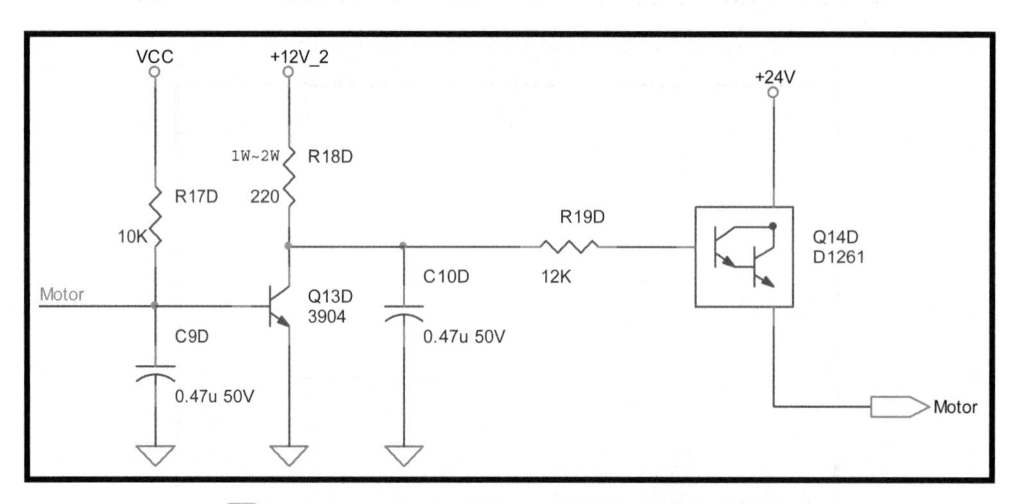

圖 3.14 輸出驅動直流馬達單向驅動電路接法

原則上，上述的各種電路接法，足以應付單晶片 8051 大多數的 I/O 控制使用。其它較特殊的應用場合需要，如訊號截波、訊號濾波等電路，則請參考相關的書籍。在使用各種元件時，要特別注意其可承受之功率及相對訊號所需之反應速度等規格，以免造成操控上的異常現象發生。

3.3.2 基本 I/O 控制練習

以下就以 3.2.1 節中之範例，設計一程式讓 P0^0 腳位的電位依時間做交互地變換，而程式內容可參考 3.2.1 節所示，其電路圖接法可見圖 3.15，其中 Port0 要接提升電阻，且有用 74244 當緩衝電路。

接著，本練習可使用 SimLab-8051 爲練習模擬平台，可選擇基本型實習板之 8 個 LED(共陰)實習板，將燒錄檔載入後，則練習結果可見圖 3.16 所示，P0^0 腳位的電位將會依設定時間做交互地變換，因此，LED 將會呈現明滅之變化情形。若再將此燒錄檔燒錄至 SimLab-8051 的實驗板，則可見其練習結果如圖 3.17 所示，P0^0 腳位的 LED 將會呈現明滅之變化情形。

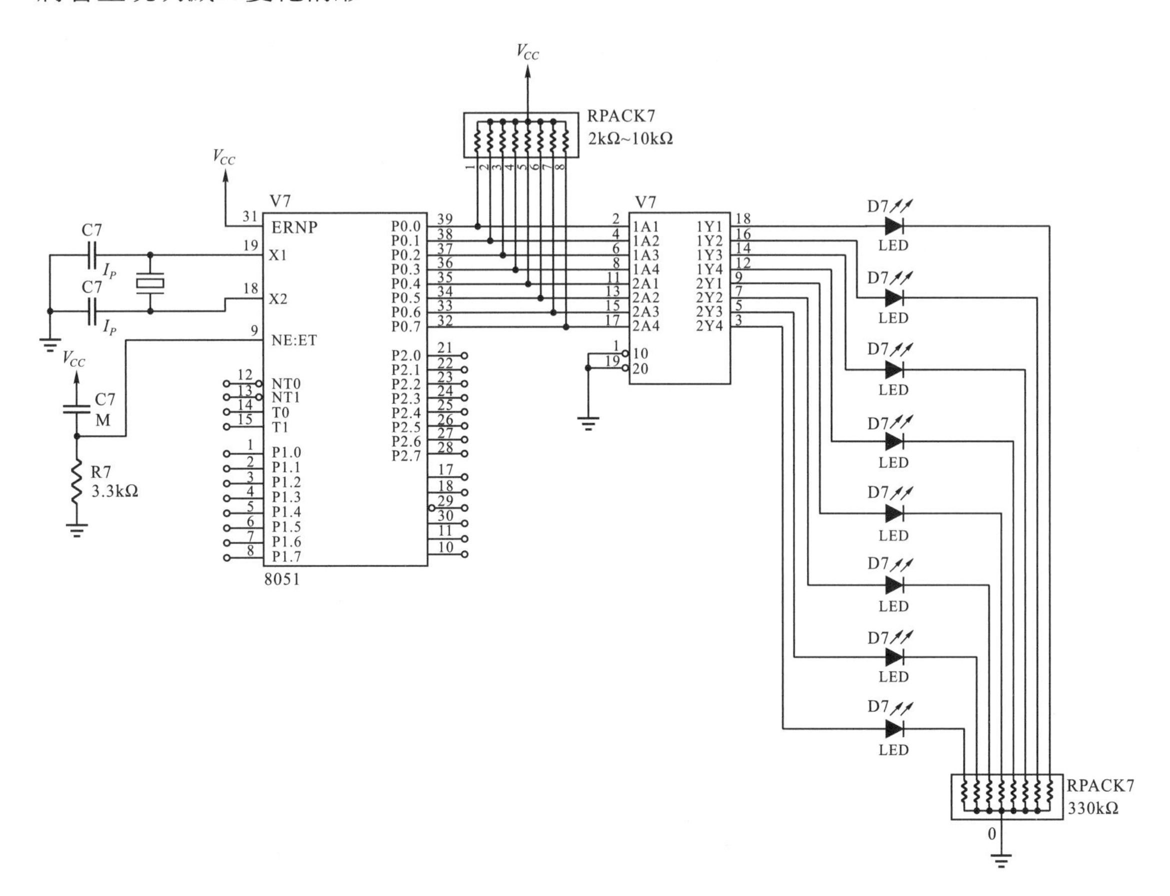

▲ 圖 3.15 P0^0 腳位的電位依時間做交互地變換之電路圖

圖 3.16 P0^0 腳位的電位依時間做交互地變換之模擬結果

圖 3.17 P0^0 腳位的電位依時間做交互地變換之練習結果

3.4 單晶片 8051 之中斷控制

對於單晶片 8051 的中斷服務功能，主要爲讓各種中斷服務的需求，以中斷的方式通知 8501 之 CPU，使 CPU 獨立執行該程式，而提升執行效率。在單晶片 8051 中有提供 5 個中斷源，分別爲：

1. INT0：外部中斷，由單晶片 8051 第 12pin 接腳輸入。
2. Timer0：計時/計數器中斷。
3. INT1：外部中斷，由單晶片 8051 第 13pin 接腳輸入。
4. Timer1：計時/計數器中斷。
5. UART：串列埠中斷。

上述中斷源在單晶片 8051 中都有相對應的旗標，當中斷條件產生時，中斷源就會使其相對應的旗標值設定爲 1。單晶片 8051 的 CPU 會在每一個機械週期檢查這些旗標的狀態，若系統允許相對應的中斷源產生中斷，且該中斷相對應的旗標值亦爲 1 時，則 CPU 會在執行完目前正在執行的指令後，將程式在記憶體中的位址存入堆疊中，並產生中斷服務副程式的呼叫，跳到該中斷所對應之中斷向量位址去執行該中斷服務副程式，直到「RETI」指令後才結束中斷副程式，再從堆疊中取出先前存入的位址值繼續執行被中斷的程式。

3.4.1 單晶片 8051 之中斷

對於單晶片 8051 之中斷，中斷源 INT0 與 INT1 分別位於單晶片 8051 接腳第 12 支與 13 支，當此二接腳爲低電位(或"0")時，則 IE0 與 IE1 會設定爲"1"；而當對應之中斷服務副程式執行完畢後，則單晶片 8051 會自動清除 IE0 與 IE1 旗標。Timer0 與 Timer1 的中斷產生，爲當計時/計數值產生溢位時，則對應之旗標 TF0 與 TF1 設定爲"1";而當對應之中斷服務副程式執行完畢後,則單晶片 8051 會自動清除 TF0 與 TF1 旗標。UART 爲串列埠中斷源，當串列埠做爲傳送或接收時其對應不同的旗標 TI 與 RI，其使用方式將在之後介紹，當其對應旗標設定爲"1"後，且中斷致能，則中斷服務副程式將會執行。當對應之中斷服務副程式執行完畢後，則單晶片 8051 會自動清除 TI 與 RI 旗標。

中斷常發生於一個事件的產生，主程式暫時停止執行並且跳到相對應的中斷副程式執行，待中斷副程式執行完畢系統又跳回主程式繼續先前動作。IE 爲中斷致能暫存器，將所選擇到的中斷源依需求打開或關閉；IP 爲中斷優先權暫存器，可依事件的重要性設定高低優先權。

有關中斷致能的寫法有以下兩種方式：

```
SETB  ET1                          ;Enable Timer1 Interrupt
SETB  EA                           ;Set Global Enable Bit
```

和

```
MOVE  IE, #10001000B               ;設定中斷致能暫存器 IE
```

上述之功能完全一樣，但是第一種寫法不會影響其餘中斷源，而第二種寫法將會導致其餘中斷源致能。

一般而言,中斷優先順序由高到低依次爲 INT0(高) -> Timer0 -> INT1 -> Timer1 -> UART(低)。

3.4.2 單晶片 8051 之中斷致能暫存器

中斷致能暫存器(Interrupter Enable Register，簡稱 IE)用於致能中斷的發生，若被致能，則中斷發生後將執行中斷服務副程式，否則，即使中斷發生亦不會執行中斷服務副程式。

以下為中斷致能暫存器之結構：

位址：A8H

EA	----	----	ES	ET1	EX1	ET0	EX0

EA(IE.7)： 若 EA＝0，則禁止所有中斷；若 EA＝1，則各中斷是否致能可由各自的中斷致能位元來各別設定。

----(IE.6)： 未使用。

----(IE.5)： 未使用，

ES(IE.4)： 致能串列埠的中斷。

ET1(IE.3)： 致能 Timer1 的中斷。

EX1(IE.2)： 致能 INT1 的中斷。

ET0(IE.1)： 致能 Timer0 的中斷。

EX0(IE.0)： 致能 INT0 的中斷。

3.4.3 單晶片 8051 之中斷優先等級暫存器

在單晶片 8051 工作時，並不一定要使用全部的中斷源來產生中斷，因此，可藉由 IE 來設定致能部分所要用到的中斷源。此外，每一個中斷源在中斷優先暫存器(Interrupt Priority Register，簡稱 IP)中都有一個位元來決定該中斷源之中斷服務副程式被執行的優先順序，設定為"1"表示為高優先權，清除為"0"則表示為低優先權。

當一個中斷要求發生時，若中斷是被致能的，則單晶片 8051 之 CPU 會執行該中斷服務副程式。然而，在執行中若有較高優先權的中斷源要求中斷，則 CPU 會先暫停目前正在執行的中斷服務副程式，而立即執行這個較高優先權的中斷服務副程式。如果相同優先權或優先權較低的中斷源要求中斷，則 CPU 將會不予理會。另外，若兩中斷同時發生，則高優先權中斷源優先執行；但若優先權相同時，則依 INT0、Timer0、INT1、Timer1、UART 之順序先後執行。

中斷優先暫存器，其結構如下：

位址：B8H

----	----	----	PS	PT1	PX1	PT0	PX0

PS(IP.4)： 定義串列埠優先權位元。

PT1(IP.3)： 定義 Timer1 優先權位元。

PX1(IP.2)： 定義 INT1 優先權位元。

PT0(IP.1)： 定義 Timer0 優先權位元。

PX0(IP.0)： 定義 INT0 優先權位元。

3.4.4 單晶片 8051 之中斷向量

微電腦單晶片 8051 有 5 個中斷源，其中斷向量位址、旗標名稱與該旗標所屬的暫存器，茲將其條列如表 3.3。至於各中斷源之旗標、計時控制暫存器(TCON)及串列埠控制暫存器(SCON)的內容說明及相關設定，將於後面的章節中加以說明。

表 3.3 單晶片 8051 的 5 個中斷源，中斷向量、旗標名稱與該旗標所屬暫存器

中斷源	中斷向量(位址值)	旗標	所屬暫存器
INT0	**0003H**	**IE0**	**TCON.1**
Timer0	**000BH**	**TF0**	**TCON.5**
INT1	**0013H**	**IE1**	**TCON.3**
Timer1	**001BH**	**TF1**	**TCON.7**
UART(TXD)	**0023H**	**T1**	**SCON.1**
UART(RXD)	**0023H**	**R1**	**SCON.0**

3.4.5 外部中斷控制練習

現在，進行中斷控制的練習，仍以 3.3.2 節的 Port0 I/O 控制電路爲例，再外加按鍵電路於單晶片 8051 的第 12 支與 13 支接腳。且功能動作爲 INT0 輸入爲遞增計數，INT1 輸入爲遞減計數，因此，其組合語言程式的寫法如下：

```
        ORG     000H                    ;程式起始位址爲 000H
        LJMP    START                   ;GOTO START
        ORG     03H                     ;外部中斷 0，中斷起始位址爲 03H
        LJMP    EXT0                    ;GOTO EXT0
        ORG     13H                     ;外部中斷 1，中斷起始位址爲 13H
        LJMP    EXT1                    ;GOTO EXT1
START:
        MOV     P0, #00H                ;P0=00H, LED 全暗
        SETB    EA                      ;EA =1，致能中斷功能
        SETB    IT0                     ;IT0=1，外部中斷 0,設爲負緣觸發
        SETB    IT1                     ;IT1=1，外部中斷 1,設爲負緣觸發
        SETB    EX0                     ;EX0=1,外部中斷 0 致能
        SETB    EX1                     ;EX1=1,外部中斷 1 致能
WAIT:   SJMP    WAIT                    ;原地跳躍,等待中斷
EXT0:
        MOV     A, P0                   ;A=P0，獲得 LED 狀態值
        INC     A                       ;A=A+1
        MOV     P0, A                   ;P0=A， P0 爲遞增
        RETI
EXT1:
        MOV     A, P0                   ;A=P0，獲得 LED 狀態值
        DEC     A                       ;A=A-1
        MOV     P0, A                   ;P0=A，P0 爲遞減
        RETI

        END                             ;程式結束
```

同樣地，若以 C51 語言來寫上述之中斷範例，則其程式寫法如下：

```
#include <reg51.h>
char Count ;                                   //字元資料為 Count
void main()
{
        P0=Count=0;                            //LED 全暗
        EA=1;                                  //致能中斷功能
        IT0=1;                                 //外部中斷 0，設為負緣觸發
IT0=1;                                         //外部中斷 1，設為負緣觸發
        EX0=1;                                 //外部中斷 0 致能
EX0=1;                                         //外部中斷 1 致能
        for(;;);                               //等待中斷
}
void external0(void) interrupt 0
{
        Count++;                               //Count=Count+1，遞增計數
        P0=Count;                              //輸出至 LED 顯示
}
void external1(void) interrupt 1
{
        Count--;                               //Count=Count-1，遞減計數
        P0=Count;                              //輸出至 LED 顯示
}
```

3.5 單晶片 8051 之計時/計數器控制

在單晶片 8051 的內部有 2 個計時/計數器，可以接收外界輸入的驅動信號。如果這個外界輸入信號代表某一事件發生的次數，則計時/計數器即是在進行事件的計數；如果這個外界輸入信號是一個固定頻率的信號，則計時/計數器則可用做計算時間的工

作。因此，單晶片 8051 的計時/計數器功能為一體兩面，可取決於驅動信號的特質而定。

Timer0 與 Timer1 是單晶片 8051 的兩個 16 位元計時/計數器，其計數值是存放於兩個 8 位元暫存器中，Timer0 的計數是由 TH0(High byte)及 TL0(Low byte)來執行，Timer1 的計數則是由 TH1(High byte)及 TL1(Low byte)來執行。其位址分別位於 SFR 內部記憶體的 8CH、8AH、8DH 及 8BH 中。在程式的撰寫上，編輯器允許直接使用暫存器的名稱 TH0、TL0、TH1 及 TL1，亦可直接使用其暫存器位址，來進行直接定址。

3.5.1 單晶片 8051 之計時/計數器

和計時/計數器有關的暫存器有：TCON、TMOD、TL0、TL1、TH0、TH1、T2CON、RCAP2L 及 RCAP2H。

在使用單晶片 8051 計時/計數器前，須先設定計時/計數器模式控制暫存器(Timer/counter Mode Control Register，簡稱 TMOD)及計時/計數器控制暫存器(Timer/counter Control Register，簡稱 TCON)兩個暫存器，此二暫存器分別用來決定 Timer0 及 Timer1 的工作模式及中斷執行的控制設定。

3.5.2 單晶片 8051 之計時/計數器控制暫存器

TCON 為 Timer 的計時控制暫存器，其結構如下：

位址：88H

TF1	TR1	TF0	TR0	IE1	IT1	IE0	IT0

TF1(TCON.7)：為計時器 1 的溢位旗號，當計時器/計數器 1 溢位時，會被硬體設定為 1，當處理器執行中斷服務程式時，硬體會自動將此位元清除為 0。

TR1(TCON.6)：為計時器 1 的啓動位元，由軟體設定為 1 時啓動，0 時停止。

TF0(TCON.5)：為計時器 0 的溢位旗號，當計時器 0 溢位時，會被硬體設定為 1，當處理器執行中斷服務程式時，硬體會自動清除此位元。

TR0(TCON.4)：為計時器 0 的啓動位元，由軟體設定為 1 時啓動，0 時停止。

IE1(TCON.3)： 爲外部中斷(INT1)的中斷旗號，當中斷被檢知時，硬體會設定此位元，當中斷被處理時，硬體會自動清除此位元。

IT1(TCON.2)： 爲 INT1 的中斷型態控制，當此位元設定爲 1 時爲負緣觸發型態，當此位元爲 0 時，則爲低準位觸發型態。

IE0(TCON.1)： 爲外部中斷(INT0)的中斷旗號，當中斷被檢知時，硬體會設定此位元，當中斷被處理時，硬體會自動清除此位元。

IT0(TCON.0)： 爲 INT0 的中斷型態控制，當此位元設定爲 1 時爲負緣觸發型態，當此位元爲 0 時，則爲低準位觸發型態。

3.5.3 單晶片 8051 之計時/計數器模式暫存器

單晶片 8051 之計時/計數器模式暫存器爲 TMOD(模式控制暫存器)之設定。Timer 的計時時脈來源有兩種，一種是單晶片 8051 的內部時脈，一種是從 T0 與 T1 接腳所輸入的外部時脈。在單晶片 8051 接收時脈計時/計數時，會在每個機械週期值由"1"變爲"0"時，將 Timer 的值累加 1，TMOD 的結構如下：

位址：89H

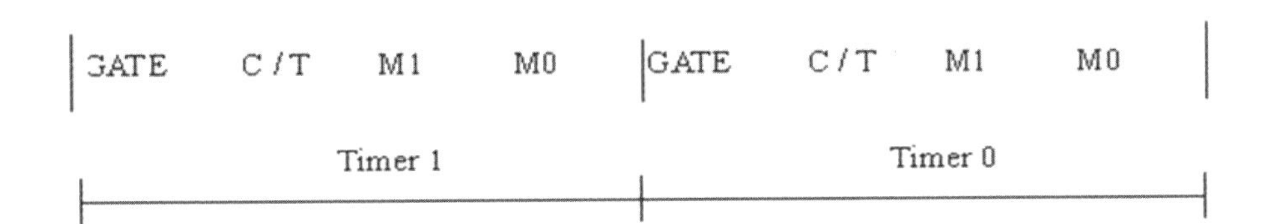

GATE： 當 TRx(在 TCON)=1 且 GATE=1，則計時器只在 INTx 接腳爲高電位時才會計時，當 GATE＝0，則計時器只在 TRx=1 時才會計時。

C/T： 計時器或計數器的選擇位元，C/T＝0 時爲計時器，C/T＝1 時爲計數器。

M1, M0： 模式選擇位元，其模式功能將於後面說明。

當 TCON 暫存器中的 TR0(或 TR1)爲 1 時，則 Timer0(或 Timer1)由 TMOD 暫存器的 GATE 位元與 INT0(或 INT1)接腳構成 Timer 的軟體控制；當 TCON 暫存器中的 TR0(或 TR1)爲 0 時，則 Timer0(或 Timer1)將停止計時/計數。若以布林代數表示則爲 Y=(GATE+INTx)。Timer0 與 Timer1 一共有四種模式，是由 TMOD 暫存器中的 M0 與 M1 位元來設定。以下爲四種工作模式：

1. **模式** 0：(M1=M0=0，13 **位元計時/計數器**)

將 Timer 設定爲模式 0 時，會形成一個 13 位元計時/計數器，計時/計數暫存器是由 THx 的 8 位元與 TLx 的低 5 位元所組成。當 TR0(或 TR1)設定爲 1 時，計時/計數器開始作動，若 13 個位元由全部爲"1"變成爲全部爲"0"時，則會將 Timer 溢位旗號 TFx 設定爲 1。結合 IE 暫存器來致能 Timer0(或 Timer1)，則單晶片 8051 會擷取 TF0(或 TF1)的資料，以偵測是否要產生中斷。當單晶片 8051 執行中斷副程式時，會自動將 TF0(或 TF1)清除爲 0。

Timer 工作模式 0 時，13 位元計時/計數值最大爲 8192(2 的 13 次方)，因此，THx 的值應爲計時/計數值除以 32 的商，TLx 的值則爲計時/計數值除以 32 的餘數。假設計時/計數值爲 5000 時，則

```
TH0 = #(8192-5000)/32
TL0 = #(8192-5000) MOD 32
```

則程式可寫爲：

```
MOV  TH0，#(8192-5000)/32             ;計時/計數值除以 32 的商
MOV  TL0，#(8192-5000) MOD 32         ;計時/計數值除以 32 的餘數
```

2. **模式** 1：(M1=0，M0=1，16 **位元計時/計數器**

模式 0 與模式 1 的動作幾乎相同，兩者之間的差別在於 Timer 工作在模式 1 時是 16 位元的計時/計數器。模式 1 計時/計數最大值爲 65536(2 的 16 次方)，因此，THx 的值應爲計時/計數值除以 256 的商，TLx 的值則爲計時/計數值除以 256 的餘數。若計時/計數值爲 5000 時，即

```
TH0 = #(65536-5000)/256
TL0 = #(65536-5000) MOD 256
```

則程式可寫爲：

```
MOV  TH0，#(65536-5000)/256           ;計時/計數值除以 256 的商
MOV  TL0，#(65536-5000) MOD 256       ;計時/計數值除以 256 的餘數
```

或寫成：

```
MOV  TH0，# ＞(65536-5000)
MOV  TL0，# ＜(65536-5000)
```

其中，"＜"符號是通知編譯器將後面的值取 16 位元的低位元組，而"＞"符號是通知編譯器將後面的值取 16 位元的高位元組。

3. **模式 2：(M1=1，M0=0，8 位元自動重新載入計時器)**

將 Timer 設定成模式 2 時，會形成一個 8 位元自動重新載入計時/計數器。當計時/計數完畢後會產生 TFx 溢位旗號設定為 1，並會將 THx 的值自動載入 TLx 中，因此，THx 的值須事先由軟體設定。

模式 2 計時/計數最大值為 256(2 的 8 次方)，因此計時/計數值須同時存放於 THx 與 TLx 中。若計時/計數值為 200 時，則

```
TH0 = #(256-200)
TL0 = #(256-200)
```

則程式可寫成

```
MOV  TH0，#(256-200)
MOV  TL0，#(256-200)
```

4. **模式 3：(M1=1，M0=1，兩個 8 位元的計時器)**

Timer 在模式 3 時，會將 TH0 與 TL0 分成兩個獨立的 8 位元計時器。TL0 的計時器使用 Timer0 的控制信號，即 C/T、GATE、TR0、INT0 與 TF0。而 TH0 則為計數機械週期的計數器，且使用 Timer1 的 TR1 及 TF1 做控制信號，因此 TH0 是控制 Timer1 計時/計數器。若使用 Timer0 的 TL0 計時/計數值為 200 時，則

```
TL0 = #(256-200)
```

則程式可寫成

```
MOV  TL0，#(256-200)
```

因此，若將上述的各種設定加以整理，則 TMOD 暫存器在各種情形下的設定值內容如下：

1. Timer0 當計時器

模式	功能	內部控制	外部控制
0	13位元計時器	00000000B	00001000B
1	16位元計時器	00000001B	00001001B
2	8位元自動重新載入	00000010B	00001010B
3	兩個8位元計時器	00000011B	00001011B

2. Timer0 當計數器

模式	功能	內部控制	外部控制
0	13位元計數器	00000100B	00001100B
1	16位元計數器	00000101B	00001101B
2	8位元自動重新載入	00000110B	00001110B
3	一個8位元計數器	00000111B	00001111B

3. Timer1 當計時器

模式	功能	內部控制	外部控制
0	13位元計時器	00000000B	10000000B
1	16位元計時器	00010000B	10010000B
2	8位元自動重新載入	00100000B	10100000B
3	(TH0計時器)	00110000B	10110000B

4. Timer1 當計數器

模式	功能	內部控制	外部控制
0	13位元計數器	01000000B	11000000B
1	16位元計數器	01010000B	11010000B
2	8位元自動重新載入	01100000B	11100000B
3	無	----	----

3.5.4 時間控制練習

接著，以 P0^0 為 0.05 秒的閃爍輸出為例，其電路圖則如上 3.3.2 節之範例所示。

```
; 目標：本程式以計時方式驅動，讓 P0.0 依 0.05 秒的時間間隔閃爍。
; 說明: 利用 Timer0 做 0.05 秒計時，再將 P0.0 腳位輸出電位反相，假設 0.05 秒
;        計時為 46,079 次機械週期。
ORG 000H
START:          MOV TMOD, #01                        ;設定為 16 位元計時模式
MOV P0, #0                                           ;將 Port0 設定為全滅
LOOP:           MOV TL0, #(65536-46079) mod 256      ;儲存 16 位元之低 8 位元
MOV TH0, #(65536-46079) /256                         ;儲存 16 位元之高 8 位元
SETB TR0                                             ;啓動計時
WAIT:           JBC TF0, OVERFLOW                    ;是否計時完畢且產生溢
位
JMP WAIT                                             ;若否,則持續檢查溢位
OVERFLOW:
CPL P0.0                                             ;P0.0 反相
PASS:           CLR TR0                              ;關閉計時
JMP LOOP                                             ;跳至標籤 LOOP
END
```

若將時間延遲寫成副程式，則延遲 0.5 秒之副程式 DELAY(使用 12MHz 的頻率，則 Timer0 本身計時時間約 1 微秒 x5000=5 毫秒，須執行 100 次迴圈。)的寫法如下：

```
DELAY:        MOV  TMOD, #00000001B          ;使用 Timer0 計數，模式 1
LOOPDY:   MOV  R6, #100                      ;R6 設定為 100 次
LOOPDY1:  MOV  TH0, #(65536-5000)/256        ;計數值 5000，分別載入 TH0，
MOV  TL0, #(65536-5000) mod 256              ; TL0
SETB  TR0                                    ;啓動 Timer 0 計數器
WAIT:      JNB   TF0, WAIT                   ;等待旗標是否為 1
CLR   TR0                                    ;清除 TR0，以停止計數
CLR   TF0                                    ;清除旗標 TF0
DJNZ  R6, LOOPDY1                            ;R6 值減 1，若不等於 0，再至
                                             ; LOOPDY1 執行，若為 0，則
                                             ;結束
RET
```

同樣地，若用 C51 語言來寫延遲 0.005 秒之副程式 Delay_5ms( )，則其寫法如下：

```
void Delay_5ms( )
{
 TMOD=0x01;                          //使用 Timer0 計數，工作於模式 1
 TH0=(65536-5000)/256;               //計數值 5000，分別載入 TH0，TL0
 TL0=(65536-5000)%256;
 TR0=1;                              //啓動 Timer 0 計數器
 while(TF0==0);                      //等待旗標是否為 1
 TR0=0;                              //清除 TR0，以停止計數
TF0=0;                               //清除旗標 TF0
}
```

3.6 串列埠之控制

串列傳輸為 CPU 與周邊裝置或 CPU 與 CPU 間的資料傳輸方法之一，最簡單的串列傳輸只需兩條傳輸線，使用的方式為每次傳輸一個位元的資料，所以具有傳輸線少

的優點，並且容易防止雜訊干擾，適合較遠距離的資料傳輸。然而，由於資料傳輸一次僅送一個位元，因此傳輸資料的速度慢是其缺點。

串列傳輸的結構雖然簡單，但也由於太簡略所以產生許多問題，必須藉由傳輸協定來解決。然而，一個完整的傳輸協定包括從硬體到軟體，是相當複雜的。其中，最基本的一種非同步式串列介面（Universal Asynchronous Receiver Transmitter，簡稱 UART）常被用於一般的串列傳輸應用中。

單晶片 8051 的串列埠是一組全雙工的 UART，即單晶片 8051 的 UART 可以在同一時間進行串列資料的傳送與接收。單晶片 8051 使用 P3.0 接腳做爲串列傳輸的接收端(RXD)，P3.1 接腳做爲串列傳輸的輸出端(TXD)，並利用特殊功能暫存器(SFR)中的串列埠緩衝器(Serial Port Buffer，簡稱 SBUF)來執行串列傳輸的工作。當串列傳送工作設定完成之後，傳送端可以存入一筆資料到 SBUF 中，並藉以引發資料傳送的動作；同樣地，當串列接收工作設定完成之後，接收端會將可接收資料且放入 SBUF 中。事實上，在單晶片 8051 的 UART 結構中，接收資料端與傳送資料端所使用的暫存器並不是同一個，只不過它們均對應到相同的定址位址，因此，在傳送或接收資料時，單晶片 8051 會自動選擇使用不同的暫存器，所以單晶片 8051 的串列埠可以同時進行資料的傳送與接收。

3.6.1 串列埠之資料傳輸

串列傳輸在傳送一個位元組時，必須要傳送 8 次，而 UART 的串列傳輸方式是在傳送 8 個位元資料之前加上一個起始位元，並在傳送 8 個位元資料之後加上一個停止位元，於是，原先傳送一個位元組要傳送 8 次就增爲 10 次。以下是 UART 串列傳輸的示意圖，傳輸時間順序由左至右：

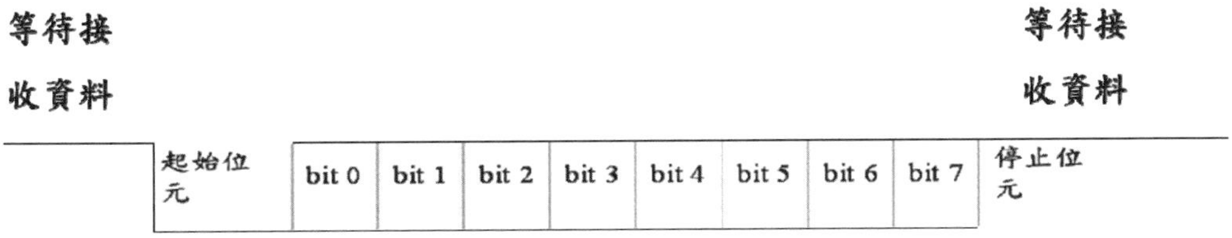

等待接收資料	起始位元	bit 0	bit 1	bit 2	bit 3	bit 4	bit 5	bit 6	bit 7	停止位元	等待接收資料

圖 3.18　UART 串列傳輸的示意圖

在 UART 的傳輸結構中，起始位元固定為 0，停止位元固定為 1，所以接收端的動作是一直不斷的檢查傳輸線的狀態。當傳輸線上的信號一直為 1 就表示沒有資料傳送；當傳輸線上的信號由 1 變為 0，即表示有資料將傳送，接收端就會開始準備接收 8 個位元資料，直到傳送完 8 個位元資料，傳送端最後會送出停止位元，並使傳輸線的信號保持為 1，以等待下一次的資料傳輸。經由增加起始位元與停止位元方式，雖然會使串列傳輸效率更降低，但可解決位元資料傳輸的起始與停止的問題。

另一串列傳輸的協定為傳輸速度，通常以鮑率(Baut Rate)，即以每秒傳輸的位元數來衡量，一般 UART 常使用的鮑率有 1200、2400、4800、9600 及 19200 等。兩種裝置在進行串列傳輸時，必須決定以何種鮑率來進行資料傳輸，當兩種裝置使用同一鮑率才能確保資料的傳輸正確無誤。

3.6.2 串列埠控制暫存器

在 SFR 記憶體中與 UART 相關的暫存器有兩個，分別為串列埠控制暫存器(Serial Port Control Register，簡稱為 SCON)及電源控制暫存器(Power Control Register，簡稱為 PCON)。以下，為此兩個暫存器的結構圖：

SCON：

位址：98H

SM0	SM1	SM2	REN	TB8	RB8	TI	RI

SM0(SCON.7)： 串列埠模式選擇。

SM1(SCON.6)： 串列埠模式選擇。

SM2(SCON.5)： 在串列埠為模式 2 和 3 時，致能多處理器通信的功能。在模式 2 或 3，如果 SM2=1，則當接收到的第 9 資料位元為 0 時，RI 不動作。在模式 1 時，若 SM2=1，當接收到的停止位元不正確時，RI 也不動作，在模式 0 時，SM2 必須為 0。

REN(SCON.4)： 由軟體去設定或清除，以決定是否接收串列輸入資料，(REN=1 接收)。

TB8(SCON.3)： 在模式 2 或 3 時，為傳送資料時的可規劃資料位元，由軟體控制。

RB8(SCON.2)：在模式 2 或 3 時，接收的可規劃資料位元放在這個位元裡。在模式 1 時，如果 SM2=0，RB8 爲接收到的停止位元；在模式 0 時，RB8 沒有用。

TI(SCON.1)： 傳送中斷旗號，在模式 0 時，在第 8 位元結束時，硬體會將它設爲 1，其他模式時，是在停止位元的開始時設定爲 1。此位元必須由軟體清除。

RI(SCON.0)： 接收中斷旗號，在模式 0 時，在第 8 位元結束時，硬體會將它設爲 1，其他模式時，在停止位元的一半的時候由硬體設定(參考 SM2)。此位元必須由軟體清除。

PCON：

位址：(87H)

SMOD	—	—	—	**GF1**	**GF0**	**PD**	**IDL**

SMOD：雙倍鮑率位元，當串列埠工作於模式 1、2 或 3 時，如使用 Timer1 作鮑率產生器，且 SMOD=1，則鮑率爲雙倍。

CF1： 一般用途。

CF0： 一般用途。

PD： 電源下降位元，80C51BH 時，設定此位元爲"1"就進入電源下降模式(僅 CHMOS 可以)。

IDL： IDLE 模式位元，80C51BH 時，設定此位元爲"1"就進入 IDLE 模式(僅 CHMOS 可以)。

在 SCON 的結構圖中可知，SCON 的位元是由模式選擇位元、可規劃資料位元及旗標位元所組成。而由 PCON 的結構圖中可知，只有 SMOD 位元與串列埠傳輸速度有關，其他位元則是用於省電模式的設定。

利用 SCON 的 SM0 及 SM1 可以來選擇四種工作模式：

1. **模式** 0：SM1＝SM0＝1

串列埠設定爲模式 0 時，串列資料的傳送與接收都是利用 RXD 接腳進行，而 TXD 接腳則做爲輸出移位脈波，此脈波的鮑率固定爲單晶片 8051 的振盪頻率之 1/12。當要從串列埠傳送資料時，只要執行一個資料寫入 SBUF 指令，則會引發資料傳送的動作；資料傳送完畢後，單晶片 8051 會將 SCON 中的 TI 位元設定爲 1，以通知串列中斷產生。

當要從串列埠接收資料時，須先以軟體設定 SCON 中的 REN 位元，然後執行清除 RI 位元，串列埠就會依時序進行接收的工作，資料接收完畢後，單晶片 8051 會將 SCON 中的位元設定爲 1，以通知串列中斷產生。

2. **模式** 1：SM1＝1、SM0＝0

串列埠設定爲模式 1 時，單晶片 8051 每次傳送與接收的資料爲 10 位元，這 10 位元分成下列 3 部分，分別爲：

(1) 起始位元：固定爲 0，佔用一個位元。

(2) 資料位元：佔 8 個位元，依低位元至高位元傳輸順序。

(3) 停止位元：固定爲 1，佔用一個位元。

串列埠設定完畢後，單晶片 8051 執行寫入資料到 SBUF 指令時，就會進行資料傳送的動作。當資料傳送完畢後，單晶片 8051 會將 SCON 中的 TI 位元設定爲 1，以通知串列中斷產生。而在資料接收時，當 RXD 接腳由 1 變爲 0 時開始接收資料，單晶片 8051 依序接收 10bit 資料；接收資料完畢後，單晶片 8051 會測試 RI、SM2 及停止位元是否符合下列條件：

(1) RI 位元清除爲 0

(2) SM2 位元清除爲 0 或所接收到的停止位元設定爲 1

當上列條件都符合時，單晶片 8051 則將所接收到的 8 位元資料存入 SBUF 中，並將所接收到的停止位元存入 SCON 的 RB8 位元中，再將 RI 位元設定爲 1，以通知串列中斷產生。若上列條件不符合時，則該次所接收的資料將會流失。

3. **模式** 2：SM1＝0、SM0＝1

串列模式設定爲 2 時，單晶片 8051 每次傳送與接收的資料爲 11 位元，這 11 位元是由下列 4 部分所組成，分別爲：

(1) 起始位元：固定爲 0，佔用一個位元

(2) 資料位元：佔 8 個位元，依低位元至高位元傳輸順序

(3) 可規劃資料位元：佔用一個位元(TB8 或 RB8)

(4) 停止位元：固定爲 1，佔用一個位元

模式 2 資料傳輸的鮑率是由 SMOD 決定，當 SMOD＝0 時，鮑率爲 375KHz；當 SMOD＝1 時，鮑率爲 187.5KHz。當傳送資料時，必須先由軟體設定 SCON 中 TB8 的位元值，然後再執行資料寫入 SBUF 指令，以驅動資料開始傳送的動作。然後，串列埠會依序傳送起始位元、資料位元、可規劃資料位元 TB8 及停止位元；傳送完畢後，單晶片 8051 會設定 SCON 中 TI 位元值爲 1，以通知串列中斷產生。

當接收資料時，若 RXD 接腳信號由 1 變爲 0 時，開始接收資料，單晶片 8051 會依序接收 11 位元資料；接收資料完畢後，單晶片 8051 會測試 RI、SM2 及停止位元是否符合下列條件：

(1) RI 位元清除爲 0

(2) SM2 位元清除爲 0 或所接收之可規劃資料位元爲 1

當上列的條件都符合時，單晶片 8051 則將所接收到的 8 位元資料存入 SBUF 中，且將所接收到的可規劃資料位元存入 SCON 的 RB8 位元，再將 RI 位元設定爲 1，以通知串列中斷發生。若上列條件不能同時符合時，則該次所接收的資料將會流失。

4. **模式** 3：SM1＝1、SM0＝1

串列埠設定爲模式 3 時，其動作與模式 2 相似，其唯一的差別在於模式 3 的傳輸速度之鮑率值設定與模式 1 相同，是由 Timer1 設定。

3.6.3 鮑率設定

以上四種的串列埠傳輸模式，在傳輸資料時，鮑率的準確與否對資料之接收是非常的重要的，因此，在使用模式 1 與模式 3 時，要先啓動 Timer1。以下，爲串列埠使用的步驟，以檢查串列埠設定是否正確：

(1) 設定 Timer1 工作模式，並根據傳輸鮑率設定 TH1 及 TL1。(UART 模式 0 與模式 2 不用此項)

(2) 決定 SMOD 位元值爲 0 或 1。

(3) 設定串列埠之工作模式，並清除 RI、TI 位元爲 0，及設定 REN 位元爲 1。

(4) 致能串列埠中斷。

(5) 啓動 Timer1，開始計時。(UART 模式 0 與模式 2 不用)

(6) 執行”MOV SBUF, XX”指令，來啓動 UART 傳送資料。

模式 1 資料傳輸的鮑率是由 Timer1 來設定，其設定內容則如下表：

表 3.4 Timer 1 的鮑率設定表

鮑率	振盪器頻率	SMOD	C/T	模式	載入值
模式 0 (最大 1M)	12M Hz	×	×	×	×
模式 2 (最大 375K)	12M Hz	1	×	×	×
模式 1、3 (最大 62.5M)	12M Hz	1	0	2	FFH
19200	11.0592M Hz	1	0	2	FDH
9600	11.0592M Hz	0	0	2	FDH
4800	11.0592M Hz	0	0	2	FAH
2400	11.0592M Hz	0	0	2	F4H
1200	11.0592M Hz	0	0	2	E8H
137.5	11.0592M Hz	0	0	2	1DH
110	6M Hz	0	0	2	72H
110	12M Hz	0	0	1	FEEBH

3.6.4 串列埠之資料傳輸控制

利用 UART 模式 1 做爲串列埠工作模式時，將 TXD 接到 RXD，即可將 TXD 傳送出的信號再由 RXD 接收，並利用一七段顯示器經由 7447 解碼電路，顯示出其傳送值，以下爲其電路圖：

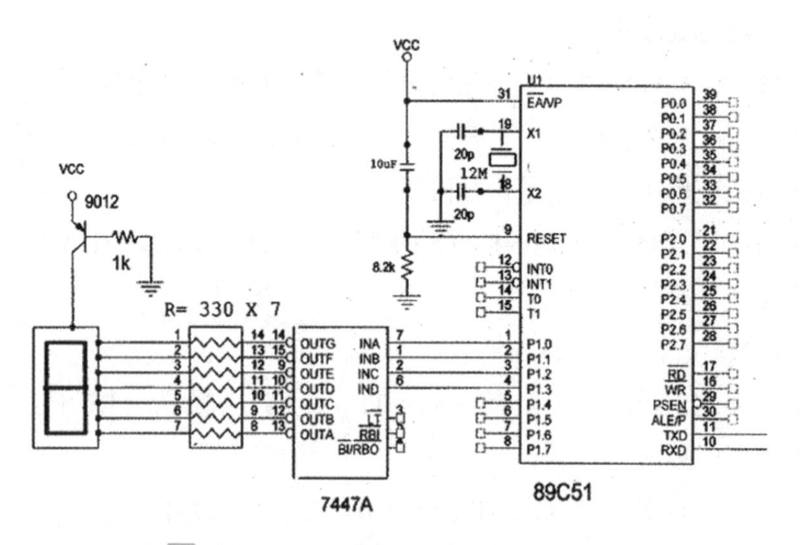

圖 3.19 UART 之控制範例電路圖

```
;主題：本程式以 UART 模式 1 做爲串列埠工作模式，將 TXD 傳送的資料再由 RXD
;      接收回來。
; 說明：TXD 傳送的資料經由 RXD 接收回來，並顯示在七段 LED 顯示器上
DAT EQU 45H
ORG 000H
JMP START                                  ;規避 00H 至 2FH 間中斷向量位址
ORG 30H
MOV SP, #30H                               ;將堆疊指標重新指向
START:    MOV TMOD, #00100001B             ;Timer0 模式 1, Timer1 模式 2
          ANL PCON, #01111111B             ;設定鮑率爲 9600 bit/sec
          MOV TH1, #FDH
          SETB TR1                         ;啓動 Timer1
          MOV SCON, #01010000B             ;串列埠模式 1 設定爲接收
          MOV DAT, #0
Loop:     MOV SBUF, DAT                    ;DAT 載入 SBUF 開始傳送
Wait_R:   JBC RI, Finish                   ;測試接收中斷旗號是否爲 1
          JMP Wait_R                       ;否，再回去測試
Finish:   CLR TI                           ;是，清除傳送旗標準備下次傳送
          MOV A, SBUF                      ;由 SBUF 讀入接收資料
          MOV P1, A                        ;由 P1 輸出顯示
          MOV R5, #20
          CALL DELAY                       ;延遲 1 秒
          INC DAT
          MOV A, #0AH                      ;設定計數臨界值爲 10
          CJNE A, DAT, Loop                ;DAT 的值不是 10，就跳至 Loop
          MOV DAT, #0                      ;DAT 的值是 10，就設定爲 0
          JMP Loop                         ;跳至標籤爲 Loop
DELAY:    MOV TH0, #(65536-50000)/256
          MOV TL0, #(65536-50000) mod 256
          SETB TR0
Wait:     JBC TF0, Time_out
          JMP Wait
Time_out:
```

```
DJNZ R5, DELAY
CLR TR0
RET

END
```

3.7 程式設計流程

程式設計就是硬體動作流程的規劃，也是 I/O 腳位的序列波形產生設計。因此，爲了可以順利的進行程式設計，於是，建議使用者遵守以下之設計原則及流程：

1. 瞭解設計的問題，且將其量化(數値化)。
2. 繪出系統的方塊圖，以確定控制核心要處理的對象及需要的腳位數目。
3. 確定方塊圖之輸出入解析度及反應速度(或頻寬)。
4. 計算系統操控的基頻，且確認動作是否有相依性，以決定要使用多微處理機還是單一微處理機的架構。
5. 依規格要求，且以語意方式來寫出各方塊動作之流程圖或時序圖。
6. 分析流程動作，以決定動作模式的數量且將其編碼。
7. 依動作進行之狀態，自行規劃旗標內容。
8. 各動作模式須先分別單獨驗證，且將其整理成副程式形式(功能模組化)。
9. 程式以簡單 I/O，時間控制、中斷及條件分岐等方式來加以組成。
10. 依動作流程，儘可能地以輪詢(Polling)方式寫程式，只要系統反應速度規劃得宜，將不會有動作疏漏的問題發生，且可因此多做輸入訊號狀態的確認，以防止誤動作的發生。
11. 模組化(或稱爲物件導向化)及結構化的程式迴路架構，除可增加程式的可讀性外，且有助於免除程式動作設計上的增減問題。

寫出微處理機的韌體程式並不難，但要寫出符合功能及規格要求的韌體程式，就需要下很深的工夫。希望可以藉由上述之程式設計原則及流程，再透過後面章節中各種的設計案例練習，讓學習者可以很快地體會控制系統設計的精髓，進而瞭解程式設計的樂趣所在。

Chapter 4

單輸出控制之程式設計

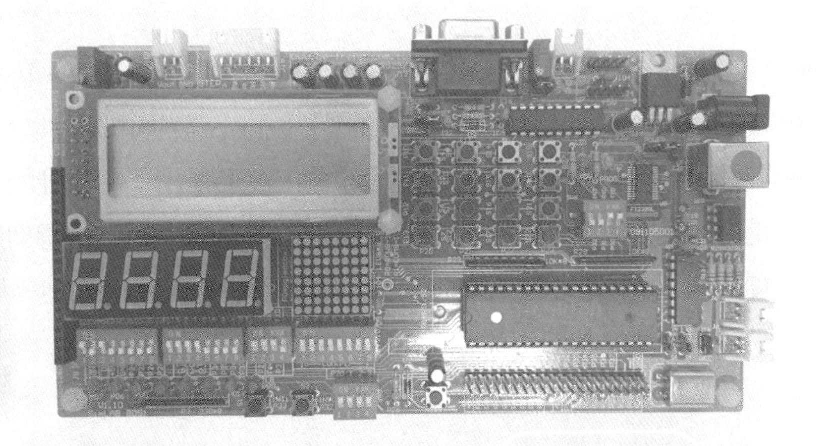

單輸出控制之程式設計是所有程式設計入門的基礎，其程式內容最爲簡單，就只有指定輸出腳位訊號的電位(0 或 1)而已，所以，沒有任何指令使用不清楚的問題。因此，使用單輸出控制之程式設計的用意，主要是用此方式來確認所使用微處理機之硬體的規劃及其暫存器的設定，以及瞭解其相對應韌體設計的基本架構及寫法，也可以藉此來確認該韌體之編程及編譯的程序。同樣地，微電腦單晶片 8051 的程式設計入門，當然就是先進行單輸出控制之程式設計。

在進行程式設計之前，須先行建立起控制系統間有關頻寬、反應速度、時間常數、機械週期及基頻的概念。以圖 4.1 之控制系統間操控關係之方塊圖爲例，任何裝置的物理性動作都有其反應速度(f_{de})及時間常數(達到目標値的 63.2%時，所花費的時間)，其定義上雖有不同，但都表示該裝置動作的反應能力。裝置的動作是需要大功率的驅動電路(功率放大電路)來進行，而驅動電路的驅動頻寬(f_{dr})應爲裝置反應速度的 2 倍以上，而爲達平滑操控的需要，一般會取其 10 倍。

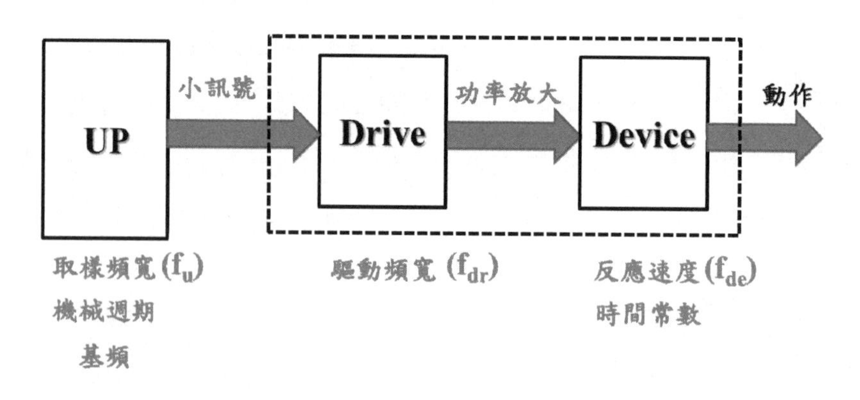

圖 4.1 控制系統間操控關係之方塊圖

微處理機的輸出是小訊號，主要用來控制驅動電路，因其爲數位控制，所以有取樣的頻寬(f_u)(可見圖 4.2，爲單位時間內，訊號進出的次數)，也就是說，以固定的時間間隔進行訊號的操控。微處理的輸出波形是由一組設計的程式指令所產生的，也就是說，輸出波形所花費的時間，就是由所有指令的機械週期所組成。而指令機械週期實際所花費的時間，乃由基頻(系統時鐘)所決定。同樣地，取樣頻寬的選取，應爲驅動系統反應速度的 10 倍。

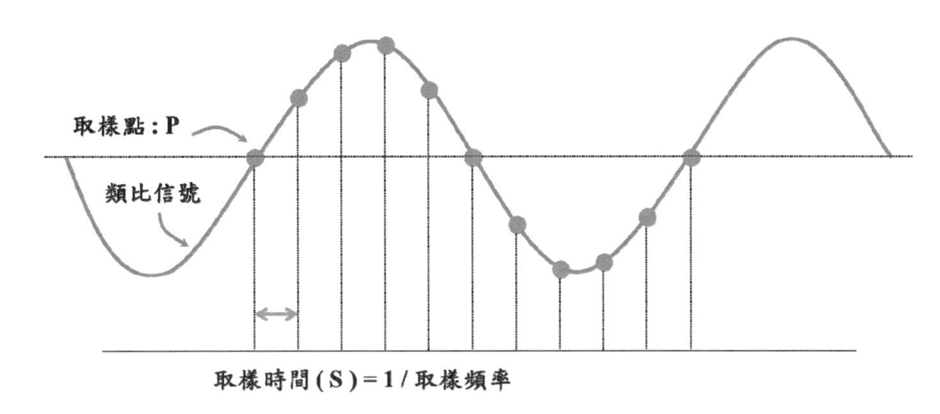

圖 4.2 訊號與取樣頻率間的關係圖

這也就是微處理機選用的基本原則，可用的腳位數目及機械週期所花的時間。一般的物理性系統的反應速度約爲幾 Hz 至幾十 Hz，很少達百 Hz，因此，控制核心的取樣頻率常取爲 1KHz。若每次的取樣週期時間約可進行 1,000 次的機械週期，則機械週期時際所花費的時間則爲 1μs。以微電腦單晶片 8051 而言，其外掛頻率爲 12MHz，機械週期時間爲 1/(12MHz/12)=1μs，剛好可以符合一般的控制使用。然而，若有外接反應速度爲系統動作數倍頻的感測器(如馬達外接 Encoder)，則必須選用反應速度更快的微處理機，才能符合系統操控的基本需求。

至於爲何取樣率要最快訊號的 10 以上，可見圖 4.3 之訊號還原與取樣數的關係圖，就可瞭解。

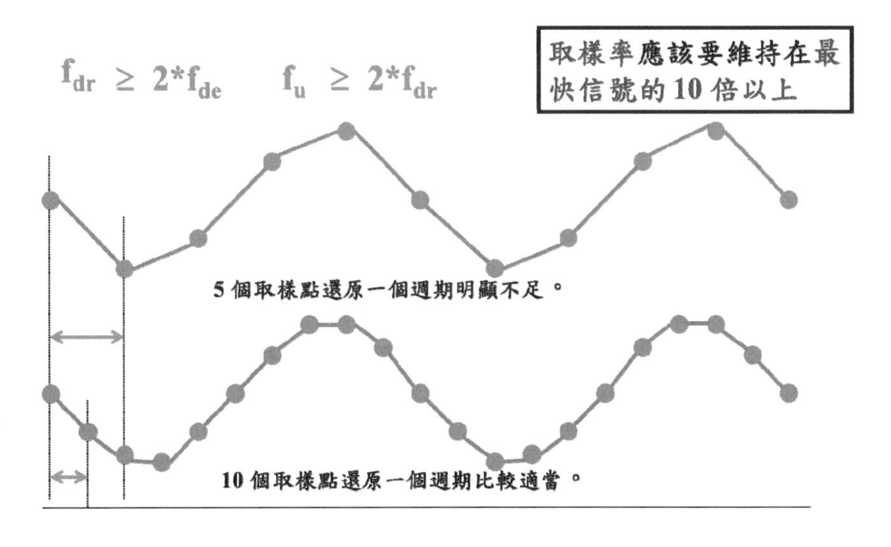

圖 4.3 訊號還原與取樣數的關係圖

只要將上述的注意事項做好，單輸出的各種控制要求之程式設計，自然可以處理的很好。

4.1 單輸出程控之規劃

微電腦單晶片 8051 的單輸出程控之設計，使用者請依以下的規劃方式來進行設計。

1. 先行瞭解微電腦單晶片 8051 之硬體及腳位配置(特殊暫存器)，可見 reg51.h 或 reg52.h 之標頭檔，可知道各暫存器的位址，也可自行命名指定位址。
2. 進行確認各腳位之程控設計(分別讓輸出腳位的電位爲'1'或'0')及燒錄。可用三用電表量測或外接 LED 電路顯示結果。若輸出結果有誤，則檢查電路之接線，尤其是電源、振盪器、重置腳位及 nEA。
3. 改變程式的輸出值，以改變各腳位之電氣位準('1'變'0'，'0'變'1')。
4. 以重覆指令的書寫方式，來進行各腳位電氣位準的連續變化。(如出現'0'的時間較短，出現'1'的時間較長等，以形成脈波訊號)
5. 以迴路設計方式來進行步驟 4 的操控。
6. 結合時間的控制(控制方式可見第三章)，以完成各腳位之電位變化(形成有時間操控之脈波)。

以下章節之控制設計安排，就是依上述的規劃方式及步驟來加以進行。

4.2 單一 LED 之控制設計

現在，開始進行單輸出程控之設計，先以單一 LED 之控制設計爲程式設計開端及程式架構的範本。且依上述之設計原則及流程，先行瞭解所使用 LED 之電氣規格，一般 DIP 型 LED，其燈杯直徑分有 3mm、5mm、8mm 及 10mm 等尺寸，操作電流爲 25mA。

4.2.1 單一 LED 之控制電路

單一 LED 之控制電路可參酌 3.3.2 節之圖 3.15，P0^0 腳位的電位依時間做交互地變換之電路圖。也可試著用不同的 I/O 電路來驅動 LED，來觀察 LED 的亮度變化。

4.2.2　單一 LED 之明滅控制

依控制要求，繪出單一 LED 之明滅控制的時序圖，可見圖 4.4 所示。接著，繪出控制時序所需之流程圖，可見圖 4.5 所示。

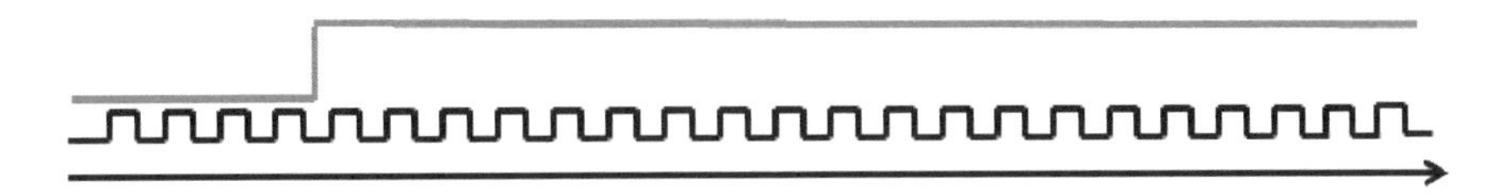

圖 4.4　單一 LED 之控制時序圖

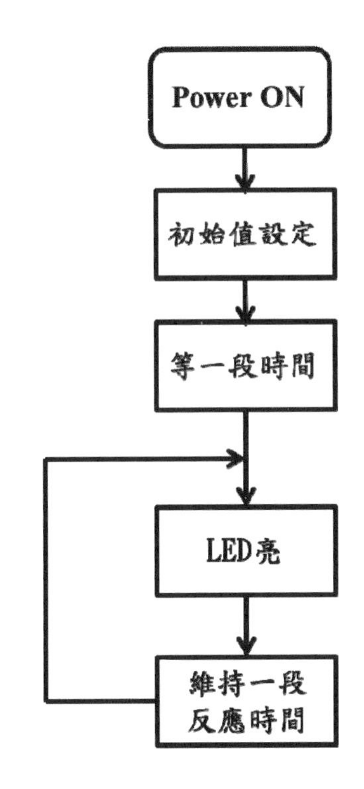

圖 4.5　單一 LED 之控制時序流程圖

流程圖就是將控制時序以語意方式來進行操控動作分解及連結。由上圖來看，只要組合好時間的副程式及無窮迴路，就可以順利地操控。

以下就上述之單一 LED 之控制時序流程圖，分別以組合語言及 C51 語言來設計程式。

組合語言程式編寫如下：

```
            ORG     000H                      ;Power ON，程式記憶體位址歸零
            MOV     A, #00000000B             ;輸出初始值設定
            MOV     P0, A                     ;輸出初始值設定完成
            CALL    DELAY                     ;等一段時間
LED:        MOV     A, #00000001B             ;LED 亮設定
            MOV     P0, A                     ;LED 亮
            CALL    DELAY                     ;維持一段反應時間
            JMP     LED                       ;跳至標籤 LED，形成無窮迴圈
DELAY:      MOV     R6, #200                  ;時間副程式
DL1:        MOV     R7, #249
DE1:        DJNZ    R7, DE1
            DJNZ    R6, DL1
            RET                               ;時間副程式結束
            END                               ;程式結束
```

C51 語言程式編寫如下：

```
#include <reg52.h>
#include <math.h>
int cnt;
void Delay( );

void main( )
{
  P0=0x00;          //輸出初始值設定完成
  Delay( );         //等一段時間
   while(1)         //無窮迴圈
  {
    P0=0x01;        // LED 亮
    Delay( );       //維持一段反應時間
  }
}
```

```
void Delay()        //時間副程式
{
for(cnt=0; cnt<=10000; cnt++);
}
```

將上述之程式設計依之前章節所介紹之編寫及編譯程序，將可得到該程式的燒錄檔，再將其載入模擬軟體或實驗平台，可以進一步地驗證其功能動作是否與所規劃之控制時序一致。(可見圖 4.6)

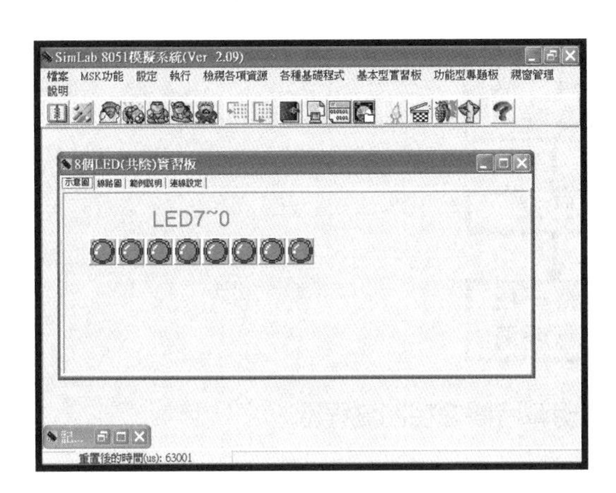

(a)

(b)

圖 4.6　單一 LED 之控制模擬結果

4.3　單一 LED 不同明滅時間之控制設計

接著，用上述相同的電路圖及程式架構，來進行單一 LED 不同明滅時間之控制設計。同樣地，依控制要求，繪出單一 LED 之不同明滅時間控制的時序圖，可見圖 4.7 所示。接著，繪出控制時序所需之流程圖，可見圖 4.8 所示。

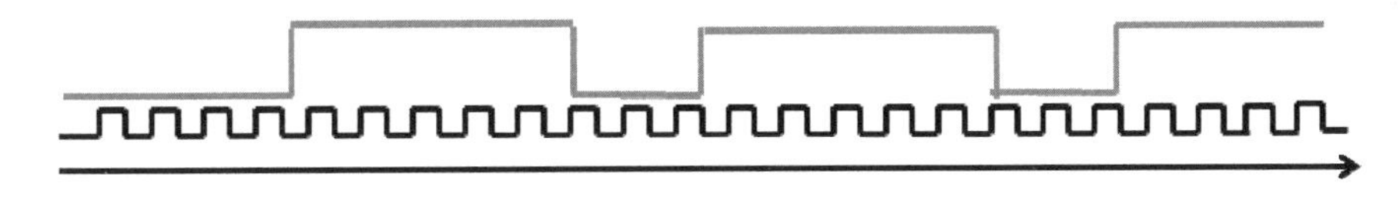

圖 4.7　單一 LED 不同明滅時間之控制時序圖

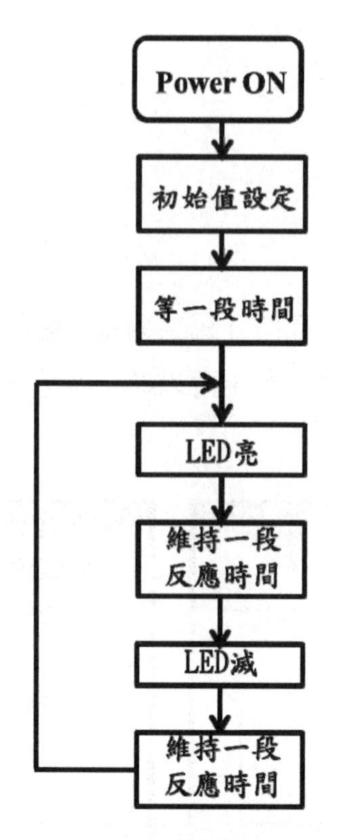

圖 4.8　單一 LED 不同明滅時間之控制流程圖

以下就上述之單一 LED 之控制時序流程圖，分別以組合語言及 C51 語言來設計程式。

組合語言程式編寫如下：

```
        ORG     000H            ;Power ON，程式記憶體位址歸零
        MOV     A, #00000000B   ;輸出初始值設定
        MOV     P0, A           ;輸出初始值設定完成
        CALL    DELAY           ;等一段時間
LED:    MOV     A, #00000001B   ;LED 亮設定
        MOV     P0, A           ;LED 亮
        CALL    DELAY           ;維持一段較長反應時間
        CALL    DELAY           ;維持一段較長反應時間
        MOV     A, #00000000B   ;LED 滅設定
        MOV     P0, A           ;LED 滅
        CALL    DELAY           ;維持一段反應時間
        JMP     LED             ;跳至標籤 LED，形成無窮迴圈
```

```
DELAY:    MOV     R6, #200                    ;時間副程式
DL1:      MOV     R7, #249
DE1:      DJNZ    R7, DE1
          DJNZ    R6, DL1
          RET                                 ;時間副程式結束
          END                                 ;程式結束
```

C51 語言程式編寫如下：

```
#include <reg52.h>
#include <math.h>
int cnt;
void Delay( );

void main( )
{
  P0=0x00;                                    //輸出初始值設定完成
  Delay( );                                   //等一段時間
   while(1)                                   //無窮迴圈
  {
    P0=0x01;                                  // LED 亮
    Delay( );                                 //維持一段較長反應時間
Delay( );                                     //維持一段較長反應時間
P0=0x00;                                      // LED 滅
Delay( );                                     //維持一段反應時間
  }
}
void Delay()                                  //時間副程式
{
for(cnt=0; cnt<=10000; cnt++);
}
```

將上述之程式設計依之前章節所介紹之編寫及編譯程序，將可得到該程式的燒錄檔，再將其載入模擬軟體或實驗平台，可以進一步地驗證其功能動作是否與所規劃之控制時序一致。(可見圖 4.9)

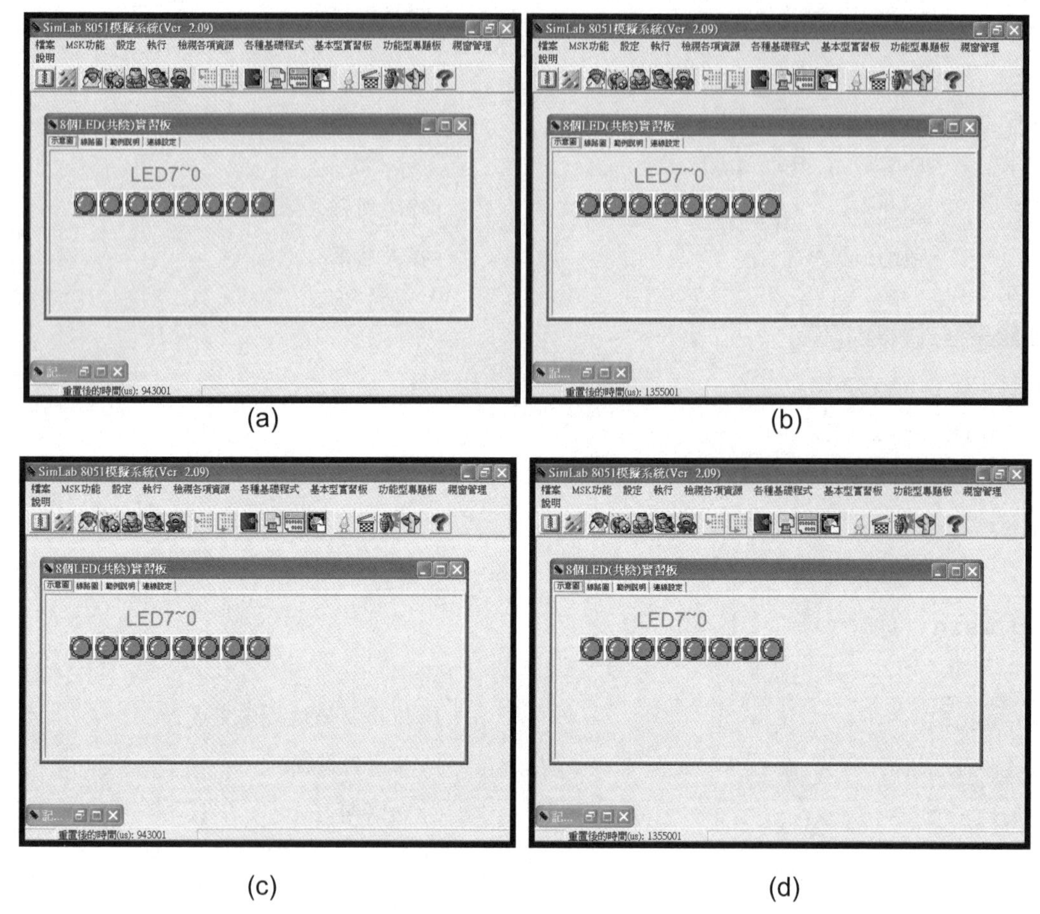

圖 4.9 單一 LED 不同明滅時間控制之模擬結果

4.4 蜂鳴器之控制設計

現在，以同樣的單輸出程控之設計方式，來進行蜂鳴器的控制設計。一樣地，依上述之設計原則及流程，先行瞭解所使用蜂鳴器之電氣規格。蜂鳴器主要分爲壓電式蜂鳴器和電磁式蜂鳴器兩種類型，蜂鳴器發聲原理是電流通過電磁線圈，使電磁線圈產生磁場來驅動振動膜發聲的，因此需要一定的電流才能驅動它。壓電式蜂鳴器以方波方式驅動，每一個頻率都有聲音，而一般建議使用最大的聲音且音壓一致性較好的頻率點。因此，本例的蜂鳴器之控制設計則爲頻率之控制。

4.4.1 蜂鳴器之控制電路

蜂鳴器之控制電路與上述之 LED 電路相似，只是其驅動電流較大，可參酌 3.3.2 節之圖 3.15，P0^0 腳位的電位依時間做交互地變換之電路圖，但要換成不同的 I/O 電路(圖 3.13)來驅動蜂鳴器。

4.4.2 蜂鳴器之頻率控制

接著，用上述相同的電路圖及程式架構，來進行蜂鳴器之頻率控制設計。同樣地，依控制要求，繪出蜂鳴器之頻率控制的時序圖，可見圖 4.10 所示。接著，繪出控制時序所需之流程圖，可見圖 4.11 所示。

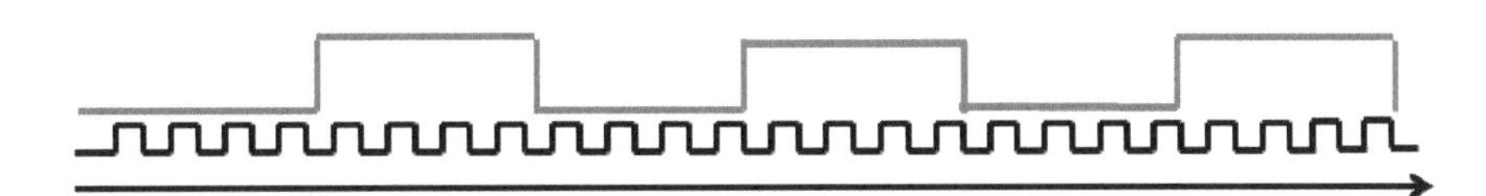

圖 4.10　蜂鳴器之頻率控制時序圖

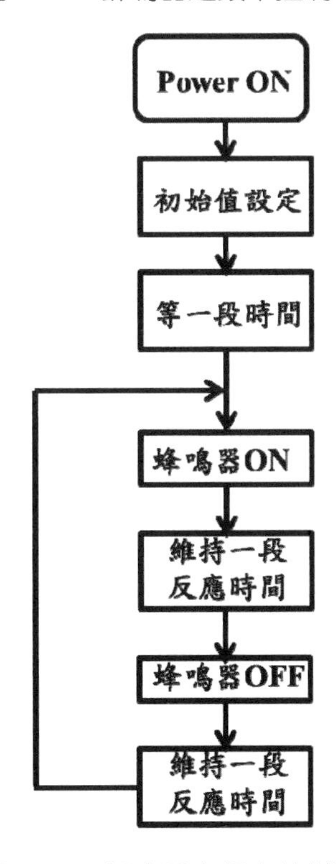

圖 4.11　蜂鳴器之頻率控制流程圖

以下就上述的蜂鳴器之頻率控制流程圖，分別以組合語言及C51語言來設計程式。

組合語言程式編寫如下：

```
          ORG    000H                     ;程式記憶體位址歸零
          MOV    A, #00000000B            ;輸出初始值設定
          MOV    P0, A                    ;輸出初始值設定完成
          CALL   DELAY                    ;等一段時間
BUZ:      MOV    A, #00000001B            ;蜂鳴器 ON 設定
          MOV    P0, A                    ;蜂鳴器 ON
          CALL   DELAY                    ;維持 250us 反應時間
          MOV    A, #00000000B            ;蜂鳴器 OFF 設定
          MOV    P0, A                    ;蜂鳴器 OFF
          CALL   DELAY                    ;維持 250us 反應時間
          JMP    BUZ                      ;跳至標籤 BUZ
DELAY:    MOV    TMOD, #00000001B         ;使用 Timer0 計數，模式 1
LOOPDY:   MOV    R6, #1                   ;R6 設定爲 1 次
LOOPDY1:  MOV    TH0, #(65536-250)/256    ;計數值 250，載入 TH0，TL0
          MOV    TL0, #(65536-250) mod 256
          SETB   TR0                      ;啓動 Timer 0 計數器
WAIT:     JNB    TF0, WAIT                ;等待旗標是否爲 1
          CLR    TR0                      ;清除 TR0，以停止計數
          CLR    TF0                      ;清除旗標 TF0
          DJNZ   R6, LOOPDY1              ;R6 值減 1，若不等於 0，再至
                                          ; LOOPDY1 執行，若爲 0，則
                                          ;結束
          RET
          END                             ;程式結束
```

C51 語言程式編寫如下：

```
#include <reg52.h>
#include <math.h>
void Delay( );
void main( )
```

```
{
  P0=0x00;                                    //輸出初始值設定完成
  Delay( );                                   //等一段時間
   while(1)                                   //無窮迴圈
  {
    P0=0x01;                                  //蜂鳴器 ON
    Delay( );                                 //維持 250us 反應時間
P0=0x00;                                      //蜂鳴器 OFF
Delay( );                                     //維持 250us 反應時間
  }
}
void Delay( )
{
 TMOD=0x01;                                   //使用 Timer0 計數，工作於模式 1
 TH0=(65536-250)/256;                         //計數值 250，分別載入 TH0，TL0
 TL0=(65536-250)%256;
 TR0=1;                                       //啓動 Timer 0 計數器
 while(TF0==0);                               //等待旗標是否爲 1
 TR0=0;                                       //清除 TR0，以停止計數
TF0=0;                                        //清除旗標 TF0
}
```

將上述之程式設計依之前章節所介紹之編寫及編譯程序，將可得到該程式的燒錄檔，再將其載入模擬軟體或實驗平台，可以進一步地驗證其功能動作是否與所規劃之控制時序一致。(可見圖 4.12)

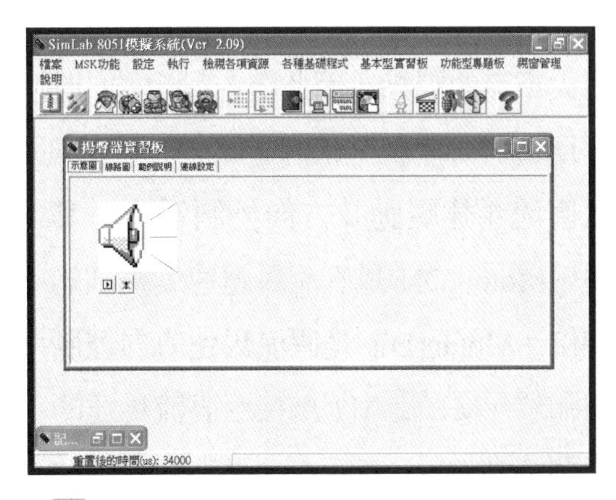

圖 4.12　蜂鳴器之頻率控制模擬結果

4.5 直流馬達之速度控制設計

馬達裝置是一種致動器，其順利操控是自動化系統控制的基礎，尤其是直流馬達的控制。大部分的直流馬達和交流馬達的動作原理是相類似的，其內部的電壓及電流須爲交流形式，因此，只要在內部加裝換向器即可將交流電壓轉換成直流電壓，所以直流馬達又稱爲換向馬達。

基本上，直流馬達的速度控制應爲電壓控制(可見圖 4.13)，輸入直流電壓越大，馬達的轉速越快。然而，常見的小型直流馬達驅動控制爲電晶體控制，以電晶體的截止及飽和動作來進行控制，再輔以開關時間長短的控制來達到速度控制的目的。由於馬達本體的機械動作及驅動電氣的特性，有其動作的反應速度，因此，對於輸入的命令，可以如濾波器般地加以調整。也就說，對於直流馬達的速度控制，可以將某個固定頻率而不同時間長度的開關波形，轉換成如同不同電壓大小般的控制效應，該操控方式則如同脈波寬度調變(Pulse Width Modulated)般的控制方式。有關 PWM 的控制原理，將於後面的章節中加以介紹。

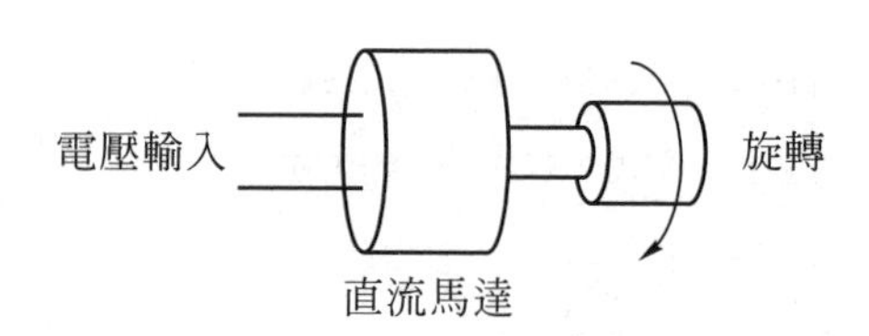

圖 4.13 直流馬達的速度控制示意圖

以下各節，乃針對直流馬達的速度控制原理加以說明且進行相關電路及程式的設計。

4.5.1 直流馬達之控制電路

很自然地，可以發現，直流馬達的速度控制爲一種單輸出控制。由於其負載端需要大電流的驅動，因此，在輸出端的驅動電路要進一步考量及設計，若再加上馬達的正反轉方向控制，整個電路的設計，則如圖 4.14 之單晶片 8051 的控制電路及圖 4.15 之直流馬達驅動及方向控制電路。其中，Motor_ON 是直流馬達速度控制的腳位，Motor_Dir 是直流馬達方向控制的腳位，M1 及 M2 爲接至直流馬達的兩個接點。

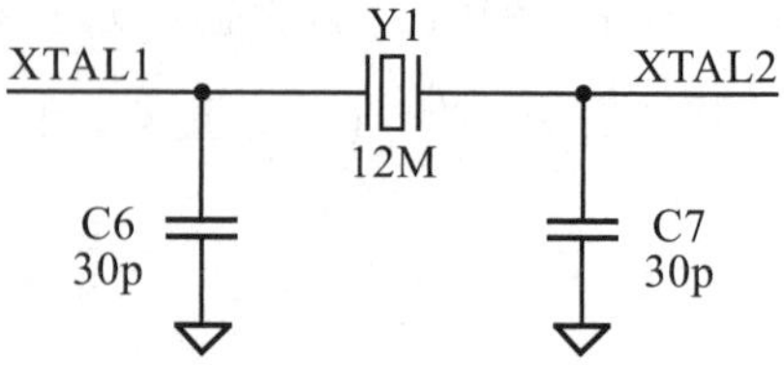

圖 4.14 單晶片 8051 的直流馬達控制腳位電路

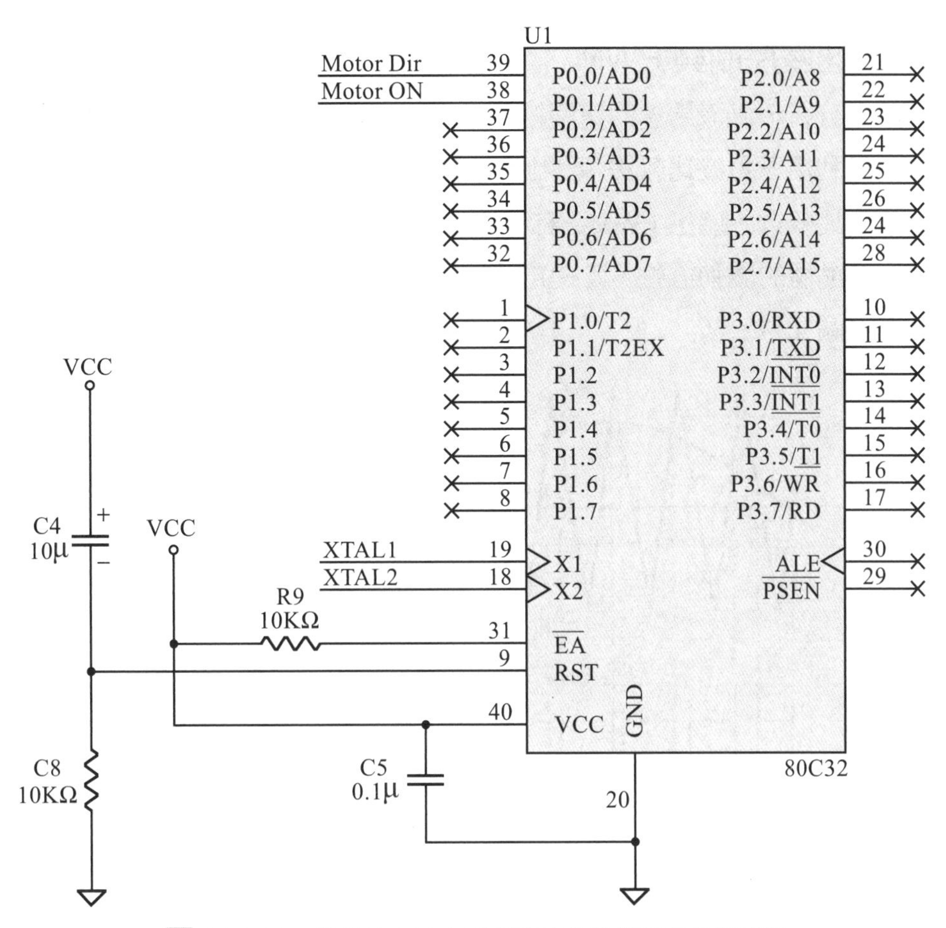

▲ 圖 4.14　單晶片 8051 的直流馬達控制腳位電路(續)

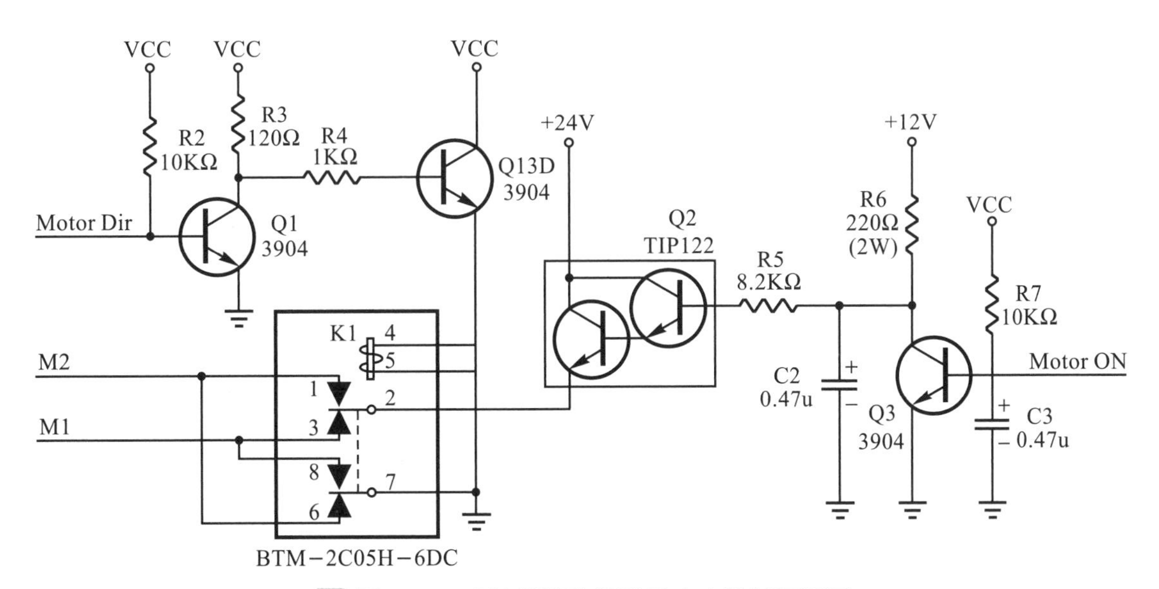

▲ 圖 4.15　直流馬達的驅動及方向控制電路圖

4.5.2 速度控制與 PWM

如上節之分析，直流馬達的速度控制常以 PWM 的方式進行控制。PWM 波形的產生，主要爲利用三角波比較法(可見圖 4.16)，將電壓大小信號與固定頻率的三角波信號經比較器比較後，產生 PWM 控制訊號，此控制信號再經由邏輯電路及延遲電路而產生功率電晶體的驅動信號，延遲電路的目的乃在防止上、下功率電晶體短路，其相關電路可見圖 4.17。

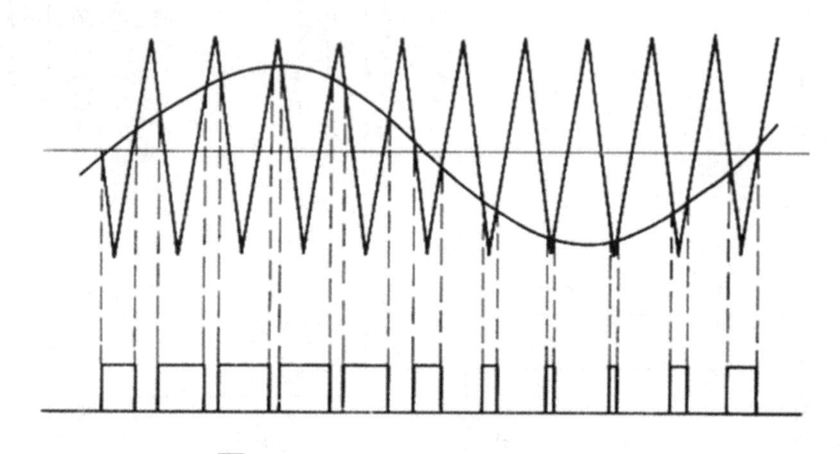

圖 4.16 PWM 波形的產生原理

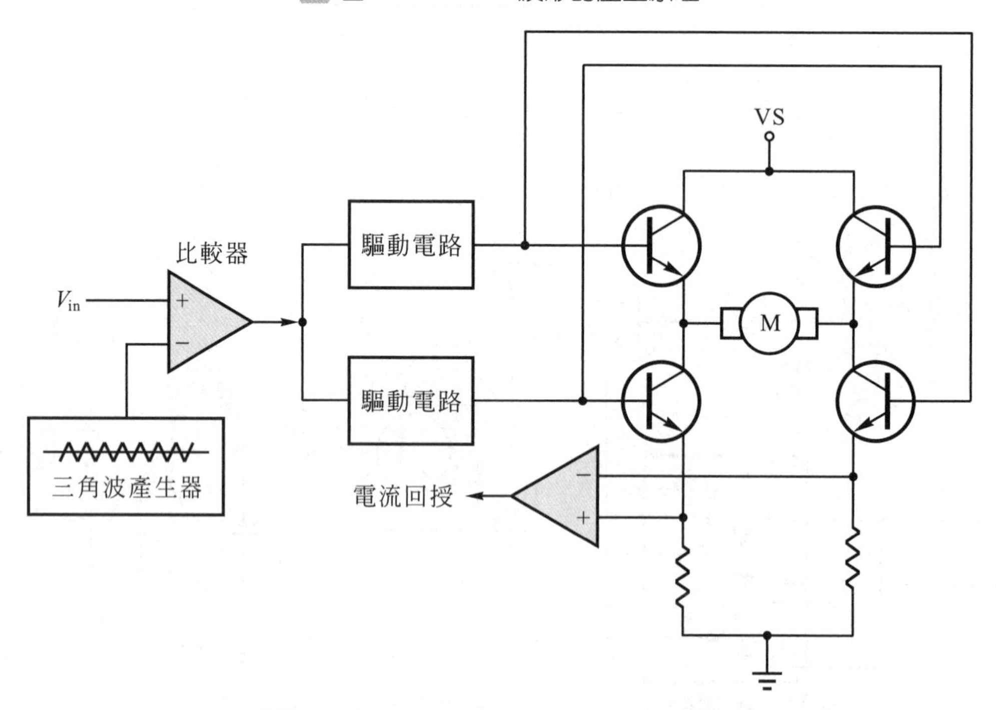

圖 4.17 直流馬達之 PWM 控制電路圖

可以發現，PWM 爲將控制命令轉換成固定頻率而開關時間長度不同的數位脈波，因此，可以直接進行單晶片 8051 的程式設計，將其輸出腳位產生不同速度操控的數位脈波。

4.5.3 直流馬達之 PWM 速度控制

經分析後，依設計規格要求，假設直流馬達之速度控制的時序圖如圖 4.18。接著，繪出控制時序所需之流程圖，可見圖 4.19 所示。

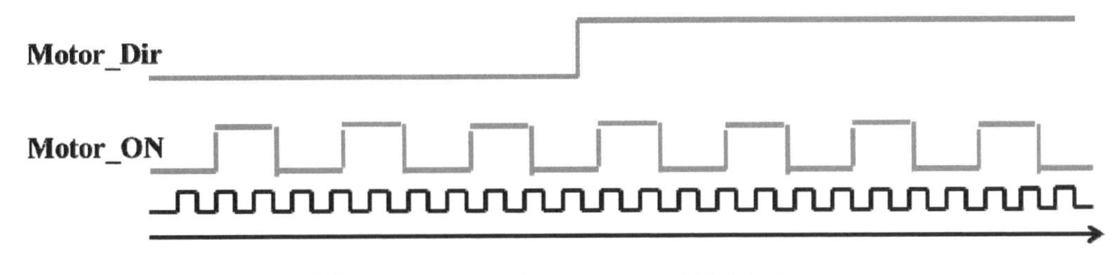

圖 4.18 直流馬達之速度控制時序圖

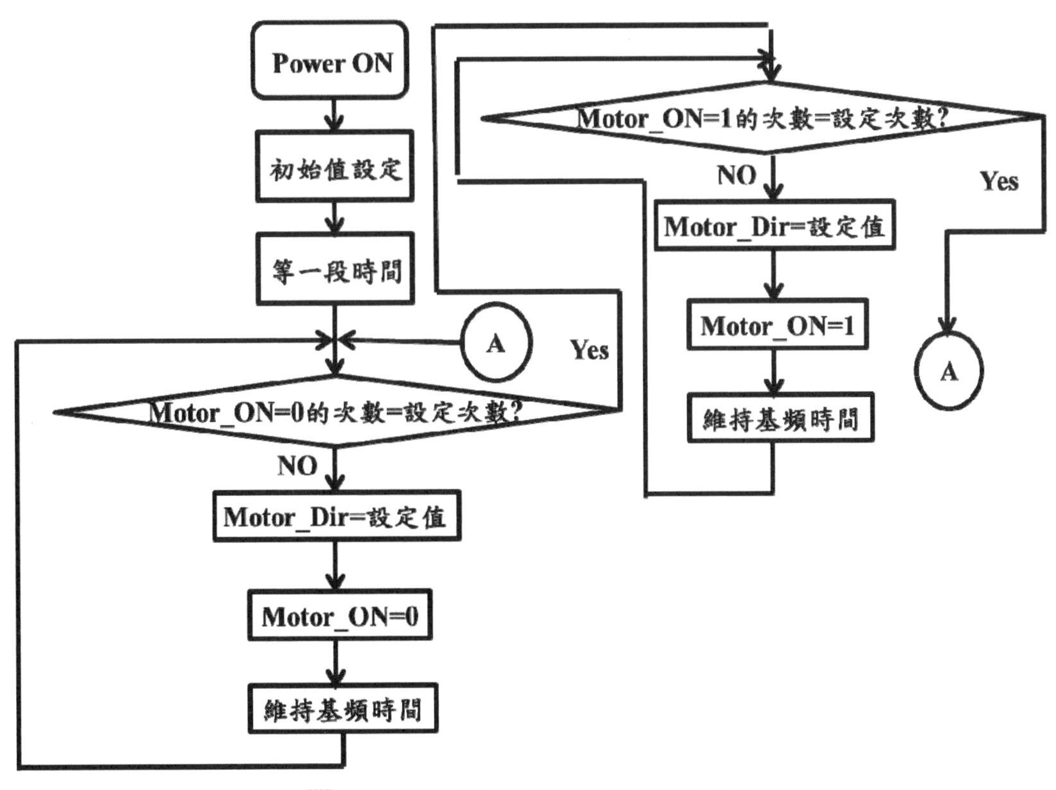

圖 4.19 直流馬達之速度控制流程圖

以下就上述的直流馬達之速度控制流程圖，分別以組合語言及 C51 語言來設計程式。

組合語言程式編寫如下，其中，控制方向及操控頻率要事先設定好。

```
          ORG    000H                        ;程式記憶體位址歸零
          MOV    A, #00000000B               ;輸出初始值設定，這裏設定
                                             ;Motor_ON=0，Motor_Dir=0
          MOV    P0, A                       ;輸出初始值設定完成
          CALL   DELAY                       ;等一段時間
NUM_SET:  MOV    R3, #10                     ;設定 Motor_ON=0 的次數
          MOV    R4, #15                     ;設定 Motor_ON=1 的次數
MTR_OFF:  MOV    A, #00000000B               ;Motor_Dir=0，Motor_ON=0
          MOV    P0, A                       ;輸出控制
          CALL   DELAY                       ;維持基頻時間
NUM_OFF:  DJNZ   R3, MTR_OFF                 ; R3 值減 1，若不等於 0，再至
                                             ;標籤 MTR_OFF
MTR_ON:   MOV    A, #00000010B               ;Motor_Dir=0，Motor_ON=1
          MOV    P0, A                       ;輸出控制
          CALL   DELAY                       ;維持基頻時間
NUM_ON:   DJNZ   R4, MTR_ON                  ; R4 值減 1，若不等於 0，再至
                                             ;標籤 MTR_ON
          JMP    NUM_SET                     ;跳至標籤為 NUM_SET
DELAY:    MOV    TMOD, #00000001B            ;使用 Timer0 計數，模式 1
LOOPDY:   MOV    R6, #1                      ;R6 設定為 1 次
LOOPDY1:  MOV    TH0, #(65536-250)/256       ;計數值 250，載入 TH0，TL0
          MOV    TL0, #(65536-250) mod 256
          SETB   TR0                         ;啓動 Timer 0 計數器
WAIT:     NB     TF0, WAIT                   ;等待旗標是否為 1
          CLR    TR0                         ;清除 TR0，以停止計數
          CLR    TF0                         ;清除旗標 TF0
          DJNZ   R6, LOOPDY1                 ;R6 值減 1，若不等於 0，再至
                                             ;LOOPDY1 執行，若為 0，則
                                             ;結束
```

```
        RET
        END                                     ;程式結束
```

C51 語言程式編寫如下，其中，控制方向及操控頻率要事先設定好。

```
#include <reg52.h>
#include <math.h>
void Delay( );

void main( )
{
  P0=0x00;                                      //輸出初始值設定完成
  Delay( );                                     //等一段時間
  while(1)                                      //無窮迴圈
  {
   for(i=0; i<=10; i++)                         //Motor_Dir=0，Motor_ON=0
{ Po=0x00;
 Delay( );                                      //維持基頻時間
}
   for(j=0; j<=15; j++)
    { P0=0x02;                                  //Motor_Dir=0，Motor_ON=1
     Delay( );                                  //維持基頻時間
    }
  }
}
void Delay( )
{
 TMOD=0x01;                                     //使用 Timer0 計數，工作於模式 1
 TH0=(65536-250)/256;                           //計數值 250，分別載入 TH0，TL0
 TL0=(65536-250)%256;
 TR0=1;                                         //啟動 Timer 0 計數器
 while(TF0==0);                                 //等待旗標是否為 1
 TR0=0;                                         //清除 TR0，以停止計數
TF0=0;                                          //清除旗標 TF0
```

將上述之程式設計依之前章節所介紹之編寫及編譯程序，將可得到該程式的燒錄檔，再將其載入模擬軟體或施行於設計之實驗平台，可以進一步地驗證其功能動作是否與所規劃之控制時序一致。

Chapter 5

多輸出控制之程式設計

多輸出控制之程式設計乃是單輸出控制程式設計技巧之延伸，是程式設計能力提升的重要關卡。其程控的內容乃是設法將微電腦單晶片 8051 之多個指定輸出腳位的訊號，依功能要求，做電位變化的時序安排。因此，爲了讓使用者感覺多輸出控制系統的動作是即時且幾近同動，各輸出腳位動作之反應速度的規劃及基頻的計算，就顯得相當重要。

在實際的應用場合中，最常見的控制系統就是多輸出控制系統，如紅綠燈、七段顯示器、跑馬燈及多軸控制系統等。但如何能讓多輸出控制系統可以操控平順，也就是設法去體認多輸出操控時序的規劃技巧，且再以程控方式進而實現於微電腦單晶片 8051，是本章節的學習重點。

5.1 多輸出程控之規劃

多輸出程控之規劃，除了延續上章節之微電腦單晶片 8051 的單輸出程控設計之程序外，對於微電腦單晶片 8051 的多輸出程控之設計，也建議使用者依以下的規劃方式來進行設計：

1. 由於微電腦單晶片 8051 爲單一 CPU 架構，因此，多輸出控制的程式設計乃以分時多工的方式來進行。
2. 在執行多輸出控制時，應先分別驗證各單輸出控制之時序動作後，再設法結合且調整多輸出控制之時間間隔。
3. 在設計及驗證過程中，先以逐步且放慢的方式確認多輸出控制的時序動作，是多輸出控制程式設計的基本精神。
4. 接著，再依所規劃的系統反應速度，依規劃的操控時序，逐步地加快多輸出控制動作的速度。

以下章節之控制設計安排，就是依上述的規劃方式及步驟來加以進行。

5.2 多顆 LED 之控制設計

現在，開始進行多輸出程控之設計，以多顆 LED 之控制設計爲程式設計開端及程式架構的範本。且依上述之設計原則及流程，且瞭解及選用做爲操控的 LED，一般 DIP 型 LED，其燈杯直徑分有 3mm、5mm、8mm 及 10mm 等尺寸，操作電流爲 25mA。

5.2.1 多顆 LED 之控制電路

多顆 LED 之控制電路如圖 5.1 所示，P0 腳位的電位主要是以提升電阻及分壓方式來巧妙設計，如此，除可正常動作外，也可提供足夠推動輸出所需的電流量。使用者，也可試著用不同的 I/O 電路來驅動 LED，來觀察 LED 的亮度變化。

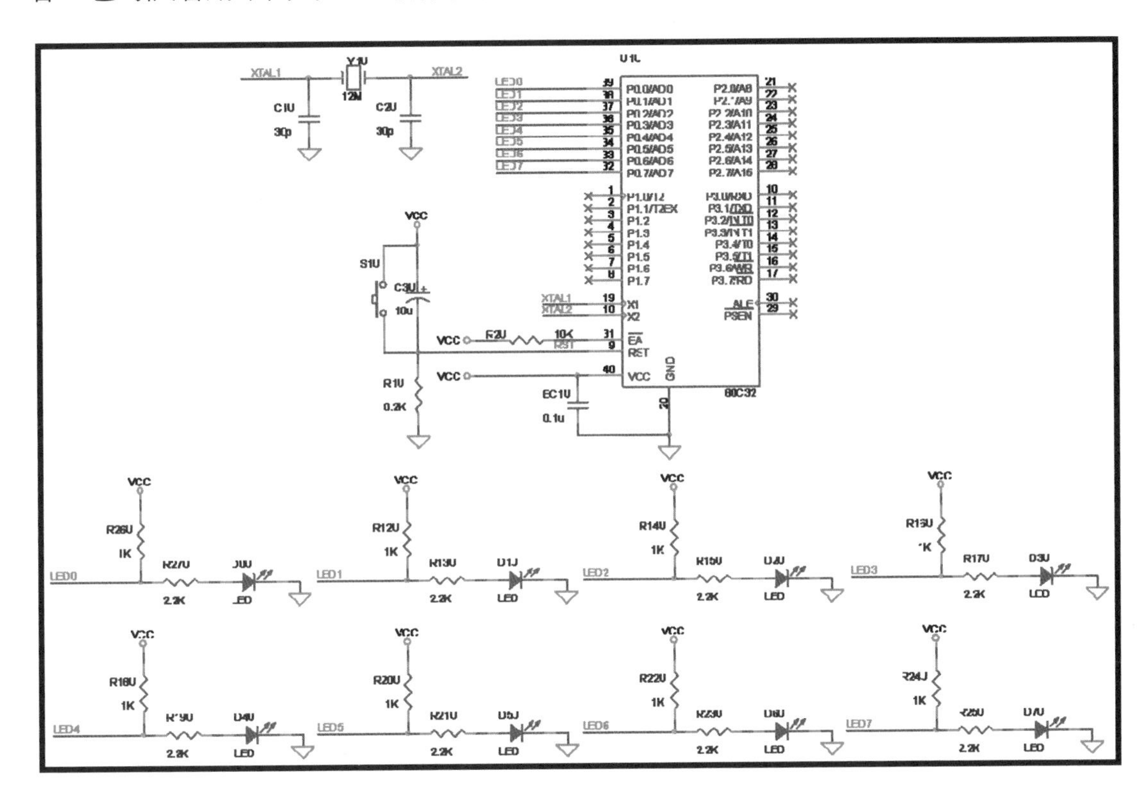

圖 5.1 多顆 LED 之控制電路圖

5.2.2 多顆 LED 之明滅控制規劃

接著，依控制要求，繪出多顆 LED 之明滅控制的時序圖，假設如圖 5.2 所示。同時，繪出控制時序所需之流程圖，可見圖 5.3 所示。

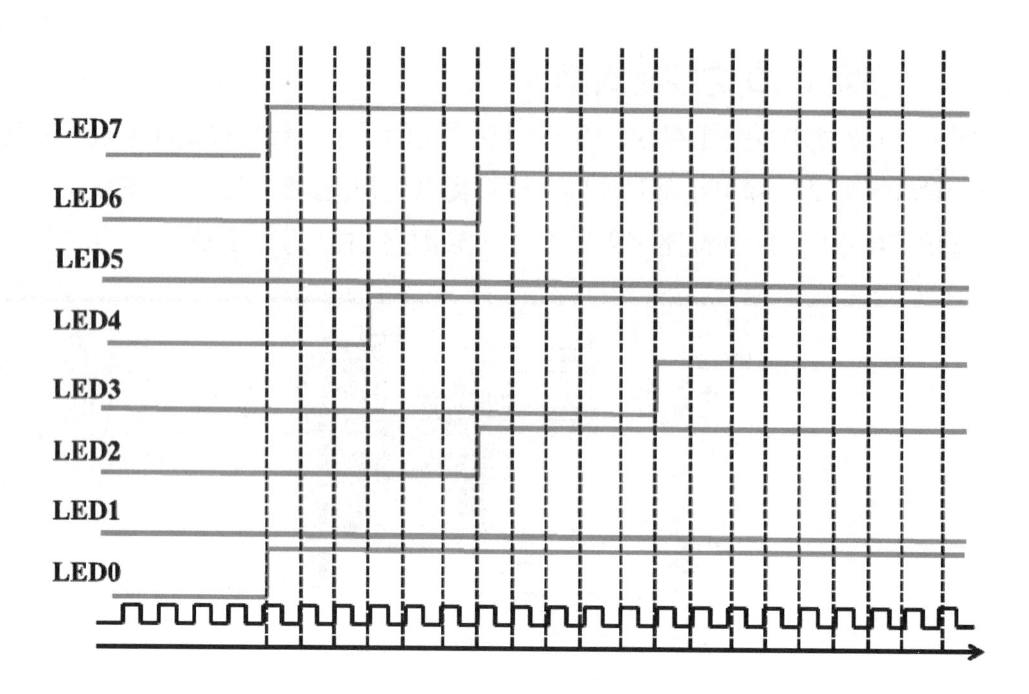

圖 5.2 多顆 LED 之明滅控制的時序圖

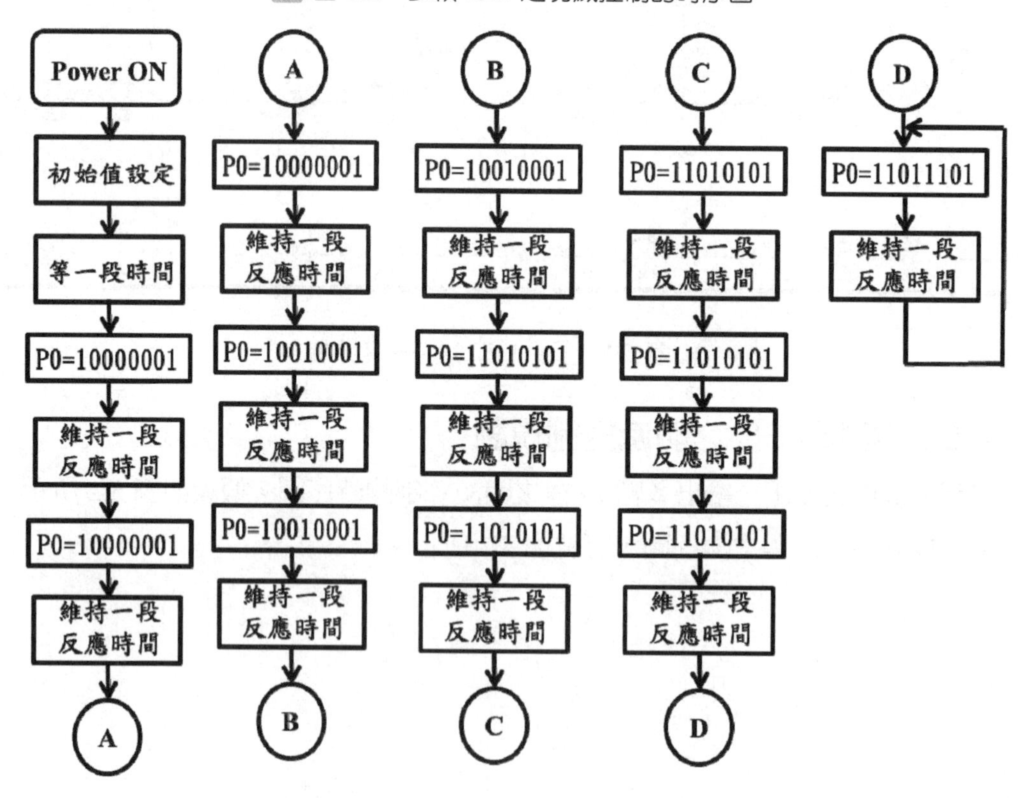

圖 5.3 多顆 LED 之明滅控制的流程圖

上述之規劃乃以 LED 反應時間為基頻，依執行時序來加以設計。

5.2.3 多顆 LED 之明滅控制

以下就上述的多顆 LED 之明滅控制的流程圖，分別以組合語言及 C51 語言來設計程式。

組合語言程式編寫如下：

```
        ORG     000H            ;Power ON，程式記憶體位址歸零
        MOV     A, #00000000B   ;輸出初始值設定
        MOV     P0, A           ;輸出初始值設定完成
        CALL    DELAY           ;等一段時間
LED1:   MOV     A, #10000001B   ;P0=10000001 設定
        MOV     P0, A
        CALL    DELAY           ;維持一段反應時間
        MOV     A, #10000001B   ;P0=10000001 設定
        MOV     P0, A
        CALL    DELAY           ;維持一段反應時間
        MOV     A, #10000001B   ;P0=10000001 設定
        MOV     P0, A
        CALL    DELAY           ;維持一段反應時間
LED2:   MOV     A, #10010001B   ;P0=10010001 設定
        MOV     P0, A
        CALL    DELAY           ;維持一段反應時間
        MOV     A, #10010001B   ;P0=10010001 設定
        MOV     P0, A
        CALL    DELAY           ;維持一段反應時間
        MOV     A, #10010001B   ;P0=10010001 設定
        MOV     P0, A
        CALL    DELAY           ;維持一段反應時間
LED3:   MOV     A, #11010101B   ;P0=11010101 設定
        MOV     P0, A
        CALL    DELAY           ;維持一段反應時間
        MOV     A, #11010101B   ;P0=11010101 設定
```

```
            MOV     P0, A
            CALL    DELAY               ;維持一段反應時間
            MOV     A, #11010101B       ;P0=11010101 設定
            MOV     P0, A
            CALL    DELAY               ;維持一段反應時間
            MOV     A, #11010101B       ;P0=11010101 設定
            MOV     P0, A
            CALL    DELAY               ;維持一段反應時間
            MOV     A, #11010101B       ;P0=11010101 設定
            MOV     P0, A
            CALL    DELAY               ;維持一段反應時間
LED4:       MOV     A, #11011101B       ;P0=11011101 設定
            MOV     P0, A
            CALL    DELAY               ;維持一段反應時間
            JMP     LED4                ;跳至標籤 LED4，形成無窮迴圈
DELAY:      MOV     R6, #200            ;時間副程式
DL1:        MOV     R7, #249
DE1:        DJNZ    R7, DE1
            DJNZ    R6, DL1
            RET     ;時間副程式結束
            END     ;程式結束
```

C51 語言程式編寫如下：

```
#include <reg52.h>
#include <math.h>
int cnt;
void Delay( );

void main( )
{
  P0=0x00;                              //輸出初始值設定完成
  Delay( );                             //等一段時間
for(i=1; i<=3; i++)
```

```
{
P0=0x81;                                //P0=0x81
   Delay( );                            //維持一段反應時間
}
for(i=1; i<=3; i++)
{
P0=0x91;                                //P0=0x91
   Delay( );                            //維持一段反應時間
}
for(i=1; i<=5; i++)
{
P0=0xD5;                                //P0=0xD5
   Delay( );                            //維持一段反應時間
}
while(1)                                //無窮迴圈
  {
   P0=0xDD;                             //P0=0xD5
   Delay( );                            //維持一段反應時間
    }
}
void Delay( )                           //時間副程式
{
for(cnt=0; cnt<=10000; cnt++);
}
```

將上述之程式設計依之前章節所介紹之編寫及編譯程序，將可得到該程式的燒錄檔，再將其載入模擬軟體或實驗平台，可以進一步地驗證其功能動作是否與所規劃之控制時序一致。(可見圖 5.4)

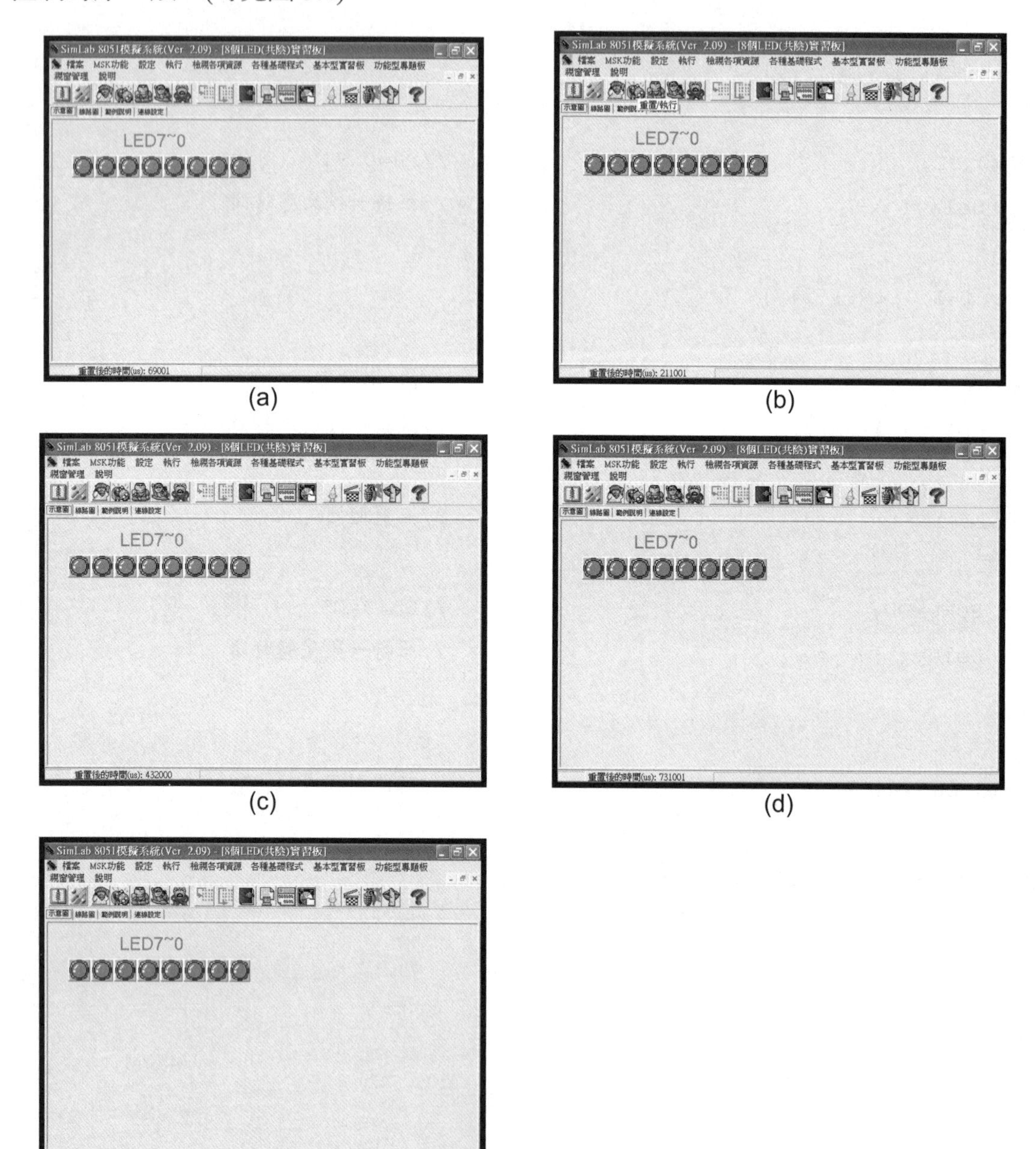

圖 5.4　多顆 LED 之明滅控制的模擬結果圖

5.3 七段顯示器之控制設計

七段顯示器是由七段 LED 燈所組成，因其燈段的排列組合開關，可以表現數值或特殊字元符號，常用來當作輸出的顯示使用。最常見的應用就是記時數值的顯示使用。七段顯示器因其燈段亮滅的方式不同，有分成共陽極及共陰極兩種。所謂共陽極就是點亮燈段方是爲低電位，熄滅則爲高電位；共陰極的燈段亮滅動作則是相反。

在使用七段顯示前，需先行瞭解所使用七段顯示器的腳位及相關電氣規格，以 SC05-11EWA 爲例，可見圖 5.5 所示，爲一種共陰極七段顯示器，其操作電流約爲 25mA。

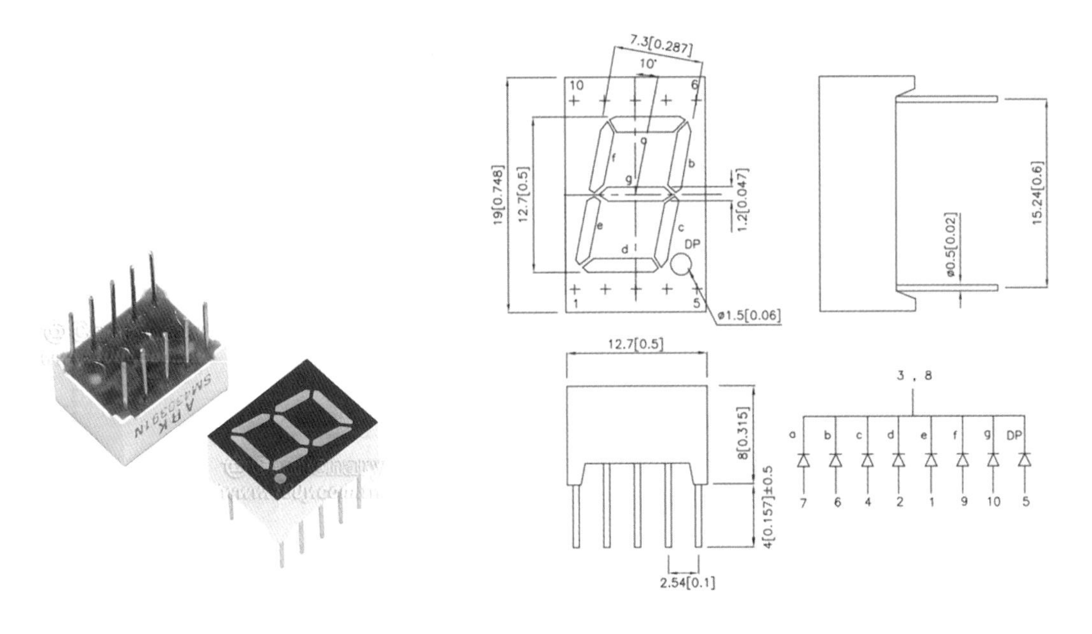

圖 5.5　七段顯示器(SC05-11EWA)之外觀尺寸及腳位

5.3.1 七段顯示器之控制電路

七段顯示器之控制電路設計如圖 5.6 所示，因 P0 的腳位當 I/O 使用，須加上提升電阻。從電路圖上的操控分析，輸出腳位應可提供足夠推動輸出所需的電流量。使用者，也可試著用不同的 I/O 電路來驅動它，來進一步觀察七段顯示器的亮度變化。

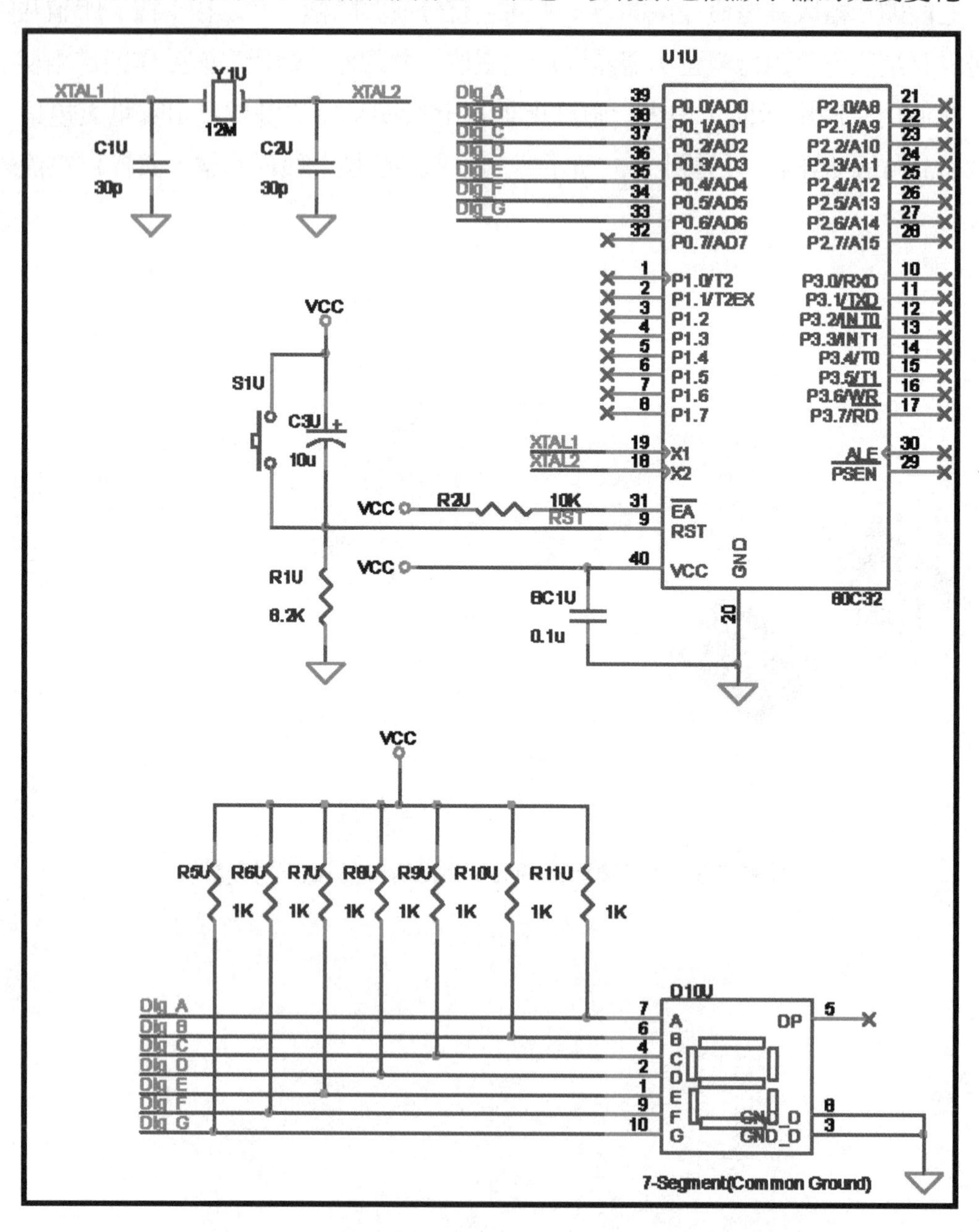

▲ 圖 5.6　七段顯示器(SC05-11EWA)之控制電路

5.3.2　七段顯示器之數字顯示規劃

七段顯示器的數字排列控制方式可見圖 5.7 所示。唯一要注意的，燈段控制是屬共陽極還是共陰極，其亮滅邏輯爲相反。

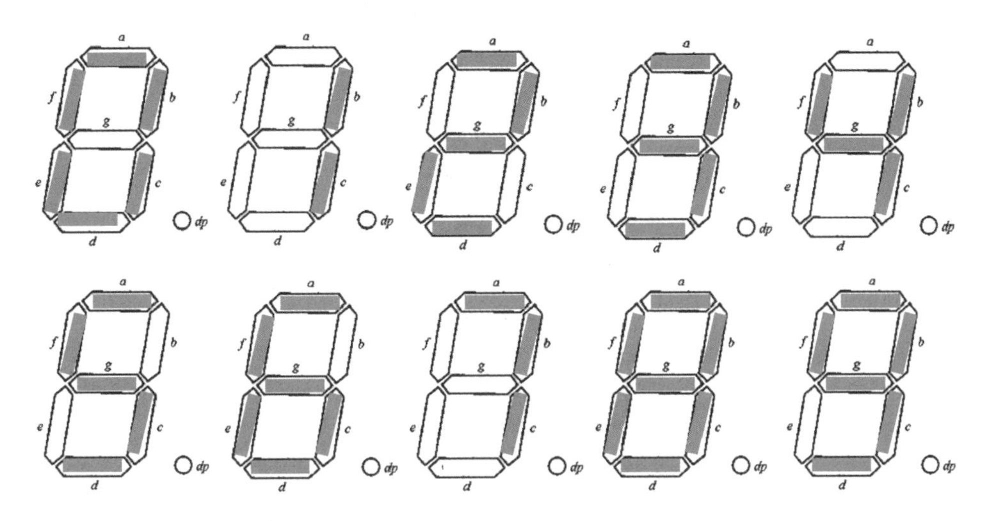

圖 5.7　七段顯示器的數字排列控制方式

接著，依控制要求，繪出七段顯示器之數字顯示控制的時序圖，假設如圖 5.8 所示，要顯示 2 這個字。同時，繪出控制時序所需之流程圖，可見圖 5.9 所示。

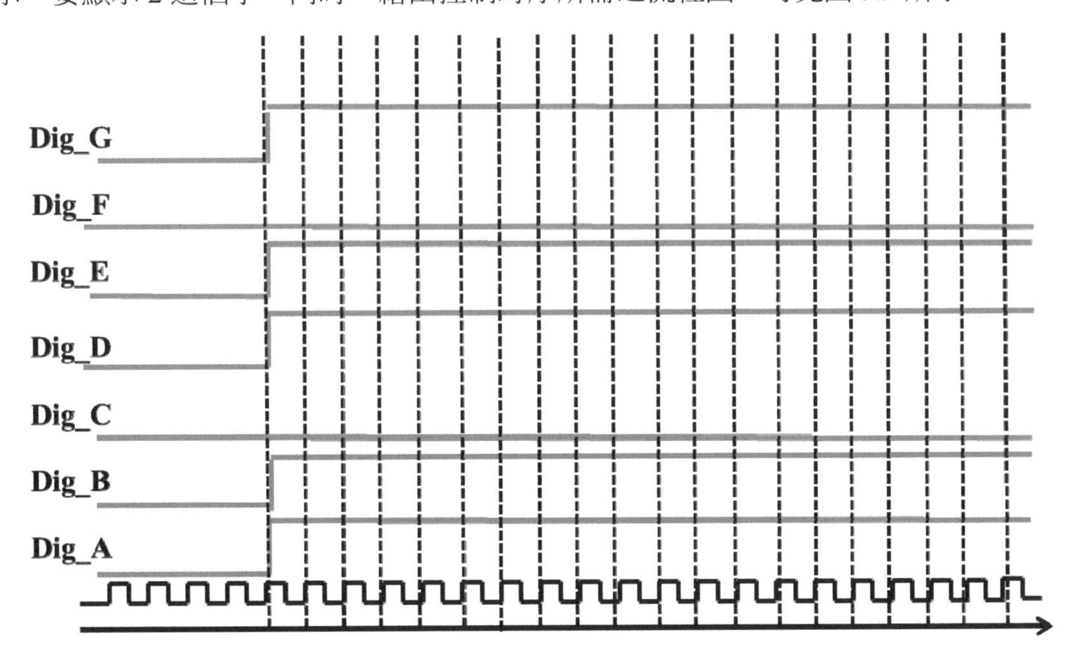

圖 5.8　七段顯示器之數字顯示控制的時序圖

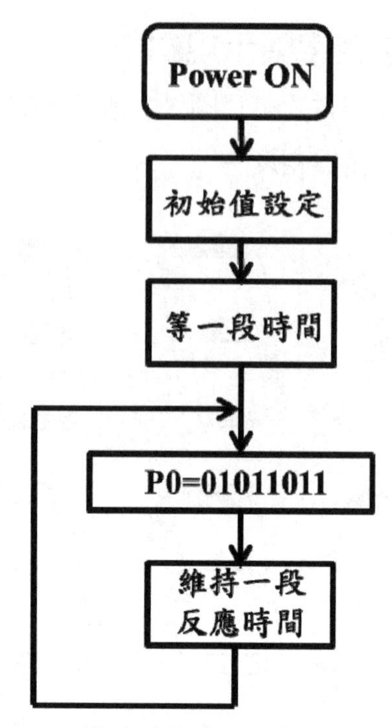

圖 5.9 七段顯示器之數字顯示控制的流程圖

若要顯示不同數字，只要更改 P0 的值即可，其中 P0^7 的電位不影響控制結果，所以，在此設為 0。

5.3.3 七段顯示器之數字顯示控制

以下就上述的七段顯示器之數字顯示控制的流程圖，分別以組合語言及 C51 語言來設計程式。

組合語言程式編寫如下：

```
        ORG     000H                ;程式記憶體位址歸零
        MOV     A, #00000000B       ;輸出初始值設定
        MOV     P0, A               ;輸出初始值設定完成
        CALL    DELAY               ;等一段時間
DIGIT:  MOV     A, #01011011B       ;顯示字元 2 設定
        MOV     P0, A               ;顯示字元 2
        CALL    DELAY               ;維持 50ms 反應時間
        JMP     DIGIT               ;跳至標籤 DIGIT
DELAY:  MOV     TMOD, #00000001B    ;使用 Timer0 計數，模式 1
```

```
LOOPDY:   MOV    R6, #20                        ;R6 設定為 20 次
LOOPDY1:  MOV    TH0, #(65536-2500)/256         ;計數值 2500，載入 TH0，TL0
          MOV    TL0, #(65536-2500) mod 256
          SETB   TR0                            ;啟動 Timer 0 計數器
WAIT:     JNB    TF0, WAIT                      ;等待旗標是否為 1
          CLR    TR0                            ;清除 TR0，以停止計數
          CLR    TF0                            ;清除旗標 TF0
          DJNZ   R6, LOOPDY1                    ;R6 值減 1，若不等於 0，再至
                                                ; LOOPDY1 執行，若為 0，則
          ;結束
          RET
          END    ;程式結束
```

C51 語言程式編寫如下：

```
#include <reg52.h>
#include <math.h>
void Delay( );
int i;
void main( )
{
  P0=0x00;                                      //輸出初始值設定完成
for(i=1; i<=20; i++)                            //等一段時間
    {Delay( );}
  while(1)                                      //無窮迴圈
  {
    P0=0x5B;                                    //顯示字元 2
for(i=1; i<=20; i++)
    {Delay( );}                                 //維持 50ms 反應時間
  }
}
void Delay( )
{
 TMOD=0x01;                                     //使用 Timer0 計數，工作於模式 1
```

```
 TH0=(65536-2500)/256;                        //計數值 2500，分別載入 TH0，TL0
 TL0=(65536-2500)%256;
 TR0=1;                                       //啓動 Timer 0 計數器
 while(TF0==0);                               //等待旗標是否爲 1
 TR0=0;                                       //清除 TR0，以停止計數
TF0=0;                                        //清除旗標 TF0
}
```

將上述之程式設計依之前章節所介紹之編寫及編譯程序，將可得到該程式的燒錄檔，再將其載入模擬軟體或實驗平台，可以進一步地驗證其功能動作是否與所規劃之控制時序一致。(可見圖 5.10)

圖 5.10 七段顯示器之數字顯示控制的模擬結果圖

5.4 七段顯示器不同數字更替顯示之控制設計

延續上一節的練習範例，且爲了表現七段顯示器應有的實際應用功能，因此，本節進行七段顯示器不同數字更替顯示之控制設計，相關的元件特性及電路接法，可見上一節之說明，也是使用 P0 做輸出控制的腳位。

5.4.1 七段顯示器之不同數字更替顯示規劃

接著，依控制要求，繪出七段顯示器之不同數字更替顯示控制的時序圖，假設如圖 5.11 所示，要反覆依序地顯示 0 到 9 字元。同時，繪出控制時序所需之流程圖，可見圖 5.12 所示。

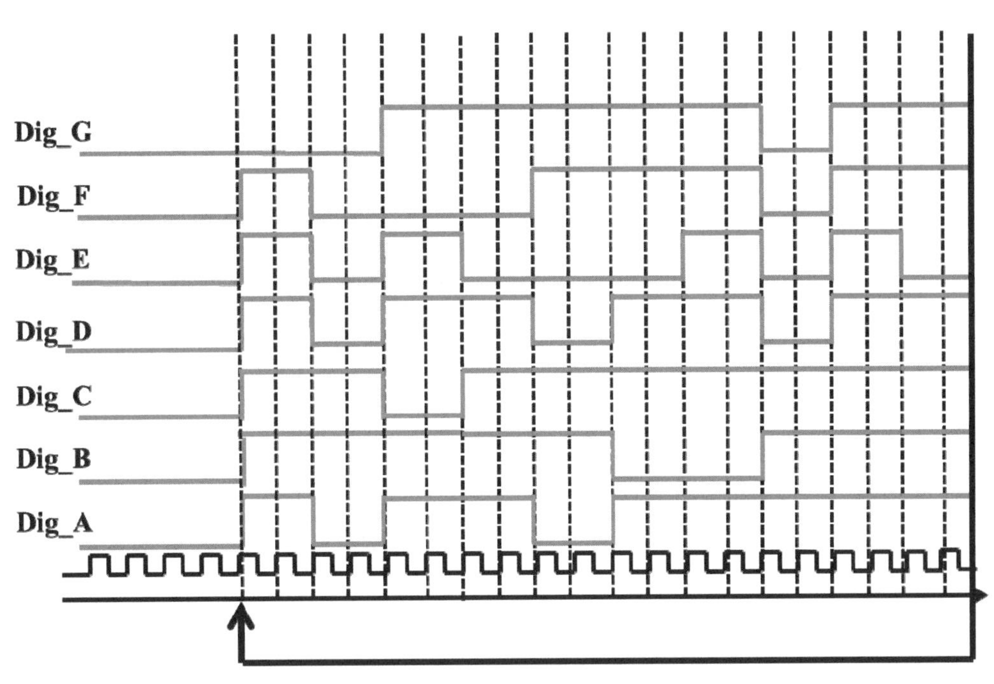

圖 5.11 七段顯示器不同數字更替顯示控制的時序圖

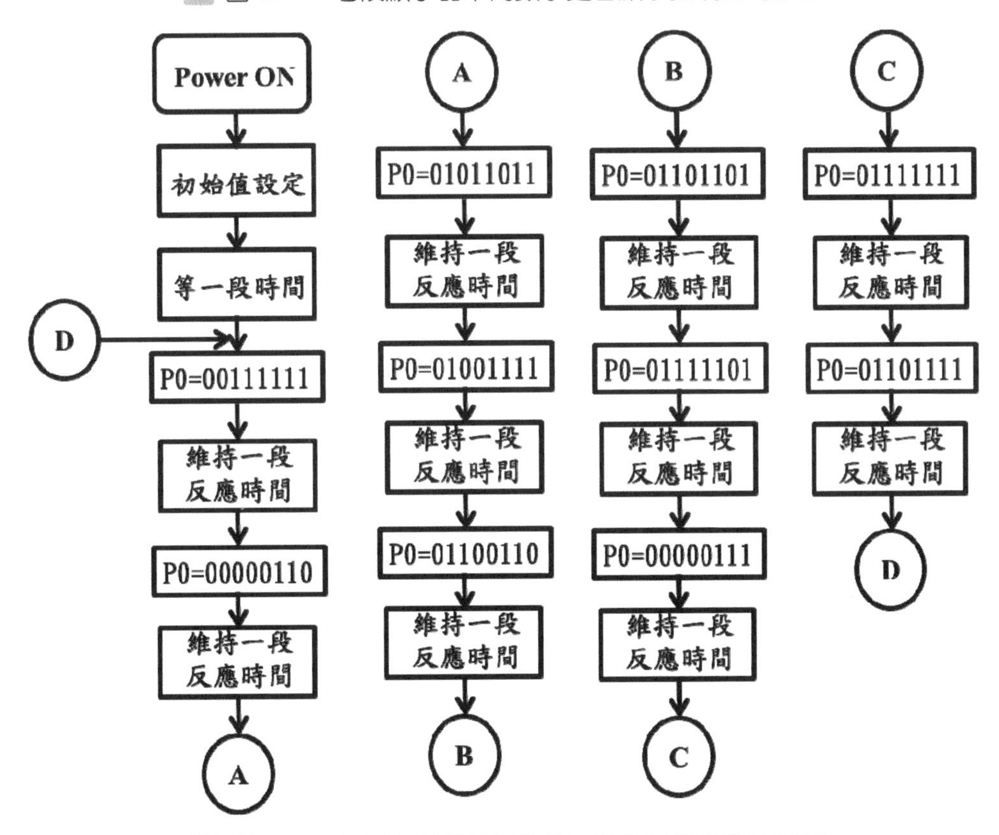

圖 5.12 七段顯示器不同數字更替顯示控制的流程圖

5.4.2 七段顯示器之不同數字更替顯示控制

以下就上述的七段顯示器不同數字更替顯示控制的流程圖，分別以組合語言及 C51 語言來設計程式。

組合語言程式編寫如下：

```
        ORG     000H            ;程式記憶體位址歸零
        MOV     A, #00000000B   ;輸出初始值設定
        MOV     P0, A           ;輸出初始值設定完成
        CALL    DELAY           ;等一段時間
DIGIT0: MOV     A, #00111111B   ;顯示字元 0 設定
        MOV     P0, A           ;顯示字元 0
        CALL    DELAY           ;維持 50ms 反應時間
DIGIT1: MOV     A, #00000110B   ;顯示字元 1 設定
        MOV     P0, A           ;顯示字元 1
        CALL    DELAY           ;維持 50ms 反應時間
DIGIT2: MOV     A, #01011011B   ;顯示字元 2 設定
        MOV     P0, A           ;顯示字元 2
        CALL    DELAY           ;維持 50ms 反應時間
DIGIT3: MOV     A, #01001111B   ;顯示字元 3 設定
        MOV     P0, A           ;顯示字元 3
        CALL    DELAY           ;維持 50ms 反應時間
DIGIT4: MOV     A, #01100110B   ;顯示字元 4 設定
        MOV     P0, A           ;顯示字元 4
        CALL    DELAY           ;維持 50ms 反應時間
DIGIT5: MOV     A, #01101101B   ;顯示字元 5 設定
        MOV     P0, A           ;顯示字元 5
        CALL    DELAY           ;維持 50ms 反應時間
DIGIT6: MOV     A, #01111101B   ;顯示字元 6 設定
        MOV     P0, A           ;顯示字元 6
        CALL    DELAY           ;維持 50ms 反應時間
DIGIT7: MOV     A, #00000111B   ;顯示字元 7 設定
        MOV     P0, A           ;顯示字元 7
        CALL    DELAY           ;維持 50ms 反應時間
```

```
DIGIT8:   MOV    A, #01111111B            ;顯示字元 8 設定
          MOV    P0, A                    ;顯示字元 8
          CALL   DELAY                    ;維持 50ms 反應時間
DIGIT9:   MOV    A, #01101111B            ;顯示字元 9 設定
          MOV    P0, A                    ;顯示字元 9
          CALL   DELAY                    ;維持 50ms 反應時間
          JMP    DIGIT0                   ;跳至標籤 DIGIT0
DELAY:    MOV    TMOD, #00000001B         ;使用 Timer0 計數，模式 1
LOOPDY:   MOV    R6, #20                  ;R6 設定為 20 次
LOOPDY1:  MOV    TH0, #(65536-2500)/256   ;計數值 2500，載入 TH0，TL0
          MOV    TL0, #(65536-2500) mod 256
          SETB   TR0                      ;啓動 Timer 0 計數器
WAIT:     JNB    TF0, WAIT                ;等待旗標是否為 1
          CLR    TR0                      ;清除 TR0，以停止計數
          CLR    TF0                      ;清除旗標 TF0
          DJNZ   R6, LOOPDY1              ;R6 值減 1，若不等於 0，再至
                                          ; LOOPDY1 執行，若為 0，則
                                          ;結束
          RET
          END                             ;程式結束
```

C51 語言程式編寫如下：

```
#include <reg52.h>
#include <math.h>
void Delay( );
int i;
void main( )
{
  P0=0x00;                                //輸出初始值設定完成
for(i=1; i<=20; i++)                      //等一段時間
    {Delay( );}
  while(1)                                //無窮迴圈
  {
```

```
    P0=0x3F;                                  //顯示字元 0
for(i=1; i<=20; i++)
    {Delay( );}                               //維持 50ms 反應時間
P0=0x06;                                      //顯示字元 1
for(i=1; i<=20; i++)
    {Delay( );}                               //維持 50ms 反應時間
P0=0x5B;                                      //顯示字元 2
for(i=1; i<=20; i++)
    {Delay( );}                               //維持 50ms 反應時間
P0=0x4F;                                      //顯示字元 3
for(i=1; i<=20; i++)
    {Delay( );}                               //維持 50ms 反應時間
P0=0x66;                                      //顯示字元 4
for(i=1; i<=20; i++)
    {Delay( );}                               //維持 50ms 反應時間
P0=0x6D;                                      //顯示字元 5
for(i=1; i<=20; i++)
    {Delay( );}                               //維持 50ms 反應時間
P0=0x7D;                                      //顯示字元 6
for(i=1; i<=20; i++)
    {Delay( );}                               //維持 50ms 反應時間
P0=0x07;                                      //顯示字元 7
for(i=1; i<=20; i++)
    {Delay( );}                               //維持 50ms 反應時間
P0=0x7F;                                      //顯示字元 8
for(i=1; i<=20; i++)
    {Delay( );}                               //維持 50ms 反應時間
P0=0x6F;                                      //顯示字元 9
for(i=1; i<=20; i++)
    {Delay( );}                               //維持 50ms 反應時間
  }
}
void Delay( )
```

```
{
 TMOD=0x01;                          //使用 Timer0 計數，工作於模式 1
 TH0=(65536-2500)/256;               //計數值 2500，分別載入 TH0，TL0
 TL0=(65536-2500)%256;
 TR0=1;                              //啓動 Timer 0 計數器
 while(TF0==0);                      //等待旗標是否爲 1
 TR0=0;                              //清除 TR0，以停止計數
TF0=0;                               //清除旗標 TF0
}
```

將上述之程式設計依之前章節所介紹之編寫及編譯程序，將可得到該程式的燒錄檔，再將其載入模擬軟體或實驗平台，可以進一步地驗證其功能動作是否與所規劃之控制時序一致。(可見圖 5.13)

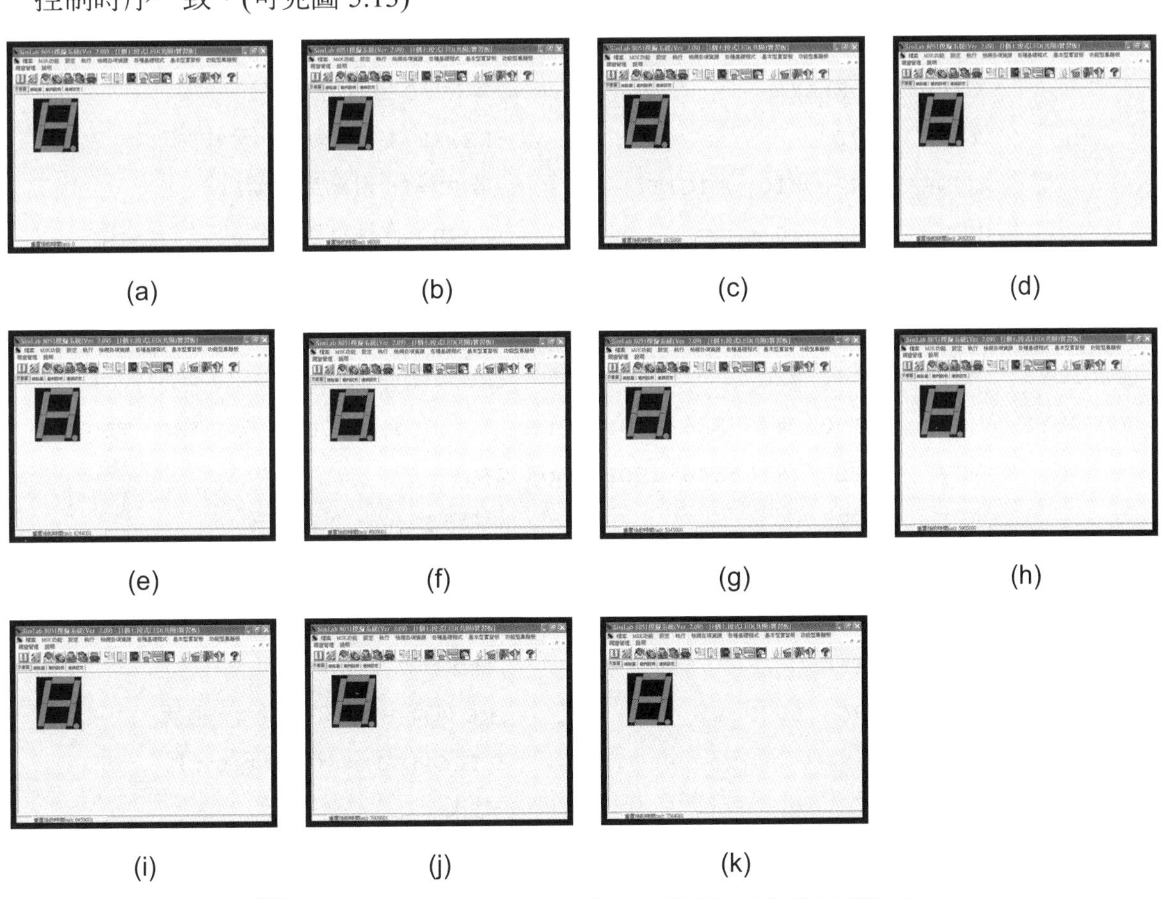

圖 5.13　七段顯示器不同數字更替顯示控制的模擬結果

此外，由於七段顯示器的顯示動作屬重覆性動作，只要更換顯示的內容即可，因此，可使用資料庫及指標的方式來呈現同樣的結果。於是，上述之組合語言寫法將可以改寫成如下：

```
          ORG     000H                          ;程式記憶體位址歸零
          MOV     R2, #0                        ;R2=0,資料指標歸零
          MOV     A, #00000000B                 ;輸出初始值設定
          MOV     P0, A                         ;輸出初始值設定完成
          CALL    DELAY                         ;等一段時間
DIGIT:    MOV     A, R2                         ;A=R2
          MOV     DPTR, #NUM                    ;DPTR=NUM之位址
          MOVC    A, @A+DPTR                    ;A=[DPTR+A]，NUM位址
                  ;上的資料
          MOV     P0, A
          CALL    DELAY                         ;維持50ms反應時間
          INC     R2                            ;R2=R2+1，指向下一資料
          CJNE    R2, #10, DIGIT                ;若R2≠10則跳至DIGIT
          MOV     R2, #0                        ;R2=0，資料指標歸零
          JMP     DIGIT                         ;跳至標籤DIGIT
DELAY:    MOV     TMOD, #00000001B              ;使用Timer0 計數，模式1
LOOPDY:   MOV     R6, #20                       ;R6設定爲20次
LOOPDY1:  MOV     TH0, #(65536-2500)/256           ;計數值2500，載入TH0，TL0
          MOV     TL0, #(65536-2500) mod 256
          SETB    TR0                           ;啓動Timer 0計數器
WAIT:     JNB     TF0, WAIT                     ;等待旗標是否爲1
          CLR     TR0                           ;清除TR0，以停止計數
          CLR     TF0                           ;清除旗標TF0
          DJNZ    R6, LOOPDY1                   ;R6值減1，若不等於0，再至
                                                ; LOOPDY1執行，若爲0，則
                                                ;結束
          RET
NUM:      DB      00111111B                     ;0
          DB      00000110B                     ;1
```

```
        DB      01011011B                 ;2
        DB      01001111B                 ;3
        DB      01100110B                 ;4
        DB      01101101B                 ;5
        DB      01111101B                 ;6
        DB      00000111B                 ;7
        DB      01111111B                 ;8
        DB      01101111B                 ;9
        END                               ;程式結束
```

同樣地，C51 語言程式也可以陣列方式來進行操控，因此，改寫如下：

```
#include <reg52.h>
#include <math.h>
void Delay( );
char SEVEN[10]={0x3F, 0x06, 0x5B, 0x4F, 0x66, 0x6D, 0x7D, 0x07, 0x7F, 0x6F};
int i, k;
void main( )
{
  P0=0x00;                                  //輸出初始值設定完成
for(i=1; i<=20; i++)                        //等一段時間
    {Delay( );}
  while(1)                                  //無窮迴圈
  {
for(k=0; k<=9; k++)
{
P0=SEVEN[k];                                //顯示字元
     for(i=1; i<=20; i++)
       {Delay( );}                          //維持 50ms 反應時間
}
  }
}
void Delay( )
{
```

```
 TMOD=0x01;                          //使用 Timer0 計數，工作於模式 1
 TH0=(65536-2500)/256;               //計數值 2500，分別載入 TH0，TL0
 TL0=(65536-2500)%256;
 TR0=1;                              //啟動 Timer 0 計數器
 while(TF0==0);                      //等待旗標是否爲 1
 TR0=0;                              //清除 TR0，以停止計數
TF0=0;                               //清除旗標 TF0
}
```

5.5 跑馬燈之控制設計

以下的練習範例，將針對微電腦單晶片 8051 的 4 個埠腳位進行多輸出操控，因此，直接連接 32 個 LED。若可以適當的規劃及操控其亮滅次序，將可形成各種動作變化的跑馬燈。若配置不同顏色或形狀的 LED，將可呈現如圖 5.14 所示的樣式。

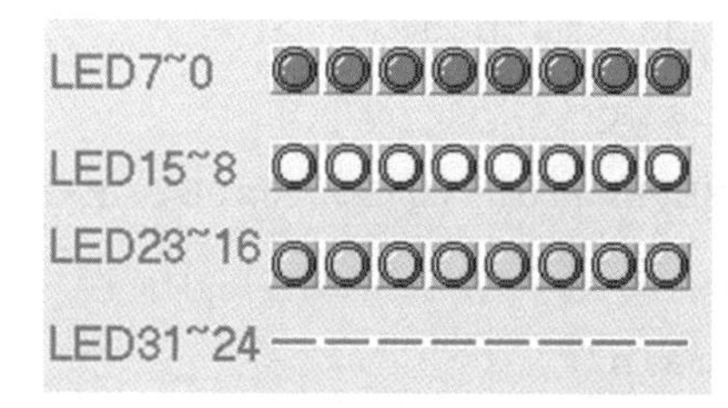

圖 5.14　不同顏色或形狀的 32 顆 LED 的配置

5.5.1 跑馬燈之電路

跑馬燈的電路可參酌圖 5.1 的接法，所設計的電路如圖 5.15 及圖 5.16 所示。

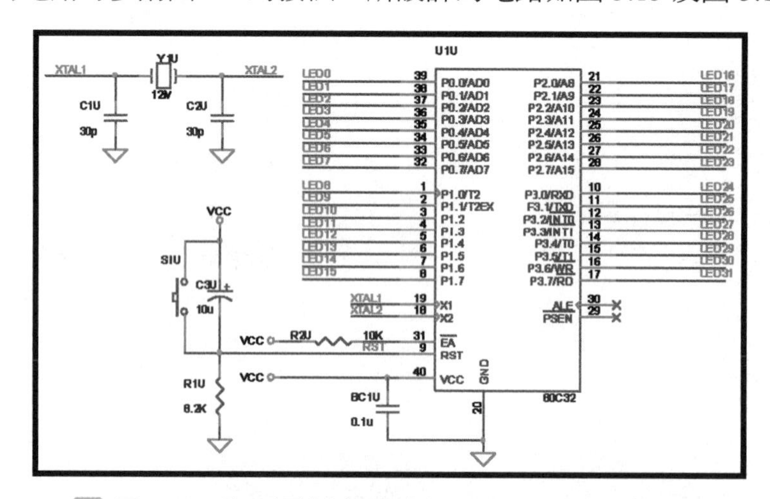

圖 5.15　跑馬燈控制電路的單晶片 8051 的接腳電路

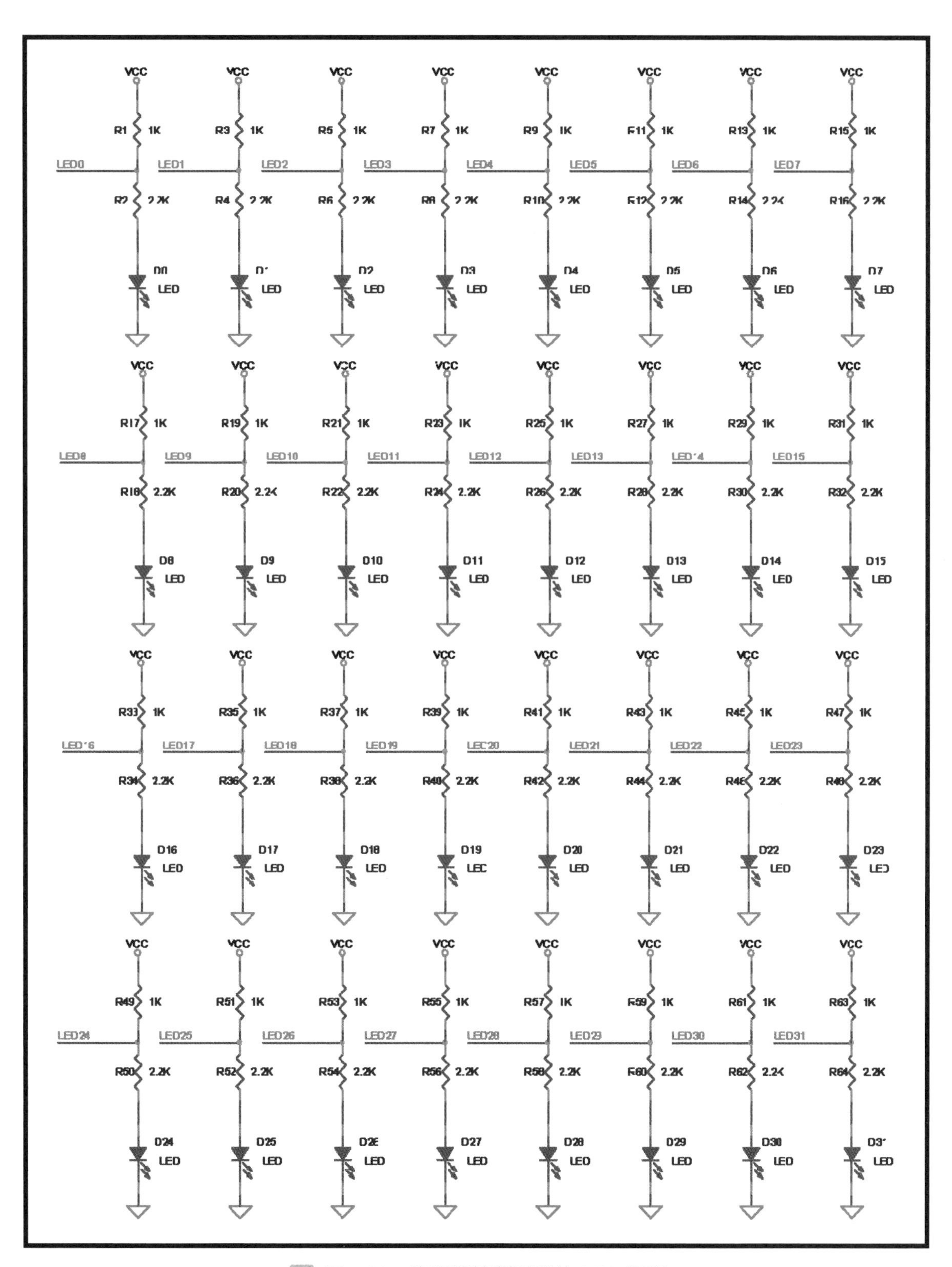

圖 5.16 跑馬燈控制電路的 LED 電路

5.5.2 跑馬燈之動作規劃

接著，依控制要求，依各埠分別繪出跑馬燈控制的時序圖，假設如圖 5.17 所示。同時，繪出控制時序所需之流程圖，可見圖 5.18 所示。

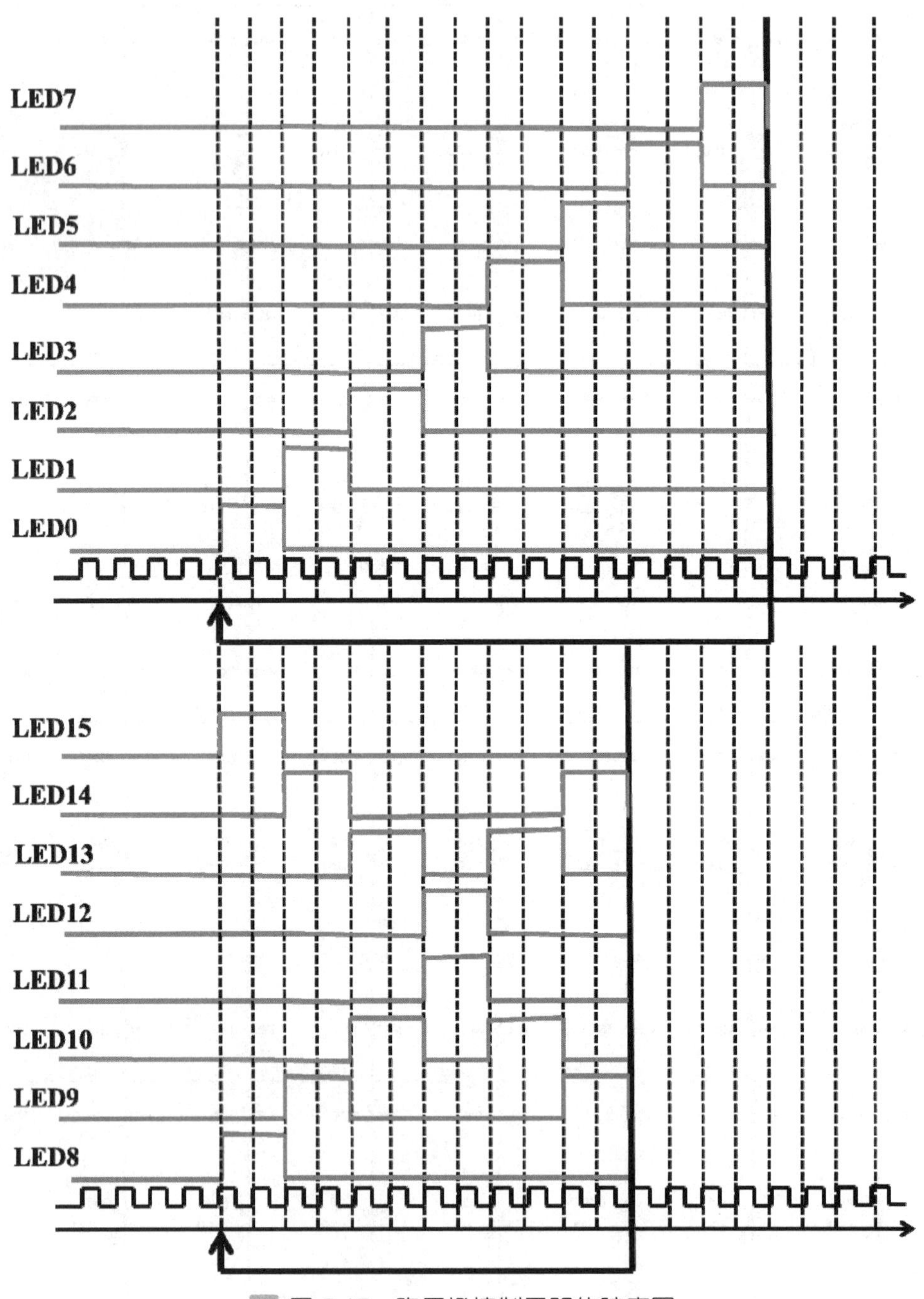

圖 5.17 跑馬燈控制電路的時序圖

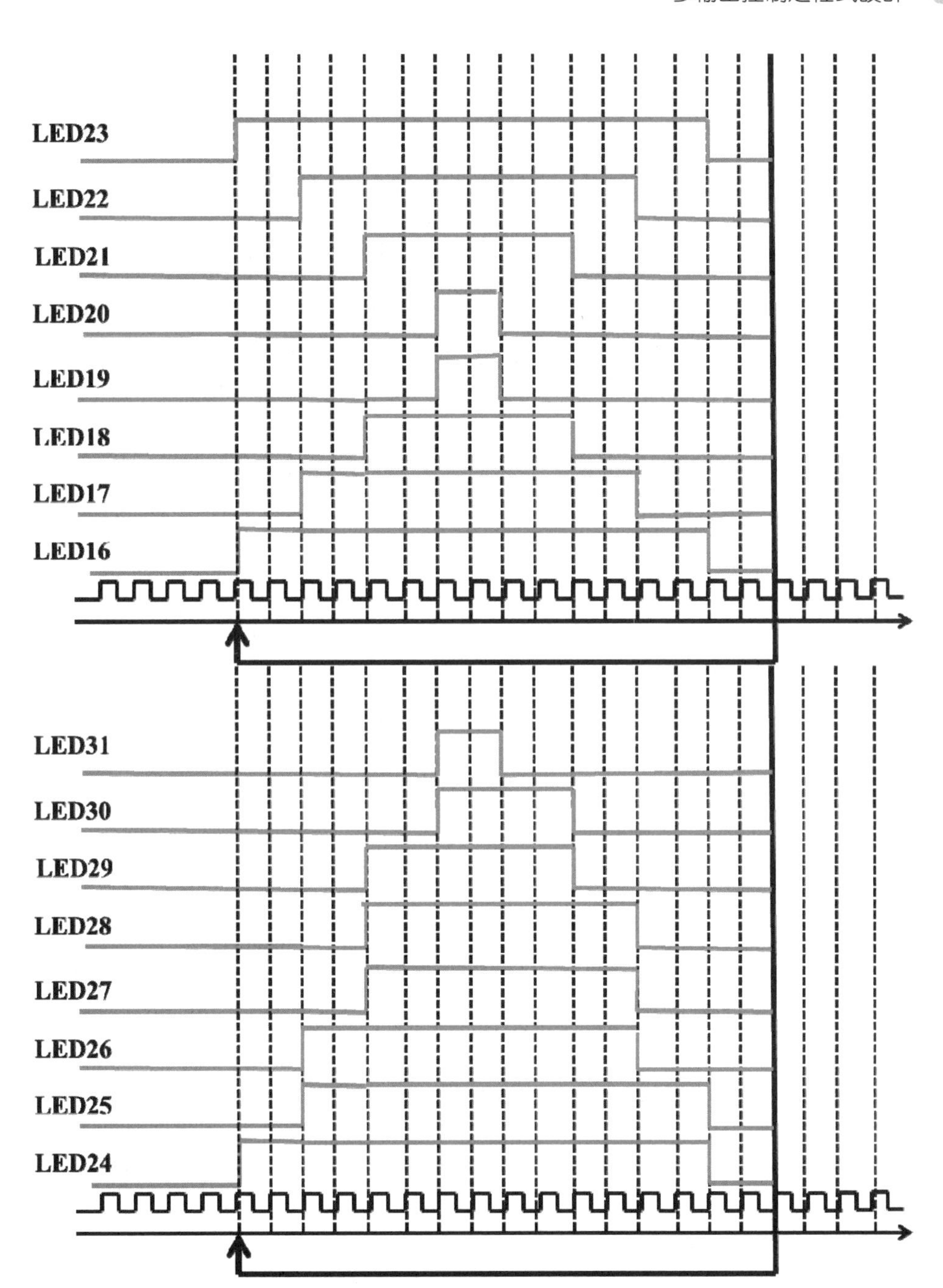

圖 5.17　跑馬燈控制電路的時序圖(續)

由上述之時序圖可以發現，P0、P2 及 P3 有 8 種動作狀態，P1 有 6 種動作狀態，經分析計算，取其最小倍數爲 24，所以，跑馬燈的不同樣態控制共有 24 種狀態，以下，依此繪出其流程圖。

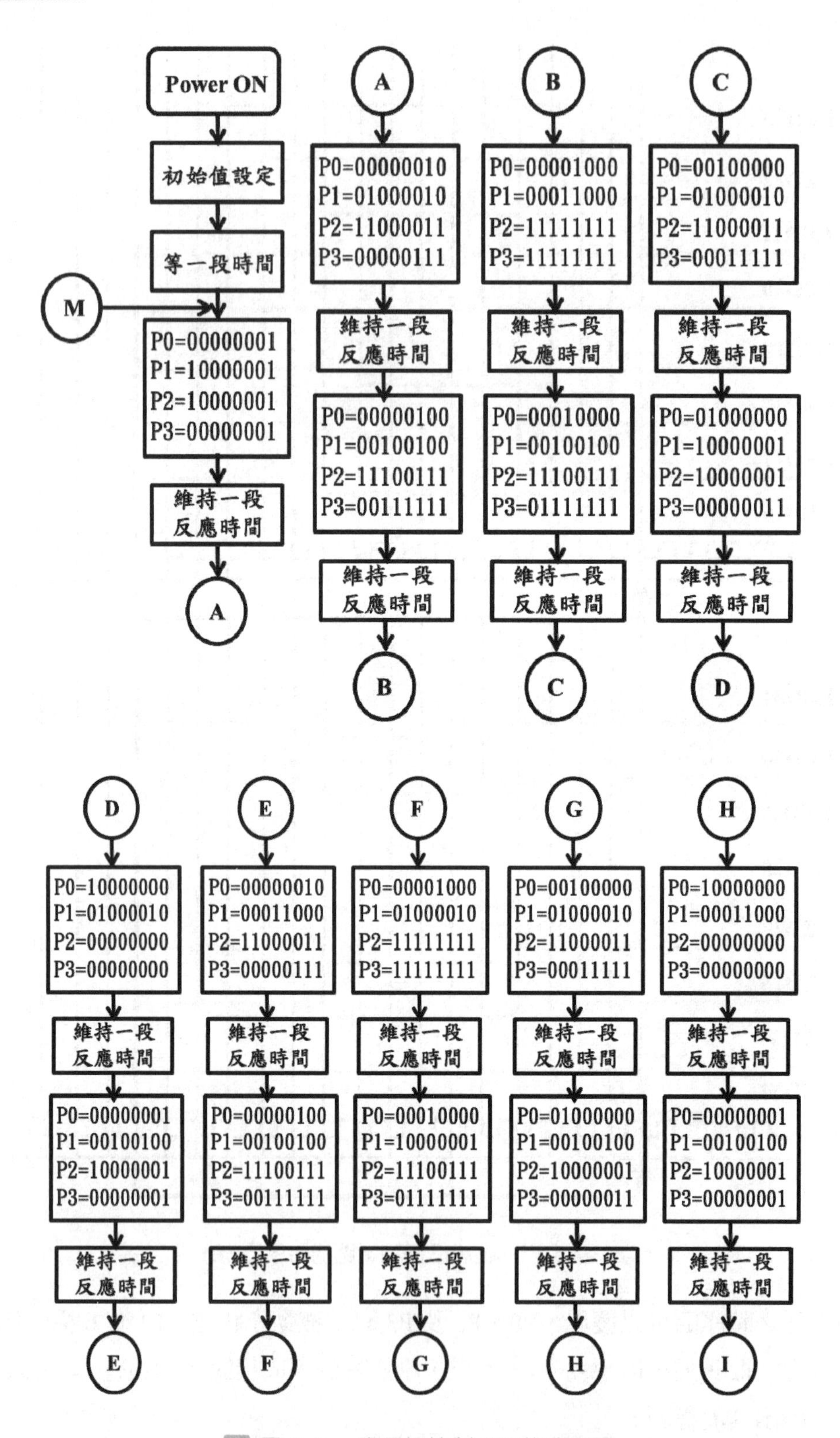

圖 5.18 跑馬燈控制電路的流程圖

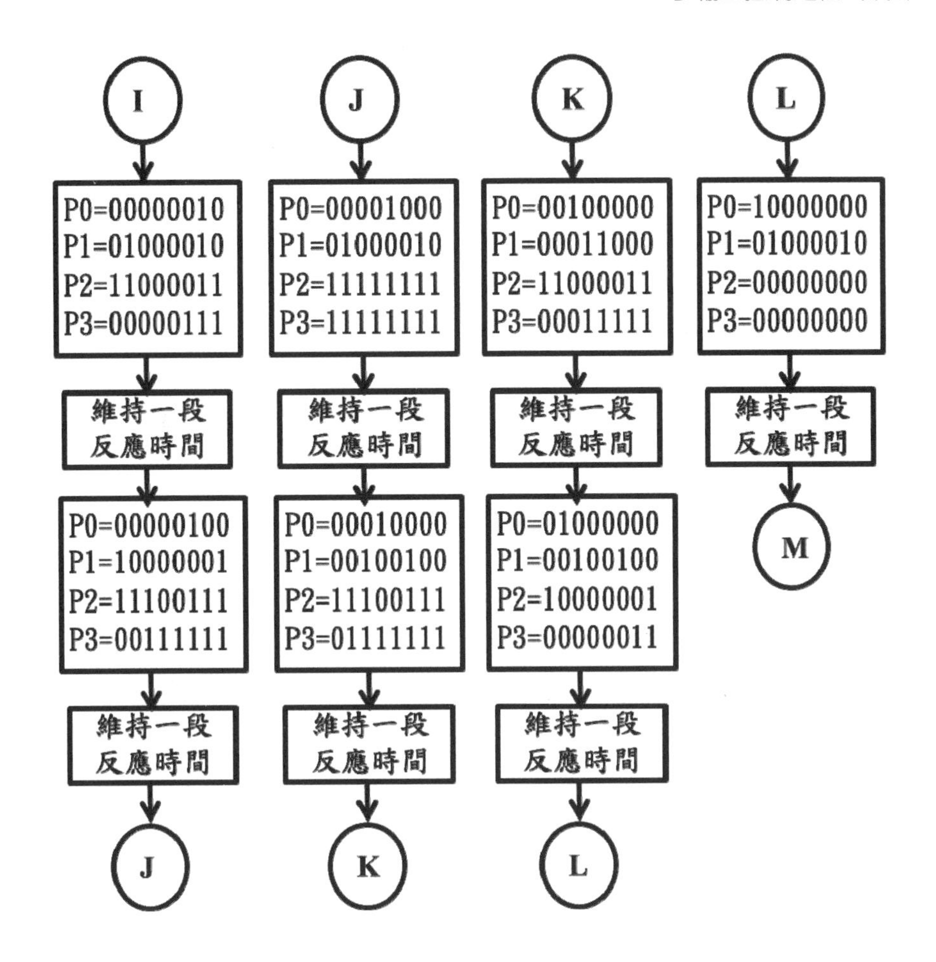

圖 5.18　跑馬燈控制電路的流程圖(續)

5.5.3　跑馬燈之顯示控制

以下就上述的跑馬燈之顯示控制的流程圖，分別以組合語言及 C51 語言來設計程式。組合語言程式編寫如下：

```
        ORG     000H            ;程式記憶體位址歸零
        MOV     A, #00000000B   ;輸出初始值設定
        MOV     P0, A           ;輸出初始值設定完成
        MOV     P1, A           ;輸出初始值設定完成
        MOV     P2, A           ;輸出初始值設定完成
        MOV     P3, A           ;輸出初始值設定完成
        CALL    DELAY           ;等一段時間
PAT1:   MOV     A, #00000001B   ;P0=00000001
```

```
        MOV     P0, A
        MOV     A, #10000001B           ;P1=10000001
        MOV     P1, A
        MOV     A, #10000001B           ;P2=10000001
        MOV     P2, A
        MOV     A, #00000001B           ;P3=00000001
        MOV     P3, A
        CALL    DELAY                   ;維持 500ms 反應時間
PAT2:   MOV     A, #00000010B           ;P0=00000010
        MOV     P0, A
        MOV     A, #01000010B           ;P1=01000010
        MOV     P1, A
        MOV     A, #11000011B           ;P2=11000011
        MOV     P2, A
        MOV     A, #00000111B           ;P3=00000111
        MOV     P3, A
        CALL    DELAY                   ;維持 500ms 反應時間
PAT3:   MOV     A, #00000100B           ;P0=00000100
        MOV     P0, A
        MOV     A, #00100100B           ;P1=00100100
        MOV     P1, A
        MOV     A, #11100111B           ;P2=11100111
        MOV     P2, A
        MOV     A, #00111111B           ;P3=00111111
        MOV     P3, A
        CALL    DELAY                   ;維持 500ms 反應時間
PAT4:   MOV     A, #00001000B           ;P0=00001000
        MOV     P0, A
        MOV     A, #00011000B           ;P1=00011000
        MOV     P1, A
        MOV     A, #11111111B           ;P2=11111111
        MOV     P2, A
        MOV     A, #11111111B           ;P3=11111111
```

```
        MOV     P3, A
        CALL    DELAY               ;維持 500ms 反應時間
PAT5:   MOV     A, #00010000B       ;P0=00010000
        MOV     P0, A
        MOV     A, #00100100B       ;P1=00100100
        MOV     P1, A
        MOV     A, #11100111B       ;P2=11100111
        MOV     P2, A
        MOV     A, #01111111B       ;P3=01111111
        MOV     P3, A
        CALL    DELAY               ;維持 500ms 反應時間
PAT6:   MOV     A, #00100000B       ;P0=00100000
        MOV     P0, A
        MOV     A, #01000010B       ;P1=01000010
        MOV     P1, A
        MOV     A, #11000011B       ;P2=11000011
        MOV     P2, A
        MOV     A, #00011111B       ;P3=00011111
        MOV     P3, A
        CALL    DELAY               ;維持 500ms 反應時間
PAT7:   MOV     A, #01000000B       ;P0=01000000
        MOV     P0, A
        MOV     A, #10000001B       ;P1=10000001
        MOV     P1, A
        MOV     A, #10000001B       ;P2=10000001
        MOV     P2, A
        MOV     A, #00000011B       ;P3=00000011
        MOV     P3, A
        CALL    DELAY               ;維持 500ms 反應時間
PAT8:   MOV     A, #10000000B       ;P0=10000000
        MOV     P0, A
        MOV     A, #01000010B       ;P1=01000010
        MOV     P1, A
```

```
        MOV     A, #00000000B           ;P2=00000000
        MOV     P2, A
        MOV     A, #00000000B           ;P3=00000000
        MOV     P3, A
        CALL    DELAY                   ;維持 500ms 反應時間
PAT9:   MOV     A, #00000001B           ;P0=00000001
        MOV     P0, A
        MOV     A, #00100100B           ;P1=00100100
        MOV     P1, A
        MOV     A, #10000001B           ;P2=10000001
        MOV     P2, A
        MOV     A, #00000001B           ;P3=00000001
        MOV     P3, A
        CALL    DELAY                   ;維持 500ms 反應時間
PAT10:  MOV     A, #00000010B           ;P0=00000010
        MOV     P0, A
        MOV     A, #00011000B           ;P1=00011000
        MOV     P1, A
        MOV     A, #11000011B           ;P2=11000011
        MOV     P2, A
        MOV     A, #00000111B           ;P3=00000111
        MOV     P3, A
        CALL    DELAY                   ;維持 500ms 反應時間
PAT11:  MOV     A, #00000100B           ;P0=00000100
        MOV     P0, A
        MOV     A, #00100100B           ;P1=00100100
        MOV     P1, A
        MOV     A, #11100111B           ;P2=11100111
        MOV     P2, A
        MOV     A, #00111111B           ;P3=00111111
        MOV     P3, A
        CALL    DELAY                   ;維持 500ms 反應時間
PAT12:  MOV     A, #00001000B           ;P0=00001000
```

```
        MOV     P0, A
        MOV     A, #01000010B           ;P1=01000010
        MOV     P1, A
        MOV     A, #11111111B           ;P2=11111111
        MOV     P2, A
        MOV     A, #11111111B           ;P3=11111111
        MOV     P3, A
        CALL    DELAY                   ;維持 500ms 反應時間
PAT13:  MOV     A, #00010000B           ;P0=00010000
        MOV     P0, A
        MOV     A, #10000001B           ;P1=10000001
        MOV     P1, A
        MOV     A, #11100111B           ;P2=11100111
        MOV     P2, A
        MOV     A, #01111111B           ;P3=01111111
        MOV     P3, A
        CALL    DELAY                   ;維持 500ms 反應時間
PAT14:  MOV     A, #00100000B           ;P0=00100000
        MOV     P0, A
        MOV     A, #01000010B           ;P1=01000010
        MOV     P1, A
        MOV     A, #11000011B           ;P2=11000011
        MOV     P2, A
        MOV     A, #00011111B           ;P3=00011111
        MOV     P3, A
        CALL    DELAY                   ;維持 500ms 反應時間
PAT15:  MOV     A, #01000000B           ;P0=01000000
        MOV     P0, A
        MOV     A, #00100100B           ;P1=00100100
        MOV     P1, A
        MOV     A, #10000001B           ;P2=10000001
        MOV     P2, A
        MOV     A, #00000011B           ;P3=00000011
```

```
        MOV     P3, A
        CALL    DELAY                   ;維持 500ms 反應時間
PAT16:  MOV     A, #10000000B           ;P0=10000000
        MOV     P0, A
        MOV     A, #00011000B           ;P1=00011000
        MOV     P1, A
        MOV     A, #00000000B           ;P2=00000000
        MOV     P2, A
        MOV     A, #00000000B           ;P3=00000000
        MOV     P3, A
        CALL    DELAY                   ;維持 500ms 反應時間
PAT17:  MOV     A, #00000001B           ;P0=00000001
        MOV     P0, A
        MOV     A, #00100100B           ;P1=00100100
        MOV     P1, A
        MOV     A, #10000001B           ;P2=10000001
        MOV     P2, A
        MOV     A, #00000001B           ;P3=00000001
        MOV     P3, A
        CALL    DELAY                   ;維持 500ms 反應時間
PAT18:  MOV     A, #00000010B           ;P0=00000010
        MOV     P0, A
        MOV     A, #01000010B           ;P1=01000010
        MOV     P1, A
        MOV     A, #11000011B           ;P2=11000011
        MOV     P2, A
        MOV     A, #00000111B           ;P3=00000111
        MOV     P3, A
        CALL    DELAY                   ;維持 500ms 反應時間
PAT19:  MOV     A, #00000100B           ;P0=00000100
        MOV     P0, A
        MOV     A, #10000001B           ;P1=10000001
        MOV     P1, A
```

```
        MOV     A, #11100111B           ;P2=11100111
        MOV     P2, A
        MOV     A, #00111111B           ;P3=00111111
        MOV     P3, A
        CALL    DELAY                   ;維持 500ms 反應時間
PAT20:  MOV     A, #00001000B           ;P0=00001000
        MOV     P0, A
        MOV     A, #01000010B           ;P1=01000010
        MOV     P1, A
        MOV     A, #11111111B           ;P2=11111111
        MOV     P2, A
        MOV     A, #11111111B           ;P3=11111111
        MOV     P3, A
        CALL    DELAY                   ;維持 500ms 反應時間
PAT21:  MOV     A, #00010000B           ;P0=00010000
        MOV     P0, A
        MOV     A, #00100100B           ;P1=00100100
        MOV     P1, A
        MOV     A, #11100111B           ;P2=11100111
        MOV     P2, A
        MOV     A, #01111111B           ;P3=01111111
        MOV     P3, A
        CALL    DELAY                   ;維持 500ms 反應時間
PAT22:  MOV     A, #00100000B           ;P0=00100000
        MOV     P0, A
        MOV     A, #00011000B           ;P1=00011000
        MOV     P1, A
        MOV     A, #11000011B           ;P2=11000011
        MOV     P2, A
        MOV     A, #00011111B           ;P3=00011111
        MOV     P3, A
        CALL    DELAY                   ;維持 500ms 反應時間
PAT23:  MOV     A, #01000000B           ;P0=01000000
```

```
        MOV     P0, A
        MOV     A, #00100100B           ;P1=00100100
        MOV     P1, A
        MOV     A, #10000001B           ;P2=10000001
        MOV     P2, A
        MOV     A, #00000011B           ;P3=00000011
        MOV     P3, A
        CALL    DELAY                   ;維持 500ms 反應時間
PAT24:  MOV     A, #10000000B           ;P0=10000000
        MOV     P0, A
        MOV     A, #01000010B           ;P1=01000010
        MOV     P1, A
        MOV     A, #00000000B           ;P2=00000000
        MOV     P2, A
        MOV     A, #00000000B           ;P3=00000000
        MOV     P3, A
        CALL    DELAY                   ;維持 500ms 反應時間
        JMP     PAT1                    ;跳至標籤 PAT1
DELAY:  MOV     TMOD, #00000001B        ;使用 Timer0 計數，模式 1
LOOPDY: MOV     R6, #20                 ;R6 設定爲 20 次
LOOPDY1: MOV    TH0, #(65536-25000)/256;計數值 2500，載入 TH0，TL0
        MOV     TL0, #(65536-25000) mod 256
        SETB    TR0                     ;啓動 Timer 0 計數器
WAIT:   JNB     TF0, WAIT               ;等待旗標是否爲 1
        CLR     TR0                     ;清除 TR0，以停止計數
        CLR     TF0                     ;清除旗標 TF0
        DJNZ    R6, LOOPDY1             ;R6 值減 1，若不等於 0，再至
                                        ; LOOPDY1 執行，若爲 0，則
                                        ;結束
        RET
        END                             ;程式結束
```

C51 語言程式編寫如下：

```
#include <reg52.h>
#include <math.h>
void Delay( );
int i;
void main( )
{
  P0=0x00;                                      //輸出初始值設定完成
P1=0x00;                                        //輸出初始值設定完成
P2=0x00;                                        //輸出初始值設定完成
P3=0x00;                                        //輸出初始值設定完成
for(i=1; i<=20; i++)                            //等一段時間
    {Delay( );}
  while(1)                                      //無窮迴圈
  {
    P0=0x01; P1=0x81; P2=0x81; P3=0x01;         //PAT1
for(i=1; i<=20; i++)
    {Delay( );}                                 //維持 500ms 反應時間
P0=0x02; P1=0x42; P2=0xC3; P3=0x07;             //PAT2
for(i=1; i<=20; i++)
    {Delay( );}                                 //維持 500ms 反應時間
P0=0x04; P1=0x24; P2=0xE7; P3=0x3F;             //PAT3
for(i=1; i<=20; i++)
    {Delay( );}                                 //維持 500ms 反應時間
P0=0x08; P1=0x18; P2=0xFF; P3=0xFF;             //PAT4
for(i=1; i<=20; i++)
    {Delay( );}                                 //維持 500ms 反應時間
P0=0x10; P1=0x24; P2=0xE7; P3=0x7F;             //PAT5
for(i=1; i<=20; i++)
    {Delay( );}                                 //維持 500ms 反應時間
P0=0x20; P1=0x42; P2=0xC3; P3=0x1F;             //PAT6
for(i=1; i<=20; i++)
```

```
    {Delay( );}                                  //維持 500ms 反應時間
P0=0x40; P1=0x81; P2=0x81; P3=0x03;          //PAT7
for(i=1; i<=20; i++)
    {Delay( );}                                  //維持 500ms 反應時間
P0=0x80; P1=0x42; P2=0x00; P3=0x00;          //PAT8
for(i=1; i<=20; i++)
    {Delay( );}                                  //維持 500ms 反應時間
P0=0x01; P1=0x24; P2=0x81; P3=0x01;          //PAT9
for(i=1; i<=20; i++)
    {Delay( );}                                  //維持 500ms 反應時間
P0=0x02; P1=0x18; P2=0xC3; P3=0x07;          //PAT10
for(i=1; i<=20; i++)
    {Delay( );}                                  //維持 500ms 反應時間
P0=0x04; P1=0x24; P2=0xE7; P3=0x3F;          //PAT11
for(i=1; i<=20; i++)
    {Delay( );}                                  //維持 500ms 反應時間
P0=0x08; P1=0x42; P2=0xFF; P3=0xFF;          //PAT12
for(i=1; i<=20; i++)
    {Delay( );}                                  //維持 500ms 反應時間
P0=0x10; P1=0x81; P2=0xE7; P3=0x7F;          //PAT13
for(i=1; i<=20; i++)
    {Delay( );}                                  //維持 500ms 反應時間
P0=0x20; P1=0x42; P2=0xC3; P3=0x1F;          //PAT14
for(i=1; i<=20; i++)
    {Delay( );}                                  //維持 500ms 反應時間
P0=0x40; P1=0x24; P2=0x81; P3=0x03;          //PAT15
for(i=1; i<=20; i++)
    {Delay( );}                                  //維持 500ms 反應時間
P0=0x80; P1=0x18; P2=0x00; P3=0x00;          //PAT16
for(i=1; i<=20; i++)
    {Delay( );}                                  //維持 500ms 反應時間
P0=0x01; P1=0x24; P2=0x81; P3=0x01;          //PAT17
for(i=1; i<=20; i++)
```

```
    {Delay( );}                           //維持 500ms 反應時間
P0=0x02; P1=0x42; P2=0xC3; P3=0x07;       //PAT18
for(i=1; i<=20; i++)
    {Delay( );}                           //維持 500ms 反應時間
P0=0x04; P1=0x81; P2=0xE7; P3=0x3F;       //PAT19
for(i=1; i<=20; i++)
    {Delay( );}                           //維持 500ms 反應時間
P0=0x08; P1=0x42; P2=0xFF; P3=0xFF;       //PAT20
for(i=1; i<=20; i++)
    {Delay( );}                           //維持 500ms 反應時間
P0=0x10; P1=0x24; P2=0xE7; P3=0x7F;       //PAT21
for(i=1; i<=20; i++)
    {Delay( );}                           //維持 500ms 反應時間
P0=0x20; P1=0x18; P2=0xC3; P3=0x1F;       //PAT22
for(i=1; i<=20; i++)
    {Delay( );}                           //維持 500ms 反應時間
P0=0x40; P1=0x24; P2=0x81; P3=0x03;       //PAT23
for(i=1; i<=20; i++)
    {Delay( );}                           //維持 500ms 反應時間
P0=0x80; P1=0x42; P2=0x00; P3=0x00;       //PAT24
for(i=1; i<=20; i++)
    {Delay( );}                           //維持 500ms 反應時間
  }
}
void Delay( )
{
 TMOD=0x01;                               //使用 Timer0 計數，工作於模式 1
 TH0=(65536-25000)/256;                   //計數值 25000，分別載入 TH0，TL0
 TL0=(65536-25000)%256;
 TR0=1;                                   //啓動 Timer 0 計數器
 while(TF0==0);                           //等待旗標是否爲 1
 TR0=0;                                   //清除 TR0，以停止計數
TF0=0;                                    //清除旗標 TF0
```

}

將上述之程式設計依之前章節所介紹之編寫及編譯程序，將可得到該程式的燒錄檔，再將其載入模擬軟體或實驗平台，可以進一步地驗證其功能動作是否與所規劃之控制時序一致。(可見圖 5.19)

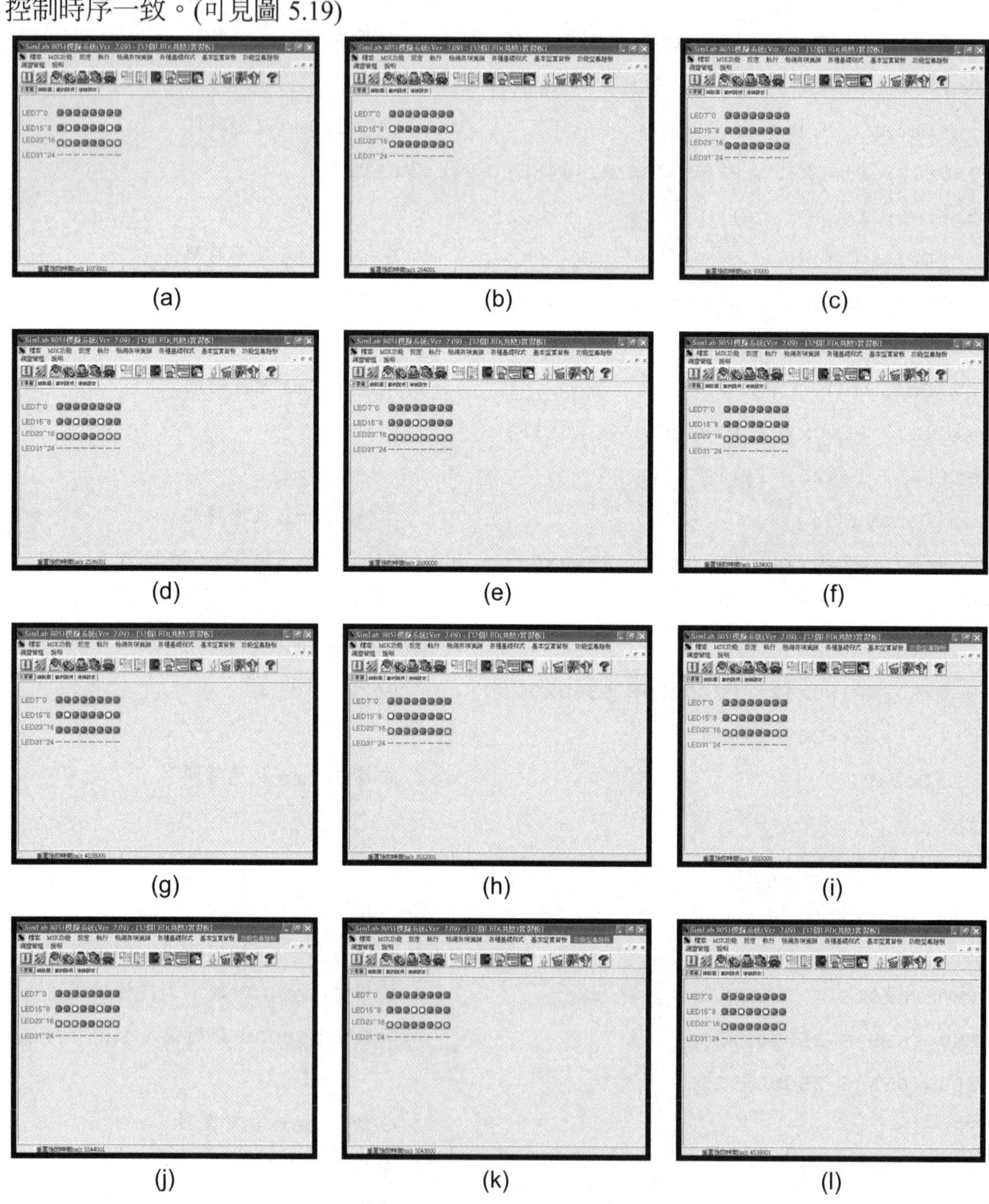

圖 5.19 跑馬燈之顯示控制模擬結果

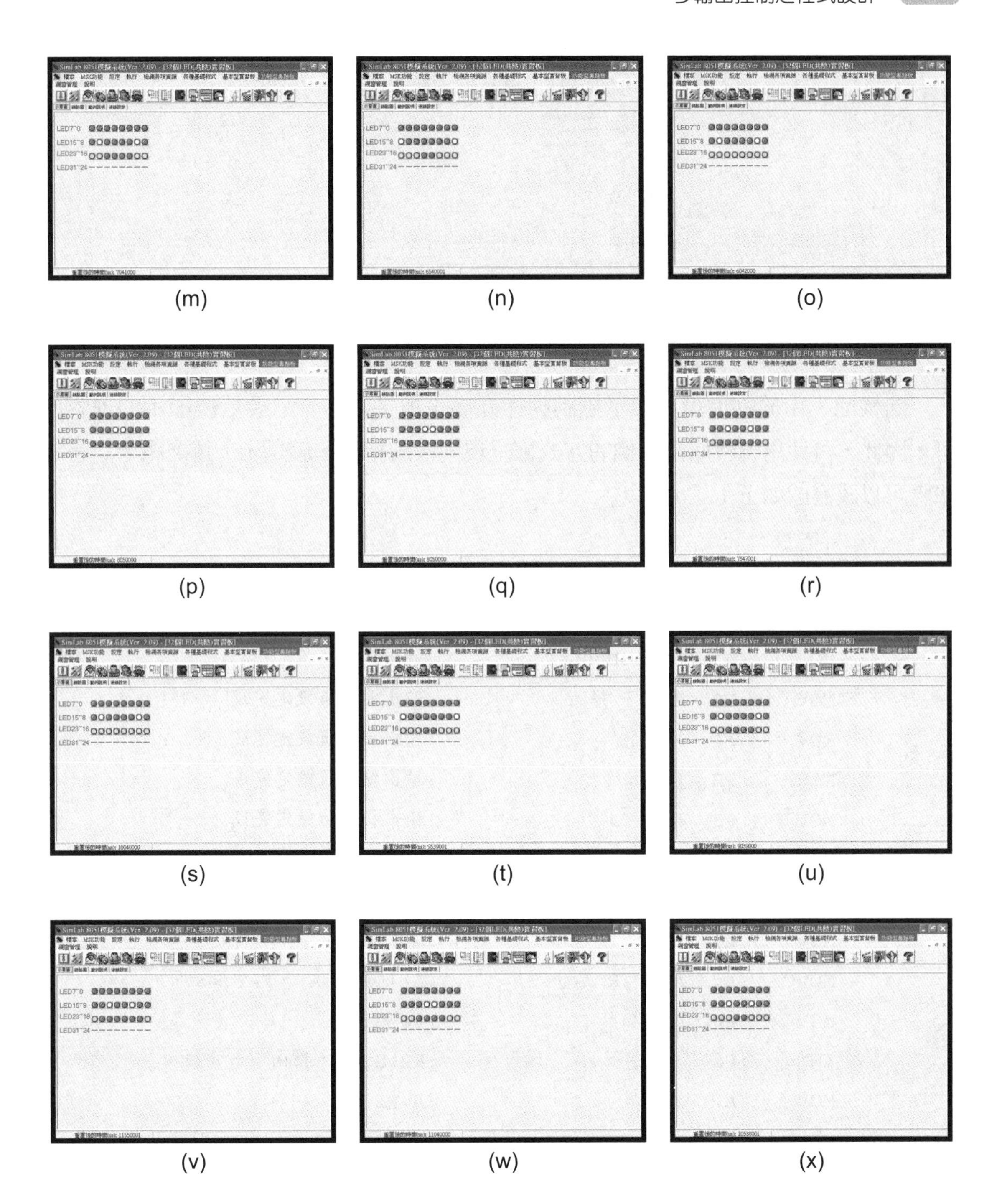

圖 5.19 跑馬燈之顯示控制模擬結果(續)

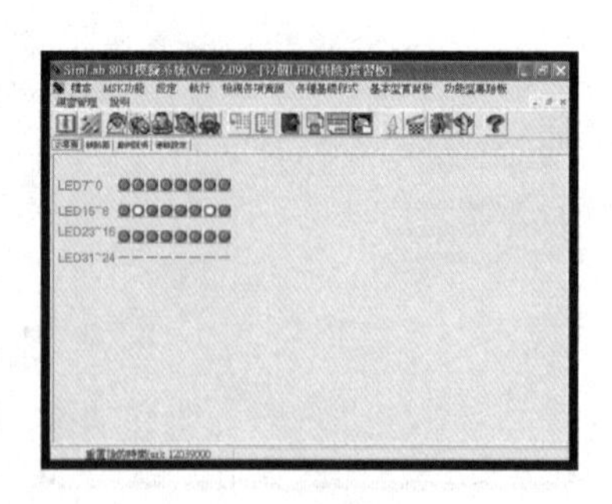

(y)

圖 5.19 跑馬燈之顯示控制模擬結果(續)

同樣地，由於跑馬燈之顯示控制動作亦屬重覆性動作，只要更換顯示的內容即可，因此，可使用資料庫及指標的方式來呈現同樣的結果。於是，上述之組合語言寫法將可以改寫成如下：

```
        ORG     000H                ;程式記憶體位址歸零
        MOV     R2, #0              ;R2=0,資料指標歸零
        MOV     A, #00000000B       ;輸出初始值設定
        MOV     P0, A               ;輸出初始值設定完成
        MOV     P1, A               ;輸出初始值設定完成
        MOV     P2, A               ;輸出初始值設定完成
        MOV     P3, A               ;輸出初始值設定完成
        MOV     DPTR, #PAT          ;DPTR=PAT 之位址
        CALL    DELAY               ;等一段時間
SHOW:   MOV     A, R2               ;A=R2
        MOVC    A, @A+DPTR          ;A=[DPTR+A]，PAT 位址資料
        MOV     P0, A               ;P0 輸出
        INC     R2                  ;R2=R2+1，指向下一資料
        MOV     A, R2               ;A=R2
        MOVC    A, @A+DPTR          ;A=[DPTR+A]，PAT 位址資料
        MOV     P1, A               ;P1 輸出
        INC     R2                  ;R2=R2+1，指向下一資料
        MOV     A, R2               ;A=R2
        MOVC    A, @A+DPTR          ;A=[DPTR+A]，PAT 位址資料
        MOV     P2, A               ;P2 輸出
```

```
        INC     R2                          ;R2=R2+1，指向下一資料
        MOV     A, R2                       ;A=R2
        MOVC    A, @A+DPTR                  ;A=[DPTR+A]，PAT 位址資料
        MOV     P3, A                       ;P3 輸出
        CALL    DELAY                       ;維持 500ms 反應時間
        INC     R2                          ;R2=R2+1，指向下一資料
        CJNE    R2, #24, SHOW               ;若 R2≠24 則跳至 SHOW
        MOV     R2, #0                      ;R2=0，資料指標歸零
        JMP     SHOW                        ;跳至標籤 SHOW
DELAY:  MOV     TMOD, #00000001B            ;使用 Timer0 計數，模式 1
LOOPDY: MOV     R6, #20                     ;R6 設定為 20 次
LOOPDY1: MOV    TH0, #(65536-25000)/256       ;計數值 25000，載入 TH0，TL0
        MOV     TL0, #(65536-25000) mod 256
        SETB    TR0                         ;啓動 Timer 0 計數器
WAIT:   JNB     TF0, WAIT                   ;等待旗標是否為 1
        CLR     TR0                         ;清除 TR0，以停止計數
        CLR     TF0                         ;清除旗標 TF0
        DJNZ    R6, LOOPDY1                 ;R6 值減 1，若不等於 0，再至
                                            ; LOOPDY1 執行，若為 0，則
                                            ;結束
        RET
PAT:    DB      00000001B, 10000001B, 10000001B, 00000001B ;PAT1
        DB      00000010B, 01000010B, 11000011B, 00000111B ;PAT2
        DB      00000100B, 00100100B, 11100111B, 00111111B ;PAT3
        DB      00001000B, 00011000B, 11111111B, 11111111B ;PAT4
        DB      00010000B, 00100100B, 11100111B, 01111111B ;PAT5
        DB      00100000B, 01000010B, 11000011B, 00011111B ;PAT6
        DB      01000000B, 10000001B, 10000001B, 00000011B ;PAT7
        DB      10000000B, 01000010B, 00000000B, 00000000B ;PAT8
        DB      00000001B, 00100100B, 10000001B, 00000001B ;PAT9
        DB      00000010B, 00011000B, 11000011B, 00000111B ;PAT10
        DB      00000100B, 00100100B, 11100111B, 00111111B ;PAT11
        DB      00001000B, 01000010B, 11111111B, 11111111B ;PAT12
```

```
        DB      00010000B, 10000001B, 11100111B, 01111111B ;PAT13
        DB      00100000B, 01000010B, 11000011B, 00011111B ;PAT14
        DB      01000000B, 00100100B, 10000001B, 00000011B ;PAT15
        DB      10000000B, 00011000B, 00000000B, 00000000B ;PAT16
        DB      00000001B, 00100100B, 10000001B, 00000001B ;PAT17
        DB      00000010B, 01000010B, 11000011B, 00000111B ;PAT18
        DB      00000100B, 10000001B, 11100111B, 00111111B ;PAT19
        DB      00001000B, 01000010B, 11111111B, 11111111B ;PAT20
        DB      00010000B, 00100100B, 11100111B, 01111111B ;PAT21
        DB      00100000B, 00011000B, 11000011B, 00011111B ;PAT22
        DB      01000000B, 00100100B, 10000001B, 00000011B ;PAT23
        DB      10000000B, 01000010B, 00000000B, 00000000B ;PAT24
        END                                 ;程式結束
```

此外，我們也可將資料庫的內容分別規劃且列出，以其週期最小公倍數 24 為基底，可將上述組合語言程式改寫如下：

```
        ORG     000H                        ;程式記憶體位址歸零
        MOV     R3, #0                      ;R3=0 指標位址歸零
        MOV     R4, #8                      ;R4=8
        MOV     R5, #6                      ;R5=6
        MOV     A, #00000000B               ;輸出初始值設定
        MOV     P0, A                       ;輸出初始值設定完成
        MOV     P1, A                       ;輸出初始值設定完成
        MOV     P2, A                       ;輸出初始值設定完成
        MOV     P3, A                       ;輸出初始值設定完成
        CALL    DELAY                       ;等一段時間
SHOW:   MOV     A, R3                       ;A=R3
        MOV     B, R4                       ;B=R4
        DIV     AB                          ;A DIV B
        MOV     A, B                        ;餘數由 B 移到 A
        MOV     DPTR, #PAT_P0               ;DPTR=PAT_P0 之位址
```

```
        MOVC    A, @A+DPTR              ;A=[DPTR+A]，PAT位址資料
        MOV     P0, A                   ;P0輸出
        MOV     A, R3                   ;A=R3
        MOV     B, R5                   ;B=R5
        DIV     AB                      ;A DIV B
        MOV     A, B                    ;餘數由B移到A
        MOV     DPTR, #PAT_P1           ;DPTR=PAT_P1之位址
        MOVC    A, @A+DPTR              ;A=[DPTR+A]，PAT位址資料
        MOV     P1, A                   ;P1輸出
        MOV     A, R3                   ;A=R3
        MOV     B, R4                   ;B=R4
        DIV     AB                      ;A DIV B
        MOV     A, B                    ;餘數由B移到A
        MOV     DPTR, #PAT_P2           ;DPTR=PAT_P2之位址
        MOVC    A, @A+DPTR              ;A=[DPTR+A]，PAT位址資料
        MOV     P2, A                   ;P2輸出
        MOV     A, R3                   ;A=R3
        MOV     B, R4                   ;B=R4
        DIV     AB                      ;A DIV B
        MOV     A, B                    ;餘數由B移到A
        MOV     DPTR, #PAT_P3           ;DPTR=PAT_P3之位址
        MOVC    A, @A+DPTR              ;A=[DPTR+A]，PAT位址資料
        MOV     P3, A                   ;P3輸出
        CALL    DELAY                   ;維持500ms反應時間
        INC     R3                      ;R3=R3+1
        CJNE    R3, #24, SHOW           ;若R3≠24則跳至SHOW
        MOV     R3, #0                  ;R3=0，資料指標歸零
        JMP     SHOW                    ;跳至標籤SHOW
DELAY:  MOV     TMOD, #00000001B        ;使用Timer0 計數，模式1
LOOPDY: MOV     R6, #20                 ;R6設定為20次
LOOPDY1: MOV    TH0, #(65536-25000)/256     ;計數值25000，載入TH0，TL0
        MOV     TL0, #(65536-25000) mod 256
        SETB    TR0                     ;啟動Timer 0計數器
```

```
WAIT:      JNB     TF0, WAIT                    ;等待旗標是否爲 1
           CLR     TR0                          ;清除 TR0，以停止計數
           CLR     TF0                          ;清除旗標 TF0
           DJNZ    R6, LOOPDY1                  ;R6 值減 1，若不等於 0，再至
                                                ;LOOPDY1 執行，若爲 0，則
                                                ;結束
           RET
PAT_P0:                                         ;P0 的樣態
           DB      00000001B, 00000010B, 00000100B, 00001000B
           DB      00010000B, 00100000B, 01000000B, 10000000B
PAT_P1:                                         ;P1 的樣態
           DB      10000001B, 01000010B, 00100100B, 00011000B
           DB      00100100B, 01000010B
PAT_P2:                                         ;P2 的樣態
           DB      10000001B, 11000011B, 11100111B, 11111111B
           DB      11100111B, 11000011B, 10000001B, 00000000B
PAT_P3:                                         ;P3 的樣態
           DB      00000001B, 00000111B, 00111111B, 11111111B
           DB      01111111B, 00011111B, 00000011B, 00000000B
           END                                  ;程式結束
```

同樣地，C51 語言程式也可以陣列及指標方式來進行操控，因此，改寫如下：

```
#include <reg52.h>
#include <math.h>
void Delay( );
char PAT_P0[8]={0x01, 0x02, 0x04, 0x08, 0x10, 0x20, 0x40, 0x80};
char PAT_P1[6]={0x81, 0x42, 0x24, 0x18, 0x24, 0x42};
char PAT_P2[8]={0x81, 0xC3, 0xE7, 0xFF, 0xE7, 0xC3, 0x81, 0x00};
char PAT_P3[8]={0x01, 0x07, 0x3F, 0xFF, 0x7F, 0x1F, 0x03, 0x00};
char *ptr_PAT_P0, *ptr_PAT_P1, *ptr_PAT_P2, *ptr_PAT_P3;
int i, k, div_P0, div_P1, div_P2, div_P3;
void main( )
{
```

```
ptr_PAT_P0=&PAT_P0; ptr_PAT_P1=&PAT_P1;
ptr_PAT_P2=&PAT_P2; ptr_PAT_P3=&PAT_P3;
  P0=0x00; P1=0x00; P2=0x00; P3=0x00;      //輸出初始值設定完成
for(i=1; i<=20; i++)                       //等一段時間
    {Delay( );}
  while(1)                                 //無窮迴圈
  {
  for(k=0; k<24; k++)
{
div_P0=k % 8;
div_P1=k % 6;
div_P2=k % 8;
div_P3=k % 8;
P0=*(div_P0+ptr_PAT_P0);                   //P0 輸出
P1=*(div_P1+ptr_PAT_P1);                   //P1 輸出
P2=*(div_P2+ptr_PAT_P2);                   //P2 輸出
P3=*(div_P3+ptr_PAT_P3);                   //P3 輸出
     for(i=1; i<=20; i++)
       {Delay( );}                         //維持 500ms 反應時間
}
  }
}
void Delay( )
{
 TMOD=0x01;                                //使用 Timer0 計數，工作於模式 1
 TH0=(65536-25000)/256;                    //計數值 25000，分別載入 TH0，TL0
 TL0=(65536-25000)%256;
 TR0=1;                                    //啓動 Timer 0 計數器
 while(TF0==0);                            //等待旗標是否爲 1
 TR0=0;                                    //清除 TR0，以停止計數
TF0=0;                                     //清除旗標 TF0
}
```

Chapter 6

多輸出不同控制頻率之程式設計

從上一章節的多輸出案例練習中，對於系統動作模態分析、時序規劃及程式設計的整個流程中，可以體會出一個重要的概念，就是反應速度的設定及基頻的計算。也就是說，每項功能輸出所呈現的動作可視爲其有固定的反應速度，若從微觀來看，每支腳位的連續輸出波形是有週期性的。因此，在進行系統控制設計時，就須先對每顆元件的反應時間及要求的功能動作週期，進行整體的瞭解，這當然也包括之後的多輸入及多輸出的案例設計練習。

多輸出控制系統的週期性功能動作，皆可視爲一種週期性的控制迴路，其內部特定動作也是由各種週期性的控制迴路所組成，若以單晶片 8051 而言，就是由各種不同控制頻率的輸出波形所組成，例如，電子鐘上面各數字的週期性顯示更替等。事實上，大部分的控制系統都是屬於多輸出不同控制頻率的系統，以機器人控制系統來看，整個控制系統是由多重控制迴路所組成，包括運動控制迴路、力量控制迴路、電流控制迴路、力矩控制迴路及行爲控制迴路等，可見圖 6.1 所示。

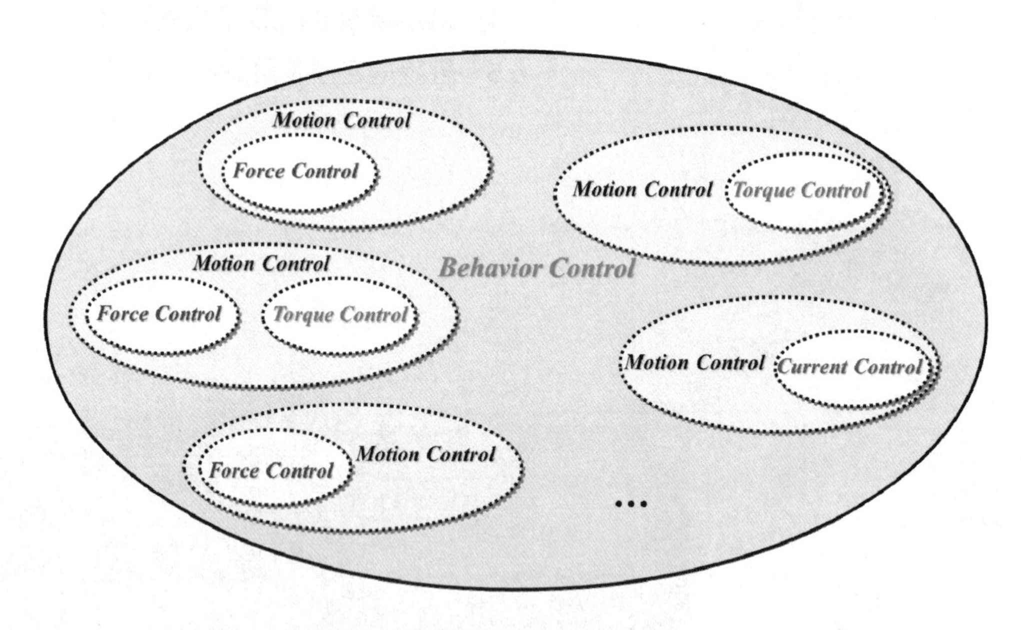

圖 6.1　機器人之多重迴路控制系統

若將機器人控制系統繪成系統方塊圖，可見圖 6.2 所示，其中 w 表示各迴路的動作頻寬。

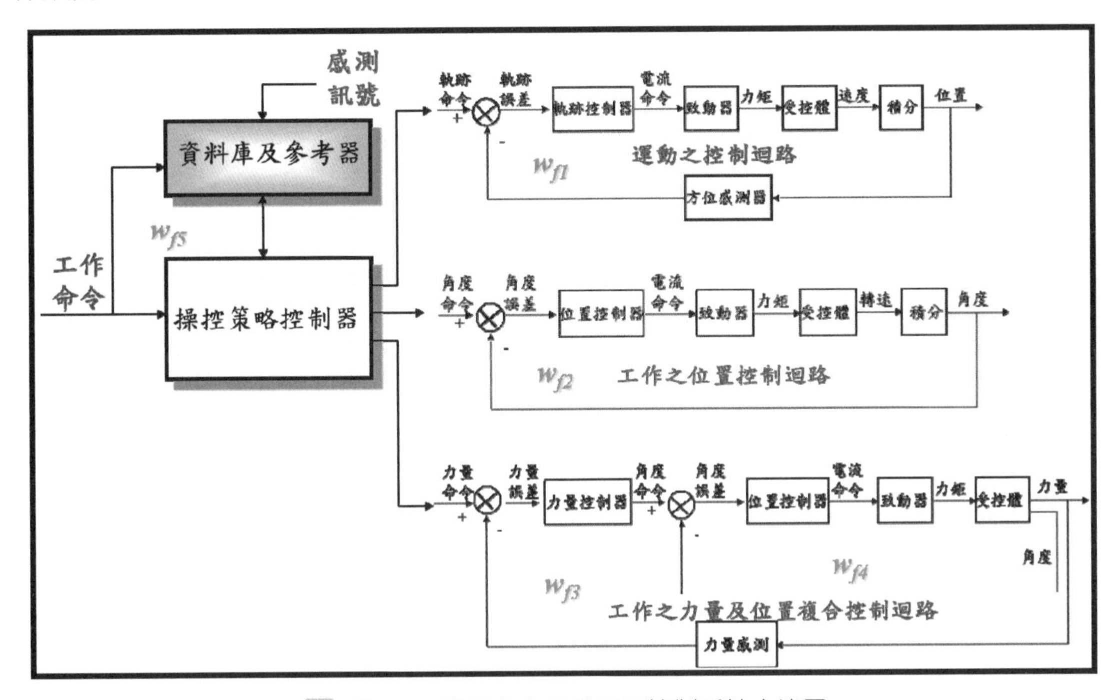

圖 6.2　機器人之多重迴路控制系統方塊圖

若分析單一 CPU 控制四軸的系統來看，可以發現，控制系統只能採分時多工方式，且有系統頻寬及一定的控制週期。(可見圖 6.3)

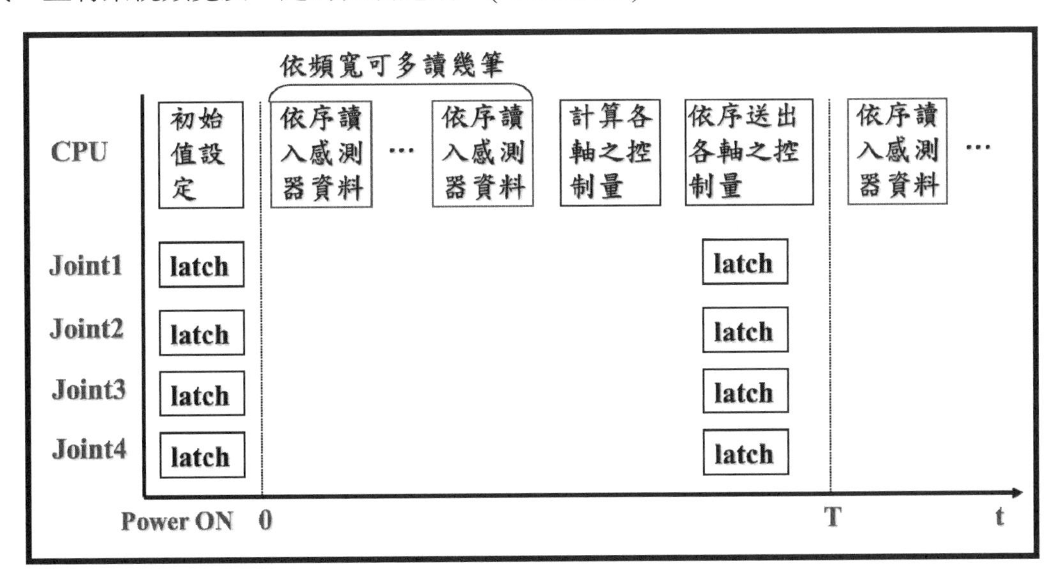

圖 6.3　單一 CPU 之四軸控制系統的操控時序圖

因此，進階的單晶片 8051 多輸出不同控制頻率之程式設計技巧，對於往後的控制系統設計有很大的幫助，以下章節，乃就多輸出不同控制頻率程控的設計流程及案例加以說明。

6.1 多輸出不同控制頻率程控之規劃

關於多輸出不同控制頻率程控之規劃，除了延續上章節之微電腦單晶片 8051 的單輸出程控設計及多輸出程控設計之程序外，對於微電腦單晶片 8051 的多輸出不同控制頻率程控之設計，也延伸建議使用者依以下的規劃方式來進行設計：

1. 繪出系統的方塊圖，且標示每個操控元件或功能模組的反應速度或週期時間。
2. 計算所有元件或功能模組週期時間的最小公倍數，取其導數爲基頻，或以其數倍值爲基頻。(原則上，單晶片 8051 的動作反應頻寬應爲上述基頻的數千倍。)
3. 以基頻爲單位維持時間，依單輸出程控設計及多輸出程控設計之流程進行規劃及設計。
4. 先分別驗證各單輸出控制之時序動作後，再設法結合且調整多輸出不同控制頻率之時間間隔。
5. 在設計及驗證過程中，先以逐步且放慢的方式確認多輸出不同控制頻率的時序動作。
6. 接著，再依所規劃的系統反應速度，依規劃的操控時序，逐步地加快多輸出不同控制頻率之動作的速度。

以下章節之控制設計安排，就是依上述的規劃方式及步驟來加以進行。

6.2 七段顯示器計數及點之控制設計

延續之前的七段顯示器不同數字顯示控制，除了將數字變化以一固定頻率做更替外，再針對其旁的點做不同頻率的閃爍控制，藉以進一步地練習不同元件的輸出以不同頻率操控的控制設計。相關的電路設計可見圖 6.4 所示。

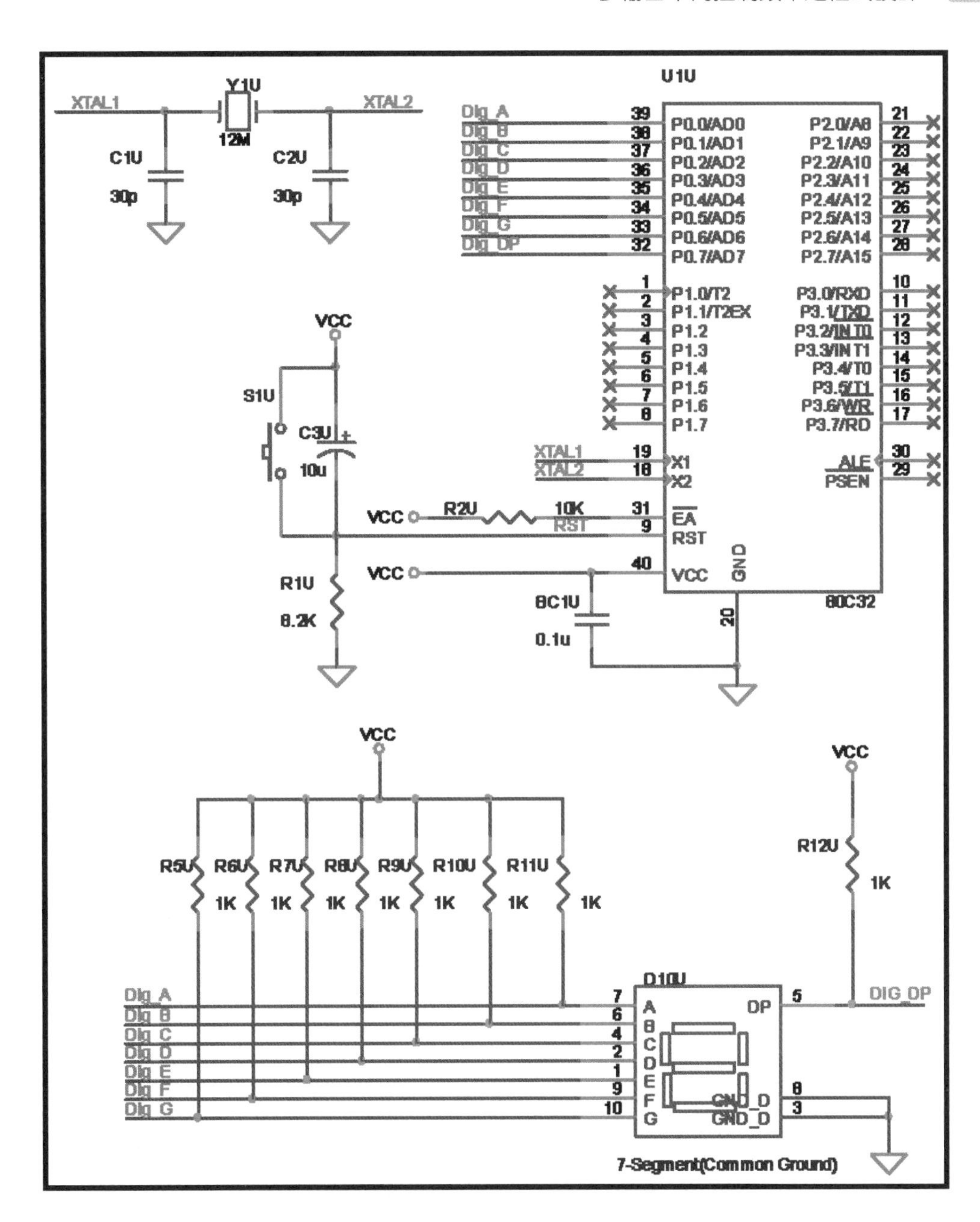

圖 6.4　七段顯示器(SC05-11EWA)之所有腳位的電路圖

6.2.1　七段顯示器計數及點不同頻率顯示之規劃

七段顯示器的數字排列控制方式可參酌前章節的說明。唯一要注意的，燈段控制是屬共陽極還是共陰極，其亮滅邏輯爲相反。接著，針對數字更替的頻率及點閃爍的頻率做規劃，假設數字每秒更替一次(反應速度爲每秒一次)，全部數字更替的週期時間為 10 秒，而點的反應速度為每秒閃兩次，其週期時間為 0.5 秒，因此基頻時間設為 0.25 秒(可見圖 6.5)。也就是，每 0.25 秒點燈段更改電位一次，每執行基頻 4 次後更換數字一次，數字更換 10 次(基頻 40 次)後，又重新開始。

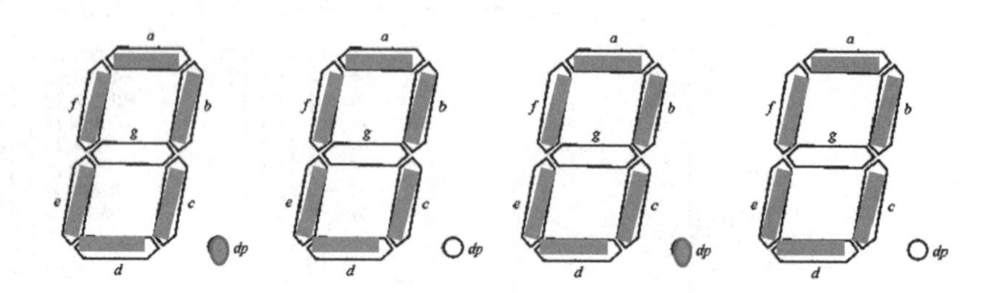

圖 6.5 數字更換與點閃爍之示意圖

經由上述之分析，整個動作可以由 40 個基頻所組成的波形來完成。相關的控制時序圖，可見圖 6.6 所示，其控制流程圖可見圖 6.7 所示。

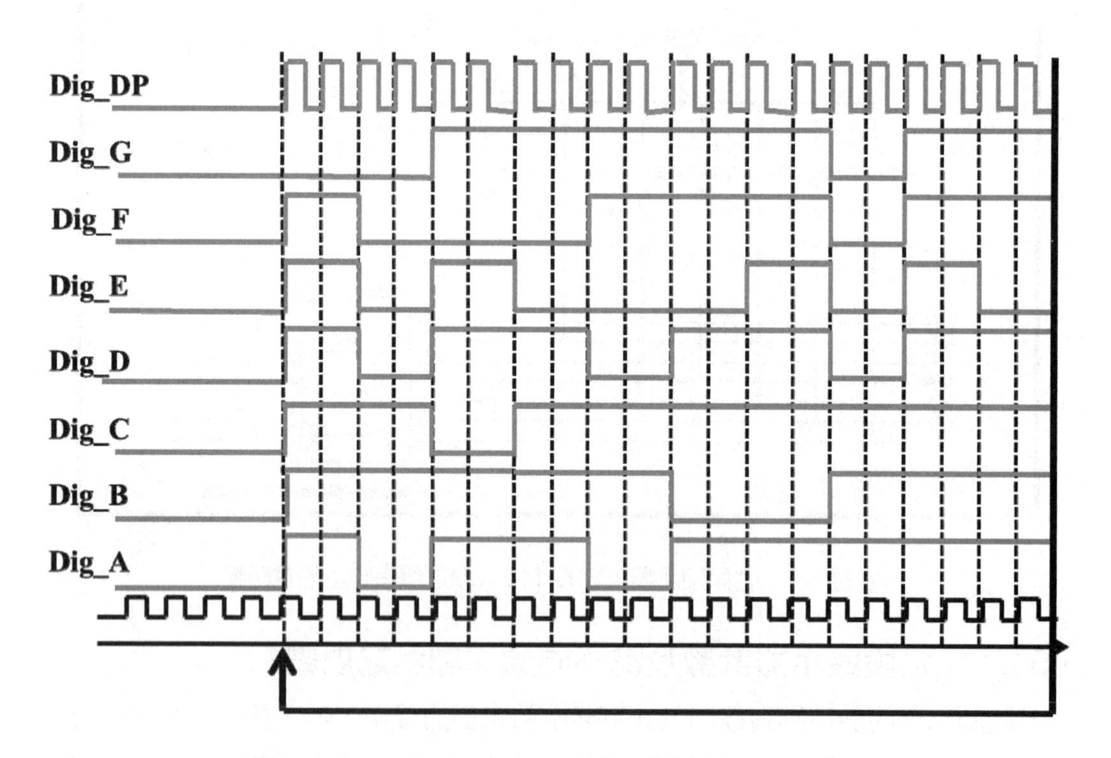

圖 6.6 七段顯示器計數及點不同頻率顯示之時序圖

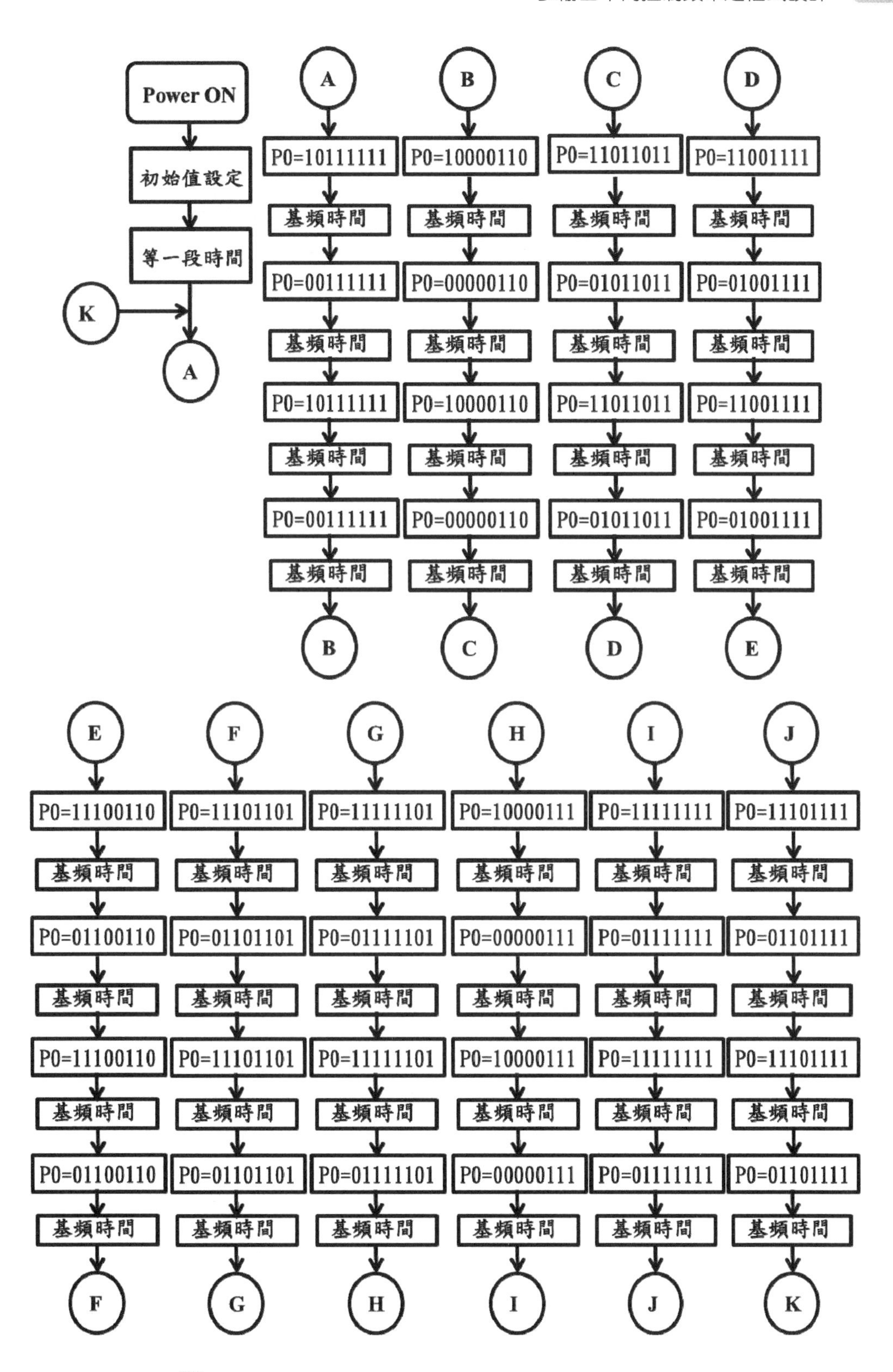

圖 6.7　七段顯示器計數及點不同頻率顯示之流程圖

6.2.2 七段顯示器計數及點不同頻率顯示之控制

以下就上述的七段顯示器計數及點不同頻率顯示的流程圖，分別以組合語言及C51 語言來設計程式。組合語言程式編寫如下：

```
        ORG     000H            ;程式記憶體位址歸零
        MOV     A, #00000000B   ;輸出初始值設定
        MOV     P0, A           ;輸出初始值設定完成
        CALL    DELAY           ;等一段時間
DIGIT0: MOV     A, #10111111B   ;顯示字元 0 及點明設定
        MOV     P0, A           ;顯示字元 0 及點明
        CALL    DELAY           ;維持 250ms 反應時間
        MOV     A, #00111111B   ;顯示字元 0 及點滅設定
        MOV     P0, A           ;顯示字元 0 及點滅
        CALL    DELAY           ;維持 250ms 反應時間
        MOV     A, #10111111B   ;顯示字元 0 及點明設定
        MOV     P0, A           ;顯示字元 0 及點明
        CALL    DELAY           ;維持 250ms 反應時間
        MOV     A, #00111111B   ;顯示字元 0 及點滅設定
        MOV     P0, A           ;顯示字元 0 及點滅
        CALL    DELAY           ;維持 250ms 反應時間
DIGIT1: MOV     A, #10000110B   ;顯示字元 1 及點明設定
        MOV     P0, A           ;顯示字元 1 及點明
        CALL    DELAY           ;維持 250ms 反應時間
        MOV     A, #00000110B   ;顯示字元 1 及點滅設定
        MOV     P0, A           ;顯示字元 1 及點滅
        CALL    DELAY           ;維持 250ms 反應時間
        MOV     A, #10000110B   ;顯示字元 1 及點明設定
        MOV     P0, A           ;顯示字元 1 及點明
        CALL    DELAY           ;維持 250ms 反應時間
        MOV     A, #00000110B   ;顯示字元 1 及點滅設定
        MOV     P0, A           ;顯示字元 1 及點滅
        CALL    DELAY           ;維持 250ms 反應時間
DIGIT2: MOV     A, #11011011B   ;顯示字元 2 及點明設定
```

```
        MOV     P0, A                   ;顯示字元 2 及點明
        CALL    DELAY                   ;維持 250ms 反應時間
        MOV     A, #01011011B           ;顯示字元 2 及點滅設定
        MOV     P0, A                   ;顯示字元 2 及點滅
        CALL    DELAY                   ;維持 250ms 反應時間
        MOV     A, #11011011B           ;顯示字元 2 及點明設定
        MOV     P0, A                   ;顯示字元 2 及點明
        CALL    DELAY                   ;維持 250ms 反應時間
        MOV     A, #01011011B           ;顯示字元 2 及點滅設定
        MOV     P0, A                   ;顯示字元 2 及點滅
        CALL    DELAY                   ;維持 250ms 反應時間
DIGIT3: MOV     A, #11001111B           ;顯示字元 3 及點明設定
        MOV     P0, A                   ;顯示字元 3 及點明
        CALL    DELAY                   ;維持 250ms 反應時間
        MOV     A, #01001111B           ;顯示字元 3 及點滅設定
        MOV     P0, A                   ;顯示字元 3 及點滅
        CALL    DELAY                   ;維持 250ms 反應時間
        MOV     A, #11001111B           ;顯示字元 3 及點明設定
        MOV     P0, A                   ;顯示字元 3 及點明
        CALL    DELAY                   ;維持 250ms 反應時間
        MOV     A, #01001111B           ;顯示字元 3 及點滅設定
        MOV     P0, A                   ;顯示字元 3 及點滅
        CALL    DELAY                   ;維持 250ms 反應時間
DIGIT4: MOV     A, #11100110B           ;顯示字元 4 及點明設定
        MOV     P0, A                   ;顯示字元 4 及點明
        CALL    DELAY                   ;維持 250ms 反應時間
        MOV     A, #01100110B           ;顯示字元 4 及點滅設定
        MOV     P0, A                   ;顯示字元 4 及點滅
        CALL    DELAY                   ;維持 250ms 反應時間
        MOV     A, #11100110B           ;顯示字元 4 及點明設定
        MOV     P0, A                   ;顯示字元 4 及點明
        CALL    DELAY                   ;維持 250ms 反應時間
        MOV     A, #01100110B           ;顯示字元 4 及點滅設定
```

```
         MOV    P0, A              ;顯示字元 4 及點滅
         CALL   DELAY              ;維持 250ms 反應時間
DIGIT5:  MOV    A, #11101101B      ;顯示字元 5 及點明設定
         MOV    P0, A              ;顯示字元 5 及點明
         CALL   DELAY              ;維持 250ms 反應時間
         MOV    A, #01101101B      ;顯示字元 5 及點滅設定
         MOV    P0, A              ;顯示字元 5 及點滅
         CALL   DELAY              ;維持 250ms 反應時間
         MOV    A, #11101101B      ;顯示字元 5 及點明設定
         MOV    P0, A              ;顯示字元 5 及點明
         CALL   DELAY              ;維持 250ms 反應時間
         MOV    A, #01101101B      ;顯示字元 5 及點滅設定
         MOV    P0, A              ;顯示字元 5 及點滅
         CALL   DELAY              ;維持 250ms 反應時間
DIGIT6:  MOV    A, #11111101B      ;顯示字元 6 及點明設定
         MOV    P0, A              ;顯示字元 6 及點明
         CALL   DELAY              ;維持 250ms 反應時間
         MOV    A, #01111101B      ;顯示字元 6 及點滅設定
         MOV    P0, A              ;顯示字元 6 及點滅
         CALL   DELAY              ;維持 250ms 反應時間
         MOV    A, #11111101B      ;顯示字元 6 及點明設定
         MOV    P0, A              ;顯示字元 6 及點明
         CALL   DELAY              ;維持 250ms 反應時間
         MOV    A, #01111101B      ;顯示字元 6 及點滅設定
         MOV    P0, A              ;顯示字元 6 及點滅
         CALL   DELAY              ;維持 250ms 反應時間
DIGIT7:  MOV    A, #10000111B      ;顯示字元 7 及點明設定
         MOV    P0, A              ;顯示字元 7 及點明
         CALL   DELAY              ;維持 250ms 反應時間
         MOV    A, #00000111B      ;顯示字元 7 及點滅設定
         MOV    P0, A              ;顯示字元 7 及點滅
         CALL   DELAY              ;維持 250ms 反應時間
         MOV    A, #10000111B      ;顯示字元 7 及點明設定
```

```
          MOV    P0, A              ;顯示字元 7 及點明
          CALL   DELAY              ;維持 250ms 反應時間
          MOV    A, #00000111B      ;顯示字元 7 及點滅設定
          MOV    P0, A              ;顯示字元 7 及點滅
          CALL   DELAY              ;維持 250ms 反應時間
DIGIT8:   MOV    A, #11111111B      ;顯示字元 8 及點明設定
          MOV    P0, A              ;顯示字元 8 及點明
          CALL   DELAY              ;維持 250ms 反應時間
          MOV    A, #01111111B      ;顯示字元 8 及點滅設定
          MOV    P0, A              ;顯示字元 8 及點滅
          CALL   DELAY              ;維持 250ms 反應時間
          MOV    A, #11111111B      ;顯示字元 8 及點明設定
          MOV    P0, A              ;顯示字元 8 及點明
          CALL   DELAY              ;維持 250ms 反應時間
          MOV    A, #01111111B      ;顯示字元 8 及點滅設定
          MOV    P0, A              ;顯示字元 8 及點滅
          CALL   DELAY              ;維持 250ms 反應時間
DIGIT9:   MOV    A, #11101111B      ;顯示字元 9 及點明設定
          MOV    P0, A              ;顯示字元 9 及點明
          CALL   DELAY              ;維持 250ms 反應時間
          MOV    A, #01101111B      ;顯示字元 9 及點滅設定
          MOV    P0, A              ;顯示字元 9 及點滅
          CALL   DELAY              ;維持 250ms 反應時間
          MOV    A, #11101111B      ;顯示字元 9 及點明設定
          MOV    P0, A              ;顯示字元 9 及點明
          CALL   DELAY              ;維持 250ms 反應時間
          MOV    A, #01101111B      ;顯示字元 9 及點滅設定
          MOV    P0, A              ;顯示字元 9 及點滅
          CALL   DELAY              ;維持 250ms 反應時間
          JMP    DIGIT0             ;跳至標籤 DIGIT0
DELAY:    MOV    TMOD, #00000001B   ;使用 Timer0 計數，模式 1
LOOPDY:   MOV    R6, #100           ;R6 設定爲 100 次
LOOPDY1:  MOV    TH0, #(65536-2500)/256    ;計數值 2500，載入 TH0，TL0
```

```
            MOV    TL0, #(65536-2500) mod 256
            SETB   TR0                      ;啟動 Timer 0 計數器
WAIT:       JNB    TF0, WAIT                ;等待旗標是否為 1
            CLR    TR0                      ;清除 TR0，以停止計數
            CLR    TF0                      ;清除旗標 TF0
            DJNZ   R6, LOOPDY1              ;R6 值減 1，若不等於 0，再至
                                            ; LOOPDY1 執行，若為 0，則
                                            ;結束
            RET
            END                             ;程式結束
```

C51 語言程式編寫如下：

```
#include <reg52.h>
#include <math.h>
void Delay( );
int i;
void main( )
{
  P0=0x00; //輸出初始值設定完成
for(i=1; i<=100; i++)                       //等一段時間
    {Delay( );}
  while(1) //無窮迴圈
  {
    P0=0xBF;                                //顯示字元 0 及點明
for(i=1; i<=100; i++)
    {Delay( );}                             //維持 250ms 反應時間
P0=0x3F;                                    //顯示字元 0 及點滅
for(i=1; i<=100; i++)
    {Delay( );}                             //維持 250ms 反應時間
P0=0xBF;                                    //顯示字元 0 及點明
for(i=1; i<=100; i++)
    {Delay( );}                             //維持 250ms 反應時間
P0=0x3F;                                    //顯示字元 0 及點滅
```

```
for(i=1; i<=100; i++)
    {Delay( );}                       //維持250ms反應時間

P0=0x86;                              //顯示字元1及點明
for(i=1; i<=100; i++)
    {Delay( );}                       //維持250ms反應時間
P0=0x06;                              //顯示字元1及點滅
for(i=1; i<=100; i++)
    {Delay( );}                       //維持250ms反應時間
P0=0x86;                              //顯示字元1及點明
for(i=1; i<=100; i++)
    {Delay( );}                       //維持250ms反應時間
P0=0x06;                              //顯示字元1及點滅
for(i=1; i<=100; i++)
    {Delay( );}                       //維持250ms反應時間

P0=0xDB;                              //顯示字元2及點明
for(i=1; i<=100; i++)
    {Delay( );}                       //維持250ms反應時間
P0=0x5B;                              //顯示字元2及點滅
for(i=1; i<=100; i++)
    {Delay( );}                       //維持250ms反應時間
P0=0xDB;                              //顯示字元2及點明
for(i=1; i<=100; i++)
    {Delay( );}                       //維持250ms反應時間
P0=0x5B;                              //顯示字元2及點滅
for(i=1; i<=100; i++)
    {Delay( );}                       //維持250ms反應時間

P0=0xCF;                              //顯示字元3及點明
for(i=1; i<=100; i++)
    {Delay( );}                       //維持250ms反應時間
P0=0x4F;                              //顯示字元3及點滅
```

```
for(i=1; i<=100; i++)
    {Delay( );}                              //維持 250ms 反應時間
P0=0xCF;                                     //顯示字元 3 及點明
for(i=1; i<=100; i++)
    {Delay( );}                              //維持 250ms 反應時間
P0=0x4F;                                     //顯示字元 3 及點滅
for(i=1; i<=100; i++)
    {Delay( );}                              //維持 250ms 反應時間

P0=0xE6;                                     //顯示字元 4 及點明
for(i=1; i<=100; i++)
    {Delay( );}                              //維持 250ms 反應時間
P0=0x66;                                     //顯示字元 4 及點滅
for(i=1; i<=100; i++)
    {Delay( );}                              //維持 250ms 反應時間
P0=0xE6;                                     //顯示字元 4 及點明
for(i=1; i<=100; i++)
    {Delay( );}                              //維持 250ms 反應時間
P0=0x66;                                     //顯示字元 4 及點滅
for(i=1; i<=100; i++)
    {Delay( );}                              //維持 250ms 反應時間

P0=0xED;                                     //顯示字元 5 及點明
for(i=1; i<=100; i++)
    {Delay( );}                              //維持 250ms 反應時間
P0=0x6D;                                     //顯示字元 5 及點滅
for(i=1; i<=100; i++)
    {Delay( );}                              //維持 250ms 反應時間
P0=0xED;                                     //顯示字元 5 及點明
for(i=1; i<=100; i++)
    {Delay( );}                              //維持 250ms 反應時間
P0=0x6D;                                     //顯示字元 5 及點滅
for(i=1; i<=100; i++)
```

```
    {Delay( );}                       //維持 250ms 反應時間

P0=0xFD;                              //顯示字元 6 及點明
for(i=1; i<=100; i++)
    {Delay( );}                       //維持 250ms 反應時間
P0=0x7D;                              //顯示字元 6 及點滅
for(i=1; i<=100; i++)
    {Delay( );}                       //維持 250ms 反應時間
P0=0xFD;                              //顯示字元 6 及點明
for(i=1; i<=100; i++)
    {Delay( );}                       //維持 250ms 反應時間
P0=0x7D;                              //顯示字元 6 及點滅
for(i=1; i<=100; i++)
    {Delay( );}                       //維持 250ms 反應時間

P0=0x87;                              //顯示字元 7 及點明
for(i=1; i<=100; i++)
    {Delay( );}                       //維持 250ms 反應時間
P0=0x07;                              //顯示字元 7 及點滅
for(i=1; i<=100; i++)
    {Delay( );}                       //維持 250ms 反應時間
P0=0x87;                              //顯示字元 7 及點明
for(i=1; i<=100; i++)
    {Delay( );}                       //維持 250ms 反應時間
P0=0x07;                              //顯示字元 7 及點滅
for(i=1; i<=100; i++)
    {Delay( );}                       //維持 250ms 反應時間

P0=0xFF;                              //顯示字元 8 及點明
for(i=1; i<=100; i++)
    {Delay( );}                       //維持 250ms 反應時間
P0=0x7F;                              //顯示字元 8 及點滅
for(i=1; i<=100; i++)
```

```
    {Delay( );}                         //維持 250ms 反應時間
P0=0xFF;                                //顯示字元 8 及點明
for(i=1; i<=100; i++)
    {Delay( );}                         //維持 250ms 反應時間
P0=0x7F;                                //顯示字元 8 及點滅
for(i=1; i<=100; i++)
    {Delay( );}                         //維持 250ms 反應時間

P0=0xEF;                                //顯示字元 9 及點明
for(i=1; i<=100; i++)
    {Delay( );}                         //維持 250ms 反應時間
P0=0x6F;                                //顯示字元 9 及點滅
for(i=1; i<=100; i++)
    {Delay( );}                         //維持 250ms 反應時間
P0=0xEF;                                //顯示字元 9 及點明
for(i=1; i<=100; i++)
    {Delay( );}                         //維持 250ms 反應時間
P0=0x6F;                                //顯示字元 9 及點滅
for(i=1; i<=100; i++)
    {Delay( );}                         //維持 250ms 反應時間
  }
}
void Delay( )
{
 TMOD=0x01;                             //使用 Timer0 計數，工作於模式 1
 TH0=(65536-2500)/256;                  //計數值 2500，分別載入 TH0，TL0
 TL0=(65536-2500)%256;
 TR0=1;                                 //啓動 Timer 0 計數器
 while(TF0==0);                         //等待旗標是否爲 1
 TR0=0;                                 //清除 TR0，以停止計數
TF0=0;                                  //清除旗標 TF0
}
```

將上述之程式設計依之前章節所介紹之編寫及編譯程序，將可得到該程式的燒錄檔，再將其載入模擬軟體或實驗平台，可以進一步地驗證其功能動作是否與所規劃之控制時序一致。

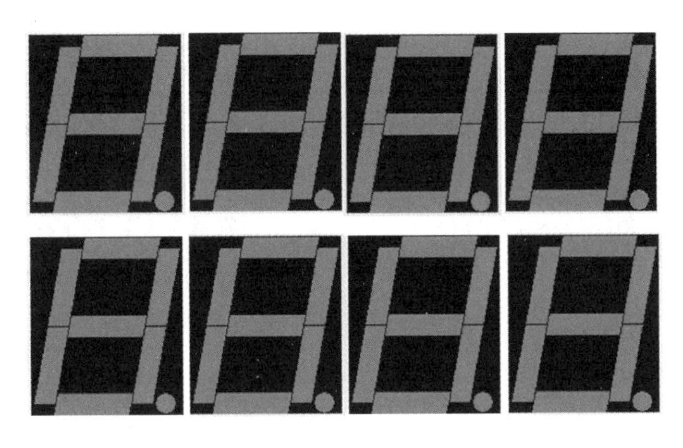

圖 6.8　七段顯示器計數及點不同頻率顯示之部份模擬結果圖

此外，由於七段顯示器及點明滅的顯示動作屬重覆性動作，只要更換顯示的內容即可，因此，可使用資料庫及指標的方式來呈現同樣的結果。於是，上述之組合語言寫法將可以改寫成如下：

```
        ORG     000H                ;程式記憶體位址歸零
        MOV     R2, #0              ;R2=0,資料指標歸零
        MOV     A, #00000000B       ;輸出初始值設定
        MOV     P0, A               ;輸出初始值設定完成
        CALL    DELAY               ;等一段時間
DIGIT:  MOV     A, R2               ;A=R2
        MOV     DPTR, #NUM          ;DPTR=NUM 之位址
        MOVC    A, @A+DPTR          ;A=[DPTR+A]，NUM 位址
                                    ;上的資料
        MOV     P0, A
        CALL    DELAY               ;維持 250ms 反應時間
        INC     R2                  ;R2=R2+1，指向下一資料
        CJNE    R2, #40, DIGIT      ;若 R2≠40 則跳至 DIGIT
        MOV     R2, #0              ;R2=0，資料指標歸零
        JMP     DIGIT               ;跳至標籤 DIGIT
DELAY:  MOV     TMOD, #00000001B    ;使用 Timer0 計數，模式 1
```

```
            LOOPDY:     MOV                 R6, #100  ;R6 設定爲 100 次
LOOPDY1:    MOV    TH0, #(65536-2500)/256        ;計數值 2500，載入 TH0，TL0
            MOV    TL0, #(65536-2500) mod 256
            SETB   TR0                      ;啓動 Timer 0 計數器
WAIT:       JNB    TF0, WAIT                ;等待旗標是否爲 1
            CLR    TR0                      ;清除 TR0，以停止計數
            CLR    TF0                      ;清除旗標 TF0
            DJNZ   R6, LOOPDY1              ;R6 值減 1，若不等於 0，再至
                                            ; LOOPDY1 執行，若爲 0，則
                                            ;結束
            RET
NUM:  DB    10111111B, 00111111B, 10111111B, 00111111B    ;0 及點明滅
      DB    10000110B, 00000110B, 10000110B, 00000110B    ;1 及點明滅
      DB    11011011B, 01011011B, 11011011B, 01011011B    ;2 及點明滅
      DB    11001111B, 01001111B, 11001111B, 01001111B    ;3 及點明滅
      DB    11100110B, 01100110B, 11100110B, 01100110B    ;4 及點明滅
      DB    11101101B, 01101101B, 11101101B, 01101101B    ;5 及點明滅
      DB    11111101B, 01111101B, 11111101B, 01111101B    ;6 及點明滅
      DB    10000111B, 00000111B, 10000111B, 00000111B    ;7 及點明滅
      DB    11111111B, 01111111B, 11111111B, 01111111B    ;8 及點明滅
      DB    11101111B, 01101111B, 11101111B, 01101111B    ;9 及點明滅
      END   ;程式結束
```

此外，也可將同一個 P0 的資料庫內容分開規劃且再組合，同時指定變數位址暫存指定資料，以週期最小公倍數 40 爲基底，可將上述組合語言程式改寫如下：

```
            ORG    000H                     ;程式記憶體位址歸零
            SVN    EQU                      31H   ;設定 SEVEN 變數
            DOT    EQU                      32H   ;設定 DOT 變數
            MOV    R3, #0                   ;R3=0 指標位址
            MOV    R4, #4                   ;R4=4
            MOV    R5, #2                   ;R5=2
            MOV    A, #00000000B            ;輸出初始值設定
            MOV    P0, A                    ;輸出初始值設定完成
```

```
            CALL   DELAY                     ;等一段時間
SHOW:       MOV    A, R3                     ;A=R3
            MOV    B, R4                     ;B=R4
            DIV    AB                        ;A DIV B，取商 A
            MOV    DPTR, #SEVEN              ;DPTR=SEVEN 之位址
            MOVC   A, @A+DPTR                ;A=[DPTR+A]
            MOV    SVN, A                    ;指定資料暫存於 SVN
            MOV    A, R3                     ;A=R3
            MOV    B, R5                     ;B=R5
            DIV    AB                        ;A DIV B
            MOV    A, B                      ;餘數由 B 移到 A
            MOV    DPTR, #DP_DOT             ;DPTR=DP_DOT 之位址
            MOVC   A, @A+DPTR                ;A=[DPTR+A]
            MOV    DOT, A                    ;指定資料暫存於 DOT
            MOV    A, SVN                    ;A=SVN
            ORL    A, DOT                    ;A=SVN OR DOT
            MOV    P0, A                     ;P0 輸出
            CALL   DELAY                     ;維持 250ms 反應時間
            INC    R3                        ;R3=R3+1
            CJNE   R3, #40, SHOW             ;若 R3≠40 則跳至 SHOW
            MOV    R3, #0                    ;R3=0，資料指標重新開始
            JMP    SHOW                      ;跳至標籤 SHOW
DELAY:      MOV    TMOD, #00000001B          ;使用 Timer0 計數，模式 1
LOOPDY:     MOV    R6, #10                   ;R6 設定爲 10 次
LOOPDY1:    MOV   TH0, #(65536-25000)/256  ;計數值 25000，載入 TH0，TL0
            MOV    TL0, #(65536-25000) mod 256
            SETB   TR0                       ;啟動 Timer 0 計數器
WAIT:       JNB    TF0, WAIT                 ;等待旗標是否爲 1
            CLR    TR0                       ;清除 TR0，以停止計數
            CLR    TF0                       ;清除旗標 TF0
            DJNZ   R6, LOOPDY1               ;R6 值減 1，若不等於 0，再至
                                             ; LOOPDY1 執行，若爲 0，則
                                             ;結束
```

```
            RET
SEVEN:                  ;數字 0~9
        DB    00111111B, 00000110B, 01011011B, 01001111B, 01100110B
        DB    01101101B, 01111101B, 00000111B, 01111111B, 01101111B
        DP_DOT:       ;點明滅
        DB    10000000B, 00000000B
        END     ;程式結束
```

同樣地，C51 語言程式可以陣列及指標方式來進行操控，因此，可改寫如下：

```
#include <reg52.h>
#include <math.h>
void Delay( );
char SEVEN[10]={0x3F, 0x06, 0x5B, 0x4F, 0x66, 0x6D, 0x7D, 0x07, 0x7F, 0x6F};
char DP_DOT[2]={0x80, 0x00};
char SEVEN_tmp, DP_DOT_tmp;
char *ptr_SEVEN, *ptr_DP_DOT;
int i, k, div_SEVEN, div_DP_DOT;
void main( )
{
ptr_SEVEN=&SEVEN; ptr_DP_DOT=&DP_DOT;
  P0=0x00; //輸出初始值設定完成
for(i=1; i<=100; i++)                           //等一段時間
    {Delay( );}
  while(1)                                      //無窮迴圈
  {
  for(k=0; k<40; k++)
{
div_SEVEN=k/4;                                  //取其商
div_DP_DOT=k % 2;                               //取其餘數
SEVEN_tmp=*(div_SEVEN+ptr_SEVEN);
DP_DOT_tmp=*(div_DP_DOT+ptr_DP_DOT);
P0=SEVEN_tmp | DP_DOT_tmp;                      //P0=SEVEN_tmp or DP_DOT_tmp
```

```
    for(i=1; i<=100; i++)
      {Delay( );}                          //維持 250ms 反應時間
}
  }
}
void Delay( )
{
 TMOD=0x01;                                //使用 Timer0 計數，工作於模式 1
 TH0=(65536-2500)/256;                     //計數值 2500，分別載入 TH0，TL0
 TL0=(65536-2500)%256;
 TR0=1;      //啓動 Timer 0 計數器
 while(TF0==0);                            //等待旗標是否爲 1
 TR0=0;                                    //清除 TR0，以停止計數
TF0=0;                                     //清除旗標 TF0
}
```

更進一步地，若將 DIG_DP 的腳位由 P0^7 接到 P1^0，其它接到 P0 的接腳不變，則可依照上章節的案例，將資料庫的內容分別規劃且列出，以其週期最小公倍數 40 爲基底，將上述組合語言程式改寫如下：

```
          ORG    000H              ;程式記憶體位址歸零
          MOV    R3, #0            ;R3=0 指標位址
          MOV    R4, #4            ;R4=4
          MOV    R5, #2            ;R5=2
          MOV    A, #00000000B     ;輸出初始值設定
          MOV    P0, A             ;輸出初始值設定完成
          MOV    P1, A             ;輸出初始值設定完成
          CALL   DELAY             ;等一段時間
SHOW:     MOV    A, R3             ;A=R3
          MOV    B, R4             ;B=R4
          DIV    AB                ;A DIV B，取其商 A
          MOV    DPTR, #PAT_P0     ;DPTR=PAT_P0 之位址
          MOVC   A, @A+DPTR        ;A=[DPTR+A]，PAT_P0 資料
```

```
            MOV     P0, A                   ;P0 輸出
            MOV     A, R3                   ;A=R3
            MOV     B, R5                   ;B=R5
            DIV     AB                      ;A DIV B，取其餘數 B
            MOV     A, B                    ;餘數由 B 移到 A
            MOV     DPTR, #PAT_P1           ;DPTR=PAT_P1 之位址
            MOVC    A, @A+DPTR              ;A=[DPTR+A]，PAT_P1 資料
            MOV     P1, A                   ;P1 輸出
            CALL    DELAY                   ;維持 250ms 反應時間
            INC     R3                      ;R3=R3+1
            CJNE    R3, #40, SHOW           ;若 R3≠40 則跳至 SHOW
            MOV     R3, #0                  ;R3=0，資料指標重新開始
            JMP     SHOW                    ;跳至標籤 SHOW
DELAY:      MOV     TMOD, #00000001B        ;使用 Timer0 計數，模式 1
LOOPDY:     MOV     R6, #10                 ;R6 設定爲 10 次
LOOPDY1:    MOV     TH0, #(65536-25000)/256     ;計數值 25000，載入 TH0，TL0
            MOV     TL0, #(65536-25000) mod 256
            SETB    TR0                     ;啓動 Timer 0 計數器
WAIT:       JNB     TF0, WAIT               ;等待旗標是否爲 1
            CLR     TR0                     ;清除 TR0，以停止計數
            CLR     TF0                     ;清除旗標 TF0
            DJNZ    R6, LOOPDY1             ;R6 值減 1，若不等於 0，再至
                                            ; LOOPDY1 執行，若爲 0，則
                                            ;結束
            RET
PAT_P0:     ;數字 0~9
      DB    00111111B, 00000110B, 01011011B, 01001111B, 01100110B
      DB    01101101B, 01111101B, 00000111B, 01111111B, 01101111B
PAT_P1:                                     ;點明滅
      DB    00000001B, 00000000B
            END                             ;程式結束
```

6.3 四個七段顯示器之控制設計

接著，進一步來進行多顆七段顯示器之多輸出不同控制頻率的案例練習，四個七段顯示器計數的程式控制。首先，瞭解四個七段顯示器相關的接腳及電氣特性，以 A-564H 爲例，其爲共陽極且驅動電流需有 20mA，而接腳定義如圖 6.9 所示。

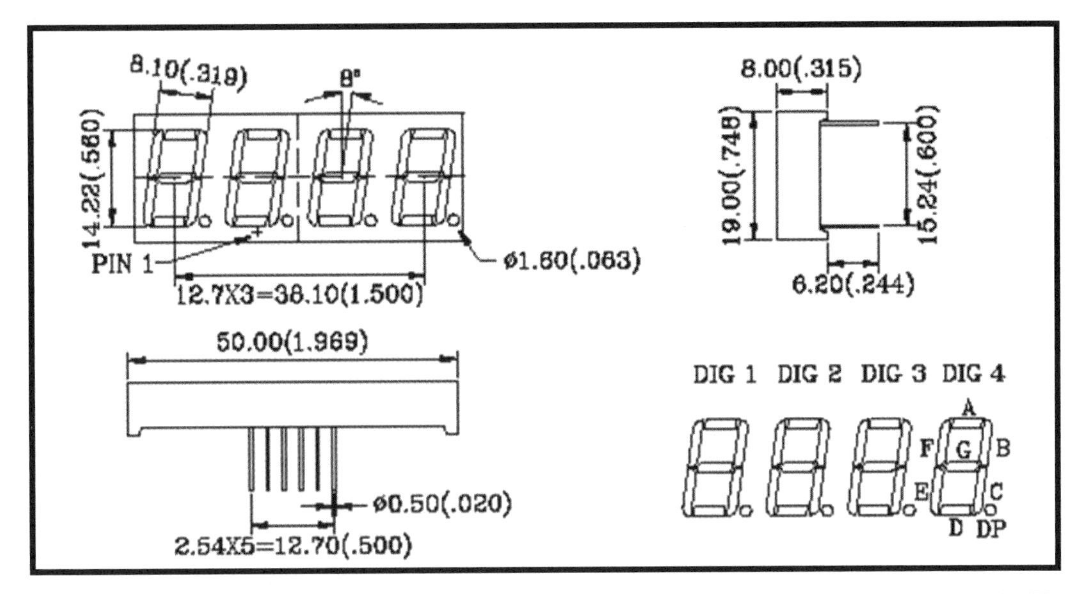

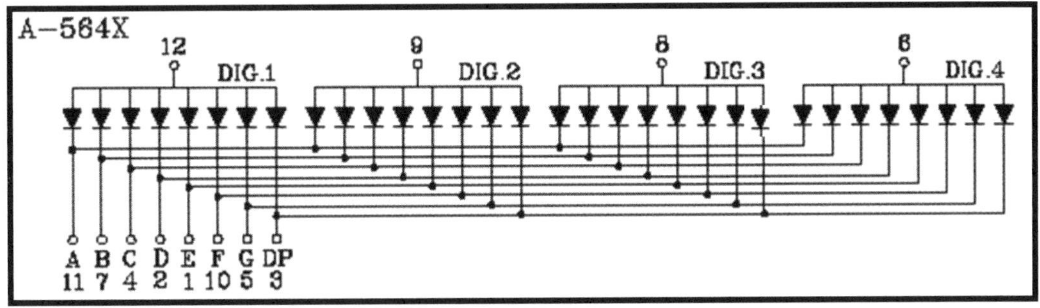

圖 6.9 四個七段顯示器(A-564H)的接腳定義圖

四個七段顯示器的數字及點的明滅顯示，是以一定頻率地逐字掃描方式來操控，再加上數字更替及點明滅控制，是一個典型的不同頻率多輸出控制系統。

6.3.1 四個七段顯示器之電路

由圖 6.9 瞭解，四個七段顯示器需要數字及點顯示共 8 支腳位及 4 支控制字元的腳位，要注意的是，4 支控制腳位因電流量需要，要再分別加上電晶體來控制。因此，指定單晶片 8051 的 P0 接到數字顯示接腳，P1.0 接到 DP 接腳，P2.3 接到 DIG4，P2.2

接到 DIG3，P2.1 接到 DIG2，P2.0 接到 DIG1。以下繪出單晶片 8051 的電路圖，可見圖 6.10 所示。

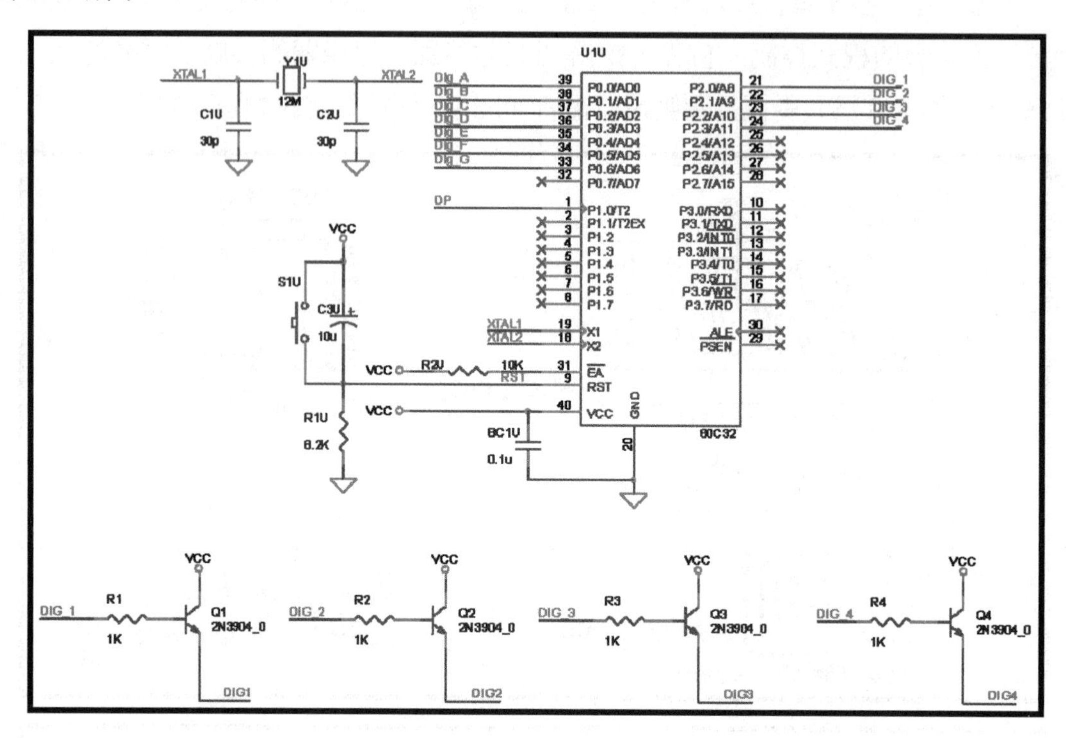

▲ 圖 6.10　四個七段顯示器單之晶片 8051 的電路接腳圖

本例練習爲共陽極接線，所以，數字內容控制爲低電位，字元顯示爲高電位。

6.3.2　四個七段顯示器計數之規劃

現在，用四個七段顯示器進行電子鐘計數的顯示規劃，以前兩個字元來顯示分的數字，後兩個字元來顯示秒的數字，且指定 DIG4 處的點以 1 秒爲週期明滅一次(明爲低電位，滅爲高電位)。計數變化爲 6x10x6x10=3600 種變化，時間週期爲 3600 秒。此外，假設每個字元的掃描時間爲 25ms，因此，可設定最小基頻時間爲 25ms，完整掃描週期時間爲 100ms。也就是說，四個字元每掃描 5 次則點的明或滅執行一次。因此，四個字元掃描 10 次後則更換計數值一次，更換內容則依計算得之。整個系統的部份時序圖如圖 6.11(顯示 0001)所示，其流程圖如圖 6.12 所示。

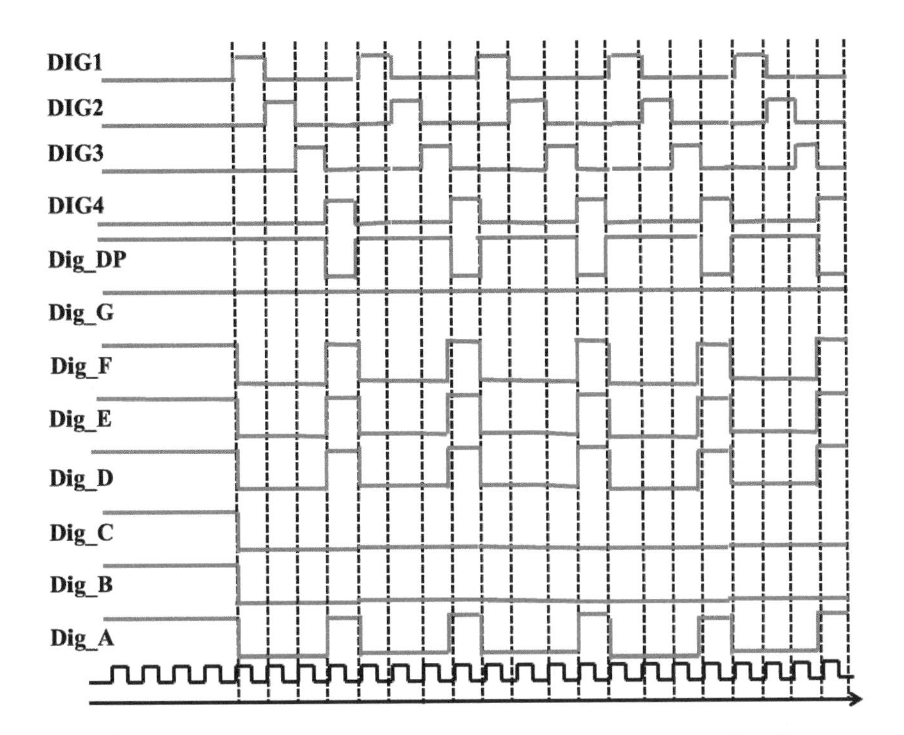

圖 6.11 四個七段顯示器局部顯示 0001 且點為明的週期

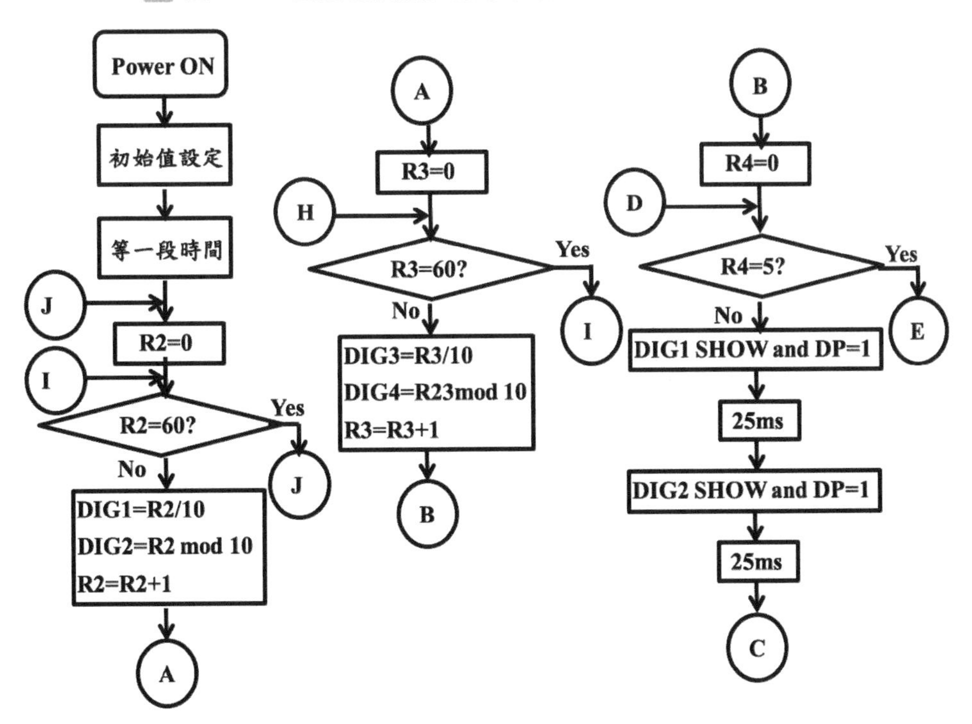

圖 6.12 四個七段顯示器計數及點明滅顯示控制流程圖

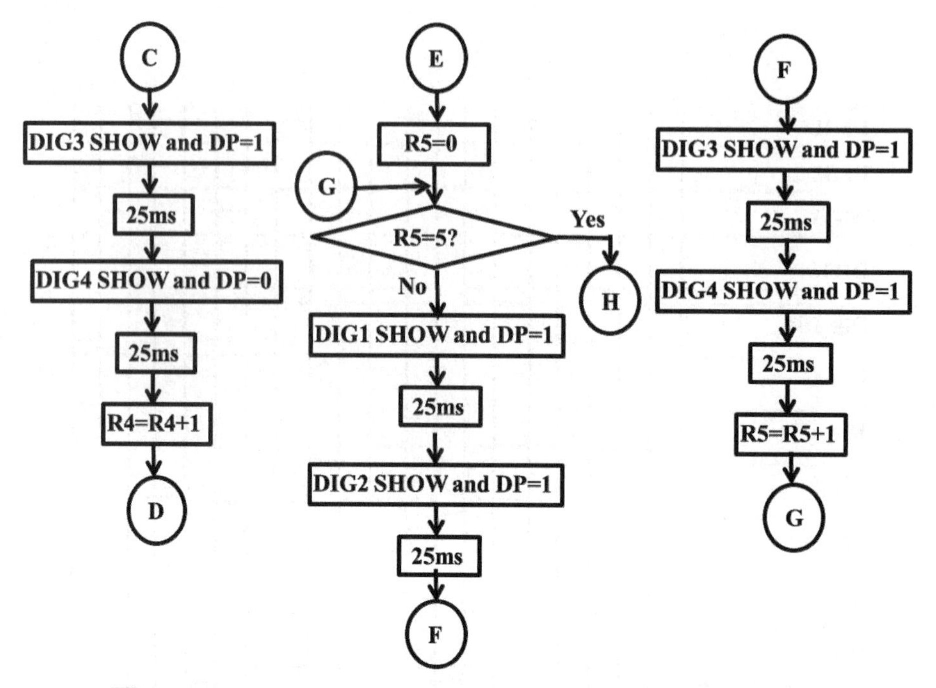

圖 6.12　四個七段顯示器計數及點明滅顯示控制流程圖(續)

6.3.3　四個七段顯示器計數之控制

以下就上述的四個七段顯示器計數及點不同頻率顯示的流程圖，分別以組合語言及 C51 語言來設計程式。組合語言程式編寫如下：

```
ORG    000H              ;程式記憶體位址歸零
DIG1   EQU               31H   ;設定 DIG1 變數
DIG2   EQU               32H   ;設定 DIG2 變數
DIG3   EQU               33H   ;設定 DIG3 變數
DIG4   EQU               34H   ;設定 DIG4 變數
MOV    R2, #0            ;初始值設定，R2=0
MOV    R3, #0            ;初始值設定，R3=0
MOV    R4, #0            ;初始值設定，R4=0
MOV    R5, #0            ;初始值設定，R5=0
MOV    A, #11111111B     ;P0 輸出初始值設定
MOV    P0, A             ;P0 輸出初始值設定完成
MOV    A, #11111111B     ;P1 輸出初始值設定
MOV    P1, A             ;P1 輸出初始值設定完成
MOV    A, #00000000B     ;P2 輸出初始值設定
```

```
        MOV     P2, A              ;P2 輸出初始值設定完成
        CALL    DELAY              ;等一段時間
MIN:    MOV     R2, #0             ;R2=0
MIN1:   CJNE    R2, #60, MIN2      ;若 R2≠60，跳至 MIN2
        JMP     MIN                ;若 R2=60，跳至 MIN
MIN2:   MOV     A, R2              ;A=R2
        MOV     B, #10             ;B=10
        DIV     AB                 ;A DIV B，取商 A
        MOV     DPTR, #DIG_1       ;DPTR=DIG_1 之位址
        MOVC    A, @A+DPTR         ;A=[DPTR+A] 資料
        MOV     DIG1, A            ;DIG1 暫存
        MOV     DPTR, #DIG_2       ;DPTR=DIG_2 之位址
        MOV     A, B               ;將餘數 B 移至 A
        MOVC    A, @A+DPTR         ;A=[DPTR+A] 資料
        MOV     DIG2, A            ;DIG2 暫存
        INC     R2                 ;R2=R2+1
SEC:    MOV     R3, #0             ;R3=0
SEC1:   CJNE    R3, #60, SEC2      ;若 R3≠60，跳至 SEC2
        JMP     MIN1               ;若 R3=60，跳至 MIN1
SEC2:   MOV     A, R3              ;A=R3
        MOV     B, #10             ;B=10
        DIV     AB                 ;A DIV B，取商 A
        MOV     DPTR, #DIG_3       ;DPTR=DIG_3 之位址
        MOVC    A, @A+DPTR         ;A=[DPTR+A] 資料
        MOV     DIG3, A            ;DIG3 暫存
        MOV     DPTR, #DIG_4       ;DPTR=DIG_4 之位址
        MOV     A, B               ;將餘數 B 移至 A
        MOVC    A, @A+DPTR         ;A=[DPTR+A] 資料
        MOV     DIG4, A            ;DIG4 暫存
        INC     R3                 ;R3=R3+1
SHOWA:  MOV     R4, #0             ;R4=0
SHOWA1: CJNE    R4, #5, SHOWA2     ;若 R4≠5，跳至 SHOWA2
        JMP     SHOWB              ;若 R4=5，至 SHOWB
```

```
SHOWA2:    MOV    A, #00000001B         ;Enable DIG1
           MOV    P2, A
           MOV    A, DIG1               ;顯示 DIG1
           MOV    P0, A
           MOV    A, #11111111B         ;DIG1_DP 滅
           MOV    P1, A
           CALL   DELAY
           MOV    A, #00000010B         ;Enable DIG2
           MOV    P2, A
           MOV    A, DIG2               ;顯示 DIG2
           MOV    P0, A
           MOV    A, #11111111B         ;DIG2_DP 滅
           MOV    P1, A
           CALL   DELAY
           MOV    A, #00000100B         ;Enable DIG3
           MOV    P2, A
           MOV    A, DIG3               ;顯示 DIG3
           MOV    P0, A
           MOV    A, #11111111B         ;DIG3_DP 滅
           MOV    P1, A
           CALL   DELAY
           MOV    A, #00001000B         ;Enable DIG4
           MOV    P2, A
           MOV    A, DIG4               ;顯示 DIG4
           MOV    P0, A
           MOV    A, #11111110B         ;DIG4_DP 明
           MOV    P1, A
           CALL   DELAY
           INC    R4
           JMP    SHOWA1                ;跳至 SHOWA1
SHOWB:     MOV    R5, #0                ;R5=0
SHOWB1:    CJNE   R5, #5, SHOWB2        ;若 R5≠5，跳至 SHOWB2
           JMP    SEC1                  ;若 R5=5，跳至 SEC1
```

```
SHOWB2:     MOV    A, #00000001B           ;Enable DIG1
            MOV    P2, A
            MOV    A, DIG1                 ;顯示 DIG1
            MOV    P0, A
            MOV    A, #11111111B           ;DIG1_DP 滅
            MOV    P1, A
            CALL   DELAY
            MOV    A, #00000010B           ;Enable DIG2
            MOV    P2, A
            MOV    A, DIG2                 ;顯示 DIG2
            MOV    P0, A
            MOV    A, #11111111B           ;DIG2_DP 滅
            MOV    P1, A
            CALL   DELAY
            MOV    A, #00000100B           ;Enable DIG3
            MOV    P2, A
            MOV    A, DIG3                 ;顯示 DIG3
            MOV    P0, A
            MOV    A, #11111111B           ;DIG3_DP 滅
            MOV    P1, A
            CALL   DELAY
            MOV    A, #00001000B           ;Enable DIG4
            MOV    P2, A
            MOV    A, DIG4                 ;顯示 DIG4
            MOV    P0, A
            MOV    A, #11111111B           ;DIG4_DP 滅
            MOV    P1, A
            CALL   DELAY
            INC    R5
            JMP    SHOWB1                  ;跳至 SHOWB1
DELAY:      MOV    TMOD, #00000001B        ;使用 Timer0 計數，模式 1
LOOPDY:     MOV    R6, #1                  ;R6 設定爲 1 次
LOOPDY1:    MOV    TH0, #(65536-25000)/256     ;計數值 25000，載入 TH0，TL0
```

```
            MOV    TL0, #(65536-25000) mod 256
            SETB   TR0                          ;啓動 Timer 0 計數器
WAIT:       JNB    TF0, WAIT                    ;等待旗標是否爲 1
            CLR    TR0                          ;清除 TR0，以停止計數
            CLR    TF0                          ;清除旗標 TF0
            DJNZ   R6, LOOPDY1                  ;R6 值減 1，若不等於 0，再至
                                                ; LOOPDY1 執行，若爲 0，則
                                                ;結束
            RET
DIG_1:      ;DIG1 數字 0~9
      DB    11000000B, 11111001B, 10100100B, 10110000B, 10011001B
      DB    10010010B, 10000010B, 11111000B, 10000000B, 10010000B
DIG_2:      ;DIG2 數字 0~9
      DB    11000000B, 11111001B, 10100100B, 10110000B, 10011001B
      DB    10010010B, 10000010B, 11111000B, 10000000B, 10010000B
DIG_3:      ;DIG3 數字 0~9
      DB    11000000B, 11111001B, 10100100B, 10110000B, 10011001B
      DB    10010010B, 10000010B, 11111000B, 10000000B, 10010000B
DIG_4:      ;DIG3 數字 0~9
      DB    11000000B, 11111001B, 10100100B, 10110000B, 10011001B
      DB    10010010B, 10000010B, 11111000B, 10000000B, 10010000B
END  ;程式結束
```

同樣地，C51 語言程式也可以陣列及指標方式來進行操控，因此，編寫如下：

```
#include <reg52.h>
#include <math.h>
void Delay( );
char DIG1[10]={0xC0, 0xF9, 0xA4, 0xB0, 0x99, 0x92, 0x82, 0xF8, 0x80, 0x90};
char DIG2[10]={0xC0, 0xF9, 0xA4, 0xB0, 0x99, 0x92, 0x82, 0xF8, 0x80, 0x90};
char DIG3[10]={0xC0, 0xF9, 0xA4, 0xB0, 0x99, 0x92, 0x82, 0xF8, 0x80, 0x90};
char DIG4[10]={0xC0, 0xF9, 0xA4, 0xB0, 0x99, 0x92, 0x82, 0xF8, 0x80, 0x90};
char DIG1_tmp, DIG2_tmp, DIG3_tmp, DIG4_tmp;
```

```
char *ptr_DIG1, *ptr_DIG2, *ptr_DIG3, *ptr_DIG4;
int i, j, k, l, m, div_DIG1, div_DIG2, div_DIG3, div_DIG4;
void main( )
{
ptr_DIG1=&DIG1; ptr_DIG2=&DIG2;          //指定指標位址
ptr_DIG3=&DIG3; ptr_DIG4=&DIG4;          //指定指標位址
  P0=0xFF; P1=0xFF; P2=0x00;             //輸出初始值設定完成
for(i=1; i<=10; i++)                     //等一段時間
    {Delay( );}
  while(1)  //無窮迴圈
  {
for(m=0; m<60; m++)                      //分的計算
{
    div_DIG1=m/10;                       //分的十位數
    div_DIG2=m%10;                       //分的個位數
    DIG1_tmp=*(div_DIG1+ptr_DIG1);       //分的十位數暫存
DIG2_tmp=*(div_DIG2+ptr_DIG2);           //分的個位數暫存
for(l=0; l<60; l++)                      //秒的計算
{
    div_DIG3=l/10;                       //秒的十位數
    div_DIG4=l%10;                       //秒的個位數
DIG3_tmp=*(div_DIG3+ptr_DIG3);           //秒的十位數暫存
DIG4_tmp=*(div_DIG4+ptr_DIG4);           //秒的個位數暫存
for(j=1; j<=5; j++)                      //0.5 秒點明週期
    { for(k=0; k<4; k++)                 //字元掃描週期
{
switch(k)
{
case 0:
   P2=0x01; P1=0xFF; P0=DIG1_tmp;        //Enable DIG1
   break;
case 1:
   P2=0x02; P1=0xFF; P0=DIG2_tmp;        //Enable DIG2
```

```
  break;
case 2:
  P2=0x04; P1=0xFF; P0=DIG3_tmp;        //Enable DIG3
  break;
default:
P2=0x08; P1=0xFE; P0=DIG4_tmp;          //Enable DIG4
  break;
}
for(i=1; i<=10; i++)
           {Delay( );}                  //維持 25ms 反應時間
     }
}
for(j=1; j<=5; j++)                     //0.5 秒點滅週期
   { for(k=0; k<4; k++)                 //字元掃描週期
{
switch(k)
{
case 0:
  P2=0x01; P1=0xFF; P0=DIG1_tmp;        //Enable DIG1
  break;
case 1:
  P2=0x02; P1=0xFF; P0=DIG2_tmp;        //Enable DIG2
  break;
case 2:
  P2=0x04; P1=0xFF; P0=DIG3_tmp;        //Enable DIG3
  break;
default:
P2=0x08; P1=0xFF; P0=DIG4_tmp;          //Enable DIG4
  break;
}
for(i=1; i<=10; i++)
           {Delay( );}                  //維持 25ms 反應時間
      }
```

```
}
}
}
  }
}
void Delay( )
{
 TMOD=0x01; //使用 Timer0 計數，工作於模式 1
 TH0=(65536-2500)/256;                    //計數值 2500，分別載入 TH0，TL0
 TL0=(65536-2500)%256;
 TR0=1;     //啓動 Timer 0 計數器
 while(TF0==0);   //等待旗標是否爲 1
 TR0=0;     //清除 TR0，以停止計數
TF0=0;      //清除旗標 TF0
}
```

將上述的程式設計依之前章節所介紹之編寫及編譯程序，將可得到該程式的燒錄檔，再將其載入模擬軟體或實驗平台，可以進一步地驗證其功能動作是否與所規劃之控制時序一致。(可見圖 6.13，爲秒個位數更換及點明滅之控制)

圖 6.13　四個七段顯示器計數及點明滅顯示控制部份模擬結果

6.4 點矩陣 8x8 LED 之控制設計

接著，繼續以點矩陣 8x8 LED 之控制設計，來練習不同元件的輸出以不同頻率操控的控制設計。一樣地，先對點矩陣 8x8 LED 之相關規格及電氣特性加以介紹。以一點矩陣 8x8 LED 單色行共陽極模塊為例，其內部結構圖可見圖 6.14，單點工作電壓為 1.8 V，正向電流為 8~10 mA，所以共陽極端要接上電晶體來操控。

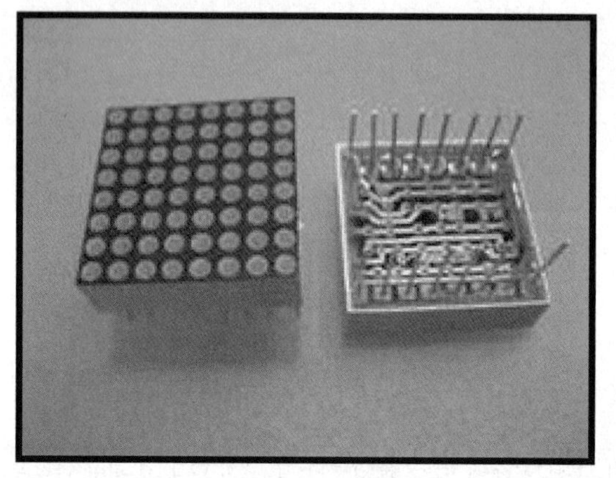

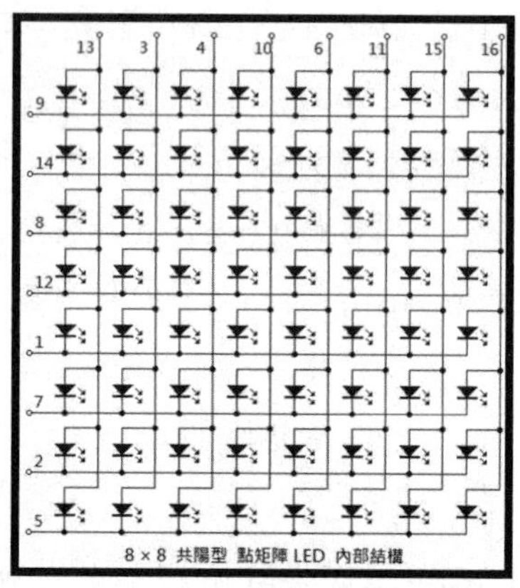

圖 6.14　點矩陣 8x8 LED 單色行共陽極模塊之外觀及內部接腳結構圖

當某一行線(Column)為高電位而某一列線(Row)為低電位時，其行列交叉的點就會被點亮。反之，當某一行線為高電位而某一列線為高電位時，其行列交叉的點為暗。當某一行線為低電位時，無論列線電位如何， 所對應這一行的點全部為暗。因此，要在點矩陣 8x8 LED 上呈現各種圖形及變化，必須針對行線掃描操控的反應時間及列線內容的更換及保持時間週期，以及規劃圖形的變化時間週期加以分析及設計，也是不同頻率多輸出控制系統的範例。

6.4.1 點矩陣 8x8 LED 之電路

由圖 6.14 瞭解，點矩陣 8x8 LED 需 8 支行線之控制腳位及 8 支列線之控制腳位，共計 16 支接腳。要注意的是，8 支行線之控制腳位因電流量需要，要再分別加上電晶體來控制。因此，指定單晶片 8051 的 P1 做行線控制，P2 做列線控制，以下繪出單晶片 8051 的電路圖，可見圖 6.15 所示。

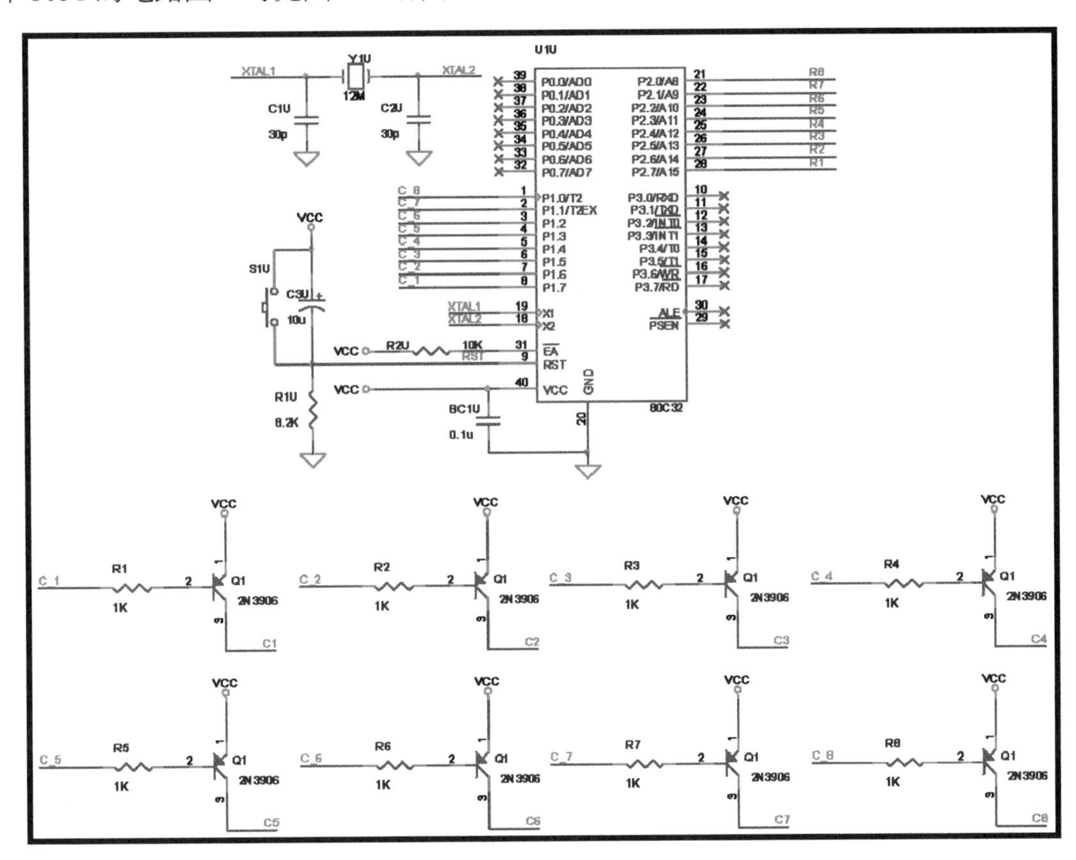

▲ 圖 6.15　點矩陣 8x8 LED 單色之晶片 8051 的電路接腳圖

本例練習爲共陽極接線且以 2N3906(PNP)電晶體做爲行線控制，所以，所有動作致能及顯示控制爲低電位，反之爲高電位。

6.4.2 點矩陣 8x8 LED 之動作規劃

現在，進行點矩陣 8x8 LED 的顯示規劃，假設 8 條行線的掃描週期時間爲 62.5ms。因此，可設定最小基頻時間爲 62.5ms。假設有兩個圖形的更替，可見圖 6.16。要注意的是，爲了避免視覺暫留造成行掃描時發生短暫的圖形重疊，因此，在加入掃描圖形時會再進行圖形清空動作，每掃描完一次週期後則會維持一段基頻時間。爲了滿足每個圖形保持 2 秒，則每個圖形共要進行 32 次的基頻時間。爲避免視覺暫留造成兩圖形重疊，在圖形更替時，將進行 2 個基頻時間的清空動作。

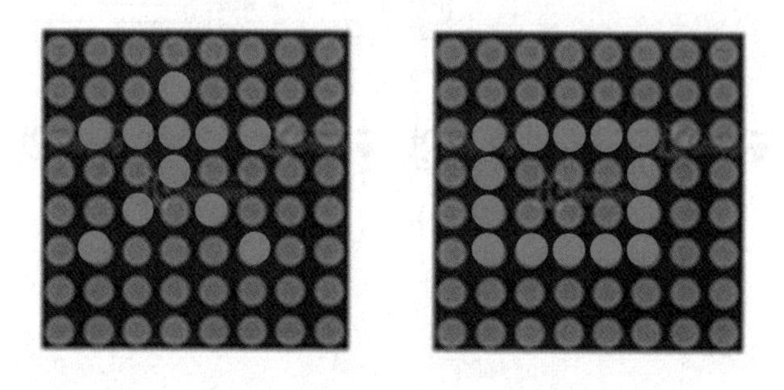

圖 6.16　點矩陣 8x8 LED 單色規劃的圖形

其部分操控的時序圖可見圖 6.17 所示，整個操控的流程圖可見圖 6.18 所示。

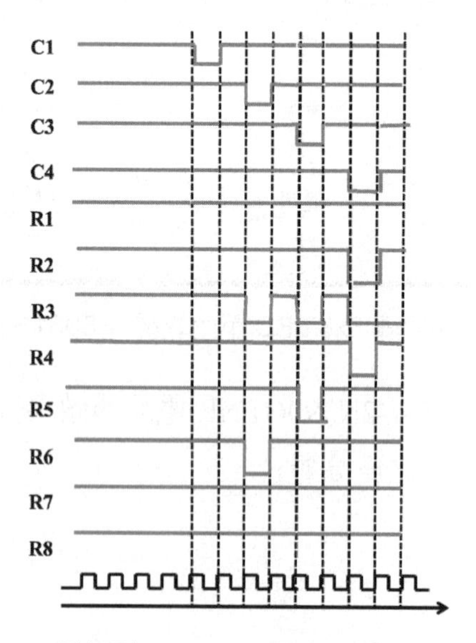

圖 6.17　點矩陣 8x8 LED 單色之部分操控的時序圖

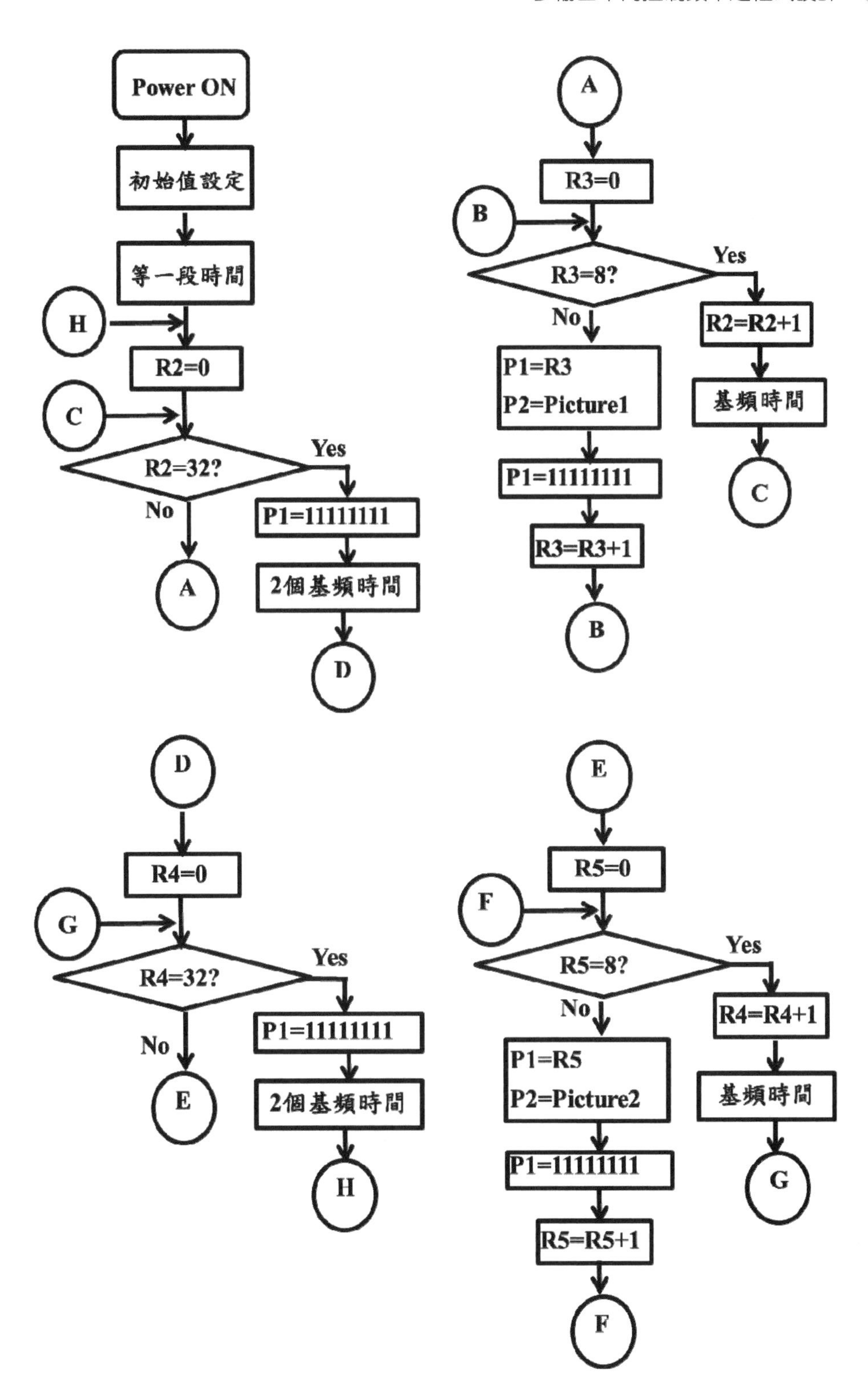

圖 6.18　點矩陣 8x8 LED 單色之操控流程圖

6.4.3 點矩陣 8x8 LED 之動態顯示控制

以下就上述的點矩陣 8x8 LED 之動態顯示的流程圖，分別以組合語言及 C51 語言來設計程式。組合語言程式編寫如下：

```
            ORG     000H                ;程式記憶體位址歸零
            MOV     R2, #0              ;初始值設定，R2=0
            MOV     R3, #0              ;初始值設定，R3=0
            MOV     R4, #0              ;初始值設定，R4=0
            MOV     R5, #0              ;初始值設定，R5=0
            MOV     A, #11111111B       ;P1 輸出初始值設定
            MOV     P1, A               ;P1 輸出初始值設定完成
            MOV     A, #11111111B       ;P2 輸出初始值設定
            MOV     P2, A               ;P2 輸出初始值設定完成
            CALL    DELAY               ;等一段時間
PICT1:      MOV     R2, #0              ;R2=0
PICT10:     CJNE    R2, #32, PICT11     ;若 R2≠32，跳至 PICT11
            MOV     P1, #11111111B      ;P1=11111111B
            CALL    DELAY               ;等待基頻時間 62.5ms
            CALL    DELAY               ;等待基頻時間 62.5ms
            JMP     PICT2               ;跳至 PICT2
PICT11:     MOV     R3, #0              ;R3=0
PICT12:     CJNE    R3, #8, PICT13      ;若 R3≠8，跳至 PICT13
            INC     R2                  ;R2=R2+1
            CALL    DELAY               ;等待基頻時間 62.5ms
            JMP     PICT10              ;跳至 PICT10
PICT13:     MOV     A, R3
            MOV     DPTR, #PICTURE_1    ;DPTR=PICTURE_1 之位址
            MOVC    A, @A+DPTR          ;A=[DPTR+A] 資料
            MOV     P2, A               ;P2=PICTURE1
            MOV     A, R3
            MOV     DPTR, #PICT_C       ;DPTR=PICT_C 之位址
            MOVC    A, @A+DPTR          ;A=[DPTR+A] 資料
            MOV     P1, A               ;P1=PICT_C
```

```
            MOV     P1, #11111111B          ;P1=11111111B
            INC     R3                      ;R3=R3+1
            JMP     PICT12                  ;跳至 PICT12
PICT2:      MOV     R4, #0                  ;R4=0
PICT20:     CJNE    R4, #32, PICT21         ;若 R4≠32，跳至 PICT21
            MOV     P1, #11111111B          ; P1=11111111B
            CALL    DELAY                   ;等待基頻時間 62.5ms
            CALL    DELAY                   ;等待基頻時間 62.5ms
            JMP     PICT1                   ;跳至 PCT1
PICT21:     MOV     R5, #0                  ;R5=0
PICT22:     CJNE    R5, #8, PICT23          ;若 R3≠8，跳至 PICT23
            INC     R4                      ;R4=R4+1
            CALL    DELAY                   ;等待基頻時間 62.5ms
            JMP     PICT20                  ;跳至 PICT20
PICT23:     MOV     A, R5
            MOV     DPTR, #PICTURE_2        ;DPTR=PICTURE_2 之位址
            MOVC    A, @A+DPTR              ;A=[DPTR+A]資料
            MOV     P2, A                   ;P2=PICTURE1
            MOV     A, R5
            MOV     DPTR, #PICT_C           ;DPTR=PICT_C 之位址
            MOVC    A, @A+DPTR              ;A=[DPTR+A]資料
            MOV     P1, A                   ;P1=PICT_C
            MOV     P1, #11111111B          ;P1=11111111B
            INC     R5                      ;R5=R5+1
            JMP     PICT22                  ;跳至 PICT22
DELAY:      MOV     TMOD, #00000001B        ;使用 Timer0 計數，模式 1
LOOPDY:     MOV     R6, #25                 ;R6 設定爲 25 次
LOOPDY1:    MOV     TH0, #(65536-250)/256;計數值 250，載入 TH0，TL0
            MOV     TL0, #(65536-250) mod 256
            SETB    TR0                     ;啓動 Timer 0 計數器
WAIT:       JNB     TF0, WAIT               ;等待旗標是否爲 1
            CLR     TR0                     ;清除 TR0，以停止計數
            CLR     TF0                     ;清除旗標 TF0
```

```
           DJNZ   R6, LOOPDY1          ;R6 值減 1，若不等於 0，再至
                                       ; LOOPDY1 執行，若爲 0，則
           ;結束
           RET
PICT_C:    ;P1=PICT_C
      DB   01111111B, 10111111B, 11011111B, 11101111B
      DB   11110111B, 11111011B, 11111101B, 11111110B
PICTURE_1: ;PICTURE1
      DB   11111111B, 11011011B, 11010111B, 10001111B
      DB   11010111B, 11011011B, 11111111B, 11111111B
PICTURE_2: ;PICTURE 2
      DB   11111111B, 11000011B, 11011011B, 11011011B
      DB   11011011B, 11000011B, 11111111B, 11111111B
           END                         ;程式結束
```

同樣地，C51 語言程式以陣列及指標方式來進行操控，因此，編寫如下：

```
#include <reg52.h>
#include <math.h>
void Delay( );
char PICTC[8]={0x7F, 0xBF, 0xDF, 0xEF, 0xF7, 0xFB, 0xFD, 0xFE};
char PICTURE1[8]={0xFF, 0xDB, 0xD7, 0x8F, 0xD7, 0xDB, 0xFF, 0xFF};
char PICTURE2[8]={0xFF, 0xC3, 0xDB, 0xDB, 0xDB, 0xC3, 0xFF, 0xFF};
char PICTC_tmp, PICTURE1_tmp, PICTURE2_tmp;
char *ptr_PICTC, *ptr_PICTURE1, *ptr_PICTURE2;
int i, j, k;
void main( )
{
ptr_PICTC=&PICTC;                      //指定指標位址
ptr_PICTURE1=&PICTURE1;                //指定指標位址
ptr_PICTURE2=&PICTURE2;                //指定指標位址
  P1=0xFF; P2=0xFF;                    //輸出初始值設定完成
for(i=1; i<=25; i++)                   //等一段時間
```

```
    {Delay( );}
  while(1)                              //無窮迴圈
  {
for(j=1; j<=32; j++)                    //圖形 1 週期
    { for(k=0; k<8; k++)                //圖形掃描週期
{
PICTC_tmp=*(k+ptr_PICTC);
PICTURE1_tmp=*(k+ptr_PICTURE1);
P2=PICTURE1_tmp;
P1=PICTC_tmp;
P1=0xFF;
      }
for(i=1; i<=25; i++)                    //維持 62.5ms
              {Delay( );}
}
P1=0xFF;
for(i=1; i<=50; i++)
    {Delay( );}    //2 個基頻時間
for(j=1; j<=32; j++)                    //圖形 2 週期
    { for(k=0; k<8; k++)                //圖形掃描週期
{
PICTC_tmp=*(k+ptr_PICTC);
PICTURE2_tmp=*(k+ptr_PICTURE2);
P2=PICTURE2_tmp;
P1=PICTC_tmp;
P1=0xFF;
      }
for(i=1; i<=25; i++)                    //維持 62.5ms
              {Delay( );}
}
P1=0xFF;
for(i=1; i<=50; i++)
    {Delay( );}    //2 個基頻時間
```

```
  }
}
void Delay( )
{
 TMOD=0x01;        //使用 Timer0 計數，工作於模式 1
 TH0=(65536-250)/256;                          //計數值 250，分別載入 TH0，TL0
 TL0=(65536-250)%256;
 TR0=1;                                        //啟動 Timer 0 計數器
 while(TF0==0);                                //等待旗標是否為 1
 TR0=0;                                        //清除 TR0，以停止計數
TF0=0;                                         //清除旗標 TF0
}
```

將上述的程式設計依之前章節所介紹之編寫及編譯程序，將可得到該程式的燒錄檔，再將其載入模擬軟體或實驗平台，可以進一步地驗證其功能動作是否與所規劃之控制時序一致。(可見圖 6.19)

圖 6.19　點矩陣 8x8 LED 之兩種圖形替換控制之模擬結果

6.5　紅綠燈之控制設計

結合上述的各種控制案例練習，接著，進行另一個多輸出不同控制頻率案例，紅綠燈的控制設計。以一個十字路口為例，對向燈號要一致且有三種顏色燈號，所以兩側需要 6 支接腳來進行控制，再加上兩個紅燈 9 秒倒數及點明滅的七段顯示器各需要 8 支接腳來進行控制，所以，總計需要 24 支腳來做操控。

6.5.1 紅綠燈之電路

依上述之要求及考量之前案例之電路後，將紅綠燈控制之電路設計如圖 6.20。

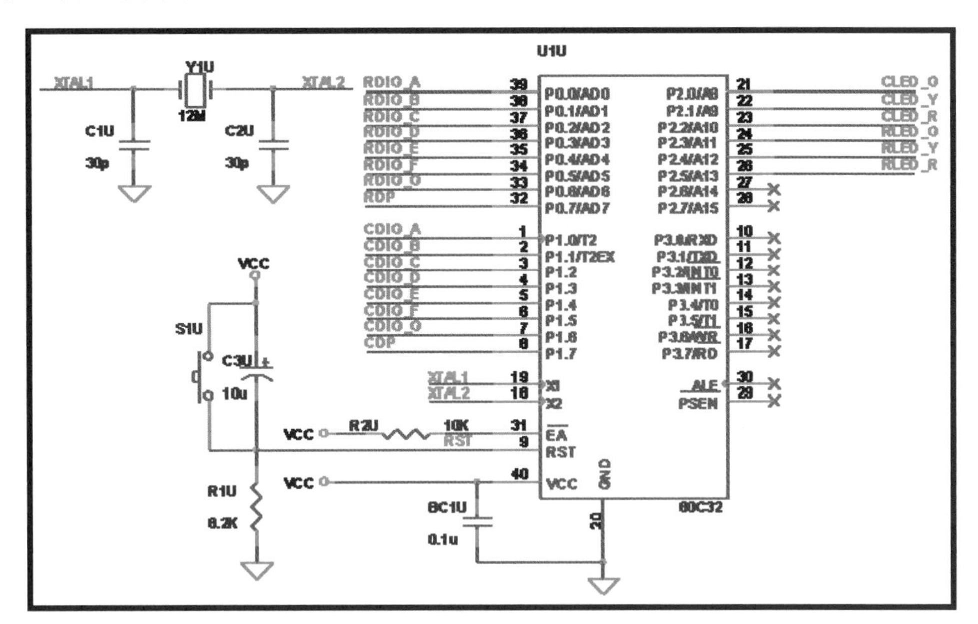

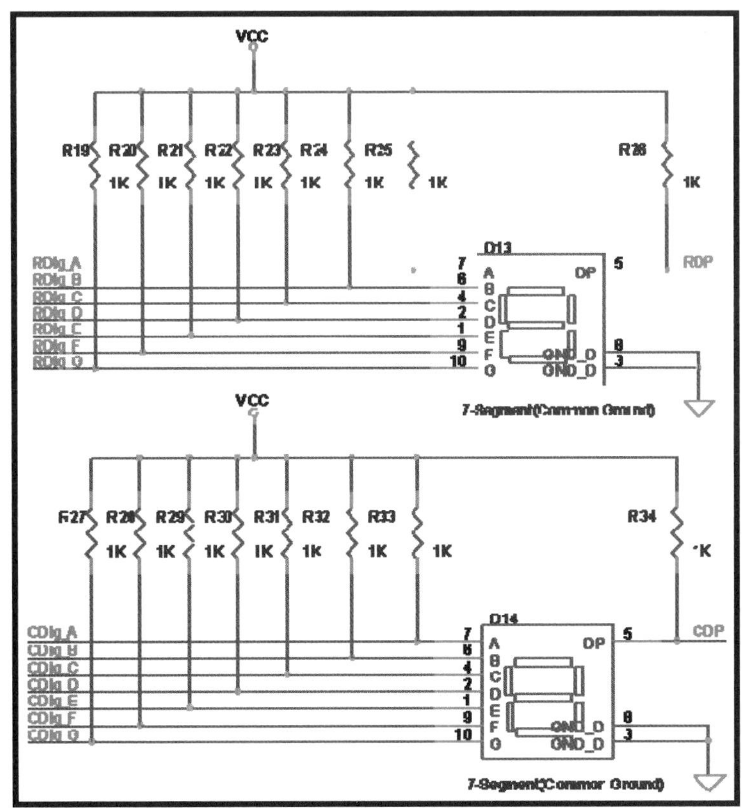

圖 6.20 紅綠燈之控制電路圖

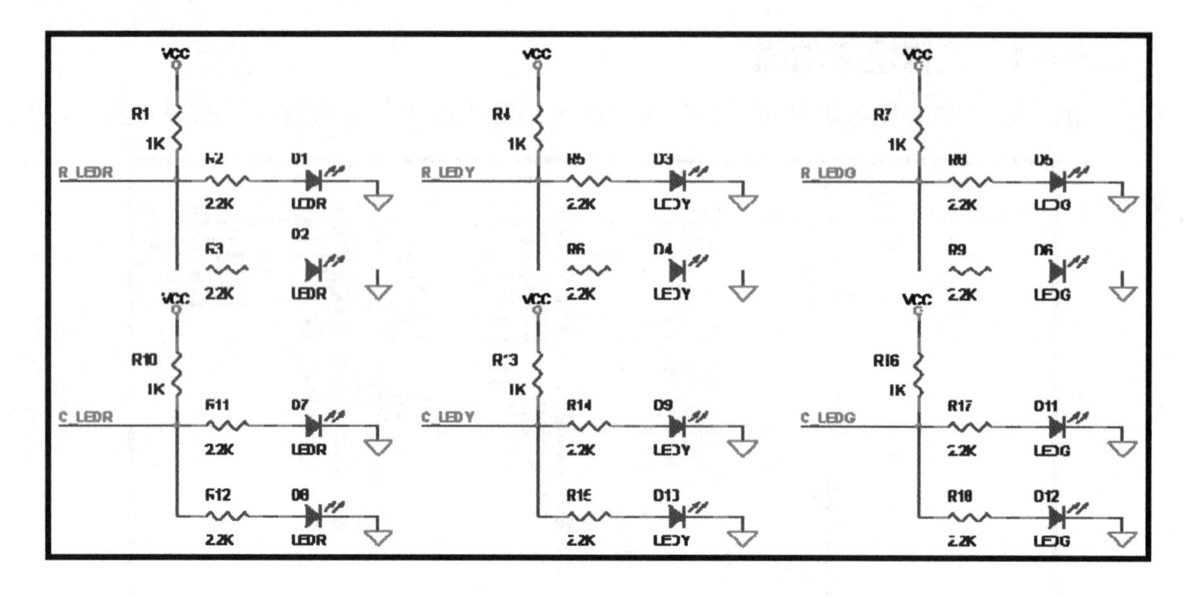

圖 6.20　紅綠燈之控制電路圖(續)

6.5.2　紅綠燈之動作規劃

紅綠燈的動作規劃為 Power On 後，初值設定為都紅燈亮，且七段顯示器不顯示，且點以 0.2 秒時間更換明滅，直到 2 秒後，切換成 R 端為綠燈且 C 端為紅燈，七段顯示器及點皆不亮，狀態持續 10 秒後，R 端仍為綠燈，C 端仍為紅燈，且 R 端七段顯示器開始從 9 倒數，C 端七段顯示器仍不亮。4 秒後，R 端變為黃燈，C 端仍為紅燈，且 R 端七段顯示器繼續下數且點開始以 0.5 秒時間更換明滅。5 秒後，R 端變為紅燈，C 端仍為紅燈，且 R 端及 C 端之七段顯示器不亮。2 秒後，R 端仍為紅燈，C 端為綠燈，持續 10 秒後，其動作與上一次週期相同，再持續更換。

程序上，本應先行繪出各輸出腳位的波形控制時序圖，因腳數較多，且之前已有案例練習，因此，接著將上述動作規劃的流程圖繪出如圖 6.21 所示。其中，經分析後，基頻週期選為 100ms。

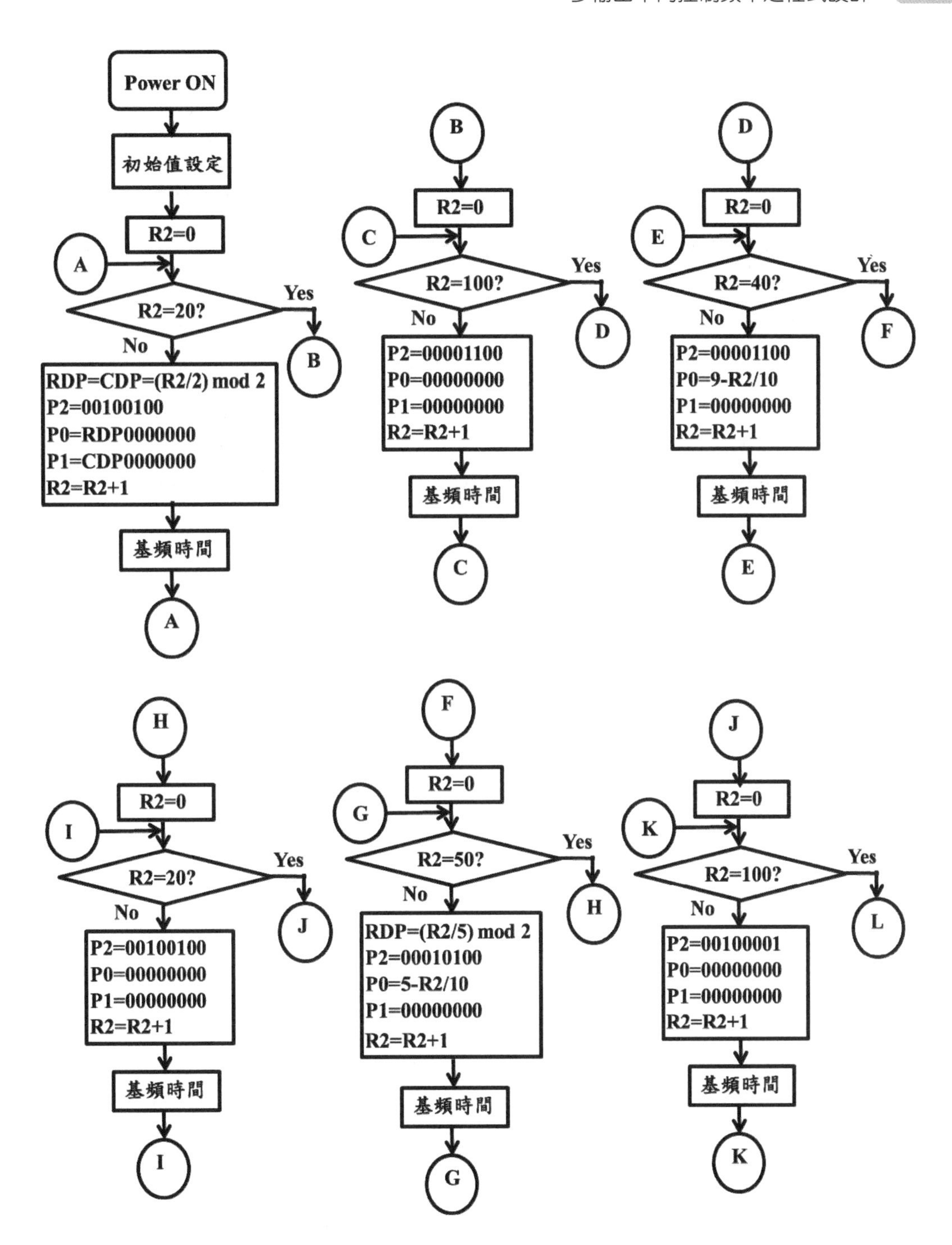

圖 6.21 紅綠燈之控制流程圖

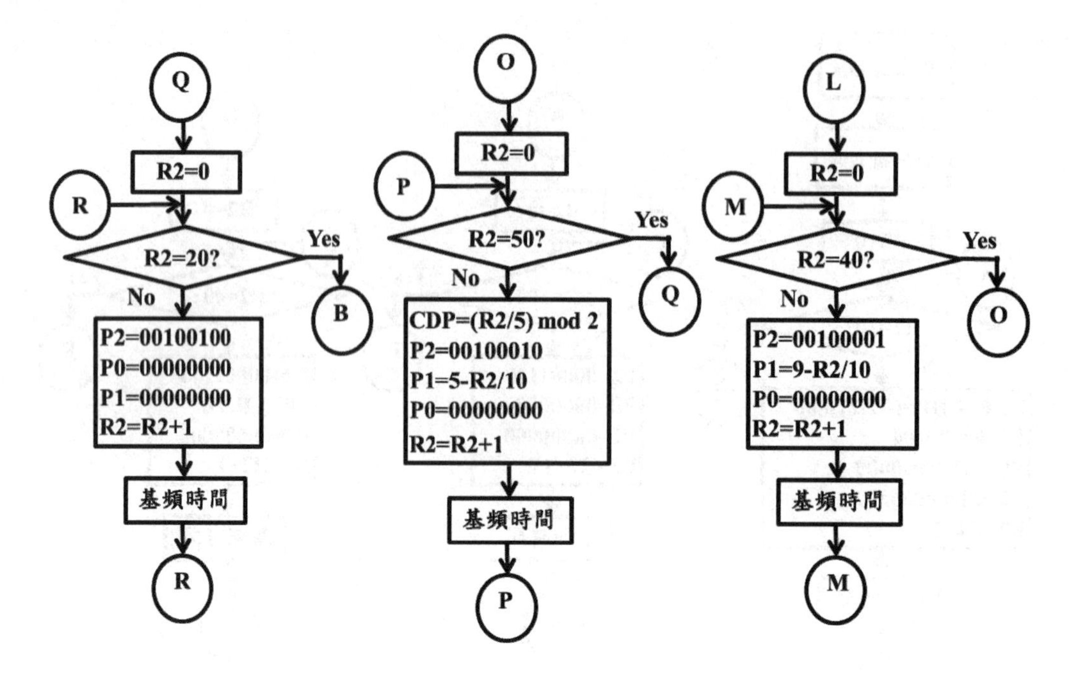

圖 6.21 紅綠燈之控制流程圖(續)

6.5.3 紅綠燈之計時控制

以下就上述的紅綠燈之計時控制之動態顯示的流程圖，分別以組合語言及 C51 語言來設計程式。組合語言程式編寫如下：

```
          ORG     000H                    ;程式記憶體位址歸零
          RDP     EQU                     31H    ;設定 RDP 變數
          CDP     EQU                     32H    ;設定 CDP 變數
          MOV     R2, #0                  ;初始值設定，R2=0
          MOV     R3, #0                  ;初始值設定，R3=0
          MOV     A, #00000000B           ;P0 輸出初始值設定
          MOV     P0, A                   ;P0 輸出初始值設定完成
          MOV     A, #00000000B           ;P1 輸出初始值設定
          MOV     P1, A                   ;P1 輸出初始值設定完成
          MOV     A, #00000000B           ;P2 輸出初始值設定
          MOV     P2, A                   ;P2 輸出初始值設定完成
          CALL    DELAY                   ;等一段時間 100ms
INIT:     MOV     R2, #0                  ;R2=0
INIT10:   CJNE    R2, #20, INIT11         ;若 R2≠20，跳至 INIT11
```

```
        JMP     PHASE1              ;跳至 PHASE1
INIT11: MOV     A, R2               ;A=R2
        MOV     B, #2               ;B=2
        DIV     AB                  ;A DIV B
        MOV     B, #2               ;B=2
                DIV                 AB      ;A DIV B
        MOV     A, B                ;餘數由 B 移到 A
        MOV     DPTR, #RDP_L        ;DPTR=RDP_L 之位址
        MOVC    A, @A+DPTR          ;A=[DPTR+A]，RDP_L 資料
                MOV                 RDP, A      ;RDP
        MOV     A, B                ;餘數由 B 移到 A
        MOV     DPTR, #CDP_L        ;DPTR=CDP_L 之位址
        MOVC    A, @A+DPTR          ;A=[DPTR+A]，CDP_L 資料
        MOV     CDP, A              ;CDP
        MOV     P2, #00100100B      ;P2=00100100
        MOV     A, RDP              ;A=RDP
        ORL     A, #00000000B       ;A=RDP OR 00000000
        MOV     P0, A               ;P0 輸出
        MOV     A, CDP              ;A=CDP
        ORL     A, #00000000B       ;A=CDP OR 00000000
        MOV     P1, A               ;P1 輸出
        INC     R2                  ;R2=R2+1
        CALL    DELAY               ;基頻時間 100ms
        JMP     INIT10              ;跳至 INIT10
PHASE1: MOV     R2, #0              ;R2=0
PHASE10: CJNE   R2, #100, PHASE11   ;若 R2≠100，跳至 PHASE11
        JMP     PHASE2              ;跳至 PHASE2
PHASE11: MOV    P2, #00001100B      ;P2=00001100
        MOV     P0, #00000000B      ;P0=00000000
        MOV     P1, #00000000B      ;P1=00000000
        INC     R2                  ;R2=R2+1
        CALL    DELAY               ;基頻時間 100ms
        JMP     PHASE10             ;跳至 PHASE10
```

```
PHASE2:    MOV    R2, #0                ;R2=0
PHASE20:   CJNE   R2, #40, PHASE21      ;若 R2≠40，跳至 PHASE21
           JMP    PHASE3                ;跳至 PHASE3
PHASE21:   MOV    P2, #00001100B        ;P2=00001100
           MOV    A, R2                 ;A=R2
           MOV    B, #10                ;B=10
           DIV    AB                    ;A DIV B
           MOV    R3, A                 ;R3=R2/10
           MOV    A, #9                 ;A=9
           SUBB   A, R3                 ;A=9-R2/10
           MOV    DPTR, #SEVEN          ;DPTR=SEVEN 之位址
           MOVC   A, @A+DPTR            ;A=[DPTR+A]，SEVEN 資料
           MOV    P0, A                 ;P0=9-R2/10
           MOV    P1, #00000000B        ;P1=00000000
           INC    R2                    ;R2=R2+1
           CALL   DELAY                 ;基頻時間 100ms
           JMP    PHASE20               ;跳至 PHASE20
PHASE3:    MOV    R2, #0                ;R2=0
PHASE30:   CJNE   R2, #50, PHASE31      ;若 R2≠50，跳至 PHASE31
           JMP    PHASE4                ;跳至 PHASE4
PHASE31:   MOV    A, R2                 ;A=R2
           MOV    B, #5                 ;B=5
           DIV    AB                    ;A DIV B
           MOV    B, #2                 ;B=2
           DIV    AB                    ;A DIV B
           MOV    RDP, B                ;RDP=(R2/5) mod 2
           MOV    P2, #00010100B        ;P2=00010100
           MOV    A, R2                 ;A=R2
           MOV    B, #10                ;B=10
           DIV    AB                    ;A DIV B
           MOV    R3, A                 ;R3=R2/10
           MOV    A, #5                 ;A=5
           SUBB   A, R3                 ;A=5-R2/10
```

```
         MOV    DPTR, #SEVEN          ;DPTR=SEVEN 之位址
         MOVC   A, @A+DPTR            ;A=[DPTR+A]，SEVEN 資料
         ORL    A, RDP                ;A=SEVEN OR RDP
         MOV    P0, A                 ;P0=SEVEN OR RDP
         MOV    P1, #00000000B        ;P1=00000000
         INC    R2                    ;R2=R2+1
         CALL   DELAY                 ;基頻時間 100ms
         JMP    PHASE30               ;跳至 PHASE30
PHASE4:  MOV    R2, #0                ;R2=0
PHASE40: CJNE   R2, #20, PHASE41      ;若 R2≠20，跳至 PHASE41
         JMP    PHASE5                ;跳至 PHASE5
PHASE41: MOV    P2, #00100100B        ;P2=00100100
         MOV    P0, #00000000B        ;P0=00000000
         MOV    P1, #00000000B        ;P1=00000000
         INC    R2                    ;R2=R2+1
         CALL   DELAY                 ;基頻時間 100ms
         JMP    PHASE40               ;跳至 PHASE40
PHASE5:  MOV    R2, #0                ;R2=0
PHASE50: CJNE   R2, #100, PHASE51     ;若 R2≠100，跳至 PHASE51
         JMP    PHASE6                ;跳至 PHASE6
PHASE51: MOV    P2, #00100001B        ;P2=00100001
         MOV    P0, #00000000B        ;P0=00000000
         MOV    P1, #00000000B        ;P1=00000000
         INC    R2                    ;R2=R2+1
         CALL   DELAY                 ;基頻時間 100ms
         JMP    PHASE50               ;跳至 PHASE50
PHASE6:  MOV    R2, #0                ;R2=0
PHASE60: CJNE   R2, #40, PHASE21      ;若 R2≠40，跳至 PHASE61
         JMP    PHASE7                ;跳至 PHASE7
PHASE61: MOV    P2, #00100001B        ;P2=00100001
         MOV    A, R2                 ;A=R2
         MOV    B, #10                ;B=10
         DIV    AB                    ;A DIV B
```

```
            MOV    R3, A                 ;R3=R2/10
            MOV    A, #9                 ;A=9
            SUBB   A, R3                 ;A=9-R2/10
            MOV    DPTR, #SEVEN          ;DPTR=SEVEN 之位址
            MOVC   A, @A+DPTR            ;A=[DPTR+A]，SEVEN 資料
            MOV    P1, A                 ;P1=9-R2/10
            MOV    P0, #00000000B        ;P0=00000000
            INC    R2                    ;R2=R2+1
            CALL   DELAY                 ;基頻時間 100ms
            JMP    PHASE60               ;跳至 PHASE60
PHASE7:     MOV    R2, #0                ;R2=0
PHASE70:    CJNE   R2, #50, PHASE71      ;若 R2≠50，跳至 PHASE71
            JMP    PHASE8                ;跳至 PHASE8
PHASE71:    MOV    A, R2                 ;A=R2
            MOV    B, #5                 ;B=5
            DIV    AB                    ;A DIV B
            MOV    B, #2                 ;B=2
            DIV    AB                    ;A DIV B
            MOV    CDP, B                ;CDP=(R2/5) mod 2
            MOV    P2, #00100010B        ;P2=00100010
            MOV    A, R2                 ;A=R2
            MOV    B, #10                ;B=10
            DIV    AB                    ;A DIV B
            MOV    R3, A                 ;R3=R2/10
            MOV    A, #5                 ;A=5
            SUBB   A, R3                 ;A=5-R2/10
            MOV    DPTR, #SEVEN          ;DPTR=SEVEN 之位址
            MOVC   A, @A+DPTR            ;A=[DPTR+A]，SEVEN 資料
            ORL    A, CDP                ;A=SEVEN OR CDP
            MOV    P1, A                 ;P1=SEVEN OR CDP
            MOV    P0, #00000000B        ;P0=00000000
            INC    R2                    ;R2=R2+1
            CALL   DELAY                 ;基頻時間 100ms
```

```
          JMP     PHASE70                ;跳至 PHASE70
PHASE8:   MOV     R2, #0                 ;R2=0
PHASE80:  CJNE    R2, #20, PHASE81       ;若 R2≠20，跳至 PHASE81
          JMP     PHASE1                 ;跳至 PHASE1
PHASE81:  MOV     P2, #00100100B         ;P2=00100100
          MOV     P0, #00000000B         ;P0=00000000
          MOV     P1, #00000000B         ;P1=00000000
          INC     R2                     ;R2=R2+1
          CALL    DELAY                  ;基頻時間 100ms
          JMP     PHASE80                ;跳至 PHASE80
DELAY:    MOV     TMOD, #00000001B       ;使用 Timer0 計數，模式 1
LOOPDY:   MOV     R6, #40                ;R6 設定為 40 次
LOOPDY1:  MOV     TH0, #(65536-250)/256  ;計數值 250，載入 TH0，TL0
          MOV     TL0, #(65536-250) mod 256
          SETB    TR0                    ;啓動 Timer 0 計數器
WAIT:     JNB     TF0, WAIT              ;等待旗標是否為 1
          CLR     TR0                    ;清除 TR0，以停止計數
          CLR     TF0                    ;清除旗標 TF0
          DJNZ    R6, LOOPDY1            ;R6 值減 1，若不等於 0，再至
                                         ; LOOPDY1 執行，若為 0，則
                                         ;結束
          RET
RDP_L:                                   ;RDP
     DB   10000000B, 00000000B
CDP_L:                                   ;CDP
     DB   10000000B, 00000000B
SEVEN:                                   ;數字 0~9
     DB   00111111B, 00000110B, 01011011B, 01001111B, 01100110B
     DB   01101101B, 01111101B, 00000111B, 01111111B, 01101111B
     END                                 ;程式結束
```

同樣地，C51 語言程式以陣列及指標方式來進行操控，因此，編寫如下：

```
#include <reg52.h>
#include <math.h>
void Delay( );
char RDP[2]={0x80, 0x00};
char CDP[2]={0x80, 0x00};
char SEVEN[10]={0x3F, 0x06, 0x5B, 0x4F, 0x66, 0x6D, 0x7D, 0x07, 0x7F, 0x6F};
char RDP_tmp, CDP_tmp, SEVEN_tmp;
char *ptr_RDP, *ptr_CDP, *ptr_SEVEN;
int i, j;
void main( )
{
ptr_RDP=&RDP;                                   //指定指標位址
ptr_CDP=&CDP;                                   //指定指標位址
ptr_SEVEN=&SEVEN; //指定指標位址
  P0=0x00; P1=0x00; P2=0x00;                    //輸出初始值設定完成
for(i=1; i<=40; i++)                            //等一段時間
    {Delay( );}
for(j=0; j<20; j++)                             //圖形掃描週期
{
RDP_tmp=*(((j/2)%2)+ptr_RDP);
CDP_tmp=*(((j/2)%2)+ptr_RDP);
P2=0x24;
P0=RDP_tmp|0x00;
P1=CDP_tmp|0x00;
 for(i=1; i<=40; i++)                           //維持 100ms
      {Delay( );}
}
while(1)                                        //無窮迴圈
  {
for(j=0; j<100; j++)                            //PHASE1
{
```

```
P2=0x0C;
P0=0x00;
P1=0x00;
   for(i=1; i<=40; i++)                    //維持 100ms
       {Delay( );}
}
for(j=0; j<40; j++)                        //PHASE2
{
P2=0x0C;
P0=*((9-j/10)+ptr_SEVEN);
P1=0x00;
   for(i=1; i<=40; i++)                    //維持 100ms
       {Delay( );}
}
for(j=0; j<50; j++)                        //PHASE3
{
RDP_tmp=*((((j/5)%2)+ptr_RDP);
P2=0x14;
P0=*((5-j/10)+ptr_SEVEN)|RDP_tmp;
P1=0x00;
   for(i=1; i<=40; i++)                    //維持 100ms
       {Delay( );}
}
for(j=0; j<20; j++)                        //PHASE4
{
P2=0x24;
P0=0x00;
P1=0x00;
   for(i=1; i<=40; i++)                    //維持 100ms
       {Delay( );}
}
for(j=0; j<100; j++)                       //PHASE5
{
```

```
P2=0x21;
P0=0x00;
P1=0x00;
   for(i=1; i<=40; i++)                    //維持 100ms
       {Delay( );}
}
for(j=0; j<40; j++)                        //PHASE6
{
P2=0x21;
P1=*((9-j/10)+ptr_SEVEN);
P0=0x00;
   for(i=1; i<=40; i++)                    //維持 100ms
       {Delay( );}
}
for(j=0; j<50; j++)                        //PHASE7
{
CDP_tmp=*(((j/5)%2)+ptr_CDP);
P2=0x22;
P1=*((5-j/10)+ptr_SEVEN)|CDP_tmp;
P0=0x00;
   for(i=1; i<=40; i++)                    //維持 100ms
       {Delay( );}
}
for(j=0; j<20; j++)                        //PHASE8
{
P2=0x24;
P0=0x00;
P1=0x00;
   for(i=1; i<=40; i++)                    //維持 100ms
       {Delay( );}
}
  }
}
```

```
void Delay( )
{
 TMOD=0x01;        //使用 Timer0 計數，工作於模式 1
 TH0=(65536-250)/256;                    //計數值 250，分別載入 TH0，TL0
 TL0=(65536-250)%256;
 TR0=1;                                  //啓動 Timer 0 計數器
 while(TF0==0);                          //等待旗標是否爲 1
 TR0=0;                                  //清除 TR0，以停止計數
TF0=0;                                   //清除旗標 TF0
}
```

將上述的程式設計依之前章節所介紹之編寫及編譯程序，將可得到該程式的燒錄檔，再將其載入模擬軟體或實驗平台，可以進一步地驗證其功能動作是否與所規劃之控制時序一致。

Chapter 7

多輸出/入不同控制頻率之程式設計

從上面章節的案例練習中可以瞭解，多輸出控制系統的各週期性功能動作，都是一種週期性的控制迴路，是一種週期性的波形或樣態的變化。當經過分析且計算出所有動作之基頻時間(t_b)及總週期的執行基頻次數(n_T)，以及每個功能動作的反應速度(假設為高低電位的訊號轉換)所需的執行基頻次數(n_i)後，因其動作的呈現為反覆性動作，所以，設計者除可以動作條列的方式來設計程式外，也可以用指標及資料庫的方式做程控迴路的規劃。假設，動作迴路從 r = 0 開始計數，以 r = r+1 方式遞增直至 r = n_T 止，再重覆執行或跳至下一功能動作的週期迴路。對於週期性的正反相波形產生，則可以用每個功能執行的資料庫指標 P_i = (資料庫位址偏移量+資料庫起始位址)的定址方式來進行(可見圖 7.1)。而資料庫位址偏移量的計算公式如下：

資料庫位址偏移量 = $(r/n_i)\%2$

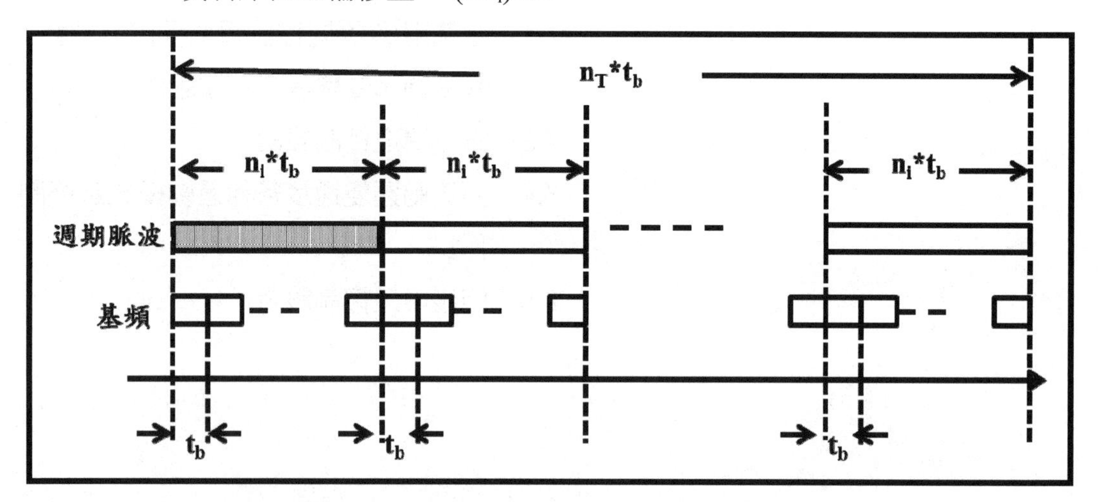

圖 7.1　基頻及週期性正反波形的關係圖

例如，以 LED 的明滅控制為例，若基頻時間取為 100ms，每 0.5 秒明滅一次，所以 n_i = 5，n_T 選為 10 或 10 的倍數。

若是程控屬於每個樣態波形保持一段固定週期時間(樣態保持基頻次數為 n_f)，且功能動作有 m 種波形變化之樣態資料庫的產生類型，因其動作的呈現為反覆性動作，所以，也可以每個功能輸出所執行的資料庫指標 P_i = (樣態資料庫位址偏移量+樣態資料庫位起始位址)的定址方式來進行(可見圖 7.2)。而樣態資料庫位址偏移量等於下式：

樣態資料庫位址偏移量 = $(r/n_f)\%m$

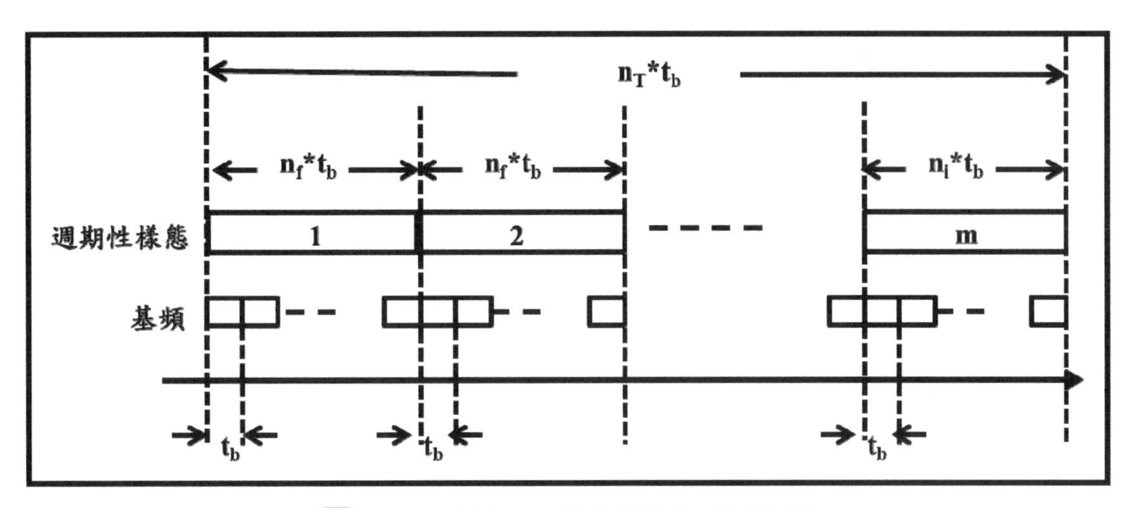

圖 7.2　基頻及週期性樣態波形的關係圖

其中，總週期的執行基頻次數(n_T)是週期性總樣態變化的倍數。

例如，以七段顯示器的計數顯示爲例，共有 0~9 等 10 種樣態，若基頻時間設爲 100ms，且功能設定爲每 1 秒更換數字一次，所以 $n_f = 10$，$m = 10$，n_T 選爲 100 或 100 的倍數。

而上述的兩種功能波形產生(或是多個功能的波形產生)的方式，是可以同時計數且組合執行，只要是其總週期的執行基頻次數是所有功能波形產生的公倍數即可。之後，再作功能波形組合(一般以 or 方式來進行波形組合)。也就是說，不管是各種時間的週期性正反相波形產生，還是各種不同時間的週期性樣態波形之產生，都可以依上述的方式來規劃設計及順利進行程控。

例如，將上述的 LED 明滅功能及七段顯示器的計數顯示功能設計成一起呈現，則上述的各功能參數選擇仍保持一樣，而 n_T 選爲兩個功能波形的共同公倍數，100 或 100 的倍數

同樣地，對於多輸出/入不同控制頻率之程式設計也類似上述的設計方式，但由於有些輸入功能的限制(有些功能需要整個輸入動作完成後，才能進行其它的功能動作，如影像擷取之資料輸入等)，所以，必須先行確定各輸出/入功能間的操控關係是否爲獨立關係，若是，就可以依上述的程控設計方式來進行功能時序的規劃及設計。否則，就要犧牲系統的操控性能或是以多 CPU 的控制架構來進行系統操控，讓各功能動作得以保持其應有的反應速度。

7.1 多輸出/入不同控制頻率程控之規劃

關於多輸出/入不同控制頻率程控之系統規劃，除了延續上章節之微電腦單晶片 8051 的單輸出程控設計、多輸出程控設計及多輸出不同控制頻率程控之設計程序外，對於微電腦單晶片 8051 的多輸出/入不同控制頻率程控之設計，也繼續地延申建議使用者，依以下的規劃方式來進行設計：

1. 繪出控制系統之功能方塊圖且標示其反應時間，同時確定各輸出/入波形間是否有相依性。若有，則須採用多 CPU 的控制架構。
2. 計算所有元件或功能模組之動作週期時間的最小公倍數，接著，取其導數爲基頻，或以其數倍値爲基頻。
3. 計算出所有週期性功能迴路相對於基頻時間之基頻執行次數，再取所有週期性功能迴路時間之公倍數，做爲總功能執行的週期時間。
4. 先分別驗證各單輸出控制之時序動作後，再設法結合且調整多輸出/入不同控制頻率之時間間隔。
5. 在設計及驗證過程中，先以逐步且放慢的方式確認多輸出/入不同控制頻率的時序動作。
6. 接著，再依所規劃的系統反應速度，依規劃的操控時序，逐步地加快多輸出/入不同控制頻率之動作的速度。

以下章節之控制設計安排，就是依上述的規劃方式及步驟來加以進行。

7.2 音階顯示音樂盒之控制設計

本案例乃以課堂中的專題題目，音階顯示音樂盒之控制設計，來進行多輸出/入不同控制頻率之案例設計說明且依上述步驟重新設計程式。其設計動機爲將手動輸入 DIP switch 所產生不同頻率控制音階的音樂盒，在音樂發出聲音的同時，以 8×8 的單色點矩陣來顯示出目前的音階。(可見圖 7.3)

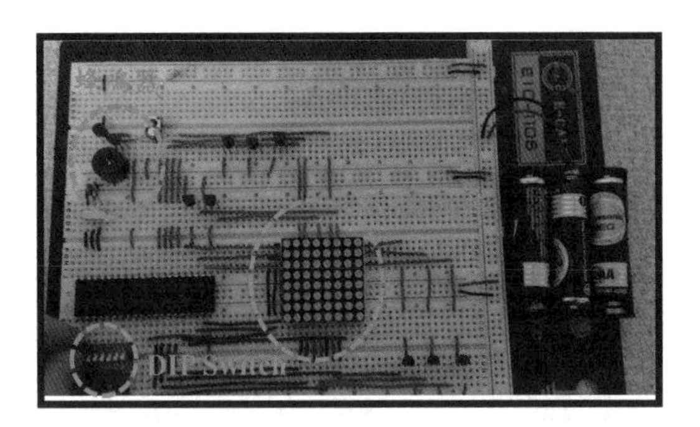

圖 7.3　音階顯示音樂盒外觀圖

7.2.1　音階顯示音樂盒之電路

依上述之功能規劃及元件配置要求，音階顯示音樂盒之電路可見圖 7.4。

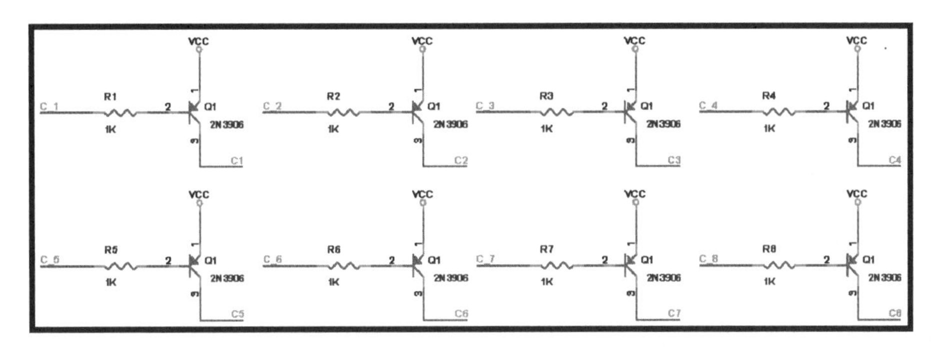

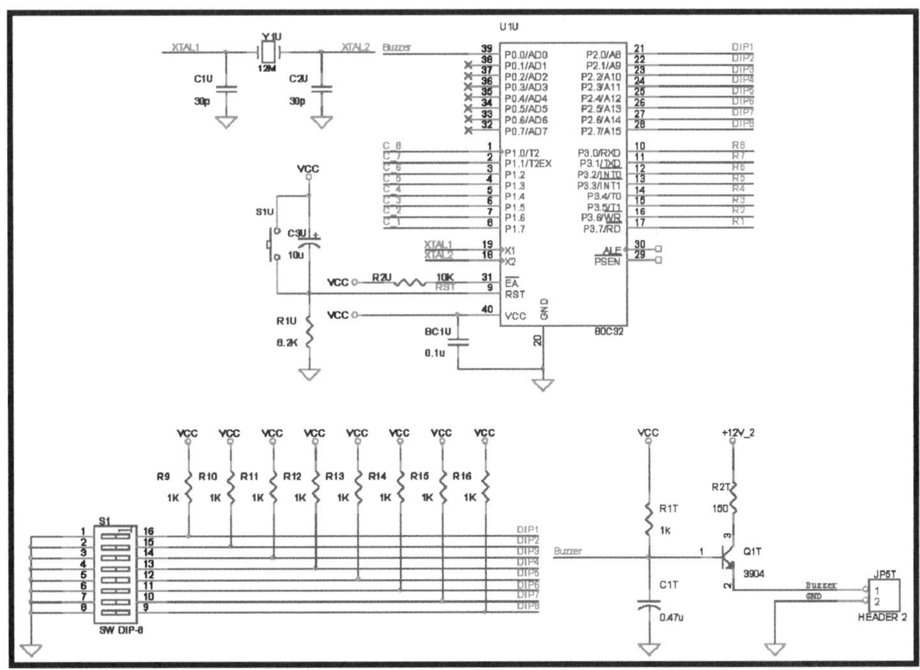

圖 7.4　音階顯示音樂盒之電路圖(其中，8×8 單色點矩陣接腳，可見圖 6.14)

7.2.2 音階顯示音樂盒之規劃

經分析後，本音樂合設成 8 個音階，以 Timer0 之模式 0 的時間長短來決定其蜂鳴器的訊號正反之變化頻率，分別為 506、478、425、379、326、319、284 及 253(us)。因此，可設定其 TH0 為 240、241、242、244、245、246、247 及 248，TL0 為 6、2、23、5、26、1、4 及 3。規劃蜂鳴器的訊號正反化一次後，8×8 單色點矩陣畫面掃描一次。若以 253(us)為基頻，則蜂鳴器及 8x8 單色點矩陣之週期時間為 506(μs)。為滿足 DIP Switch 的反應速度，其掃描辨識時間約 0.1~0.3(s)，所以，取蜂鳴器及 8×8 單色點矩陣之動作週期的 250 倍(約 0.127(s))為 DIP Switch 的掃描時間，符合 DIP Switch 的反應速度。此外，在未撥 DIP Switch 任一鍵或非正常按鍵時，則皆設須為未撥鍵狀態，所以，DIP Switch 的狀態設為 9 種。

依上述之動作解析，於是規劃音階顯示音樂盒之動作流程圖如圖 7.5。

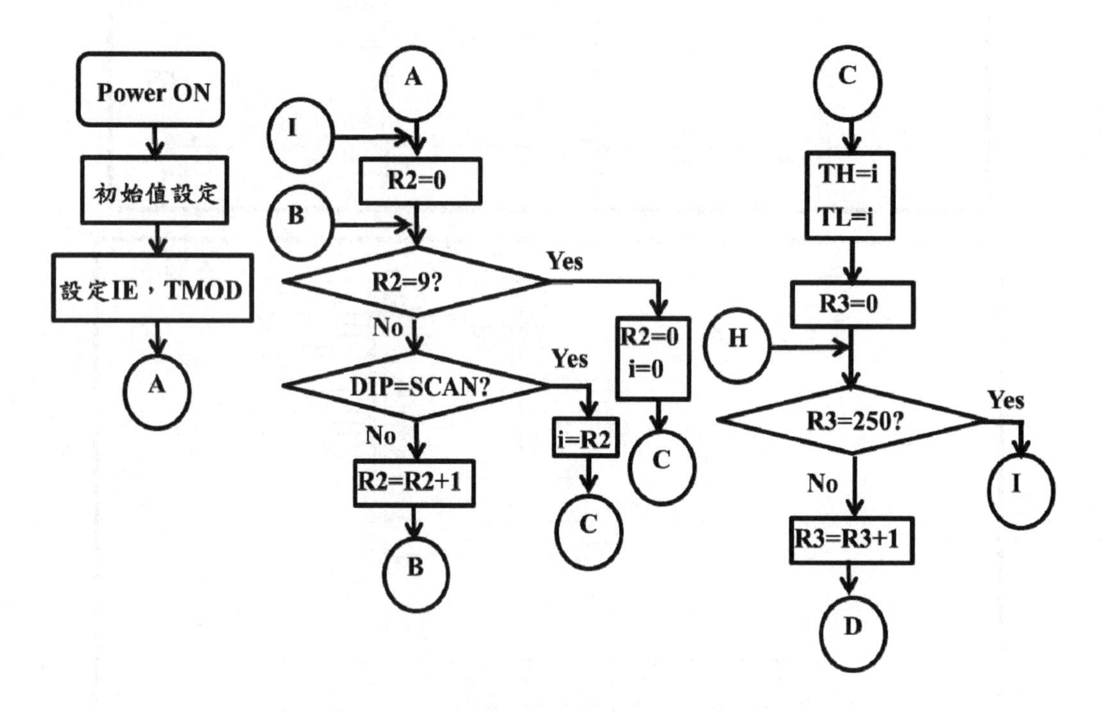

圖 7.5 音階顯示音樂盒之操控流程圖

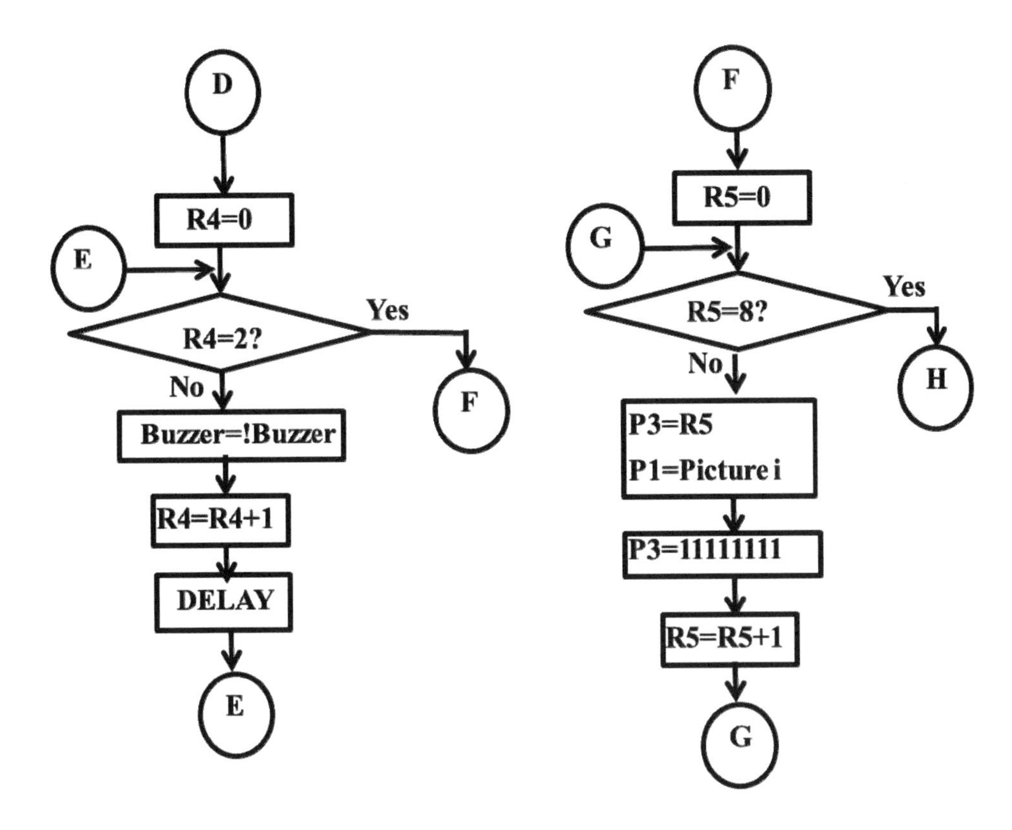

圖 7.5 音階顯示音樂盒之操控流程圖(續)

7.2.3 音階顯示音樂盒之動作控制

相較於 C51 語言，組合語言較難設計，因此，本例以組合語言來設計本程式。以下，就上述的音階顯示音樂盒之動作控制的流程圖，其組合語言程式編寫如下：

```
ORG     000H                    ;程式記憶體位址歸零
SCNT    EQU                     31H    ;設定 SCAN 變數
BUZZ    EQU                     32H    ;設定 BUZZ 變數
MOV     R2, #0                  ;初始值設定，R2=0
MOV     R3, #0                  ;初始值設定，R3=0
MOV     R4, #0                  ;初始值設定，R4=0
MOV     R5, #0                  ;初始值設定，R5=0
MOV     BUZZ, #00000000B        ;初始值，BUZZ=00000000
MOV     A, BUZZ                 ;P0 輸出初始值設定
MOV     P0, A                   ;P0 輸出初始值設定完成
MOV     A, #11111111B           ;P1 輸出初始值設定
```

```
            MOV     P1, A                   ;P1 輸出初始值設定完成
            MOV     A, #11111111B           ;P3 輸出初始值設定
            MOV     P3, A                   ;P3 輸出初始值設定完成
            CLR     TR0                     ;清除 TR0，以停止計數
            MOV     TMOD, #00000000B        ;使用 Timer0 計數，模式 0
            MOV     TH0, #240               ;TH0 初始值設定
            MOV     TL0, #6                   ;TL0 初始值設定
            CALL    DELAY                   ;等一段時間
DIPSCAN:    MOV     R2, #0                  ;R2=0
DIPSCAN0:   CJNE    R2, #9, DIPSCAN1        ;若 R2≠9，DIPSCAN1
            MOV     R2, #0
            JMP     MATRIX                  ;跳至 MATRIX
DIPSCAN1:   MOV     DPTR, #SCAN             ;DPTR=SCAN 之位址
            MOV     A, R2                   ;A=R2
            MOVC    A, @A+DPTR              ;A=[DPTR+R2]資料
            MOV     SCNT, A                 ;SCNT=A
            MOV     A, P2                   ;A=DIP
            CJNE    A, SCNT, DIPSCAN2       ;若 P2≠SCAN，至 DIPSCAN2
            JMP     MATRIX                  ;否則，跳至 MATRIX
DIPSCAN2:   INC     R2                      ;R2=R2+1
            JMP     DIPSCAN0                ;跳至 DIPSCAN0
MATRIX:     MOV     DPTR, #HI               ;DPTR=HI 之位址
            MOV     A, R2                   ;A=R2
            MOVC    A, @A+DPTR              ;A=[DPTR+A]資料
            MOV     TH0, A                  ;TH0=A
            MOV     DPTR, #LO               ;DPTR=LO 之位址
            MOV     A, R2                   ;A=R2
            MOVC    A, @A+DPTR              ;A= A=[DPTR+A]資料
            MOV     TL0, A                  ;TL0=A
MATRIX0:    MOV     R3, #0                  ;R3=0
MATRIX1:    CJNE    R3, #250, MATRIX2       ;若 R3≠250，MATRIX2
            JMP     DIPSCAN                 ;跳至 DIPSCAN
MATRIX2:    INC     R3                      ;R3=R3+1
```

```
BUZZER:    MOV    R4, #0                ;R4=0
BUZZER0:   CJNE   R4, #2, BUZZER1       ;若 R4≠2，BUZZER1
           JMP    PICT                  ;跳至 PICT
BUZZER1:   MOV    A, BUZZ               ;A=BUZZ
           CJNE   R2, #0, BUZZER2       ;若 R2≠0，BUZZER2
           JMP    BUZZER3               ;跳至 BUZZER3
BUZZER2:   CPL    A                     ;A=!BUZZ
BUZZER3:   MOV    BUZZ, A               ;BUZZ=A
           MOV    P0, A                 ;P0=A
           INC    R4                    ;R4=R4+1
           CALL   DELAY                 ;BUZZER FREQUENCY
           JMP    BUZZER0               ;跳至 BUZZER0
PICT:      MOV    R5, #0                ;R5=0
PICT0:     CJNE   R5, #8, PAT0          ;若 R5≠8，PAT0
           JMP    MATRIX1               ;跳至 MATRIX1
PAT0:      CJNE   R2, #0, PAT1          ;若 R2≠0，至 PAT1
           MOV    DPTR, #PICTURE_0      ;DPTR=PICTURE_0 之位址
           JMP    SHOW                  ;否則，跳至 SHOW
PAT1:      CJNE   R2, #1, PAT2          ;若 R2≠1，至 PAT2
           MOV    DPTR, #PICTURE_1      ;DPTR=PICTURE_1 之位址
           JMP    SHOW                  ;否則，跳至 SHOW
PAT2:      CJNE   R2, #2, PAT3          ;若 R2≠2，至 PAT3
           MOV    DPTR, #PICTURE_2      ;DPTR=PICTURE_2 之位址
           JMP    SHOW                  ;否則，跳至 SHOW
PAT3:      CJNE   R2, #3, PAT4          ;若 R2≠3，至 PAT4
           MOV    DPTR, #PICTURE_3      ;DPTR=PICTURE_3 之位址
           JMP    SHOW                  ;否則，跳至 SHOW
PAT4:      CJNE   R2, #4, PAT5          ;若 R2≠4，至 PAT5
           MOV    DPTR, #PICTURE_4      ;DPTR=PICTURE_4 之位址
           JMP    SHOW                  ;否則，跳至 SHOW
PAT5:      CJNE   R2, #5, PAT6          ;若 R2≠5，至 PAT6
           MOV    DPTR, #PICTURE_5      ;DPTR=PICTURE_5 之位址
           JMP    SHOW                  ;否則，跳至 SHOW
```

```
PAT6:      CJNE   R2, #6, PAT7          ;若 R2≠6，至 PAT7
           MOV    DPTR, #PICTURE_6      ;DPTR=PICTURE_6 之位址
           JMP    SHOW                  ;否則，跳至 SHOW
PAT7:      CJNE   R2, #7, PAT8          ;若 R2≠7，至 PAT8
           MOV    DPTR, #PICTURE_7      ;DPTR=PICTURE_7 之位址
           JMP    SHOW                  ;否則，跳至 SHOW
PAT8:      MOV    DPTR, #PICTURE_8      ;DPTR=PICTURE_8 之位址
SHOW:      MOV    A, R5
           MOVC   A, @A+DPTR            ;A=[DPTR+A] 資料
           MOV    P3, A                 ;P3=PICTURE
           MOV    A, R5
           MOV    DPTR, #PICT_C         ;DPTR=PICT_C 之位址
           MOVC   A, @A+DPTR            ;A=[DPTR+A] 資料
           MOV    P1, A                 ;P1=PICT_C
           MOV    P1, #11111111B        ;P1=11111111B
           INC    R5                    ;R5=R5+1
           JMP    PICT0                 ;跳至 PICT0
DELAY:
LOOPDY:    MOV    R6, #1                ;R6 設定爲 1 次
LOOPDY1:   SETB   TR0                   ;啓動 Timer 0 計數器
WAIT:      JNB    TF0, WAIT             ;等待旗標是否爲 1
           CLR    TR0                   ;清除 TR0，以停止計數
           CLR    TF0                   ;清除旗標 TF0
           DJNZ   R6, LOOPDY1           ;R6 值減 1，若不等於 0，再至
                                        ; LOOPDY1 執行，若爲 0，則
                                        ;結束
           RET
SCAN:
      DB   11111111B, 11111110B, 11111101B, 11111011B, 11110111B
      DB   11101111B, 11011111B, 10111111B, 01111111B
HI:   ;TH
      DB   240, 240, 241, 242, 244, 245, 246, 247, 248
LO:   ;TL
```

```
      DB     6, 6, 2, 23, 5, 26, 1, 4, 3
PICT_C:      ;P1=PICT_C
      DB     01111111B, 10111111B, 11011111B, 11101111B
      DB     11110111B, 11111011B, 11111101B, 11111110B
PICTURE_0:  ;PICTURE_0
      DB     11111111B, 11111111B, 11111111B, 11111111B
      DB     11111111B, 11111111B, 11111111B, 11111111B
PICTURE_1:  ;PICTURE_1
      DB     00000000B, 00111110B, 01000010B, 01000010B
      DB     00111110B, 01000010B, 01000010B, 00111110B
PICTURE_2:  ;PICTURE_2
      DB     00000000B, 00000000B, 00111100B, 01100110B
      DB     00000010B, 00000010B, 01100110B, 00111100B
PICTURE_3:  ;PICTURE_3
      DB     00000000B, 00011110B, 00100100B, 01000100B
      DB     01000100B, 01000100B, 00100100B, 00011110B
PICTURE_4:  ;PICTURE_4
      DB     00000000B, 011111110B, 00000010B, 00000010B
      DB     011111110B, 00000010B, 00000010B, 011111110B
PICTURE_5:  ;PICTURE_5
      DB     00000000B, 011111110B, 00000010B, 00000010B
      DB     011111110B, 00000010B, 00000010B, 00000010B
PICTURE_6:  ;PICTURE_6
      DB     00000000B, 00111100B, 01000010B, 00000010B
      DB     01110010B, 01000010B, 01000010B, 00111100B
PICTURE_7:  ;PICTURE_7
      DB     00000000B, 00000000B, 00011000B, 00100100B
      DB     00100100B, 00111100B, 01100110B, 01000010B
PICTURE_8:  ;PICTURE_8
      DB     00000000B, 00111110B, 01000010B, 01000010B
      DB     00111110B, 01000010B, 01000010B, 00111110B
             END                              ;程式結束
```

學習者，可試著依之前所列之操控流程圖，以 C51 編寫本練習案例。將上述的程式設計依之前章節所介紹之編寫及編譯程序，將可得到該程式的燒錄檔，再將其載入所設計之實驗平台，可以進一步地驗證其功能動作是否與所規劃之控制時序一致。(可見圖 7.6)

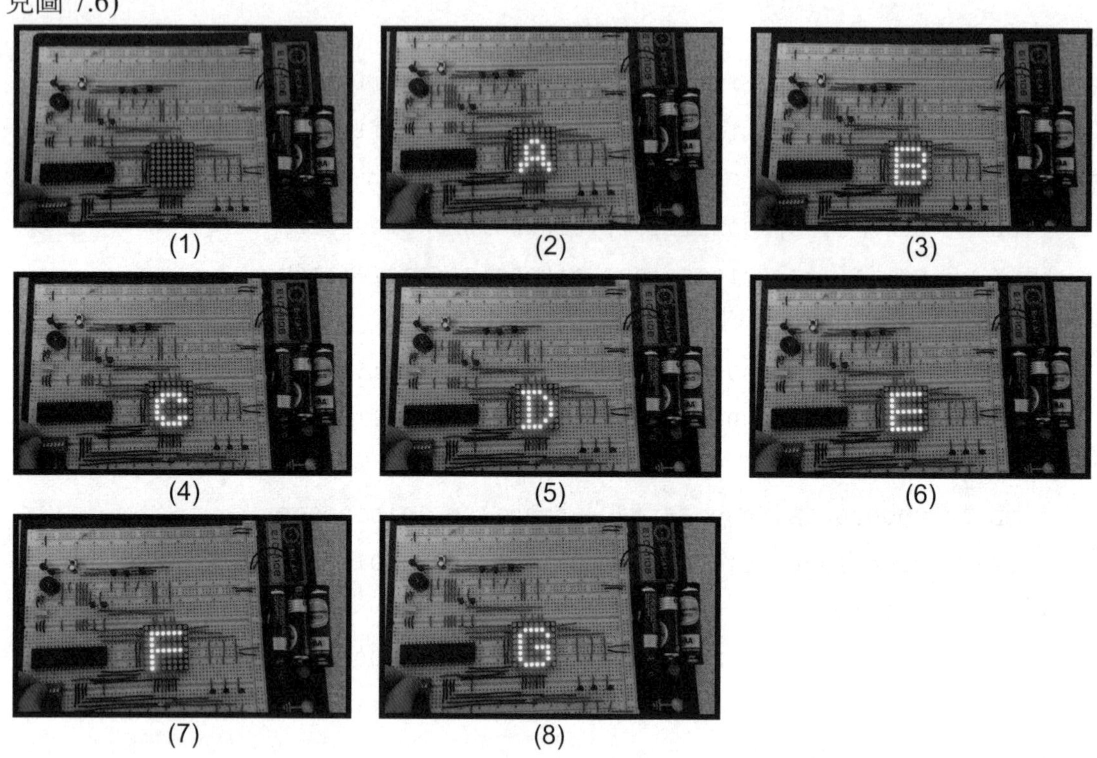

圖 7.6 音階顯示音樂盒之操控結果

7.3 電子鐘之控制設計

本案例乃延續 6.3 節之四個七段顯示器計數之控制案例，除了原來的分及秒顯示功能外，又增加小時的顯示及輸入設定的功能，來進行多輸出/入不同控制頻率之案例設計說明。所使用的平台以 TE-8051A 實驗板來進行實驗，其外觀可見圖 2.60，共用到 8 個七段顯示器之 6 個七段顯示器及 16 個按鍵中的 3 個按鍵。

7.3.1 電子鐘之電路

電子鐘的電路規劃如圖 7.7，主要用 P0 來進行按鍵掃描，用 P1 來選擇七段顯示器字元及用 P2 來呈現字元顯示的內容。

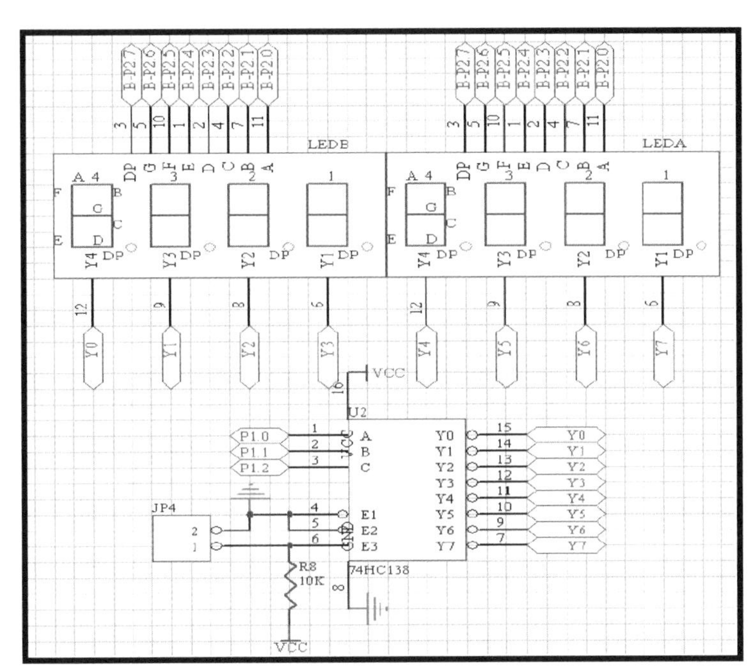

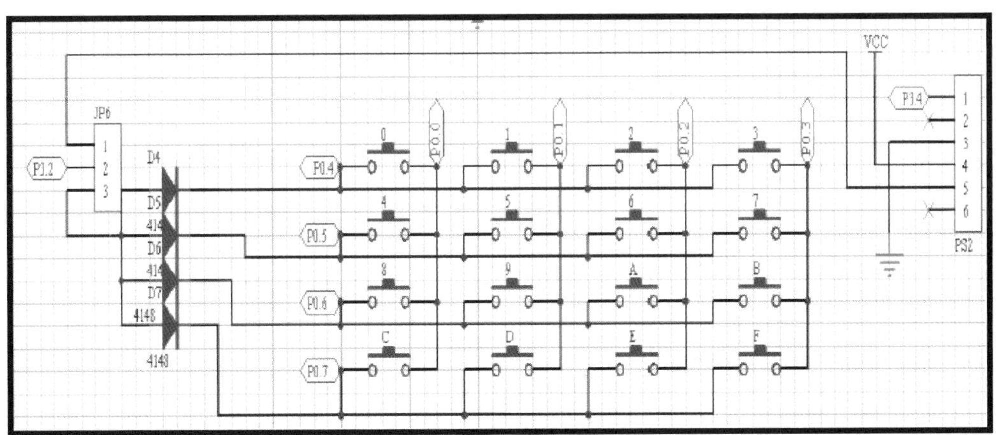

圖 7.7 電子鐘之電路

7.3.2 電子鐘之動作規劃

電子鐘規劃以一個按鍵之按鍵次數來進行時、分、秒數值的模式設定及正常計時模式，在正常計時模式時，保持每 6ms 掃描按鍵一個週期，七段顯示器每個字元的顯示則以 1ms 進行輪替掃描，且以每秒累進來更替內容一次。在設定模式時，規劃在設定的時、分或秒的位置上，以 360ms 爲一週期進行亮滅一次。此外，也規劃設定數值之上數及下數的按鍵。整個動作的流程圖，可見圖 7.8。

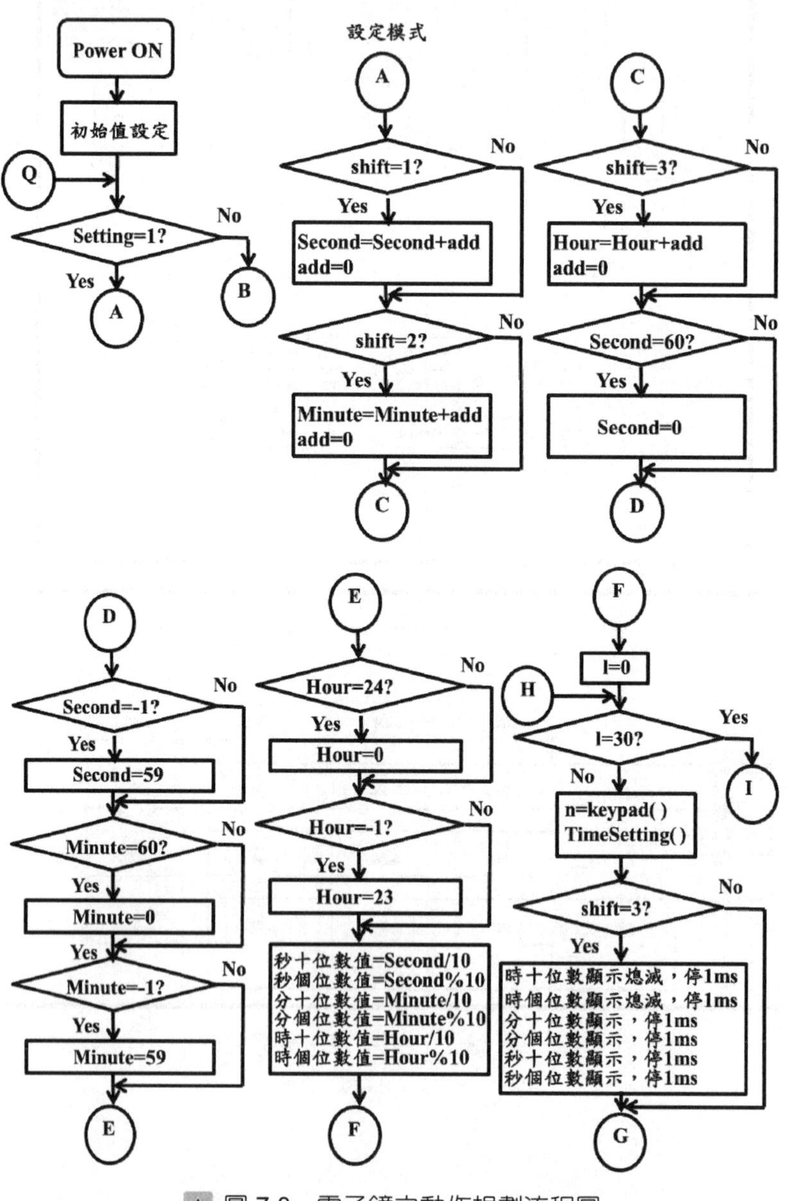

圖 7.8 電子鐘之動作規劃流程圖

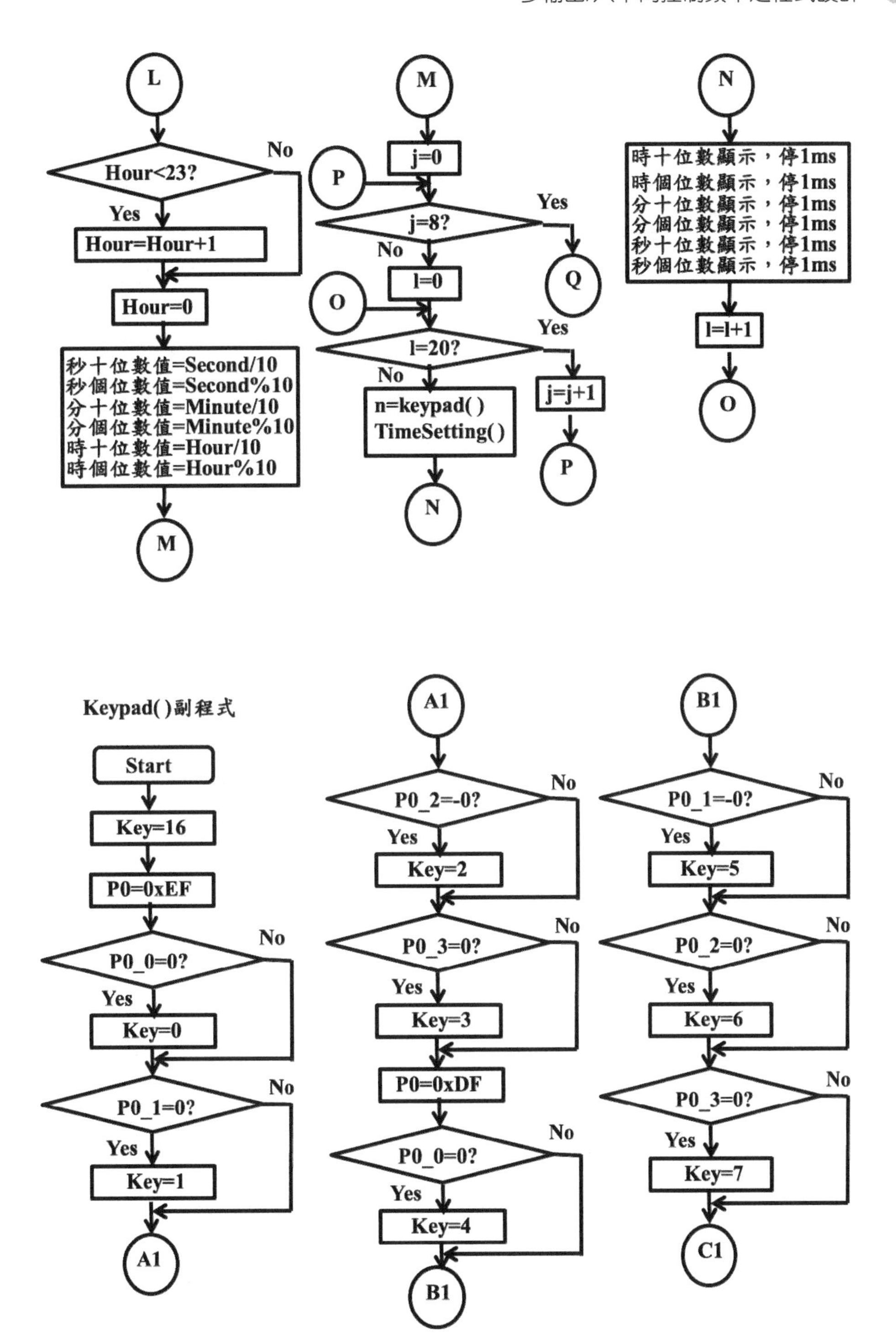

圖 7.8　電子鐘之動作規劃流程圖(續)

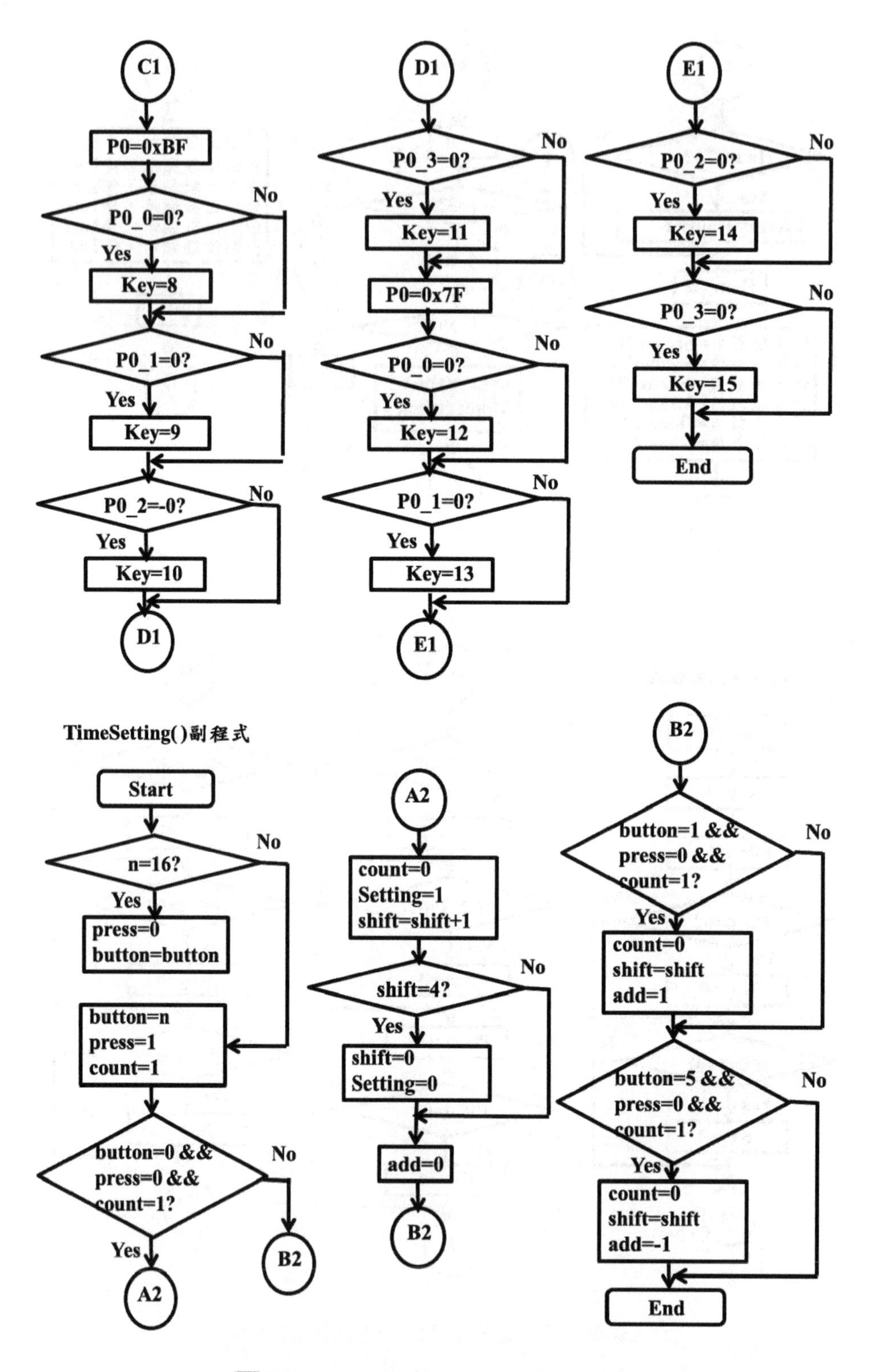

圖 7.8 電子鐘之動作規劃流程圖(續)

7.3.3 電子鐘之設定及計時控制

本案例選擇以 C51 語言來設計程式。以下，就上述的電子鐘之設定及計時控制之動作控制的流程圖來進行設計，其 C51 程式編寫如下：

```
#include <reg52.h>
sbit P0_0=P0^0;                         //指定變數 P0_0=P0^0
sbit P0_1=P0^1;                         //指定變數 P0_1=P0^1
sbit P0_2=P0^2;                         //指定變數 P0_2=P0^2
sbit P0_3=P0^3;                         //指定變數 P0_3=P0^3
sbit P0_4=P0^4;                         //指定變數 P0_4=P0^4
sbit P0_5=P0^5;                         //指定變數 P0_5=P0^5
sbit P0_6=P0^6;                         //指定變數 P0_6=P0^6
sbit P0_7=P0^7;                         //指定變數 P0_7=P0^7
sbit P2_0=P2^0;                         //指定變數 P2_0=P2^0
sbit P2_1=P2^1;                         //指定變數 P2_1=P2^1
sbit P2_2=P2^2;                         //指定變數 P2_2=P2^2
sbit P2_3=P2^3;                         //指定變數 P2_3=P2^3
sbit P2_4=P2^4;                         //指定變數 P2_4=P2^4
sbit P2_5=P2^5;                         //指定變數 P2_5=P2^5
sbit P2_6=P2^6;                         //指定變數 P2_6=P2^6
sbit P2_7=P2^7;                         //指定變數 P2_7=P2^7
char keypad(void);                      //按鍵掃描副程式宣告
char Show(int m);//七段顯示器顯示副程式宣告
void Delay_1ms();//延遲 1ms 副程式宣告
void TimeSetting();                     //時間設定副程式宣告
char n, press, button;
int i, j, l, num=0, shift=0, Setting=0;
int count=0, add=0;
int Second=0, Minute=0, Hour=0;
int S_Digit_ten, S_Digit;
int M_Digit_ten, M_Digit;
int H_Digit_ten, H_Digit;
```

```
void main()
{
 while(1)
{
while (Setting==1)                        //假如 Setting=1，進入設定狀態
 {
 if (shift==1)    //假如 shift=1，表秒加 add
      {Second=Second+add;
       add=0;}
 if (shift==2)    //假如 shift=2，表分加 add
      {Minute=Minute+add;
       add=0;}
 if (shift==3)    //假如 shift3，表時加 add
      {Hour=Hour+add;
       add=0;}
   if (Second==60)                        //假如 Second=60，則 Second=0
       { Second=0;                         }
     if (Second==-1)                      //假如 Second=-1，則 Second=59
       { Second=59; }
     if (Minute==60)                      //假如 Minute=60，則 Minute=0
               { Minute=0;                 }
     if (Minute==-1)                      //假如 Minute=-1，則 Minute=59
       { Minute =59;}
     if (Hour==24)                        //假如 Hour=60，則 Hour=0
               { Hour=0;    }
     if (Hour ==-1)                       //假如 Hour=-1，則 Hour=23
       { Hour = 23;  }
S_Digit_ten=Second/10;                    //計算秒的十位數值
     S_Digit=Second%10;                   //計算秒的個位數值
     M_Digit_ten=Minute/10;               //計算分的十位數值
     M_Digit=Minute%10;                   //計算分的個位數值
    H_Digit_ten=Hour/10;                  //計算時的十位數值
     H_Digit=Hour%10;                     //計算時的個位數值
```

```
for(l=0; l<30; l++)                         //每 180ms 讓設定值熄滅
 {
  n=keypad();      //每 6ms 掃描按鍵一次
  TimeSetting(); //進入設定模式
if (shift==3)      //假如 shift=3，表設定 Hour
{
  P2=0x00;         //Hour 十位數值熄滅
  P1=0x00;
  for (i=0; i<1; i++)
  { Delay_1ms(); }
  P2=0x00; //Hour 個位數值熄滅
  P1=0x01;
 for (i=0; i<1; i++)
  { Delay_1ms(); }
P2=Show(M_Digit_ten);                      //Minute 十位數值保持設定值顯示
  P1=0x03;
 for (i=0; i<1; i++)
  { Delay_1ms(); }
  P2=Show(M_Digit);                        //Minute 個位數值保持設定值顯示
  P1=0x04;
 for (i=0; i<1; i++)
  { Delay_1ms(); }
  P2=Show(S_Digit_ten);                    //Second 十位數值保持設定值顯示
  P1=0x06;
for (i=0; i<1; i++)
  { Delay_1ms(); }
  P2=Show(S_Digit);                        //Second 個位數值保持設定值顯示
  P1=0x07;
 for (i=0; i<1; i++)
  { Delay_1ms(); }
 }
   if (shift==2)                           //假如 shift=2，表設定 Minute
  {
```

```
P2=Show(H_Digit_ten);                    //Hour 十位數值保持設定值顯示
   P1=0x00;
 for (i=0; i<1; i++)
   { Delay_1ms(); }
P2=Show(H_Digit);                        //Hour 個位數值保持設定值顯示
P1=0x01;
for (i=0; i<1; i++)
   { Delay_1ms(); }
P2=0x00;                                 //Minute 十位數值熄滅
   P1=0x03;
for (i=0; i<1; i++)
   { Delay_1ms(); }
P2=0x00;                                 //Minute 個位數值熄滅
   P1=0x04;
for (i=0; i<1; i++)
   { Delay_1ms(); }
P2=Show(S_Digit_ten);                    //Second 十位數值保持設定值顯示
   P1=0x06;
for (i=0; i<1; i++)
   { Delay_1ms(); }
P2=Show(S_Digit);                        //Second 個位數值保持設定值顯示
   P1=0x07;
for (i=0; i<1; i++)
   { Delay_1ms(); }
  }
if (shift==1)                            //假如 shift=1，表設定 Second{
   P2=Show(H_Digit_ten);                 //Hour 十位數值保持設定值顯示
   P1=0x00;
   for (i=0; i<1; i++)
   { Delay_1ms(); }
 P2=Show(H_Digit);                       //Hour 個位數值保持設定值顯示
 P1=0x01;
for (i=0; i<1; i++)
```

```
    { Delay_1ms(); }
 P2=Show(M_Digit_ten);                    //Minute 十位數值保持設定值顯示
    P1=0x03;
 for (i=0; i<1; i++)
    { Delay_1ms(); }
 P2=Show(M_Digit);                        //Minute 個位數值保持設定值顯示
    P1=0x04;
 for (i=0; i<1; i++)
    { Delay_1ms(); }
 P2=0x00;                                 //Second 十位數值熄滅
    P1=0x06;
for (i=0; i<1; i++)
    { Delay_1ms(); }
 P2=0x00;                                 //Second 個位數值熄滅
    P1=0x07;
 for (i=0; i<1; i++)
    { Delay_1ms(); }
}
}  // end l
 for(l=0; l<30; l++)                      //每 180ms 讓設定值顯示
  {
    n=keypad();                           //每 6ms 掃描按鍵一次
    TimeSetting();                        //進入設定模式
  P2=Show(H_Digit_ten);                   //Hour 十位數值保持設定值顯示
    P1=0x00;
   for (i=0; i<1; i++)
    { Delay_1ms(); }
 P2=Show(H_Digit);                        //Hour 個位數值保持設定值顯示
    P1=0x01;
 for (i=0; i<1; i++)
    { Delay_1ms(); }
 P2=Show(M_Digit_ten);                    //Minute 十位數值保持設定值顯示
    P1=0x03;
```

```
   for (i=0; i<1; i++)
   { Delay_1ms(); }
 P2=Show(M_Digit);                               //Minute 個位數值保持設定值顯示
   P1=0x04;
 for (i=0; i<1; i++)
   { Delay_1ms(); }
 P2=Show(S_Digit_ten);                            //Second 十位數值保持設定值顯示
 P1=0x06;
for (i=0; i<1; i++)
   { Delay_1ms(); }
 P2=Show(S_Digit);                               //Second 個位數值保持設定值顯示
   P1=0x07;
 for (i=0; i<1; i++)
   { Delay_1ms(); }
} // end 1
  } // setting end
                                                 //正常計時模式
  if (Second<59)                                 //若 Second<59，Second=Second+1
  {  Second=Second+1;     }
  else
  {  Second=0;                                   //否則 Secind=0 且
     if (Minute<59)                              //若 Minute<59，Minute=Minute+1
     { Minute=Minute+1;  }
     else
     { Minute=0;                                 //否則 Minute=0 且
if (Hour<23)                                     //若 Hour<23，Hour=Hour+1
       {Hour=Hour+1;}
      else
       {Hour=0;}                                 //否則 Hour=0
     }
  }
 S_Digit_ten=Second/10;                          //計算秒的十位數值
 S_Digit=Second%10;                              //計算秒的個位數值
```

```
M_Digit_ten=Minute/10;                    //計算分的十位數值
M_Digit=Minute%10;                        //計算分的個位數值
H_Digit_ten=Hour/10;                      //計算時的十位數值
H_Digit=Hour%10; //計算時的個位數值
for (j=0; j<8; j++)                       //持續 8 次，約 960ms
{
 for(l=0; l<20; l++)                      //每 120ms 顯示掃一次
 {
   n=keypad();                            //每 6ms 掃描按鍵一次
   TimeSetting();                         //進入設定模式
   P2=Show(H_Digit_ten);                  //Hour 十位數值保持設定值顯示
   P1=0x00;
 for (i=0; i<1; i++)
   { Delay_1ms(); }
 P2=Show(H_Digit);                        //Hour 個位數值保持設定值顯示
   P1=0x01;
 for (i=0; i<1; i++)
   { Delay_1ms(); }
 P2=Show(M_Digit_ten);                    //Minute 十位數值保持設定值顯示
   P1=0x03;
 for (i=0; i<1; i++)
   { Delay_1ms(); }
 P2=Show(M_Digit);                        //Minute 個位數值保持設定值顯示
   P1=0x04;
 for (i=0; i<1; i++)
   { Delay_1ms(); }
 P2=Show(S_Digit_ten);                    //Second 十位數值保持設定值顯示
   P1=0x06;
for (i=0; i<1; i++)
   { Delay_1ms(); }
 P2=Show(S_Digit);                        //Second 個位數值保持設定值顯示
   P1=0x07;
 for (i=0; i<1; i++)
```

```
    { Delay_1ms(); }
  } // end l
}// end j
} // end while
}//end main
char keypad(void) //掃描按鍵副程式
{ char key;
 key = 16;                                    //若都沒按，回覆按鍵值爲 16
 P0=0xef;
if(P0_0==0) key=0;
if(P0_1==0) key=1;
if(P0_2==0) key=2;
if(P0_3==0) key=3;
 P0=0xdf;
if(P0_0==0) key=4;
if(P0_1==0) key=5;
if(P0_2==0) key=6;
if(P0_3==0) key=7;
 P0=0xbf;
if(P0_0==0) key=8;
if(P0_1==0) key=9;
if(P0_2==0) key=10;
if(P0_3==0) key=11;
 P0=0x7f;
if(P0_0==0) key=12;
if(P0_1==0) key=13;
if(P0_2==0) key=14;
if(P0_3==0) key=15;
return key;
}
char Show(int m)                              //七段顯示器顯示副程式
{ char Digital_tmp;
switch(m)
```

```
 {        case 0: Digital_tmp = 0x3F;  break;
   case 1: Digital_tmp = 0x06;  break;
   case 2: Digital_tmp = 0x5B;  break;
   case 3: Digital_tmp = 0x4F;  break;
   case 4: Digital_tmp = 0x66;  break;
   case 5: Digital_tmp = 0x6D;  break;
   case 6: Digital_tmp = 0x7D;  break;
   case 7: Digital_tmp = 0x07;  break;
   case 8: Digital_tmp = 0x7F;  break;
   case 9: Digital_tmp = 0x6F;  break;
          case 10: Digital_tmp = 0x77;  break;
          case 11: Digital_tmp = 0x7F;  break;
          case 12: Digital_tmp = 0x39;  break;
          case 13: Digital_tmp = 0x3F;  break;
          case 14: Digital_tmp = 0x79;  break;
          case 15: Digital_tmp = 0x71;  break;
   default:       break;
          }
          return Digital_tmp;
}
void TimeSetting()
{
 if (n==16)        //假如沒按按鍵
 { press=0;
  button=button;
  }
 else
 { button=n;                          //按鍵碼
   press=1;                           //表有按
   count=1;                           //計數 1
  }
 if (button==0 && press==0 && count==1)  //按鍵碼 0 且釋放、計數 1，則設定
   { count=0;                         //清除計數
```

```
    Setting=1;                                  //進入設定模式
shift=shift+1;                                  //shift=shift+1
if (shift==4)                                   //假如 shift=4
{  shift=0;          //則 shift=0
Setting=0;                                      //離開設定模式
            }
add=0;                                          //add=0
   }
 if (button==1 && press==0 && count==1) //按鍵碼1且釋放、計數1，則上數
  {  count=0;                                   //清除計數
    shift=shift;                                //shift=shift
    add=1;                                      //add=1
   }
 if (button==5 && press==0 && count==1) //按鍵碼5且釋放、計數1，則下數
  {  count=0;                                   /清除計數
    shift=shift;                                //shift=shift
    add=-1;                                     //add=-1
   }
}

void Delay_1ms()
{
 TMOD=0x01;
 TH0=(65536-1000)/256;
 TL0=(65536-1000)%256;
 TR0=1;
 while(TF0==0);
 TF0=0;
 TR0=0;
}
```

將上述的程式設計依之前章節所介紹之編寫及編譯程序，將可得到該程式的燒錄檔，再將其載入 TE-8051A 實驗板，可以進一步地驗證其功能動作是否與所規劃之控制時序一致。(可見圖 7.9)

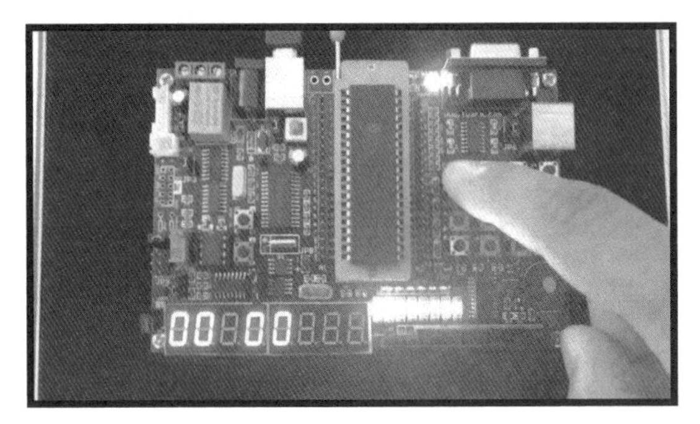

(a) 設定秒

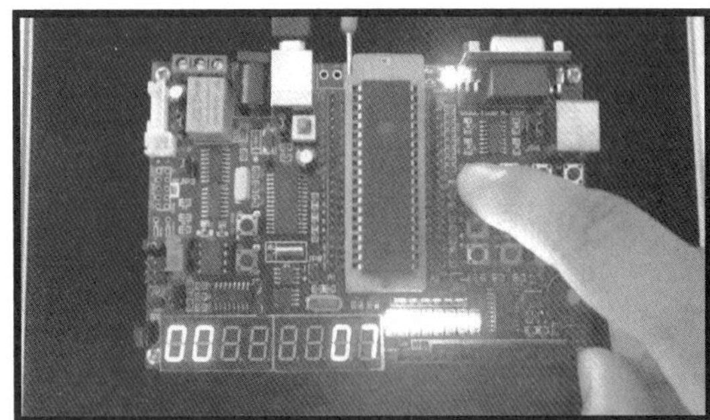

(b) 設定分

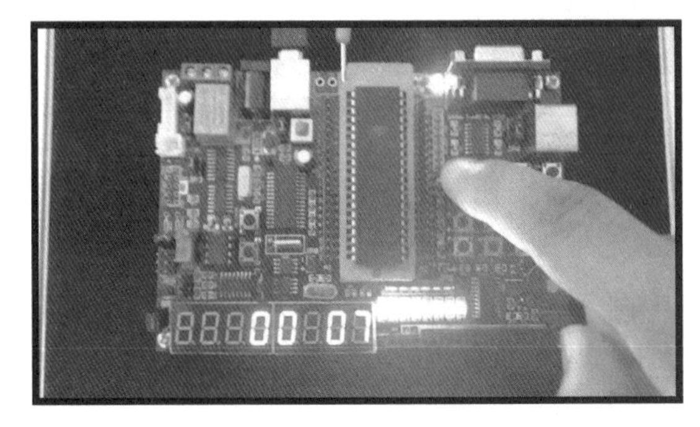

(c) 設定時

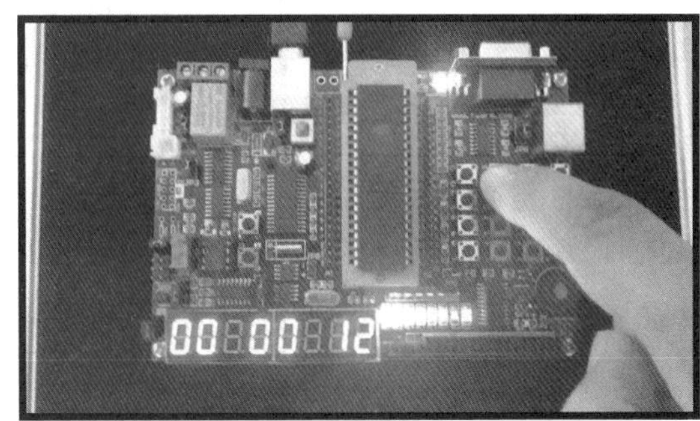

(d) 上數

(e) 下數

(f) 正常計時

圖 7.9　電子鐘之設定及計時動作結果

7.4 直流馬達變速及各種運動模式之控制設計

直流馬達變速及各種運動模式之控制設計是產學合作的案例，乃是將直流馬達變速調節控制及其速段顯示(9 段速度)、操控模式選擇及模式狀態顯示(3 種模式)、以及馬達運作時間的上、下數設定及其顯示等功能(時間以分為單位，最長 240 分)，集於一體的控制系統，是一典型的多輸出/入不同控制頻率之程式設計範例，整個控制系統可見圖 7.10 所示。

圖 7.10 直流馬達變速及各種運動模式之控制系統外觀

7.4.1 直流馬達變速及各種運動模式之電路

直流馬達變速及各種運動模式之控制系統乃由許多功能控制模組所組成，其主要電路包括直流馬達正反轉控制及控速電路、LED 控制電路、按鍵控制電路、一個七段顯示器之控制電路及三個七段顯示器之控制電路，且大都在之前的案例中已有進行過相關之設計。本案例於是規劃單晶片 8051 之控制腳位分別為，P0^0 為馬達方向控制、P0^1 為馬達控制、P0^2 為增速 P0^3 為減速、P0^4 為模式選擇、P0^5 為時間上數設定、P0^6 為時間下數設定、P1 為一個七段顯示器控制、P2 為三個七段顯示器控制、P3^0-P3^2 為三個七段顯示器之字元控制、P3^3-P3^5 為 LED 模式顯示控制，相關的電路則如圖 7.11 所示。

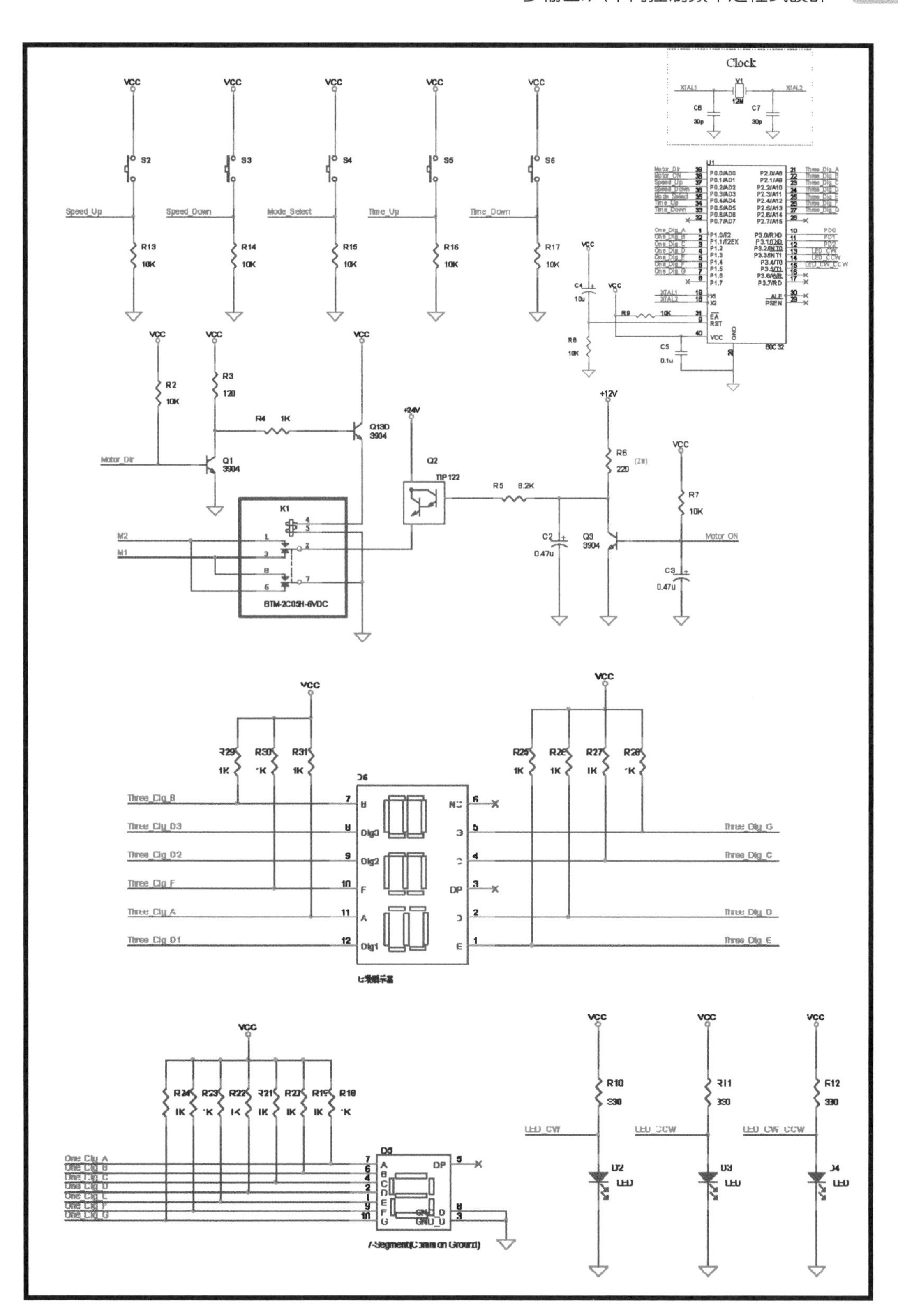

圖 7.11　直流馬達變速及各種運動模式之電路圖

7.4.2 直流馬達變速及各種運動模式之規劃

直流馬達變速及各種運動模式之規劃及整個動作的流程圖，可見圖 7.12。

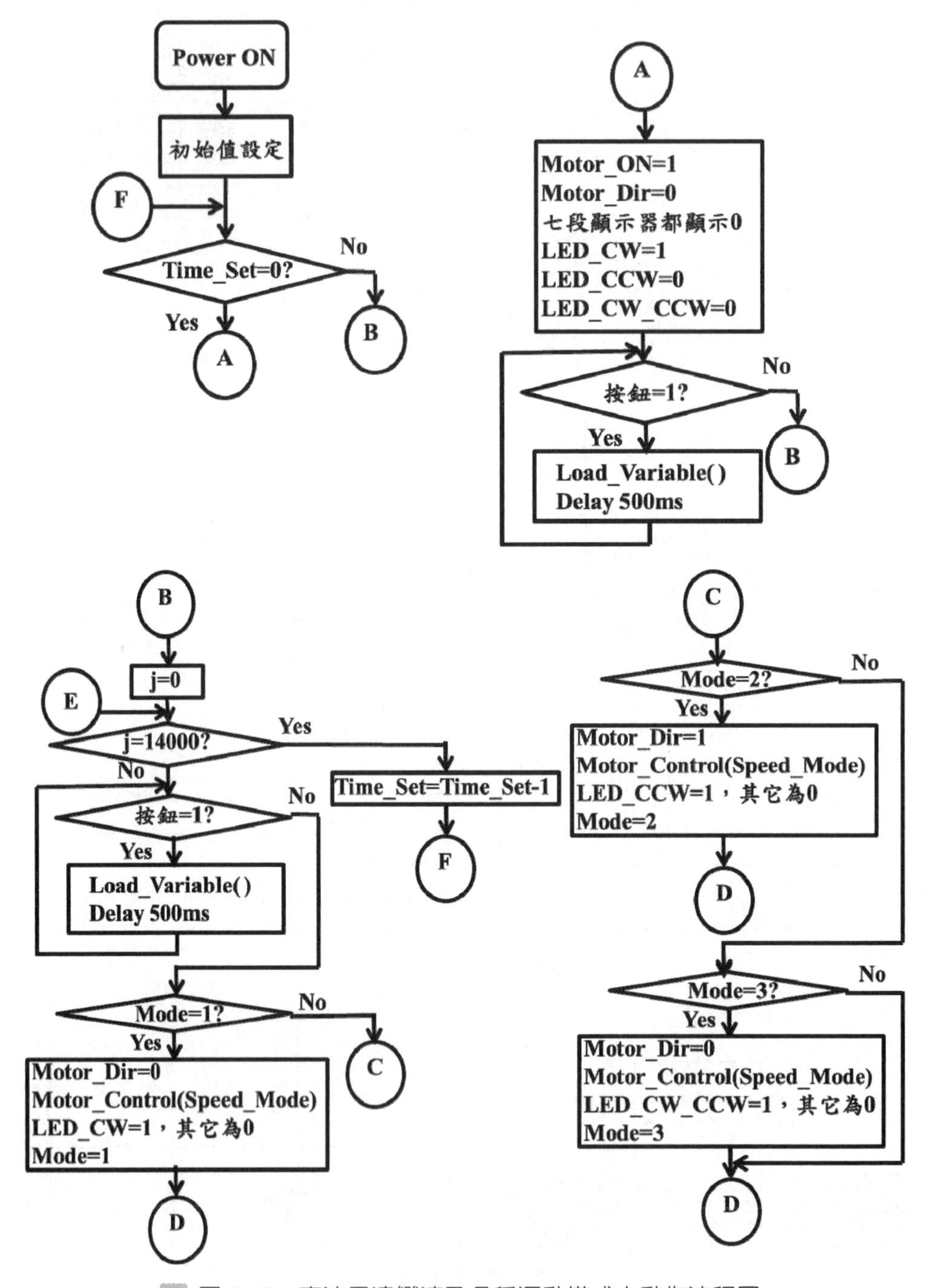

圖 7.12 直流馬達變速及各種運動模式之動作流程圖

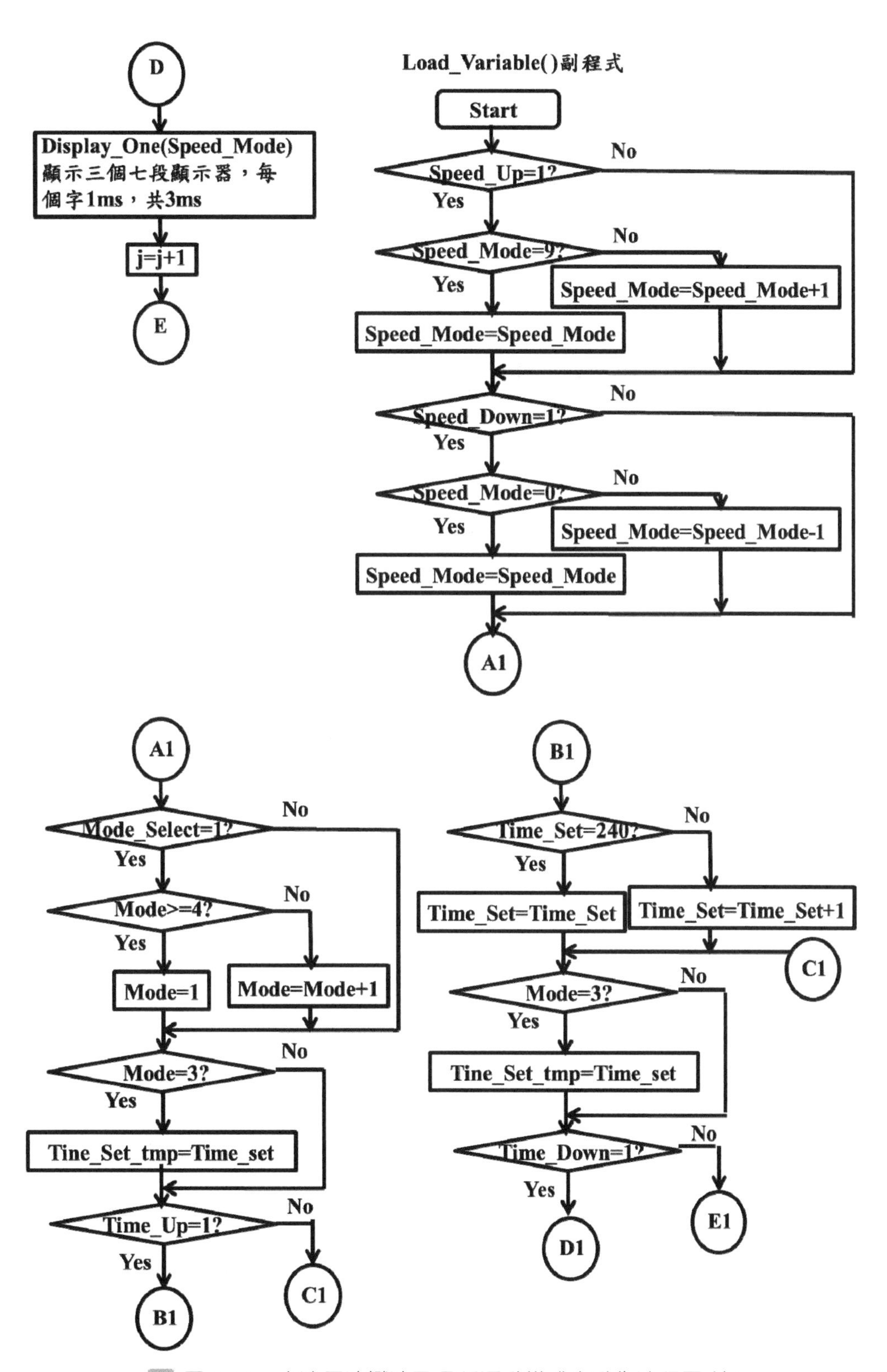

圖 7.12　直流馬達變速及各種運動模式之動作流程圖(續)

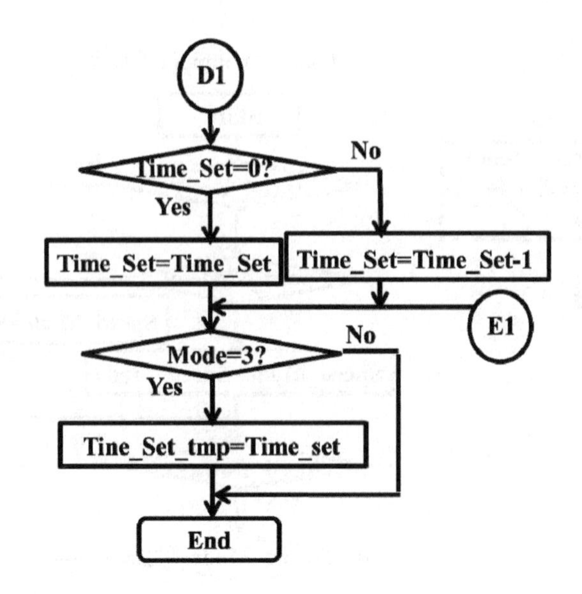

圖 7.12　直流馬達變速及各種運動模式之動作流程圖(續)

7.4.3　直流馬達變速及各種運動模式之控制

本案例選擇以 C51 語言來設計程式。以下，就上述的直流馬達變速及各種運動模式控制的流程圖來進行設計，其 C51 程式編寫如下：

```
#include <reg52.h>
sbit Motor_Dir = P0^0;              //Out, Motor Direction Control
sbit Motor_ON = P0^1;               //Out, Motor On Control, "0" Enable
sbit Speed_Up = P0^2;               //In, Speed Mode Increase, "1"
Enable
sbit Speed_Down = P0^3;             //In, Speed Mode Decrease, "1"
Enable
sbit Mode_Select = P0^4;            //In, Mode Selection, "1" Enable
sbit Time_Up = P0^5;                //In, Time Increase, "1" Enable
sbit Time_Down = P0^6;              //In, Time Decrease, "1" Enable
sbit One_Dig_A = P1^0;              //Out, One Digit A, "1" Enable
sbit One_Dig_B = P1^1;              //Out, One Digit B, "1" Enable
sbit One_Dig_C = P1^2;              //Out, One Digit C, "1" Enable
sbit One_Dig_D = P1^3;              //Out, One Digit D, "1" Enable
sbit One_Dig_E = P1^4;              //Out, One Digit E, "1" Enable
sbit One_Dig_F = P1^5;              //Out, One Digit F, "1" Enable
```

```
sbit One_Dig_G = P1^6;                //Out, One Digit G, "1" Enable
sbit Three_Dig_A = P2^0;              //Out, Three Digit A, "1" Enable
sbit Three_Dig_B = P2^1;              //Out, Three Digit B, "1" Enable
sbit Three_Dig_C = P2^2;              //Out, Three Digit C, "1" Enable
sbit Three_Dig_D = P2^3;              //Out, Three Digit D, "1" Enable
sbit Three_Dig_E = P2^4;              //Out, Three Digit E, "1" Enable
sbit Three_Dig_F = P2^5;              //Out, Three Digit F, "1" Enable
sbit Three_Dig_G = P2^6;              //Out, Three Digit G, "1" Enable
sbit Three_Dig_D1 = P3^0;             //Out, Three Digit D1, "0" Enable
sbit Three_Dig_D2 = P3^1;             //Out, Three Digit D2, "0" Enable
sbit Three_Dig_D3 = P3^2;             //Out, Three Digit D3, "0" Enable
sbit LED_CW = P3^3;                   //Out, LED CW, "1" Enable
sbit LED_CCW = P3^4;                  //Out, LED CCW, "1" Enable
sbit LED_CW_CCW = P3^5;               //Out, LED CW_CCW, "1" Enable
bit           Press_Button=0;
unsigned int   Speed_Mode =0, Time_Set = 15, Time_Set_tmp;
unsigned int   Mode = 1, j, Digit_1=0, Digit_2=0, Digit_3=0, Digit=0;
void          Load_Variable(void);
void          Motor_Control(unsigned int Speed_Mode);
void          Display(unsigned int Digital);
void          Display_One(unsigned int Speed_Mode);
void          Initial8032(void);
void          Delay100ms(int n);
void          Delay500us(int m);
void          Delay10us(int o);
void main(void)
{    Initial8032( );
     Delay100ms(20);
while(1)
{
 if (Time_Set == 0)
   { Motor_ON = 1; Motor_Dir = 0;
     One_Dig_A = 1; One_Dig_B = 1; One_Dig_C = 1; One_Dig_D = 1;
```

```
    One_Dig_E = 1; One_Dig_F =1; One_Dig_G = 0;
    Three_Dig_A = 1; Three_Dig_B = 1; Three_Dig_C = 1; Three_Dig_D = 1;
    Three_Dig_E = 1; Three_Dig_F = 1;
    Three_Dig_G = 0; Three_Dig_D1 = 0; Three_Dig_D2 = 0; Three_Dig_D3 = 0;
    LED_CW = 1; LED_CCW = 0; LED_CW_CCW = 0;
    Delay500us(10);
    Press_Button=Speed_Up||Speed_Down||Mode_Select||Time_Up||Time_Down;
    while (Press_Button==1)
    {    Motor_ON = 1; Load_Variable(); Delay100ms(5);
    Press_Button=Speed_Up||Speed_Down||Mode_Select||Time_Up||Time_Down;
     }
   }
else
  {// 60 seconds
  for(j=0; j<14000; j++)
   {Press_Button=Speed_Up||Speed_Down||Mode_Select||Time_Up||Time_Down;
    while (Press_Button==1)
     { Motor_ON = 1; Load_Variable(); Delay100ms(5);
    Press_Button=Speed_Up||Speed_Down||Mode_Select||Time_Up||Time_Down;
     }
     switch(Mode)
      { case 1: Motor_Dir = 0; Motor_Control(Speed_Mode);
                LED_CW = 1; LED_CCW = 0; LED_CW_CCW = 0;
                Mode = 1; break;
       case 2: Motor_Dir = 1; Motor_Control(Speed_Mode);
                LED_CW = 0; LED_CCW = 1; LED_CW_CCW = 0;
                Mode = 2; break;
       case 3: Motor_Dir = 0; Motor_Control(Speed_Mode);
                LED_CW = 0; LED_CCW = 0; LED_CW_CCW = 1;
                Mode = 3; break;
       default: break;
      }
```

```
          Display_One(Speed_Mode);
          Three_Dig_D1 = 0; Three_Dig_D2 = 1; Three_Dig_D3 = 1;
          Digit_1 = Time_Set / 100; Display(Digit_1); Delay500us(2);
          Three_Dig_D1 = 1; Three_Dig_D2 = 0; Three_Dig_D3 = 1;
          Digit_2 = (Time_Set % 100) / 10; Display(Digit_2); Delay500us(2);
          Three_Dig_D1 = 1; Three_Dig_D2 = 1; Three_Dig_D3 = 0;
          Digit_3 = Time_Set % 10; Display(Digit_3); Delay500us(2);
          }
          Time_Set = Time_Set - 1;
    }
}
}//End of main

void Load_Variable(void)
{  if (Speed_Up == 1)
      {if (Speed_Mode == 9)
          Speed_Mode = Speed_Mode;
       else
          Speed_Mode = Speed_Mode + 1;
      }
   if (Speed_Down == 1)
      {if (Speed_Mode == 0)
          Speed_Mode = Speed_Mode;
        else
          Speed_Mode = Speed_Mode - 1;
      }
   if (Mode_Select == 1)
      {if (Mode >= 4)
          Mode = 1;
       else
          Mode = Mode + 1;
        if (Mode == 3)
           Time_Set_tmp = Time_Set;
```

```
    }
  if (Time_Up == 1)
    {if (Time_Set == 240)
          Time_Set = Time_Set;
     else
          Time_Set = Time_Set + 1;
      if (Mode == 3)
          Time_Set_tmp = Time_Set;
     }
  if (Time_Down == 1)
    {if (Time_Set == 0)
          Time_Set = Time_Set;
     else
          Time_Set = Time_Set - 1;
      if (Mode == 3)
          Time_Set_tmp = Time_Set;
     }
}//End of Load Variable

void Motor_Control(unsigned int Speed_Mode)
{  switch(Speed_Mode)
   { case 0: Motor_ON = 1;                Delay10us(57); break;
     case 1: Motor_ON = 1; Delay10us(47); Motor_ON = 0; Delay10us(10);
             break;
     case 2: Motor_ON = 1; Delay10us(41); Motor_ON = 0; Delay10us(16);
             break;
     case 3: Motor_ON = 1; Delay10us(35); Motor_ON = 0; Delay10us(22);
             break;
     case 4: Motor_ON = 1; Delay10us(29); Motor_ON = 0; Delay10us(28);
             break;
     case 5: Motor_ON = 1; Delay10us(23); Motor_ON = 0; Delay10us(34);
             break;
     case 6: Motor_ON = 1; Delay10us(17); Motor_ON = 0; Delay10us(40);
```

```
            break;
    case 7: Motor_ON = 1; Delay10us(11); Motor_ON = 0; Delay10us(46);
            break;
    case 8: Motor_ON = 1; Delay10us(5); Motor_ON = 0; Delay10us(52);
            break;
    case 9: Motor_ON = 0; Delay10us(57); break;
    default: break;
    }
}//End of Motor Control

void Display_One(unsigned int Speed_Mode)
{ switch(Speed_Mode)
{ case 0:   One_Dig_A = 1; One_Dig_B = 1; One_Dig_C = 1; One_Dig_D = 1;
            One_Dig_E = 1; One_Dig_F = 1; One_Dig_G = 0; break;
  case 1:   One_Dig_A = 0; One_Dig_B = 1; One_Dig_C = 1; One_Dig_D = 0;
            One_Dig_E = 0; One_Dig_F = 0; One_Dig_G = 0; break;
  case 2:   One_Dig_A = 1; One_Dig_B = 1; One_Dig_C = 0; One_Dig_D = 1;
            One_Dig_E = 1; One_Dig_F = 0; One_Dig_G = 1; break;
  case 3:   One_Dig_A = 1; One_Dig_B = 1; One_Dig_C = 1; One_Dig_D = 1;
            One_Dig_E = 0; One_Dig_F = 0; One_Dig_G = 1; break;
  case 4:   One_Dig_A = 0; One_Dig_B = 1; One_Dig_C = 1; One_Dig_D = 0;
            One_Dig_E = 0; One_Dig_F = 1; One_Dig_G = 1; break;
  case 5:   One_Dig_A = 1; One_Dig_B = 0; One_Dig_C = 1; One_Dig_D = 1;
            One_Dig_E = 0; One_Dig_F = 1; One_Dig_G = 1; break;
  case 6:   One_Dig_A = 1; One_Dig_B = 0; One_Dig_C = 1; One_Dig_D = 1;
            One_Dig_E = 1; One_Dig_F = 1; One_Dig_G = 1; break;
  case 7:   One_Dig_A = 1; One_Dig_B = 1; One_Dig_C = 1; One_Dig_D = 0;
            One_Dig_E = 0; One_Dig_F = 0; One_Dig_G = 0; break;
  case 8:   One_Dig_A = 1; One_Dig_B = 1; One_Dig_C = 1; One_Dig_D = 1;
            One_Dig_E = 1; One_Dig_F = 1; One_Dig_G = 1; break;
  case 9:   One_Dig_A = 1; One_Dig_B = 1; One_Dig_C = 1; One_Dig_D = 1;
            One_Dig_E = 0; One_Dig_F = 1; One_Dig_G = 1; break;
  default: break;
```

```
}
} //End of Display One Digit

void Display(unsigned int Digital)
{ switch(Digital)
 {case 0: Three_Dig_A = 1; Three_Dig_B = 1; Three_Dig_C = 1; Three_Dig_D = 1;
          Three_Dig_E = 1; Three_Dig_F = 1; Three_Dig_G = 0; break;
  case 1: Three_Dig_A = 0; Three_Dig_B = 1; Three_Dig_C = 1; Three_Dig_D = 0;
          Three_Dig_E = 0; Three_Dig_F = 0; Three_Dig_G = 0; break;
  case 2: Three_Dig_A = 1; Three_Dig_B = 1; Three_Dig_C = 0; Three_Dig_D = 1;
          Three_Dig_E = 1; Three_Dig_F = 0; Three_Dig_G = 1; break;
  case 3: Three_Dig_A = 1; Three_Dig_B = 1; Three_Dig_C = 1; Three_Dig_D = 1;
          Three_Dig_E = 0; Three_Dig_F = 0; Three_Dig_G = 1; break;
  case 4: Three_Dig_A = 0; Three_Dig_B = 1; Three_Dig_C = 1; Three_Dig_D = 0;
          Three_Dig_E = 0; Three_Dig_F = 1; Three_Dig_G = 1; break;
  case 5: Three_Dig_A = 1; Three_Dig_B = 0; Three_Dig_C = 1; Three_Dig_D = 1;
          Three_Dig_E = 0; Three_Dig_F = 1; Three_Dig_G = 1; break;
  case 6: Three_Dig_A = 1; Three_Dig_B = 0; Three_Dig_C = 1; Three_Dig_D = 1;
          Three_Dig_E = 1; Three_Dig_F = 1; Three_Dig_G = 1; break;
  case 7: Three_Dig_A = 1; Three_Dig_B = 1; Three_Dig_C = 1; Three_Dig_D = 0;
          Three_Dig_E = 0; Three_Dig_F = 0; Three_Dig_G = 0; break;
  case 8: Three_Dig_A = 1; Three_Dig_B = 1; Three_Dig_C = 1; Three_Dig_D = 1;
          Three_Dig_E = 1; Three_Dig_F = 1; Three_Dig_G = 1; break;
  case 9: Three_Dig_A = 1; Three_Dig_B = 1; Three_Dig_C = 1; Three_Dig_D = 1;
          Three_Dig_E = 0; Three_Dig_F = 1; Three_Dig_G = 1; break;
  default: break;
  }
}//End of Display

void Initial8032(void)
{ PSW = 0x00; SCON = 0x00; TH0 = 0xFF; TL0 = 0xFF; IP = 0x02; IE = 0xA0;
 Motor_Dir=0; Motor_ON=1; One_Dig_A=1; One_Dig_B=1; One_Dig_C=1;
 One_Dig_D=1; One_Dig_E=1; One_Dig_F=1; One_Dig_G=0; Three_Dig_A=1;
```

```
 Three_Dig_B = 1; Three_Dig_C = 1; Three_Dig_D = 1; Three_Dig_E = 1;
 Three_Dig_F = 1; Three_Dig_G = 0; Three_Dig_D1 = 0; Three_Dig_D2 = 0;
 Three_Dig_D3 = 0; LED_CW = 0; LED_CCW = 0; LED_CW_CCW = 0;
}//End of Initial8032

void Delay100ms(int n)
{int i, k;
for(i=0; i<n; i++)
 {for(k=0; k<100; k++)
  { TMOD=0x01; TH0=(65536-1000)/256; TL0=(65536-1000)%256; TR0=1;
   while(TF0==0); TF0=0; TR0=0;
   }
}
}//End of Delay100ms
void Delay500us(int m)
{int i;
for(i=0; i<m; i++)
 { TMOD=0x01; TH0=(65536-500)/256; TL0=(65536-500)%256; TR0=1;
   while(TF0==0); TF0=0; TR0=0;
 }
}//End of Delay500us
void Delay10us(int o)
{int i;
for(i=0; i<o; i++)
 { TMOD=0x01; TH0=(65536-10)/256; TL0=(65536-10)%256; TR0=1;
   while(TF0==0); TF0=0; TR0=0;
 }
}//End of Delay10us
```

將上述的程式設計依之前章節所介紹之編寫及編譯程序，將可得到該程式的燒錄檔，再將其載入依電路所設計之控制板，可以進一步地驗證其功能動作是否與所規劃之控制時序一致。(可見圖 7.13)

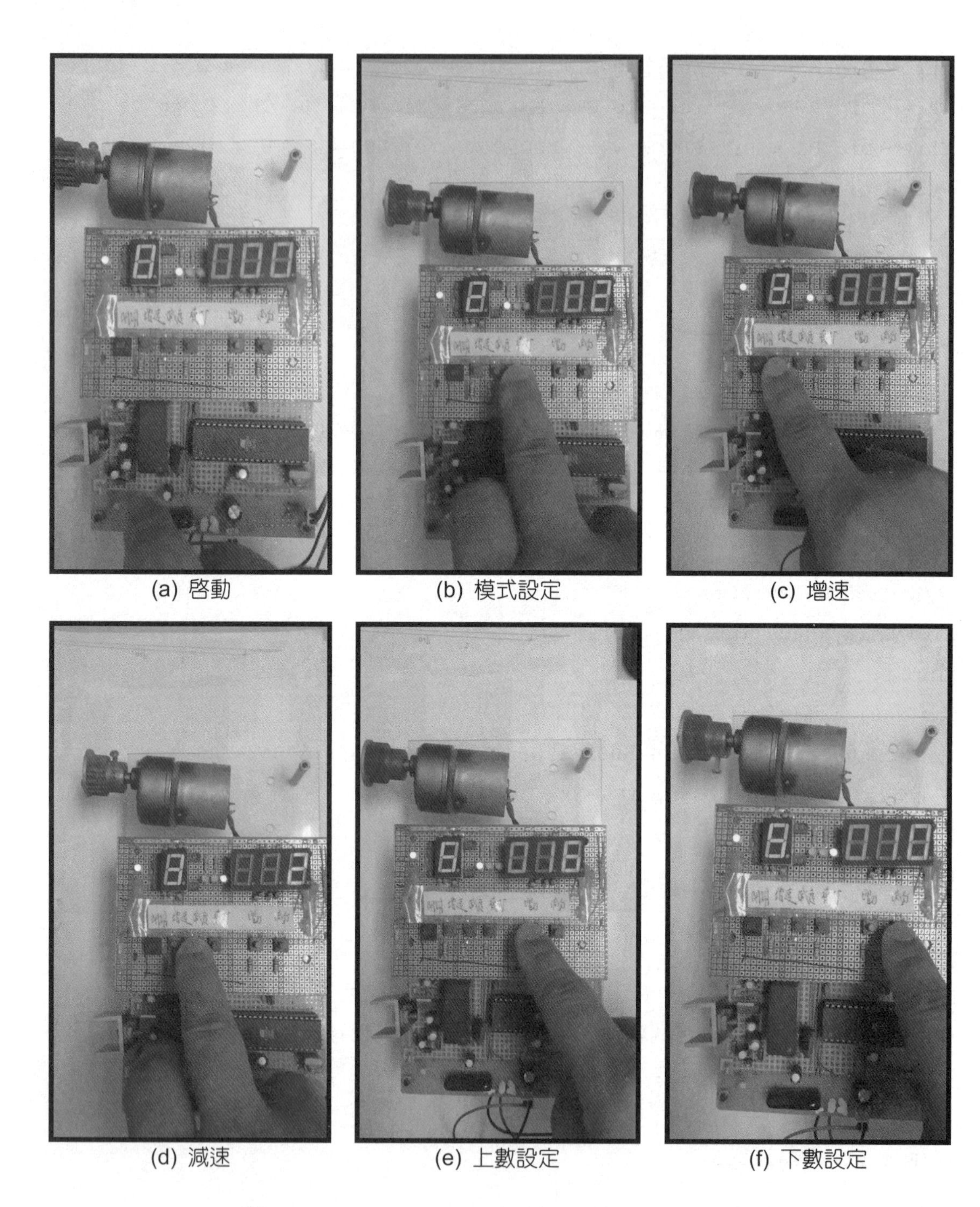

(a) 啟動　(b) 模式設定　(c) 增速

(d) 減速　(e) 上數設定　(f) 下數設定

圖 7.13　直流馬達變速及各種運動模式之控制結果

7.5 自走車之控制設計

自走車之控制設計是學生專題競賽的案例，本案例主要是呈現自走車之循軌追蹤功能的動作，自走車以後輪驅動的方式行進，偵測黑色帶的感測器規劃有 5 顆，其依功能需要之配置如圖 7.14，同時，爲確保感測正確穩定及自走車行進變速控制目的，本控制系統將依本章節之設計流程及各功能之反應速度來加以規劃，是一典型的多輸出/入不同控制頻率之程式設計範例。

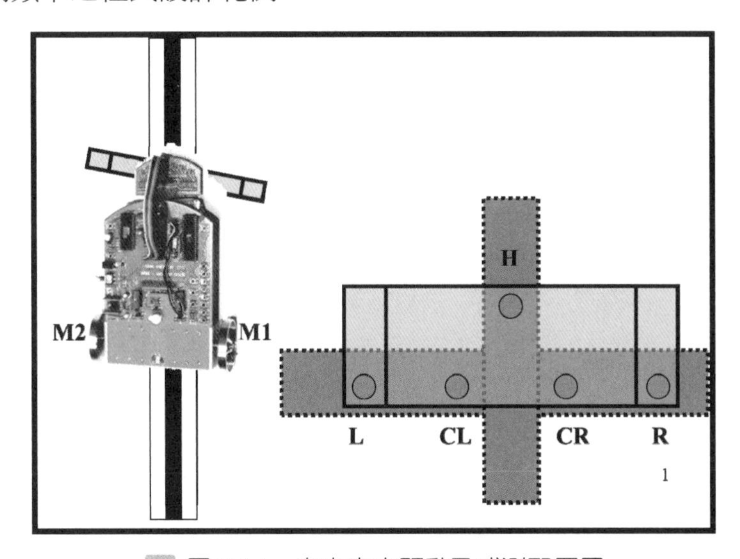

圖 7.14　自走車之驅動及感測配置圖

7.5.1 自走車之控制電路

自走車依功能需要，規劃單晶片 8051 之 P0 來操控所有馬達的動作、P1 爲感測輸入、P2 爲極限開關感測輸入，相關的電路設計可見圖 7.15 所示。

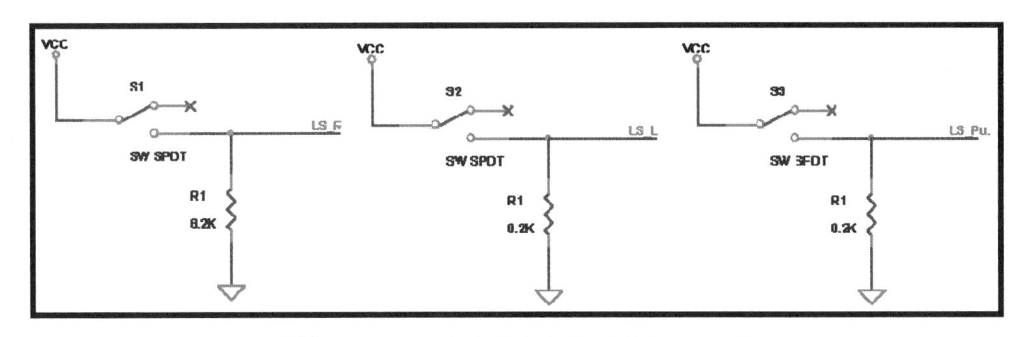

圖 7.15　自走車之相關功能之電路圖

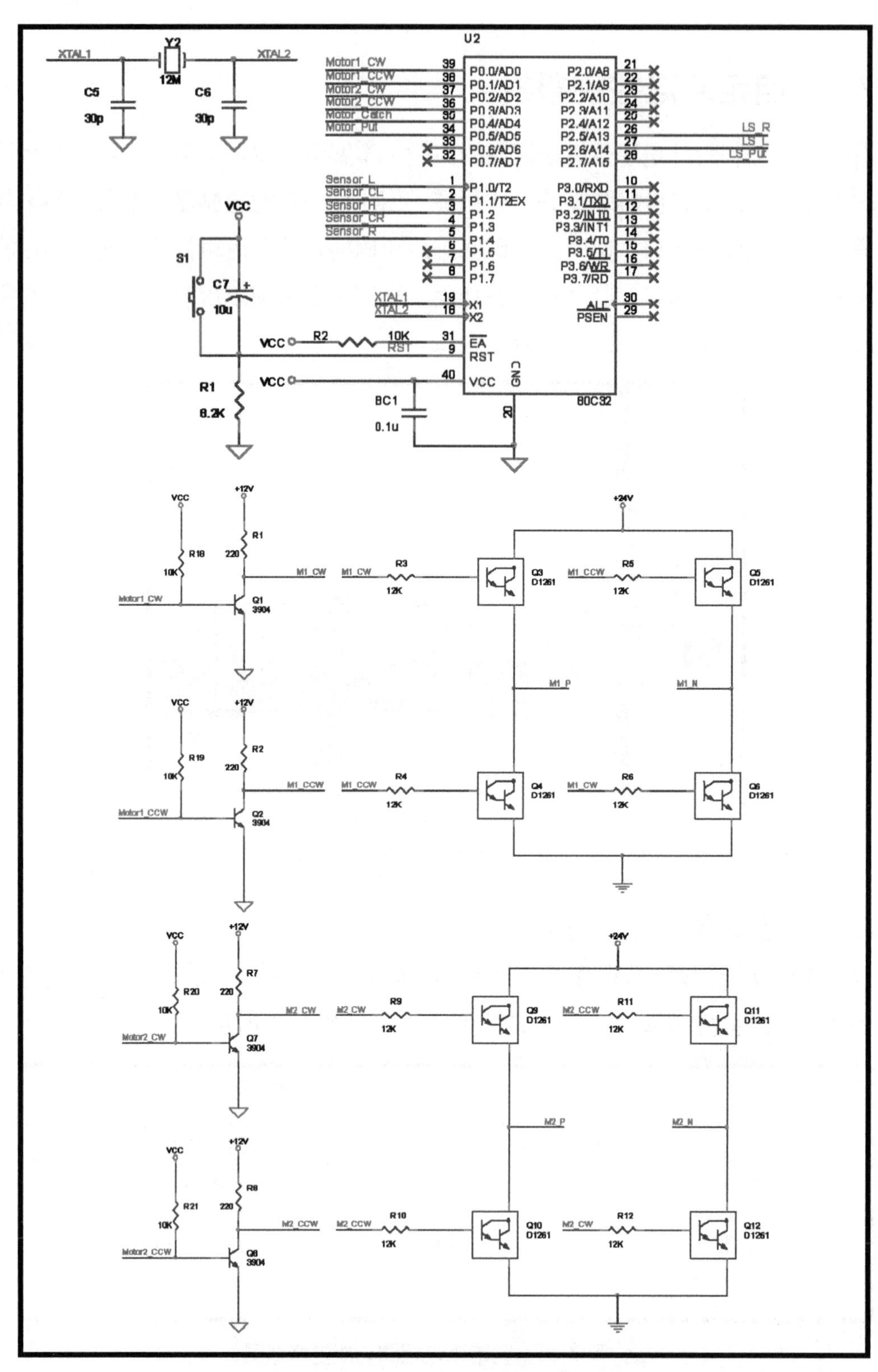

圖 7.15　自走車之相關功能之電路圖(續)

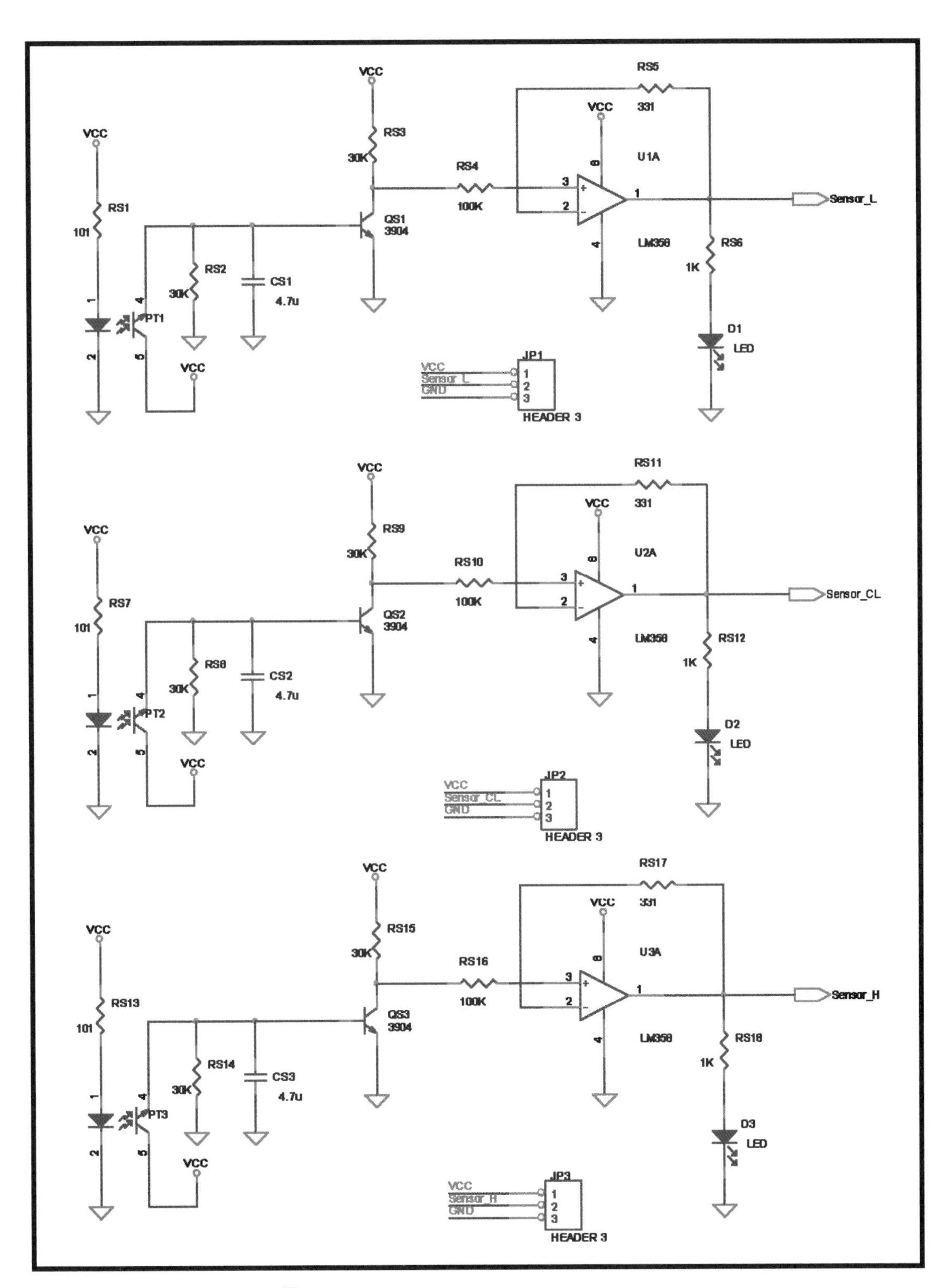

圖 7.15　自走車之相關功能之電路圖(續)

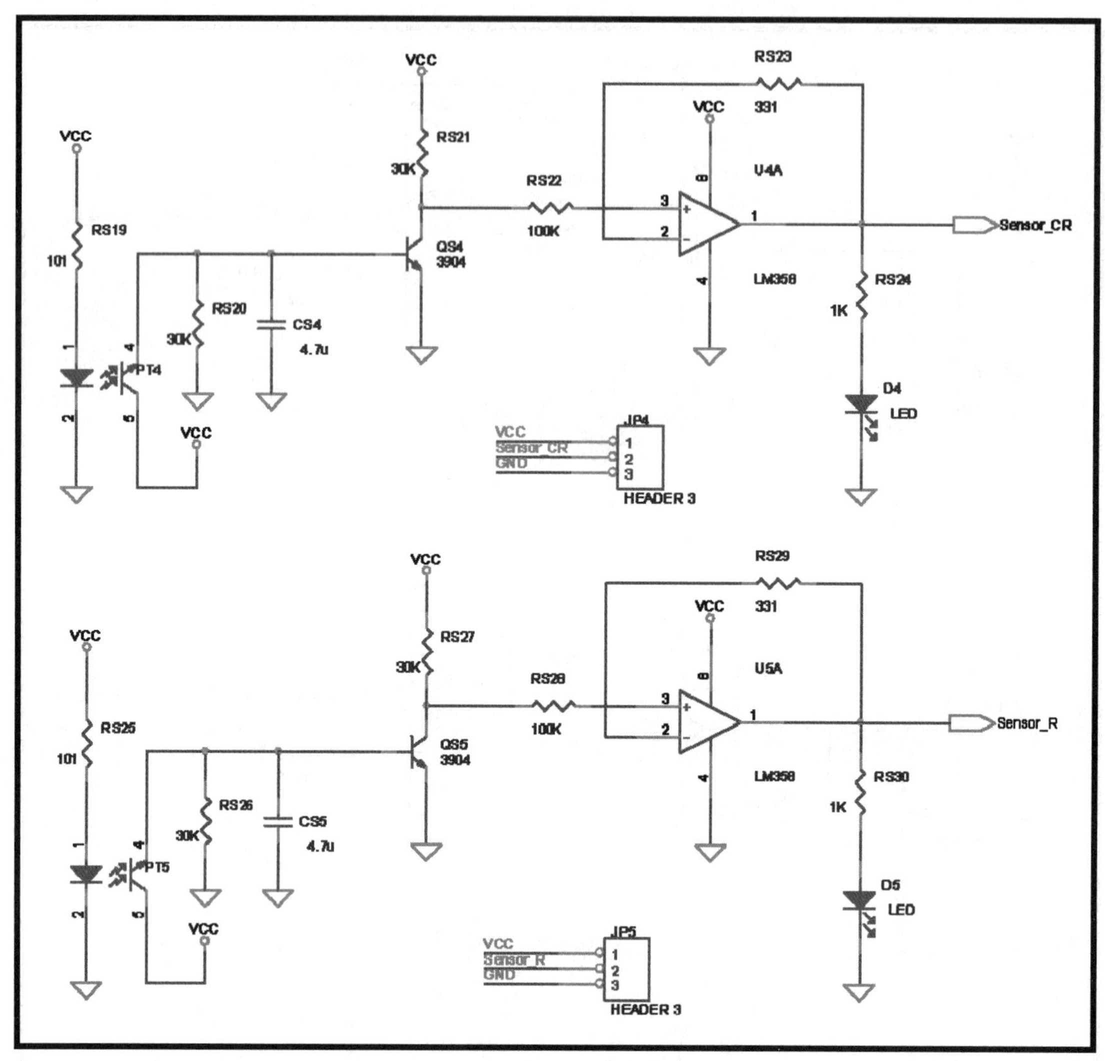

圖 7.15 自走車之相關功能之電路圖(續)

7.5.2 自走車之循軌動作規劃

自走車之循軌動作爲依色帶感測訊號來決定其動作模式，包括無色帶感測時直線前進、中間感測色帶直線前進、全感測色帶直線前進、兩個可調速左轉狀態、兩個可調速右轉狀態及其它感測狀態時則直線前進等 8 個模式。同時，馬達控制以 1ms 爲週期，規劃 0.1ms 間隔進行調速，且同時以 0.1ms 的週期來進行感測訊號輸入，所以，馬達每控制週期可取得 10 筆的感測訊號值，因此，可藉此來做感測訊號值的評估，避免感測訊號干擾的誤判，以增加感測結果的準確性。

依上述之動作規劃，整個自走車循軌動作之流程圖，可見圖 7.16 所示。

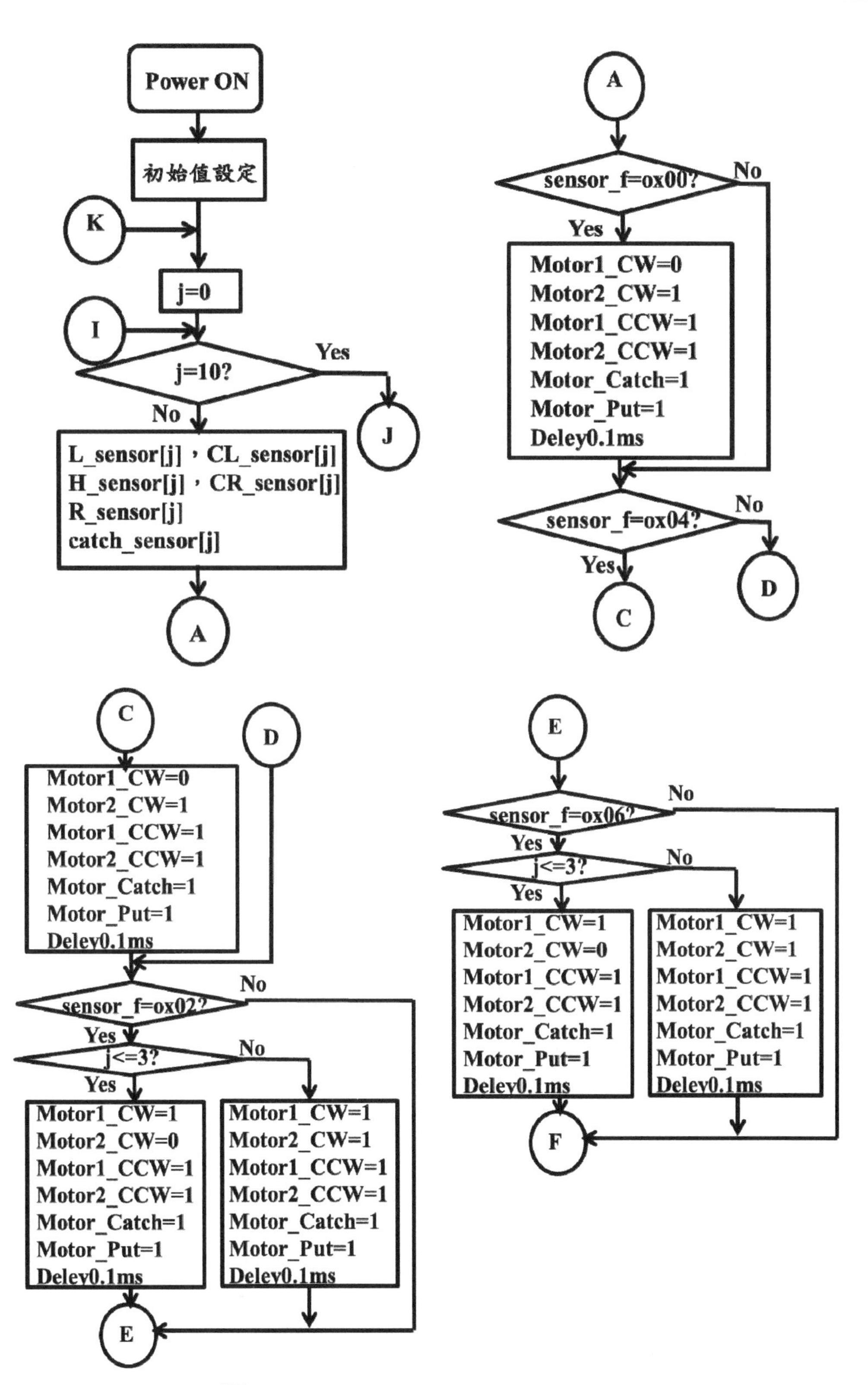

圖 7.16　自走車之循軌追蹤控制流程圖

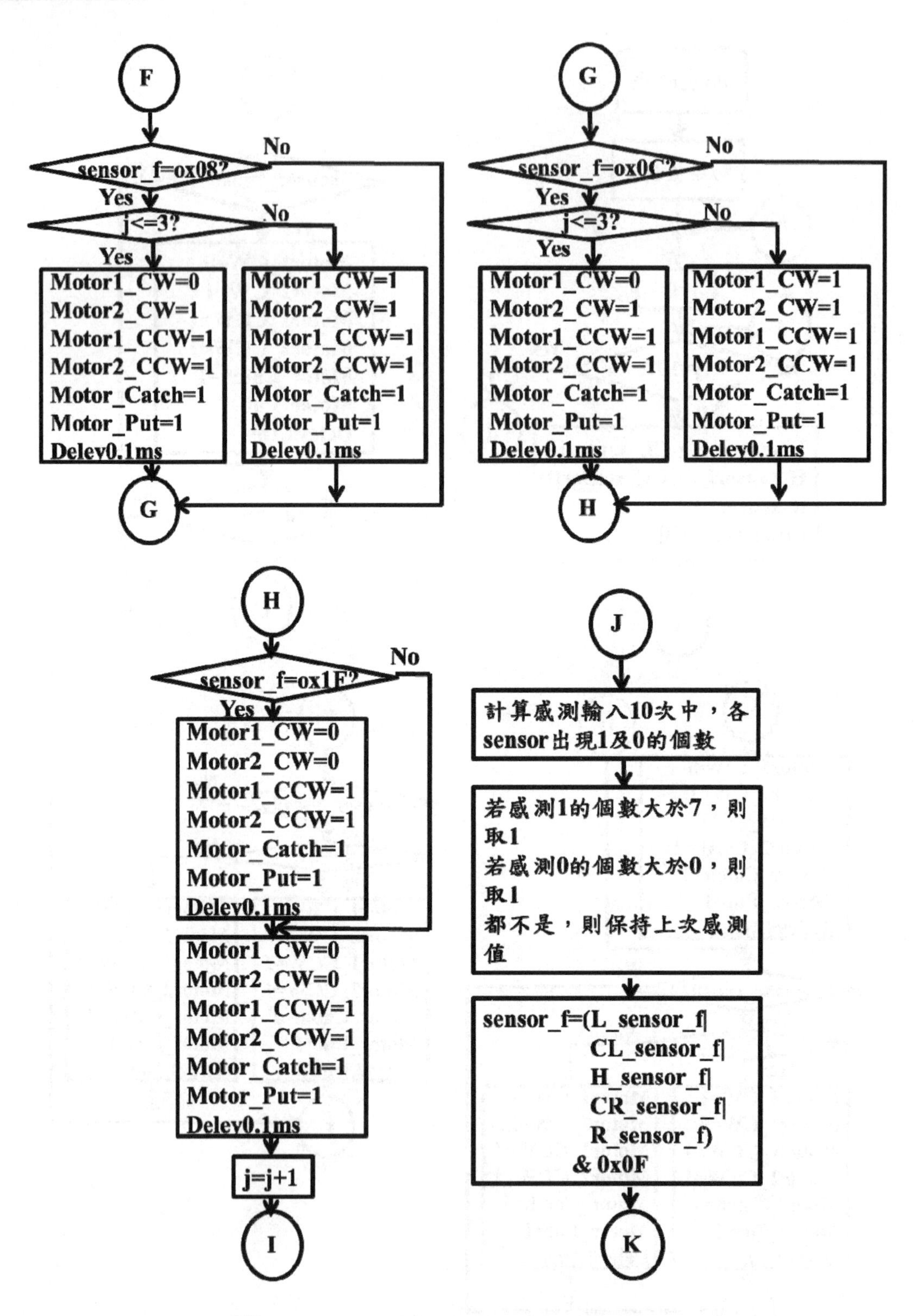

圖 7.16　自走車之循軌追蹤控制流程圖(續)

7.5.3 自走車之循軌控制

本案例選擇以 C51 語言來設計程式。以下，就上述的自走車之循軌控制的流程圖來進行設計，其 C51 程式編寫如下：

```
#include <reg52.h>
sbit Motor1_CW = P0^0;        //Out, Motor1 CW Control, "0" Enable
sbit Motor1_CCW = P0^1;       //Out, Motor1 CCW Control, "0" Enable
sbit Motor2_CW = P0^2;        //Out, Motor2 CW Control, "0" Enable
sbit Motor2_CCW = P0^3;       //Out, Motor2 CCW Control, "0" Enable
sbit Motor_Catch = P0^4;      //Out, Motor Catch Ball Control, "0" Enable
sbit Motor_Put = P0^5;        //Out, Motor Put Ball Control, "0" Enable
sbit Sensor_L = P1^0;         //In, Left Sensor
sbit Sensor_CL = P1^1;        //In, Central Left Sensor
sbit Sensor_H = P1^2;         //In, Head Sensor
sbit Sensor_CR = P1^3;        //In, Central Left Sensor
sbit Sensor_R = P1^4;         //In, Right Sensor
sbit LS_R = P2^5;
sbit LS_L = P2^6;
sbit LS_Put = P2^7;
void Initial8032(void);
void Delay100ms(int n);
void Delay10us(int o);
char L_sensor[10]={0x00, 0x00, 0x00, 0x00, 0x00, 0x00, 0x00, 0x00, 0x00, 0x00};
char CL_sensor[10]={0x00, 0x00, 0x00, 0x00, 0x00, 0x00, 0x00, 0x00, 0x00, 0x00};
char H_sensor[10]={0x00, 0x00, 0x00, 0x00, 0x00, 0x00, 0x00, 0x00, 0x00, 0x00};
char CR_sensor[10]={0x00, 0x00, 0x00, 0x00, 0x00, 0x00, 0x00, 0x00, 0x00, 0x00};
char R_sensor[10]={0x00, 0x00, 0x00, 0x00, 0x00, 0x00, 0x00, 0x00, 0x00, 0x00};
char
catch_sensor[10]={0x00,0x00,0x00,0x00,0x00,0x00,0x00,0x00,0x00,0x00};
char sensor_f, L_sensor_f=0x00, CL_sensor_f=0x00, H_sensor_f=0x00;
char CR_sensor_f=0x00, R_sensor_f=0x00;
unsigned int j, k, count_L_1, count_L_0, count_CL_1, count_CL_0, count_H_1;
unsigned int count_H_0, count_CR_1;
```

```
unsigned int count_CR_0, count_R_1, count_R_0, count_catch_0,
count_catch_1;
void main(void)
{
  Initial8032( ); Delay100ms(10); Motor1_CW = 1; Motor2_CW = 1;
  Motor1_CCW = 1; Motor2_CCW = 1; Motor_Catch= 1; Motor_Put = 1;
  Delay100ms(2);
while(1)
{
   for(j=0; j<10; j++)
   { L_sensor[j]=P1 & 0x01; CL_sensor[j]=P1 & 0x02; H_sensor[j]=P1 & 0x04;
    CR_sensor[j]=P1 & 0x08; R_sensor[j]=P1 & 0x10;
    catch_sensor[j]=P2 & 0x60;
    switch(sensor_f)
      { case 0x00:Motor1_CW = 0; Motor2_CW = 0; Motor1_CCW = 1;
                  Motor2_CCW = 1; Motor_Catch = 1; Motor_Put = 1;
                  Delay10us(10); break;
                  case 0x04: Motor1_CW = 0; Motor2_CW = 0; Motor1_CCW = 1;
                  Motor2_CCW = 1; Motor_Catch = 1; Motor_Put = 1;
                  Delay10us(10); break;
     case 0x02:if (j<=3)                  //Duty Tuning
                  {Motor1_CW = 1; Motor2_CW = 0; Motor1_CCW = 1;
                  Motor2_CCW = 1; otor_Catch = 1; Motor_Put = 1;
                  }
               else
                {Motor1_CW = 1; Motor2_CW = 1; Motor1_CCW = 1;
                 Motor2_CCW = 1;        Motor_Catch = 1; Motor_Put = 1;
                }
                 Delay10us(10); break;
      case 0x06: if (j<=3)                //Duty Tuning
                 {Motor1_CW = 1; Motor2_CW = 0; Motor1_CCW = 1;
                  Motor2_CCW = 1; Motor_Catch = 1; Motor_Put = 1;
                  }
```

```
            else
            {Motor1_CW = 1; Motor2_CW = 1; Motor1_CCW = 1;
             Motor2_CCW = 1; Motor_Catch = 1; Motor_Put = 1;
             }
            Delay10us(10); break;
      case 0x08: if (j<=3)            //Duty Tuning
              {Motor1_CW = 0; Motor2_CW = 1; Motor1_CCW = 1;
               Motor2_CCW = 1; Motor_Catch = 1; Motor_Put = 1;
              }
              else
             {Motor1_CW = 1; Motor2_CW = 1; Motor1_CCW = 1;
              Motor2_CCW = 1; Motor_Catch = 1; Motor_Put = 1;
                                            }
           Delay10us(10); break;
      case 0x0C: if (j<=3)            //Duty Tuning
             {Motor1_CW = 0; Motor2_CW = 1; Motor1_CCW = 1;
              Motor2_CCW = 1; Motor_Catch = 1; Motor_Put = 1;
             }
             else
             {Motor1_CW = 1; Motor2_CW = 1; Motor1_CCW = 1;
              Motor2_CCW = 1; Motor_Catch = 1; Motor_Put = 1;
              }
             Delay10us(10); break;
      case 0x1F: Motor1_CW = 0; Motor2_CW = 0; Motor1_CCW = 1;
             Motor2_CCW = 1; Motor_Catch = 1; Motor_Put = 1;
             Delay10us(10); break;
      default: Motor1_CW = 0; Motor2_CW = 0; Motor1_CCW = 1;
            Motor2_CCW = 1; Motor_Catch = 1; Motor_Put = 1;
            break;
     }
   }
count_L_1=0; count_L_0=0; count_CL_1=0; count_CL_0=0; count_H_1=0;
count_H_0=0; count_CR_1=0; count_CR_0=0; count_R_1=0; count_R_0=0;
```

```
count_catch_0=0; count_catch_1=0;
 for(k=0; k<10; k++)            //Count the numbers of 0 and 1 for each sensor
  { if (L_sensor[k] >= 0x01)  count_L_1=count_L_1 + 1;
    else                     count_L_1=count_L_1;
    if (L_sensor[k] == 0x00)  count_L_0=count_L_0 + 1;
    else                     count_L_0=count_L_0;
    if (CL_sensor[k] >= 0x01) count_CL_1=count_CL_1 + 1;
    else                     count_CL_1=count_CL_1;
    if (CL_sensor[k] == 0x0)  count_CL_0=count_CL_0 + 1;
    else                     count_CL_0=count_CL_0;
    if (H_sensor[k] >= 0x01)  count_H_1=count_H_1 + 1;
    else                     count_H_1=count_H_1;
    if (H_sensor[k] == 0x00)  count_H_0=count_H_0 + 1;
    else                     count_H_0=count_H_0;
    if (CR_sensor[k] >= 0x01) count_CR_1=count_CR_1 + 1;
    else                     count_CR_1=count_CR_1;
    if (CR_sensor[k] == 0x00) count_CR_0=count_CR_0 + 1;
    else                     count_CR_0=count_CR_0;
    if (R_sensor[k] >= 0x01)  count_R_1=count_R_1 + 1;
    else                     count_R_1=count_R_1;
    if (R_sensor[k] == 0x00)  count_R_0=count_R_0 + 1;
    else                     count_R_0=count_R_0;
    if (catch_sensor[k] == 0x60)  count_catch_1=count_catch_1 + 1;
    else                         count_catch_1=count_catch_1;
    if (catch_sensor[k] != 0x60)  count_catch_0=count_catch_0 + 1;
    else                        count_catch_0=count_catch_0;
   }
if (count_L_1 >=7)         L_sensor_f = 0x01; //Sensor state is decided by
else if (count_L_0 >=7)      L_sensor_f = 0x00;   // large number
    else                    L_sensor_f = L_sensor_f;
if (count_CL_1 >=7)         CL_sensor_f = 0x02;
else if (count_CL_0 >=7)      CL_sensor_f = 0x00;
    else                    CL_sensor_f = CL_sensor_f;
```

```
if (count_H_1 >=7)          H_sensor_f = 0x04;
else if (count_H_0 >=7)       H_sensor_f = 0x00;
    else                    H_sensor_f = H_sensor_f;
if (count_CR_1 >=7)          CR_sensor_f = 0x08;
else if (count_CR_0 >=7)     CR_sensor_f = 0x00;
    else                    CR_sensor_f = CR_sensor_f;
if (count_R_1 >=7)           R_sensor_f = 0x10;
else if (count_R_0 >=7)       R_sensor_f = 0x00;
    else                    R_sensor_f = R_sensor_f;
if (count_catch_1 >=7)        catch_hit = 0x60;
else if (count_catch_0 >=7)    catch_hit = 0x00;
    else                    catch_hit = catch_hit;
sensor_f=(L_sensor_f|CL_sensor_f|H_sensor_f|CR_sensor_f|R_sensor_f) & 0x0F;
  }
}//end of main

void Initial8032(void)
{ PSW = 0x00; SCON = 0x00; TH0 = 0xFF; TL0 = 0xFF; IP = 0x02; IE = 0xA0;
Motor1_CW = 1; Motor1_CCW = 1; Motor2_CW = 1; Motor2_CCW = 1;
 Motor_Catch= 1; Motor_Put= 1;
}//End of Initial8032

void Delay100ms(int n)
{int i, k;
for(i=0; i<n; i++)
 {for(k=0; k<100; k++)
  { TMOD=0x01; TH0=(65536-1000)/256; TL0=(65536-1000)%256; TR0=1;
   while(TF0==0); TF0=0; TR0=0;
   }
}
}//End of Delay100ms

void Delay10us(int o)
```

```
{int i;
for(i=0; i<o; i++)
 { TMOD=0x01; TH0=(65536-10)/256; TL0=(65536-10)%256; TR0=1;
   while(TF0==0); TF0=0; TR0=0;
 }
}//End of Delay10us
```

將上述的程式設計依之前章節所介紹之編寫及編譯程序，將可得到該程式的燒錄檔，再將其載入依電路所設計之控制板，可以進一步地驗證其功能動作是否與所規劃之控制時序一致。(可見圖 7.17)

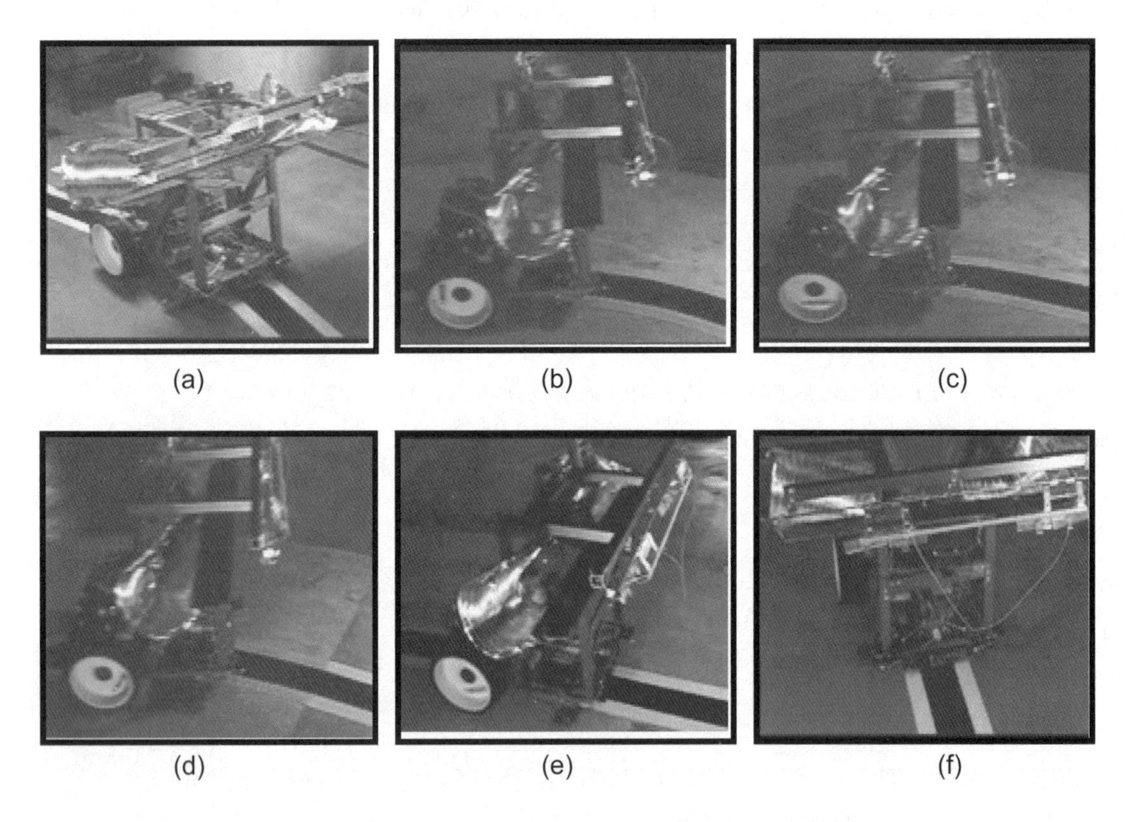

圖 7.17　自走車之循軌追蹤控制結果

Chapter 8

專題練習

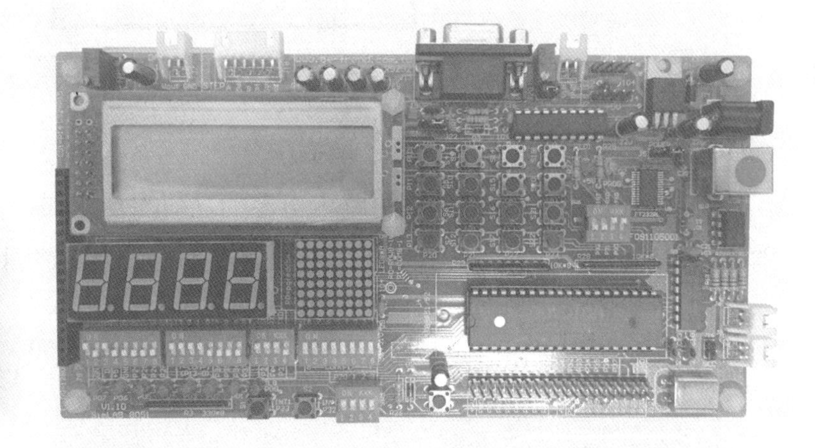

經過前面各章節中由簡而繁的各種案例練習後，對於控制系統的動作時序分析及輸出/入各功能模組之反應速度之解析及安排，應有一定程度的瞭解。此外，對於程控的設計技巧，也懂得如何使用微電腦單晶片 8051 做爲微控制器，依一定程序來進行系統的動作規劃、操控流程的設計及程控的實現。

本章節將進一步地以專題練習的方式，進行各種案例的動作解析及設計，其中包括：點矩陣小時鐘之控制設計、立體方塊 3*3*3 LED 之控制設計、紅外線測距及 LCD 顯距之控制設計、玩具直昇機之串列傳輸與控制設計及無線 ZigBee 之資料傳輸與控制設計等。以下，將依各專題案例之動作要求，分別進行系統說明及程式設計。

8.1 點矩陣小時鐘之控制設計

本案例乃將課堂中的專題題目，點矩陣小時鐘之控制設計，依之前的設計程序，重新規劃而加以設計其操控的程式。本專題的設計動機爲設計一個不同於一般的數字型電子鐘，設法藉由 8X8 矩陣，表現出古典時鐘之時針與分針的轉動樣態，依時間逐漸地移動其相對的位置，有如一台時鐘般地呈現時間，其外觀可見圖 8.1 所示。

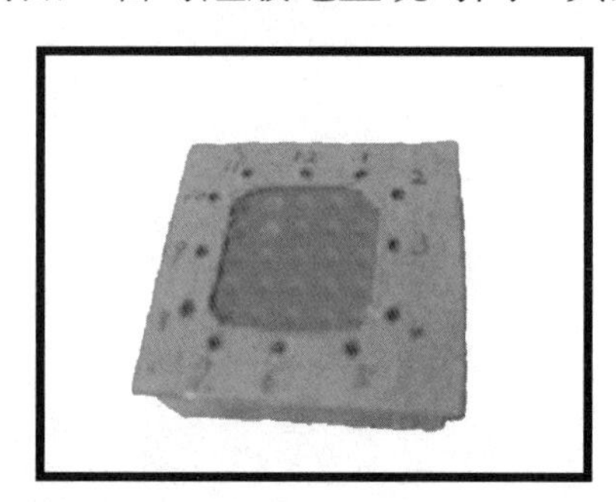

圖 8.1 點矩陣小時鐘之外觀圖

8.1.1 點矩陣小時鐘之電路

有關點矩陣小時鐘之相關電路，可參酌之前的 8x8 單色點矩陣之電路，規劃 P0 爲圖形輸出腳位，P1 爲控制圖形輸出之腳位，相關的電路圖，可見圖 8.2 所示。

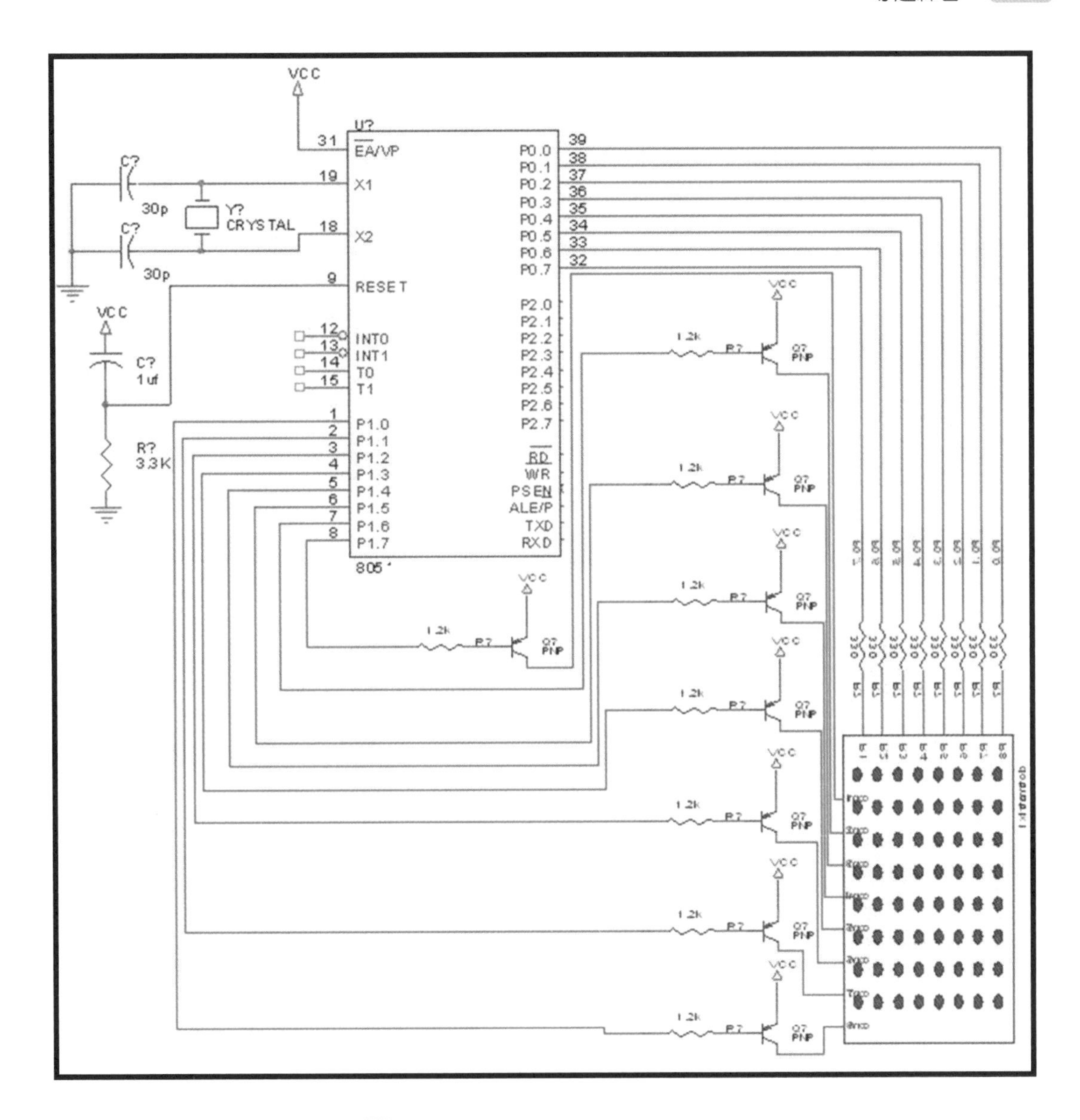

▲ 圖 8.2 點矩陣小時鐘之電路圖

8.1.2 點矩陣小時鐘之動作規劃

點矩陣小時鐘因其既有架構的解析關係，所以動作的執行，設定爲每 5 分鐘爲樣態改變單位，時、分針的位置圖形變動一次。然而，因每次掃描 8x8 點舉陣的週期時間爲 62.5ms，所以，最小基頻時間選爲 62.5ms，週期性的執行 4800 次的時間爲 300 秒，也就是 5 分鐘，爲基頻時間的倍數。由於分針的圖形樣態有 12 種，時針的圖形樣態也是 12 種，在改變圖形時，須將時、分針的圖形加以組合成一張圖形，整個動作的流程圖，可見圖 8.3 所示。

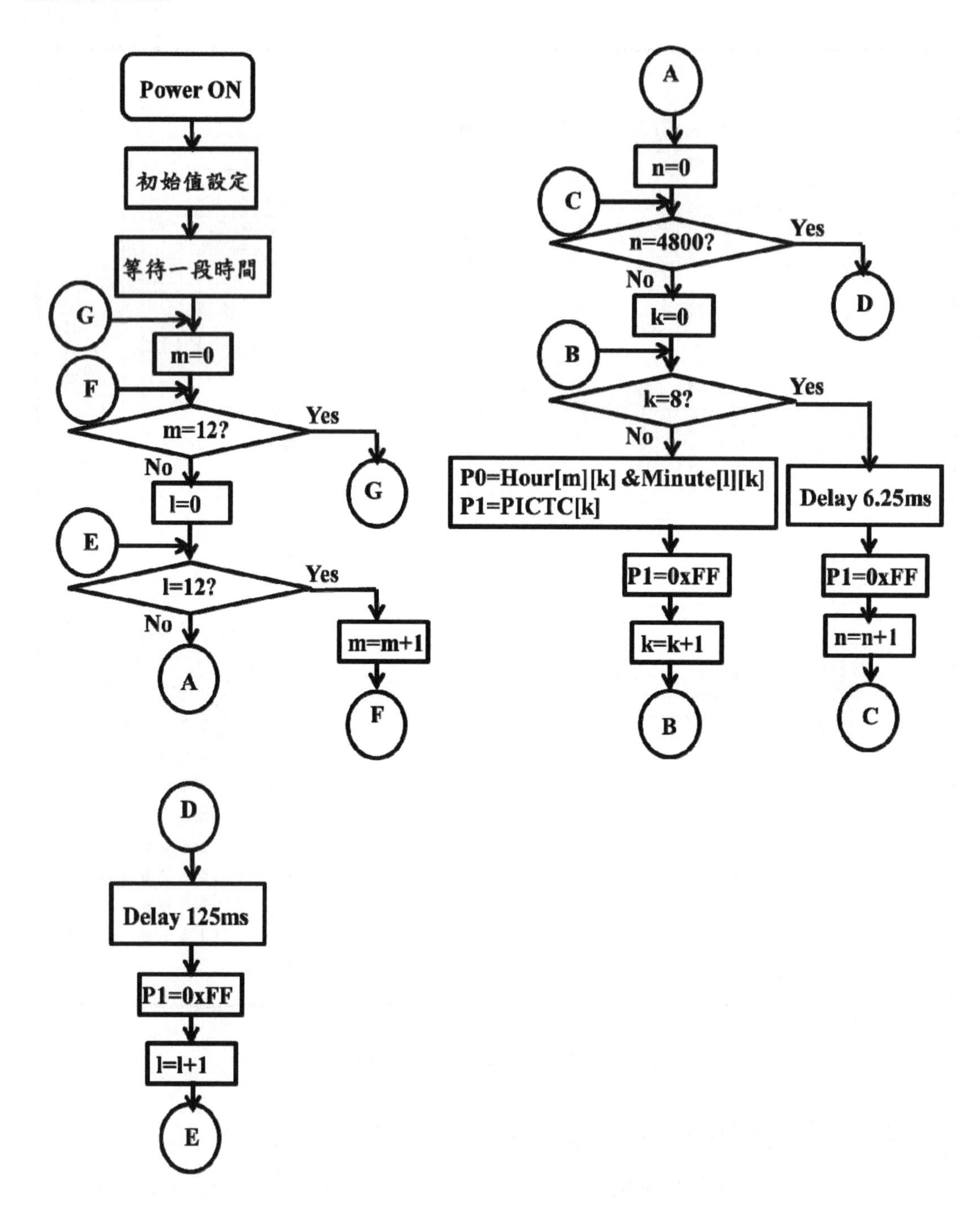

圖 8.3 點矩陣小時鐘之動作流程圖

8.1.3 點矩陣小時鐘之控制

本案例選擇以 C51 語言來設計程式。以下，就上述的點矩陣小時鐘之動作控制的流程圖來進行設計，其 C51 程式編寫如下：

```
#include <reg52.h>
#include <math.h>
void Delay( );
char PICTC[8]={0x7F, 0xBF, 0xDF, 0xEF, 0xF7, 0xFB, 0xFD, 0xFE};
char code Hour[12][8]={{0xFF,0xFF,0xFF,0x8F,0xFF,0xFF,0xFF,0xFF},
                                                                    //12H
{0xFF,0xFF,0xFF,0xEF,0xDF,0xBF,0xFF,0xFF},                          //1H
{0xFF,0xFF,0xFF,0xEF,0xFF,0xDF,0xFF,0xFF},                          //2H
{0xFF,0xFF,0xFF,0xEF,0xEF,0xEF,0xFF,0xFF},                          //3H
{0xFF,0xFF,0xFF,0xEF,0xFF,0xF7,0xFF,0xFF},                          //4H
{0xFF,0xFF,0xFF,0xEF,0xF7,0xFB,0xFF,0xFF},                          //5H
{0xFF,0xFF,0xFF,0xE3,0xFF,0xFF,0xFF,0xFF},                          //6H
{0xFF,0xFB,0xF7,0xEF,0xFF,0xFF,0xFF,0xFF},                          //7H
{0xFF,0xF7,0xFF,0xEF,0xFF,0xFF,0xFF, 0xFF},                         //8H
{0xFF,0xEF,0xEF,0xEF,0xFF,0xFF,0xFF,0xFF},                          //9H
{0xFF,0xDF,0xFF,0xEF,0xFF,0xFF,0xFF,0xFF},                          //10H
{0xFF,0xBF,0xDF,0xEF,0xFF,0xFF,0xFF,0xFF}};                         //11H
char code Minute[12][8]={{0xFF,0xFF,0xFF,0x0F,0xFF,0xFF,0xFF,0xFF},
                                                                    //60M
{0xFF,0xFF,0xFF,0xEF,0xDF,0xBF,0x7F,0xFF},                          //5M
{0xFF,0xFF,0xFF,0xEF,0xFF,0xDF,0xFF,0xBF},                          //10M
{0xFF,0xFF,0xFF,0xEF,0xEF,0xEF,0xEF,0xFF},                          //15M
{0xFF,0xFF,0xFF,0xEF,0xFF,0xF7,0xFF,0xFB},                          //20M
{0xFF,0xFF,0xFF,0xEF,0xF7,0xFB,0xFD,0xFF},                          //25M
{0xFF,0xFF,0xFF,0xE1,0xFF,0xFF,0xFF,0xFF},                          //30M
{0xFD,0xFB,0xF7,0xEF,0xFF,0xFF,0xFF,0xFF},                          //35M
{0xF7,0xF7,0xFF,0xEF,0xFF,0xFF,0xFF,0xFF},                          //40M
{0xEF,0xEF,0xEF,0xEF,0xFF,0xFF,0xFF,0xFF},                          //45M
{0xDF,0xDF,0xFF,0xEF,0xFF,0xFF,0xFF,0xFF},                          //50M
```

```
{0x7F,0xBF,0xDF,0xEF,0xFF,0xFF,0xFF,0xFF}};                          //55M
char PICTC_tmp, Hour_tmp, Minute_tmp, H_M_tmp;
int i, j, k, l, m, n;
void main( )
{
  P1=0xFF; P0=0xFF;                              //輸出初始值設定完成
  for(i=1; i<=25; i++)                           //等一段時間
    {Delay( );}
  while(1)  //無窮迴圈
  {
  for(m=0; m<12; m++)                            //每小時更動 Hour 內容，共 12 個小時
  {
  for(l=0; l<12; l++)                            //每 5 分鐘更動 Minute 內容，共 60 分鐘
  {
  for(n=0; n<4800; n++)                          //保持同樣內容掃描，共 5 分鐘
  { for(k=0; k<8; k++)                           //掃描 8 次
  {  PICTC_tmp=PICTC[k];
     Hour_tmp=Hour[m][k];                        //小時指針圖形內容
     Minute_tmp=Minute[l][k];                    //分指針圖形內容
     H_M_tmp=Hour_tmp & Minute_tmp;              //時及分指針圖形重組
     P0=H_M_tmp;                                 //輸出圖形
     P1=PICTC_tmp;                               //打開控制圖形輸出
     P1=0xFF;                                    //關閉控制圖形輸出，以避免殘影
        }
     for(i=1; i<=25; i++)                        //維持 62.5ms
        {Delay( );}
        P1=0xFF;                                 //關閉控制圖形輸出，以避免殘影
   }
     for(i=1; i<=50; i++)                        //維持 125ms
        {Delay( );}
        P1=0xFF;                                 //關閉控制圖形輸出，以避免殘影
   }
  }
```

```
  }
}
void Delay( )
{
 TMOD=0x01;                        //使用 Timer0 計數，工作於模式 1
 TH0=(65536-250)/256;              //計數值 250，分別載入 TH0，TL0
 TL0=(65536-250)%256;
 TR0=1;                            //啓動 Timer 0 計數器
 while(TF0==0);                    //等待旗標是否爲 1
 TR0=0;                            //清除 TR0，以停止計數
TF0=0;                             //清除旗標 TF0
}
```

本案例使用到 2 維陣列的操控，且因內部暫存器容量限制的關係，將其圖型資料存到 ROM Code 的其餘位置，因此，在變數宣告時加上 code。將上述的程式設計依之前章節所介紹之編寫及編譯程序，將可得到該程式的燒錄檔，再將其載入模擬軟體或實驗平台，可以進一步地驗證其功能動作是否與所規劃之控制時序一致。(可見圖 8.4)

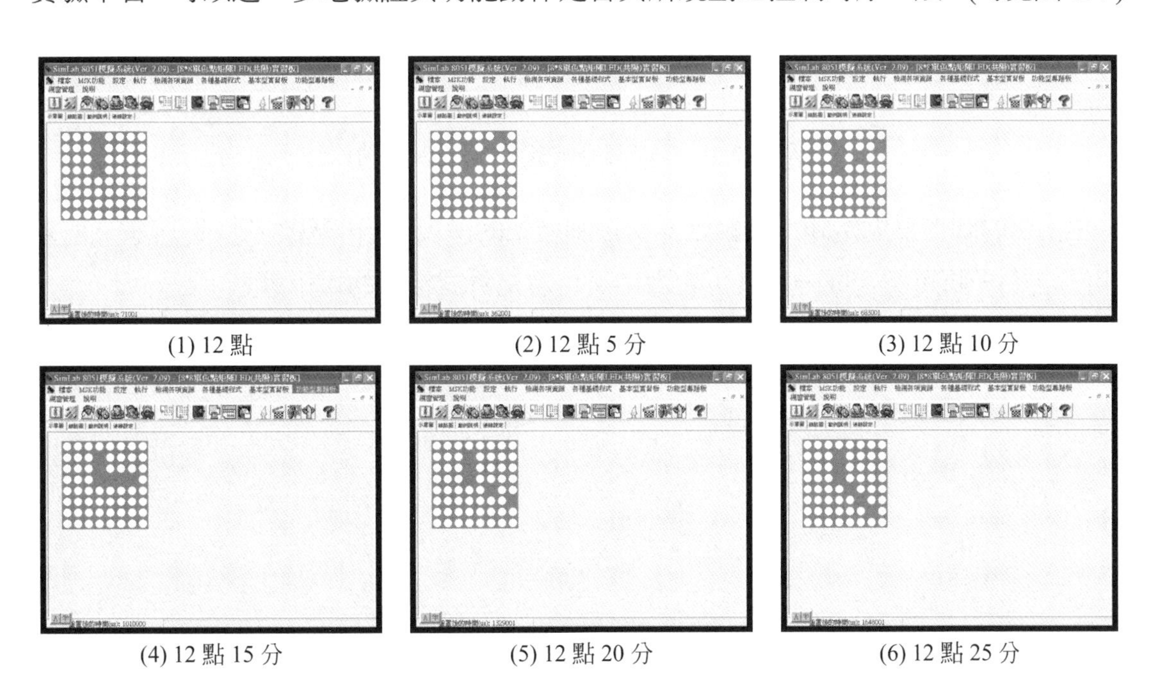

(1) 12 點　(2) 12 點 5 分　(3) 12 點 10 分

(4) 12 點 15 分　(5) 12 點 20 分　(6) 12 點 25 分

圖 8.4　點矩陣小時鐘之控制結果

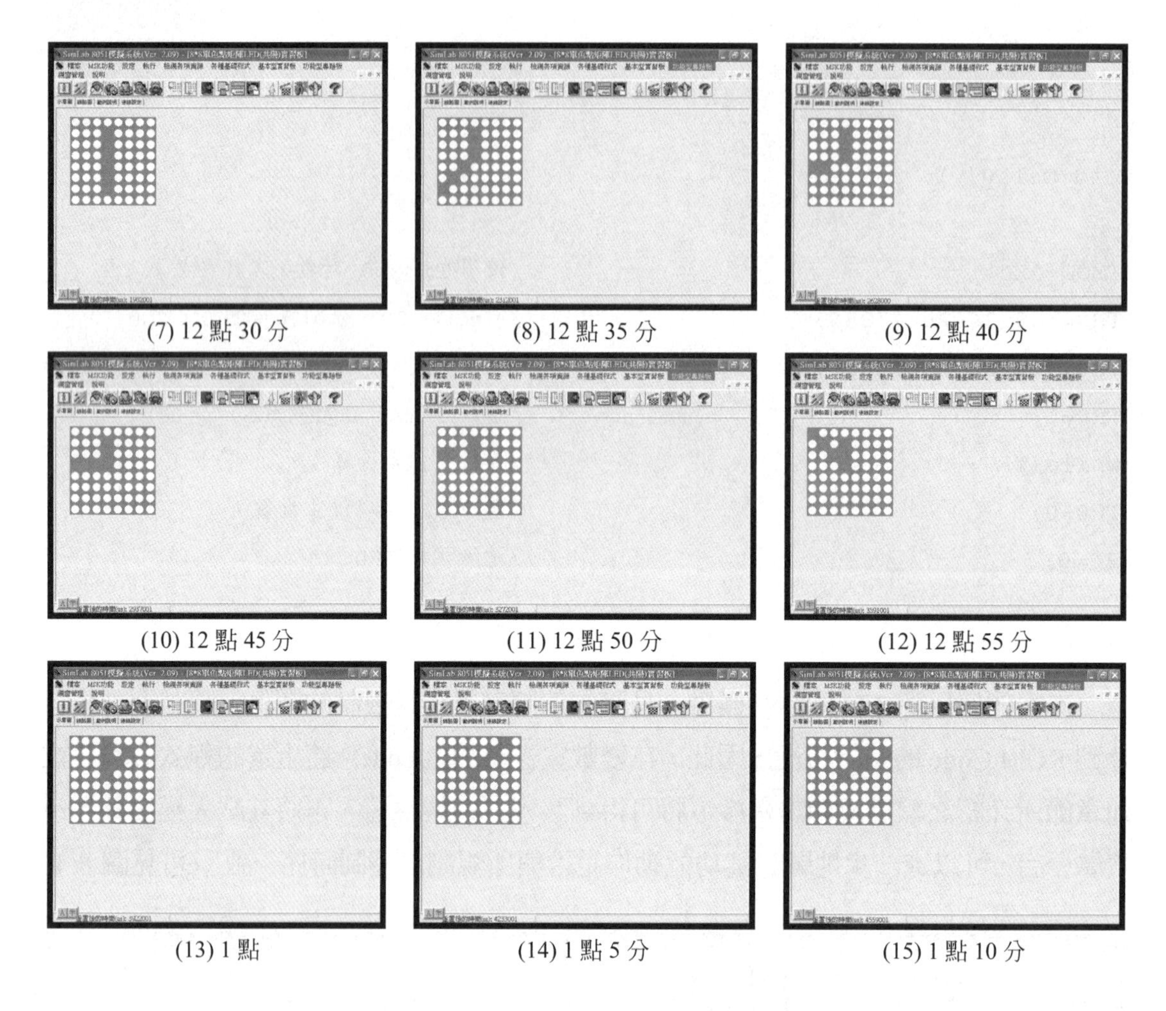

(7) 12 點 30 分　(8) 12 點 35 分　(9) 12 點 40 分

(10) 12 點 45 分　(11) 12 點 50 分　(12) 12 點 55 分

(13) 1 點　(14) 1 點 5 分　(15) 1 點 10 分

圖 8.4　點矩陣小時鐘之控制結果(續)

上述的圖形爲點矩陣小時鐘之部份控制結果的呈現，若再配數字形電子鐘(之前章節已設計)，將可組合成一個既可看數字又可看指針式移動的電子鐘。

8.2 立體方塊 3*3*3 LED 之控制設計

本案例乃將課堂中的專題題目，立體方塊 3*3*3 LED 之控制設計，依之前的設計程序，重新地規劃且設計其操控的程式。其動機爲實現一種立體樣態變換的概念，設計一個立體方塊的 3*3*3 LED，當通電後，每 9 顆 LED 形成的亮面，會依序依地照所指定的方式作動，分別是由上到下，由左至右，由前到後，最後全亮，之後重複循環此一流程動作。其系統外觀可見圖 8.5 所示。

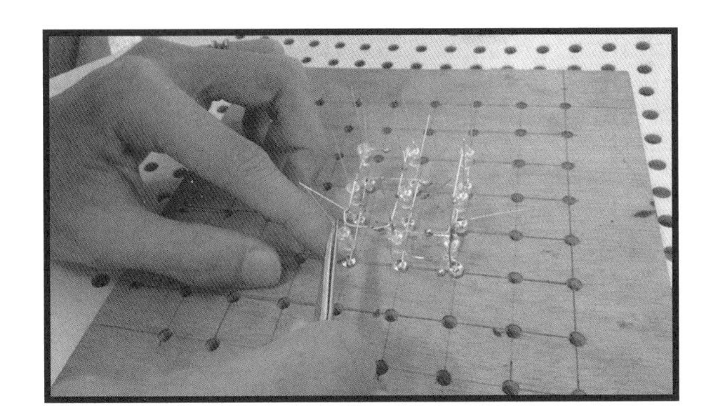

圖 8.5 立體方塊 3*3*3 LED 之外觀圖

8.2.1 立體方塊 3*3*3 LED 之電路

有關立體方塊 3*3*3 LED 之電路，因其動作需要，須設法規劃操控 27 顆 LED，所以，讓 9 顆 LED 形成一個亮面，分成 3 層來操控。因此，規劃微電腦單晶片 8051 的 P2^0~P2^7 及 P1^3 等 9 支 pin 腳，爲 27 顆 LED 之控制腳位，而 P1^0~P1^2 等 3 支腳位爲層數之控制，於是，整個動作將可以平面及立起的平面兩種方式，來上下、左右及前後地移動。相關的電路圖，可見圖 8.6 所示。

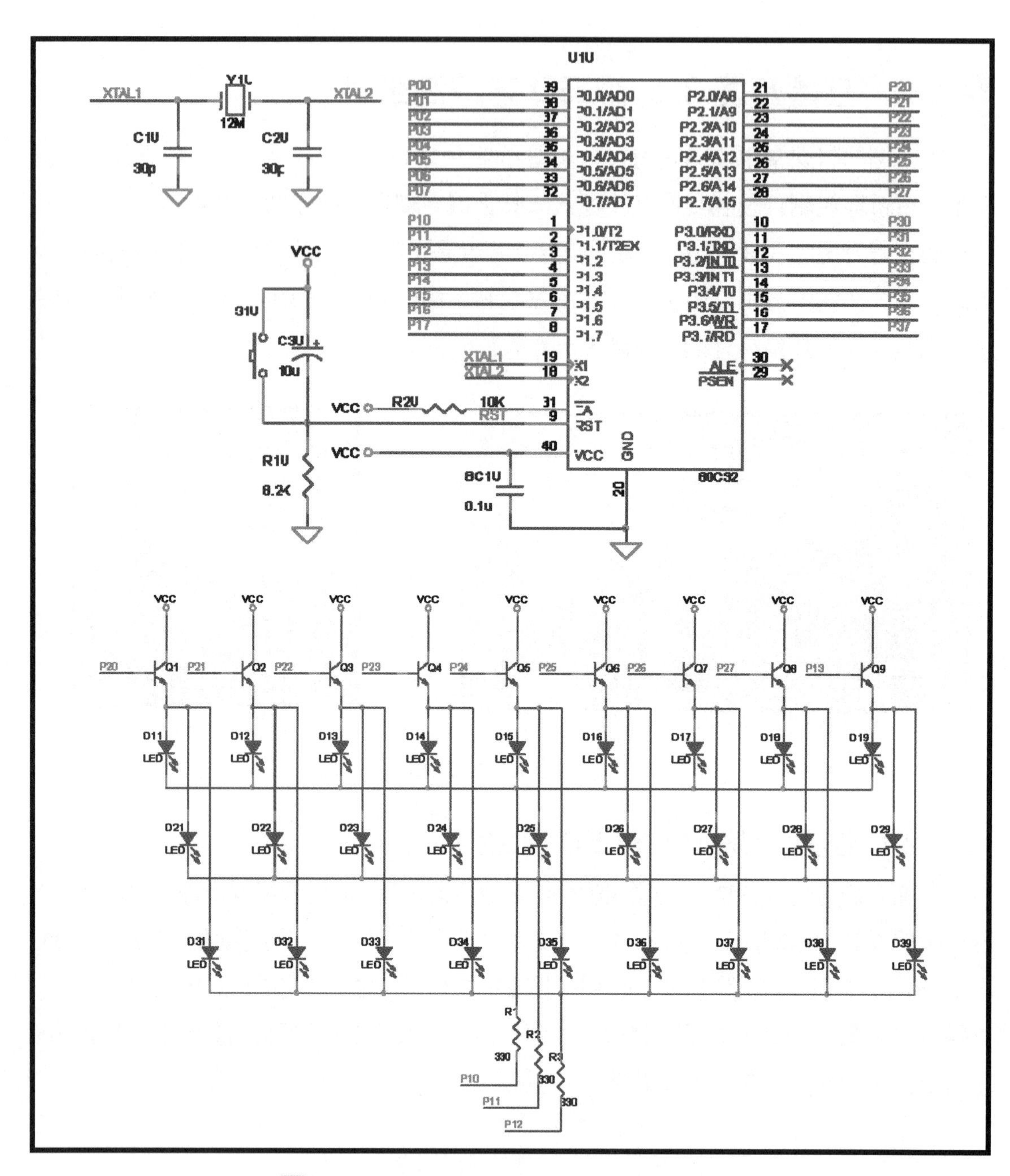

▲ 圖 8.6 立體方塊 3*3*3 LED 之控制電路圖

8.2.2 立體方塊 3*3*3 LED 之動作規劃

立體方塊 3*3*3 LED 之動作規劃如圖 8.7 所示，以每 9 顆 LED 成一亮面方式，依序地操控且讓其亮面，由下而上的移動，接著，由左而右的移動再回頭移動，再由上而下的移動，接著，由前而後的移動再回頭移動，最後，讓 27 顆 LED 全亮。

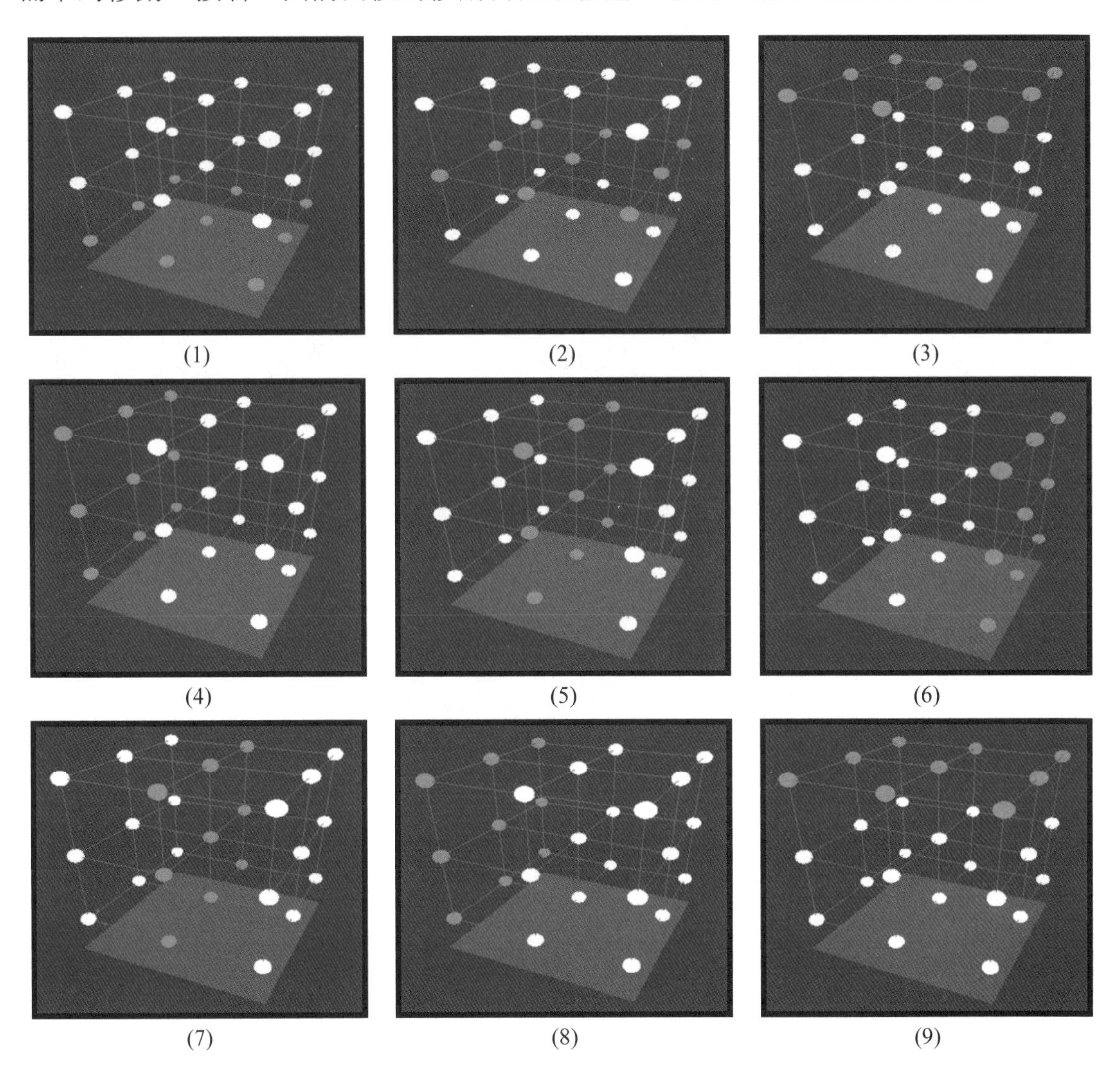

圖 8.7 立體方塊 3*3*3 LED 之控制的動作流程圖

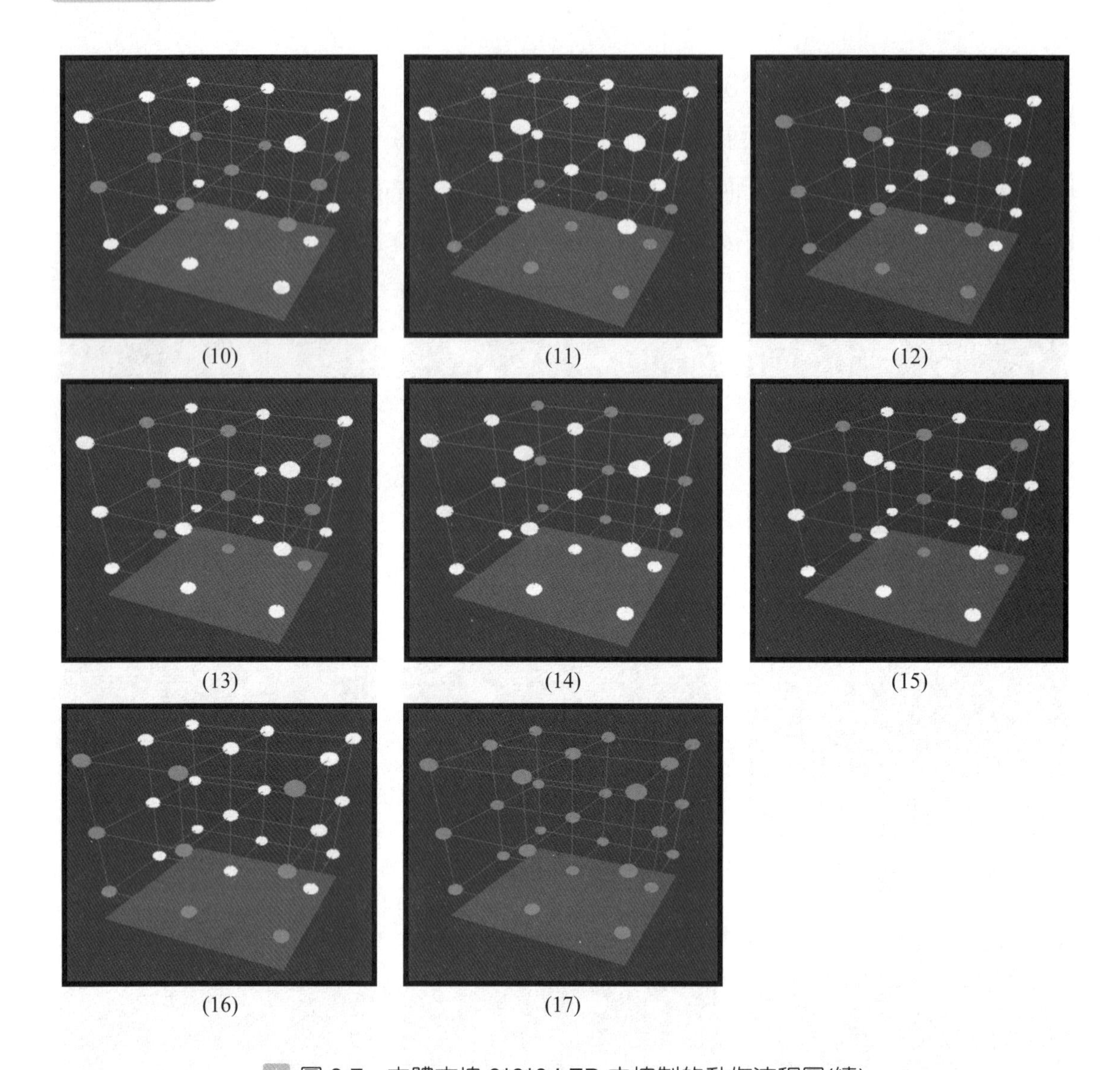

圖 8.7 立體方塊 3*3*3 LED 之控制的動作流程圖(續)

8.2.3 立體方塊 3*3*3 LED 之控制

本案例選擇以 C51 語言來設計程式。以下，就上述的立體方塊 3*3*3 LED 之控制的動作流程圖來進行設計，其 C51 程式編寫如下：

```
#include <reg52.h>
#include <math.h>
void Delay( );
char TABLE[17]={0xFF, 0xFF, 0xFF, 0x49, 0x92, 0x24, 0x92, 0x49, 0xFF, 0xFF,
0xFF, 0x07, 0x38, 0xC0, 0x38, 0x07, 0xFF};
```

```
char TABLE1[17]={0xFE, 0xFD, 0xFB, 0xF0, 0xF0, 0xF8, 0xF0, 0xF0, 0xFB,
0xFD, 0xFE, 0xF0, 0xF0, 0xF8, 0xF0, 0xF0, 0xF8};
char TABLE_tmp, TABLE1_tmp;
int i, j;
void main( )
{  P2=0x00;          //輸出初始值設定完成
P1=0x00;
for(i=1; i<=100; i++) {Delay( );}       //等一段時間
  while(1) //無窮迴圈
  {  for(j=0; j<17; j++)                //17種樣態的變換
{  TABLE_tmp=TABLE[j];                  //P2輸出內容
P2=TABLE_tmp;
TABLE1_tmp=TABLE1[j];                   //P1輸出內容
P1=TABLE1_tmp;
for(i=1; i<=100; i++)                   //等一段時間
       {Delay( );}
}
  }
}
void Delay( )
{ TMOD=0x01;        //使用Timer0 計數，工作於模式1
 TH0=(65536-25000)/256;                 //計數值25000，分別載入TH0，TL0
 TL0=(65536-25000)%256;
 TR0=1;       //啓動Timer 0計數器
 while(TF0==0);   //等待旗標是否爲1
 TR0=0;       //清除TR0，以停止計數
TF0=0;        //清除旗標TF0
}
```

將上述的程式設計依之前章節所介紹之編寫及編譯程序，將可得到該程式的燒錄檔，再將其載入所設計的實驗平台，可以進一步地驗證其功能動作是否與所規劃之控制時序一致。(可見圖 8.8)

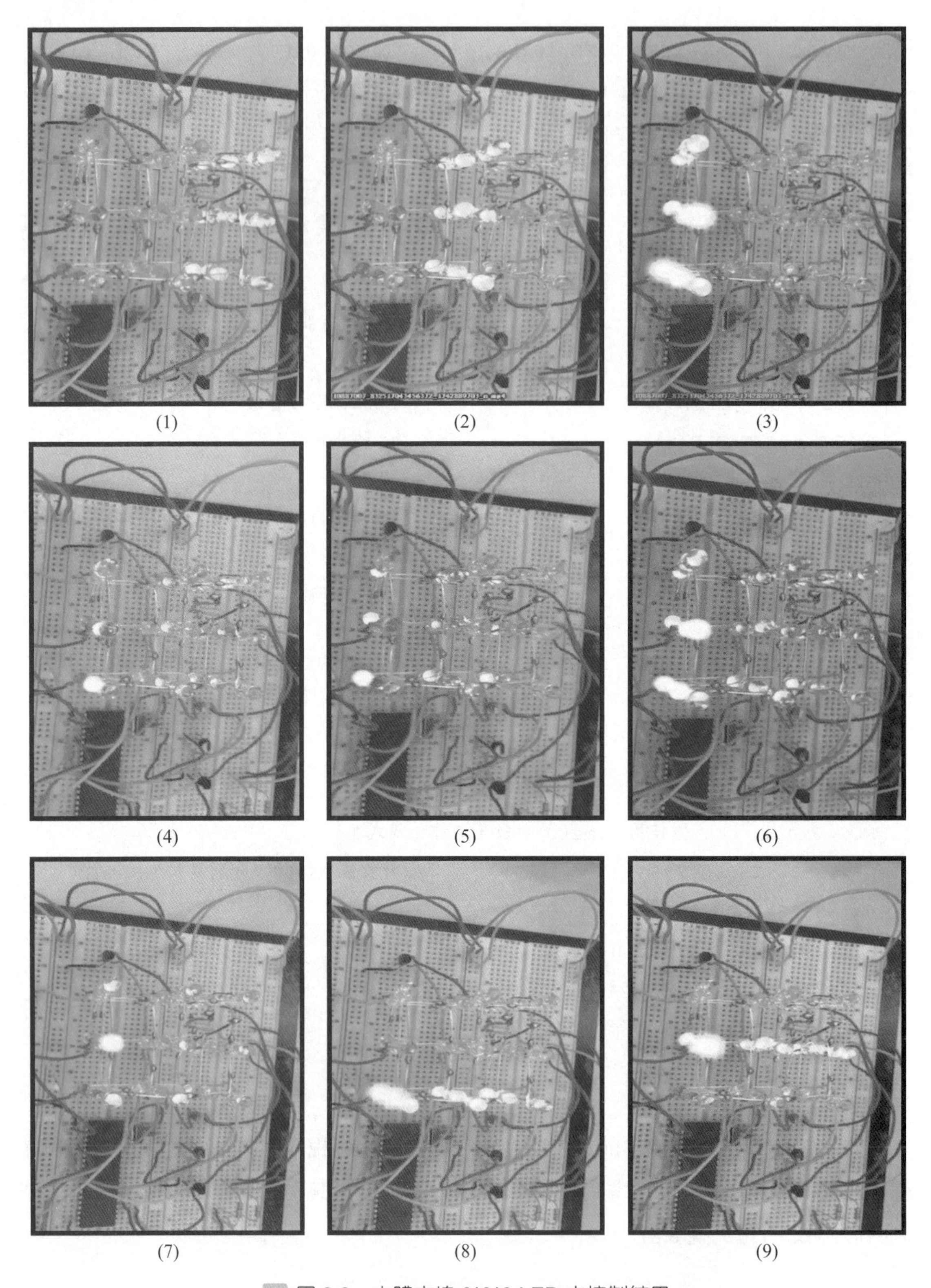

(1) (2) (3)

(4) (5) (6)

(7) (8) (9)

圖 8.8 立體方塊 3*3*3 LED 之控制結果

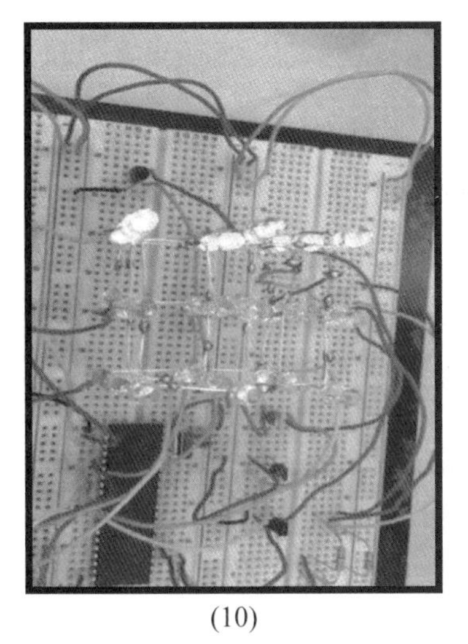
(10)

(11)

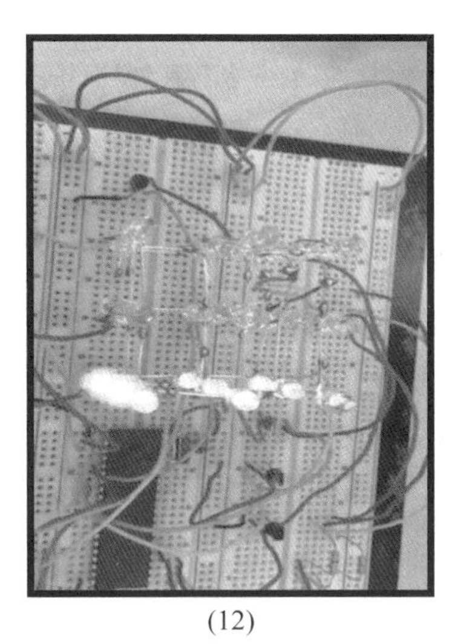
(12)

圖 8.8　立體方塊 3*3*3 LED 之控制結果(續)

8.3　紅外線測距及 LCD 顯距之控制設計

紅外線測距及 LCD 顯距控制系統之設計是產學合作的案例，主要應用於雙液面距離偵測及即時排水控制的系統。其中，系統的功能包括：紅外線測距、LED 狀態顯示、LCD 液面距離顯示及按鈕狀態輸入等，整個控制系統可見圖 8.9 所示。

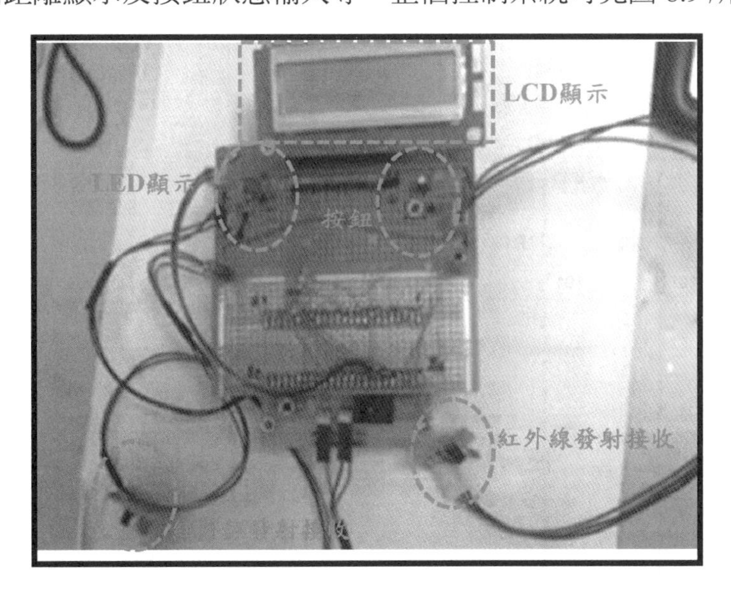

圖 8.9　紅外線測距及 LCD 顯距控制系統之外觀圖

8.3.1 紅外線測距及 LCD 顯距之電路

對於紅外線測距及 LCD 顯距之控制系統，由於其類比輸入的功能需要，因此，在微控制器部份，選擇採用具有 ADC 功能且內嵌單晶片 8051 核心的處理器，MegaWin，型號爲 MG82FG5A64，所以，可以使用標準的 8051 指令集進行設計，相關的資料可見附錄說明。本案例因爲功能的需要，於是規劃紅外線偵測訊號從類比輸入腳位(位於 P1)進入，P0 爲 LCD 資料傳輸，P3 爲 LCD 暫存器的控制，P2 爲 LED 及按鈕的控制腳位。相關的電路可見圖 8.10 所示。

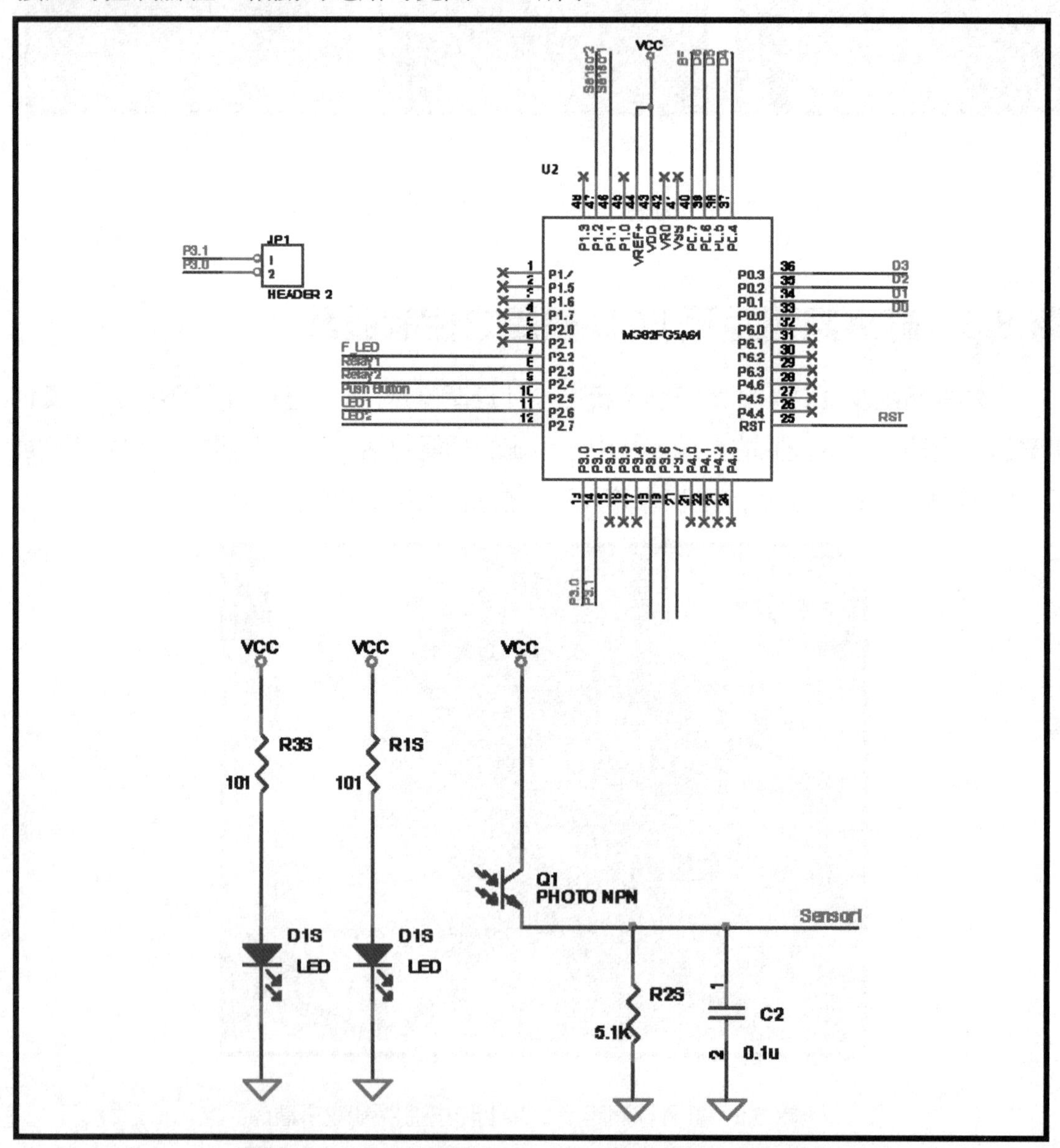

圖 8.10 紅外線測距及 LCD 顯距之控制系統電路圖

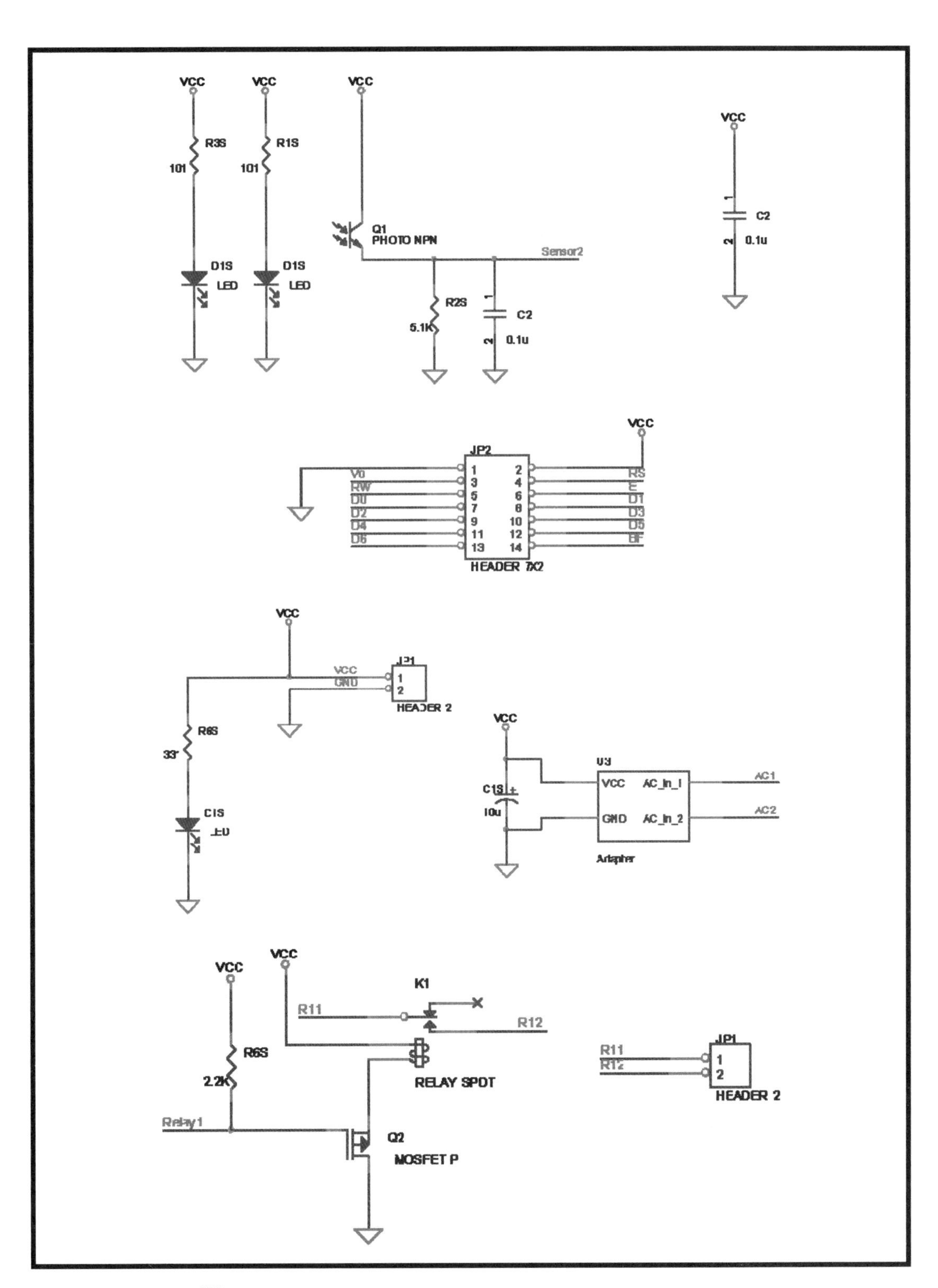

圖 8.10　紅外線測距及 LCD 顯距之控制系統電路圖(續)

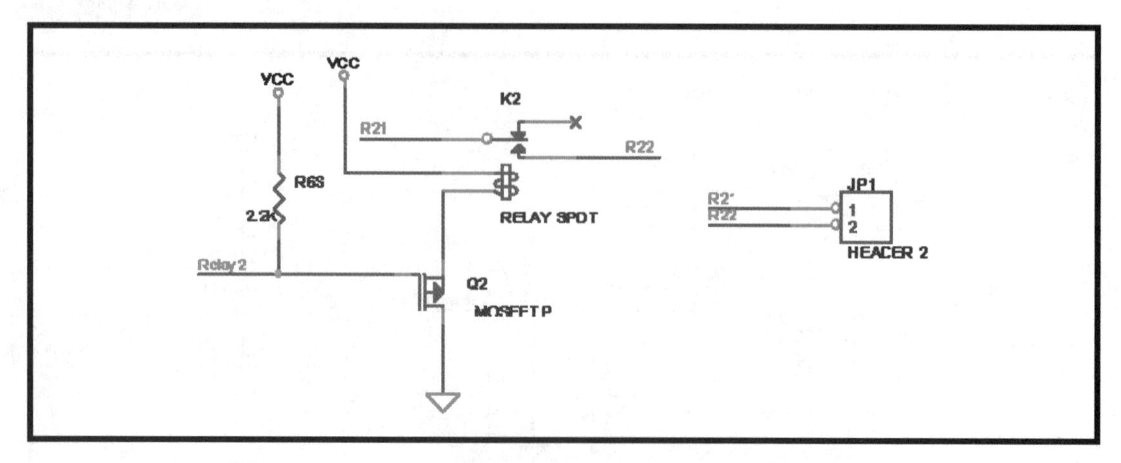

圖 8.10 紅外線測距及 LCD 顯距之控制系統電路圖(續)

8.3.2 紅外線測距及 LCD 顯距之動作規劃

根據上述功能的需要，因此，紅外線測距及 LCD 顯距系統之動作規劃如下：ADC 的轉換時間間隔為 5ms，且持續取 12 筆資料，而 LCD 更換內容的間隔時間為 10ms，且持續 0.2s，同時，LED 的控制週期時間為 0.2s。因此，整個動作的控制流程圖，可見圖 8.11 所示。

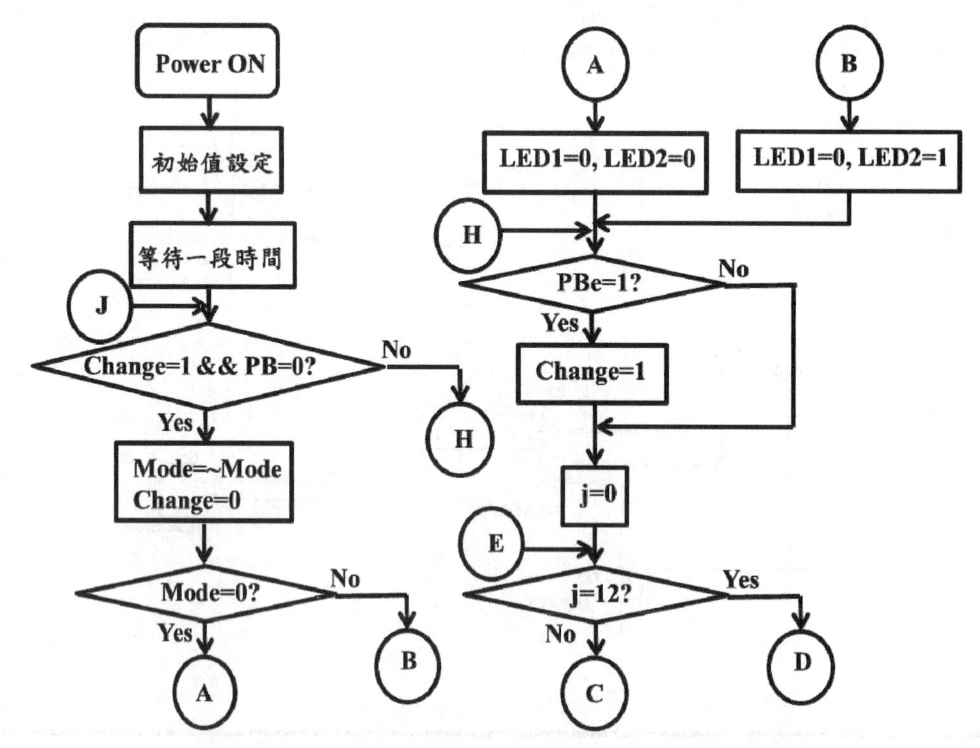

圖 8.11 紅外線測距及 LCD 顯距系統之控制流程圖

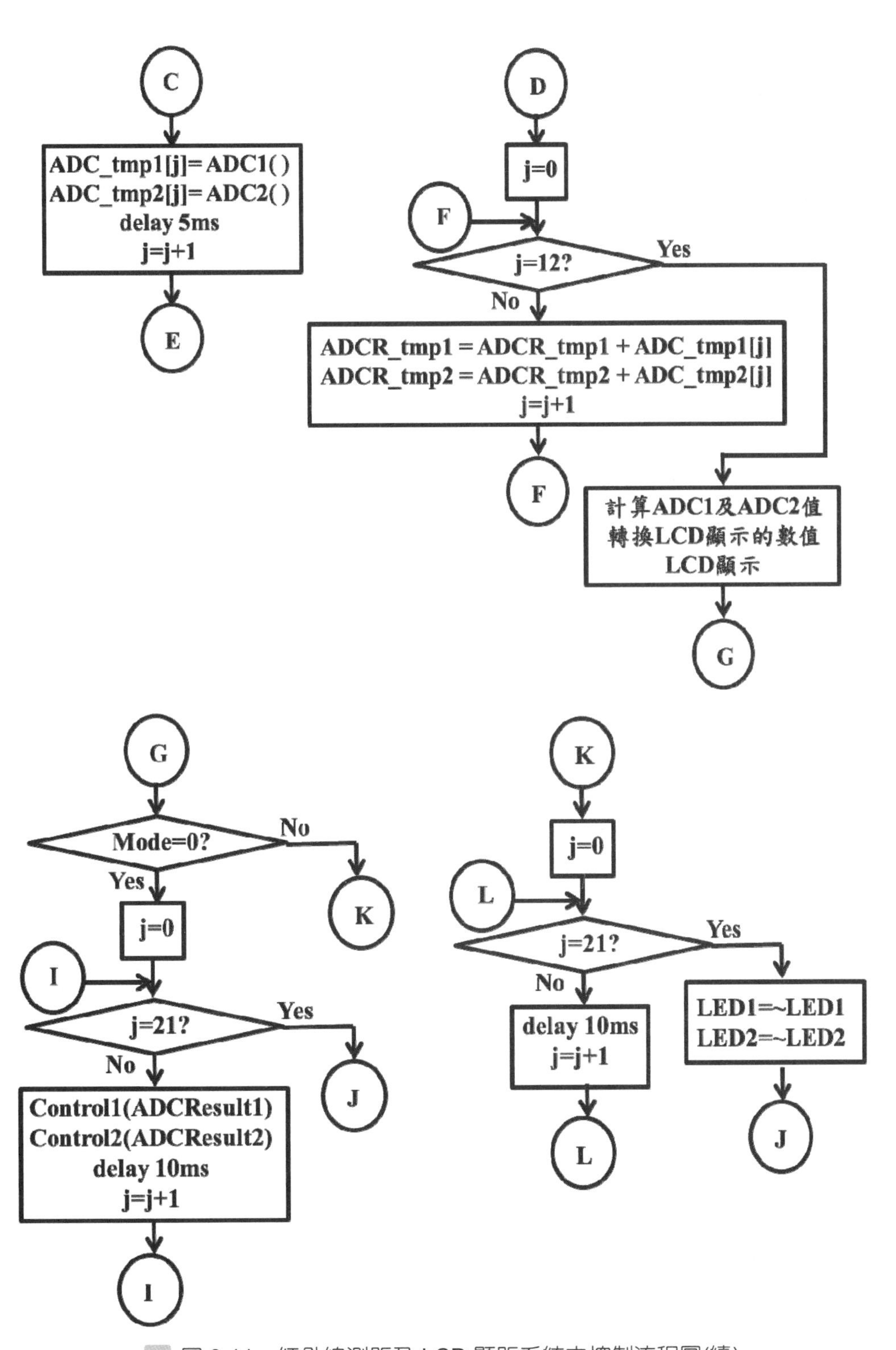

圖 8.11　紅外線測距及 LCD 顯距系統之控制流程圖(續)

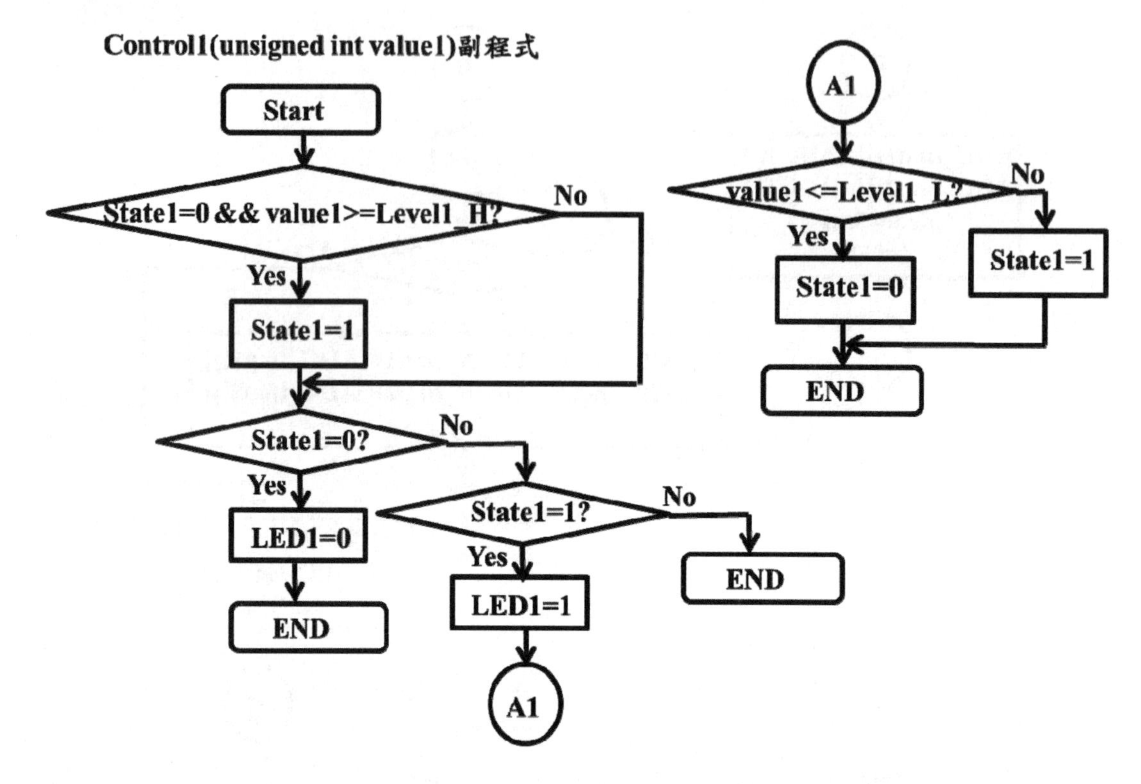

圖 8.11 紅外線測距及 LCD 顯距系統之控制流程圖(續)

8.3.3 紅外線測距及 LCD 顯距之控制

本案例選擇以 C51 語言來設計程式。以下，就上述的紅外線測距及 LCD 顯距系統之控制動作的流程圖來進行設計，其 C51 程式編寫如下：

```
#include "REG_MG82FG5A64.H"
#define    ISP_ENABLE        0x80
#define    ISP_DISABLE       0x00
#define  Level1_H  3400      //1800=20cm, 2100=10cm, 3400=5cm, 3900=3cm
#define  Level1_L  1800
#define  Level2_H  3900      //1800=20cm, 2100=10cm, 3400=5cm, 3900=3cm
#define  Level2_L  3400
#define  LCDP  P0            //定義 LCM 資料匯流排接至 P0
sbit RS=P3^7;                //暫存器選擇位元(0:指令,1:資料)
sbit RW=P3^6;                //設定讀寫位元 (0:寫入,1:讀取)
sbit E=P3^5;                 //致能位元 (0:禁能,1:致能)
sbit BF=P0^7;                //忙碌檢查位元(0:不忙,1:忙碌)
```

```
sbit LED1= P2^6;                    //LED1  Green
sbit LED2= P2^7;                    //LED2  Red
sbit PB= P2^5;                      //Push Button
unsigned int ADC1(void);
unsigned int ADC2(void);
unsigned char ChartoASCII(unsigned char Data);
unsigned int State1=0, State2=0;
void delay1ms(int count);
void init_LCM(void);                //初始設定函數
void write_inst(char inst);         //寫入指令函數
void write_char(char chardata);     //寫入字元資料函數
void check_BF(void);                //檢查忙碌函數
void Control1(unsigned int value1);
void Control2(unsigned int value2);
void Main (void)
{
unsigned int i, j, Value_Thousand1, Value_Hundred1, Value_Ten1,
Value_Int1;
unsigned int Value_Thousand2, Value_Hundred2, Value_Ten2, Value_Int2;
unsigned int ADC_tmp1[12], ADCR_tmp1;
unsigned int ADC_tmp2[12], ADCR_tmp2;
unsigned char Digit1_1, Digit1_2, Digit1_3, Digit1_4;
unsigned char Digit2_1, Digit2_2, Digit2_3, Digit2_4;
char D1_4, D1_3, D1_2, D1_1;
char D2_4, D2_3, D2_2, D2_1;
unsigned int ADCResult1, ADCResult2, Mode, Change;
 LED1 = 0; LED2 = 0; Mode = 0; Change = 0;
init_LCM( );
delay1ms(1000);
while(1)
{ADCResult1 = 0; ADCR_tmp1 = 0; ADCResult2 = 0; ADCR_tmp2 = 0;
while (Change ==1 && PB==0)             //表有按按鍵且放掉按鍵時
    { Mode = ~Mode; Change = 0;
```

```
            if (Mode ==0)
             { LED1 = 0; LED2 = 0;}
            else
             { LED1 = 0; LED2 = 1;}
            }
if(PB==1)  //表按下按鍵
             {Change = 1;              }
for(j=0;j<=11;j++)                     //連續讀取類比訊號 12 筆
            { delay1ms(5); ADC_tmp1[j]= ADC1( );  ADC_tmp2[j]= ADC2( ); }

            for(j=0;j<=11;j++)
            { ADCR_tmp1 = ADCR_tmp1 + ADC_tmp1[j];
             ADCR_tmp2 = ADCR_tmp2 + ADC_tmp2[j];
            }
ADCResult1 = (ADCR_tmp1/12)/50*50;          //取除 50 的商，再乘回 50
ADCResult2 = (ADCR_tmp2/12)/50*50;          //取除 50 的商，再乘回 50
Value_Thousand1 = ADCResult1/1000;          //Sensor1 千位數值
Value_Hundred1 = (ADCResult1%1000)/100;     //Sensor1 百位數值
Value_Ten1 = (ADCResult1%100)/10;           //Sensor1 十位數值
Value_Int1 = ADCResult1%10;                 //Sensor1 個位數值
Value_Thousand2 = ADCResult2/1000;          //Sensor2 千位數值
Value_Hundred2 = (ADCResult2%1000)/100;     //Sensor2 百位數值
Value_Ten2 = (ADCResult2%100)/10;           //Sensor2 十位數值
Value_Int2 = ADCResult2%10;                 //Sensor2 個位數值
Digit1_4 = (unsigned char)Value_Thousand1;  //千位值型別轉換
Digit1_3 = (unsigned char)Value_Hundred1;   //百位值型別轉換
Digit1_2 = (unsigned char)Value_Ten1;       //十位值型別轉換
Digit1_1 = (unsigned char)Value_Int1;       //個位值型別轉換
Digit2_4 = (unsigned char)Value_Thousand2;  //千位值型別轉換
Digit2_3 = (unsigned char)Value_Hundred2;   //百位值型別轉換
Digit2_2 = (unsigned char)Value_Ten2;       //十位值型別轉換
Digit2_1 = (unsigned char)Value_Int2;       //個位值型別轉換
D1_4 = ChartoASCII(Digit1_4);               //轉換為 ASCII
```

```
D1_3 = ChartoASCII(Digit1_3);          //轉換爲 ASCII
D1_2 = ChartoASCII(Digit1_2);          //轉換爲 ASCII
D1_1 = ChartoASCII(Digit1_1);          //轉換爲 ASCII
D2_4 = ChartoASCII(Digit2_4);          //轉換爲 ASCII
D2_3 = ChartoASCII(Digit2_3);          //轉換爲 ASCII
D2_2 = ChartoASCII(Digit2_2);          //轉換爲 ASCII
D2_1 = ChartoASCII(Digit2_1);          //轉換爲 ASCII
write_inst(0x01);                      //清除顯示幕
write_inst(0x80);                      //第一列
write_char('D'); write_char('i'); write_char('s'); write_char('t');
write_char('a'); write_char('n'); write_char('c'); write_char('e');
write_char('1'); write_char(':'); write_char(' '); write_char(D1_4);
write_char(D1_3); write_char(D1_2); write_char(D1_1); write_char(' ');
write_inst(0xc0);                      //第二列
write_char('D'); write_char('i'); write_char('s'); write_char('t');
write_char('a'); write_char('n'); write_char('c'); write_char('e');
write_char('2'); write_char(':'); write_char(' '); write_char(D2_4);
write_char(D2_3); write_char(D2_2); write_char(D2_1); write_char(' ');
if (Mode==0)                           // Normal Mode: Detecting Distance
 { for(i=0;i<=20; i++)
  {Control1(ADCResult1); Control2(ADCResult2); delay1ms(10);}
 }
else                                   // Flash Mode: Flash interleave
 { for(i=0;i<=20; i++)
   { delay1ms(10);}
   LED1=~LED1; LED2=~LED2;
   }
}
}
/****************************ADC*************************/
unsigned int ADC1(void)
{  int  ADCRH_tmp, ADCRL_tmp, ADCResult_tmp;
   char ADCRH, ADCRL;
```

```
// init ADC
   ADCON0 = 0x81; // Enable, input is P1.1
   ADCFG0 = 0x10;
   P1AIO =  P1AIO | 0x02;
   ADCON0 = ADCON0 | 0x08;
   while((ADCON0  & 0x10)==0x00);
   ADCON0 = ADCON0 & ~0x10;
   ADCRH = ADCDH;
   ADCRL = ADCDL;
   ADCRH_tmp = (int)(ADCRH<<8);
   ADCRL_tmp = (int)((ADCRL & 0x0F)<<4);
   ADCResult_tmp = ADCRH_tmp + ADCRL_tmp;
   return ADCResult_tmp;
}
unsigned int ADC2(void)
{  int  ADCRH_tmp, ADCRL_tmp, ADCResult_tmp;
   char ADCRH, ADCRL;
// init ADC
   ADCON0 = 0x82; // Enable, input is P1.2
ADCFG0 = 0x10;
   P1AIO =  P1AIO | 0x02;
   ADCON0 = ADCON0 | 0x08;
   while((ADCON0  & 0x10)==0x00);
   ADCON0 = ADCON0 & ~0x10;
   ADCRH = ADCDH;
   ADCRL = ADCDL;
   ADCRH_tmp = (int)(ADCRH<<8);
   ADCRL_tmp = (int)((ADCRL & 0x0F)<<4);
   ADCResult_tmp = ADCRH_tmp + ADCRL_tmp;
   return ADCResult_tmp;
}
void delay1ms(int count)
{
```

```
 TMOD=0x01;                          //C/T0 = 0 mode1
 AUXR2 = 0x05;                       //T0X12 = 1, T0CKOE = 1
 TR0=1;
 while(count !=0)
 { TH0=(65536-1000)/32;
  TL0=(65536-1000)%32;
  while(TF0!=1);
  TF0=0;
  count--;
 }
 TR0=0;
}
void Control1(unsigned int value1)
{
 if(State1==0 && value1>=Level1_H)   //在狀態 0 且高於設定值，狀態設爲 1
  {State1=1;}
 switch(State1)
 {          case 0:
LED1 = 0; break; //未超過設定值，LED 熄滅
            case 1:
                LED1 = 1;            //超過設定值，LED 亮
                if(value1<=Level1_L) //在狀態 1 且低於設定值，狀態設爲 0
                {State1=0;}
                else
                {State1=1;}          //否則，狀態仍保持 1
                break;
            default:
                break;
 }
}
void Control2(unsigned int value2)
{  if(State2==0 && value2>=Level2_H) //在狀態 0 且高於設定值，狀態設爲 1
  {State2=1;}
```

```
  switch(State2)
  {   case 0:
            LED2 = 0; break;              //未超過設定值，LED 熄滅
      case 1:
            LED2 = 1;                     //超過設定值，LED 亮
            if(value2<=Level2_L)          //在狀態 1 且低於設定值，狀態設為 0
            {State2=0;}
            else
            {State2=1;}                   //否則，狀態仍保持 1
             break;
       default:
             break;
  }
}
/***************************LCD***************************/
void init_LCM(void)
{    write_inst(0x30);                   //設定功能-8 位元-基本指令
     write_inst(0x30);                   //設定功能-8 位元-基本指令
     write_inst(0x30);                   //英文 LCM 相容設定，中文 LCM 可忽略
     write_inst(0x38);                   //英文 LCM 設定兩列，中文 LCM 可忽略
     write_inst(0x08);                   //顯示功能-關顯示幕-無游標-游標不閃
     write_inst(0x01);                   //清除顯示幕(填 0x20, I/D=1)
     write_inst(0x06);                   //輸入模式-位址遞增-關顯示幕
     write_inst(0x0c);                   //顯示功能-開顯示幕-無游標-游標不閃
}           //init_LCM( )函數結束
//==== 寫入指令函數 ================================
void write_inst(char inst)
{    check_BF();                         //檢查是否忙碌
     LCDP = inst;                        //LCM 讀入 MPU 指令
     RS = 0; RW = 0; E = 1;              //寫入指令至 LCM
     check_BF();                         //檢查是否忙碌
}                                        //write_inst()函數結束
```

```
//==== 寫入字元資料函數 ==============================
void write_char(char chardata)
{    check_BF();  //檢查是否忙碌
     LCDP = chardata;                            //LCM讀入字元
     RS = 1; RW = 0 ;E = 1;                      //寫入資料至LCM
     check_BF();  //檢查是否忙碌
}           //write_char( )函數結束
//====檢查忙碌函數==================================
void check_BF(void)
{   E=0;                                         //禁止讀寫動作
     do                                          //do-while迴圈開始
     { BF=1;                                       //設定BF爲輸入
       RS = 0; RW = 1;E = 1;                     //讀取BF及AC
     }while(BF == 1);                            //忙碌繼續等
}                                                //check_BF( )函數結束
unsigned char ChartoASCII(unsigned char Data)
{   unsigned char tmpASCII=0;
    switch(Data)
    {
        case 0x00 : tmpASCII='0';       break;
        case 0x01 : tmpASCII='1';       break;
        case 0x02 : tmpASCII='2';       break;
        case 0x03 : tmpASCII='3';       break;
        case 0x04 : tmpASCII='4';       break;
        case 0x05 : tmpASCII='5';       break;
        case 0x06 : tmpASCII='6';       break;
        case 0x07 : tmpASCII='7';       break;
        case 0x08 : tmpASCII='8';       break;
        case 0x09 : tmpASCII='9';       break;
        case 0x0A : tmpASCII='A';       break;
        case 0x0B : tmpASCII='B';       break;
        case 0x0C : tmpASCII='C';       break;
        case 0x0D : tmpASCII='D';       break;
```

```
        case 0x0E : tmpASCII='E';       break;
        case 0x0F : tmpASCII='F';       break;
    }
    return tmpASCII;
```

將上述的程式設計依之前章節所介紹之編寫及編譯程序，將可得到該程式的燒錄檔，再將其載入所設計的實驗平台，可以進一步地驗證其功能動作是否與所規劃之控制時序一致。(可見圖 8.12)

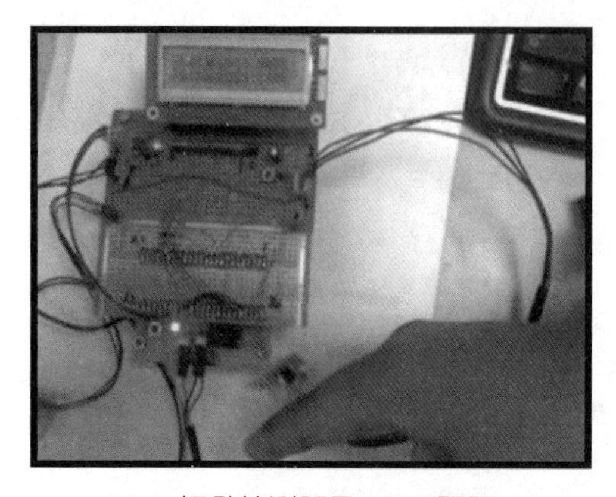

(a) 紅外線測距及 LCD 顯距

(b) 模式功能切換

圖 8.12 紅外線測距及 LCD 顯距系統之控制結果

8.4 玩具直昇機之串列傳輸與控制設計

玩具直昇機之串列傳輸與控制，乃是將產學合作的串列傳輸與控制之技術加以延伸，且改造玩具直昇機的結構，增加螺旋槳的調速控制(就是直流馬達的速度控制)及方向 LED 的控制等功能，同時，也使用 VB 設計人機操控界面，再將整個系統連結起來，透過串列埠的傳輸以進行系統的操控，其外觀可見圖 8.13 所示。

圖 8.13 玩具直昇機之串列傳輸與控制之系統外觀圖

8.4.1 玩具直昇機之控制電路

玩具直昇機因其控制功能需要，規劃有馬達轉速控制、LED 控制及 UART 傳輸控制等部份。其中，UART 以外接 UAR- to-USB Bridge 方式來連結至電腦端，其它相關的控制電路可見圖 8.14 所示。

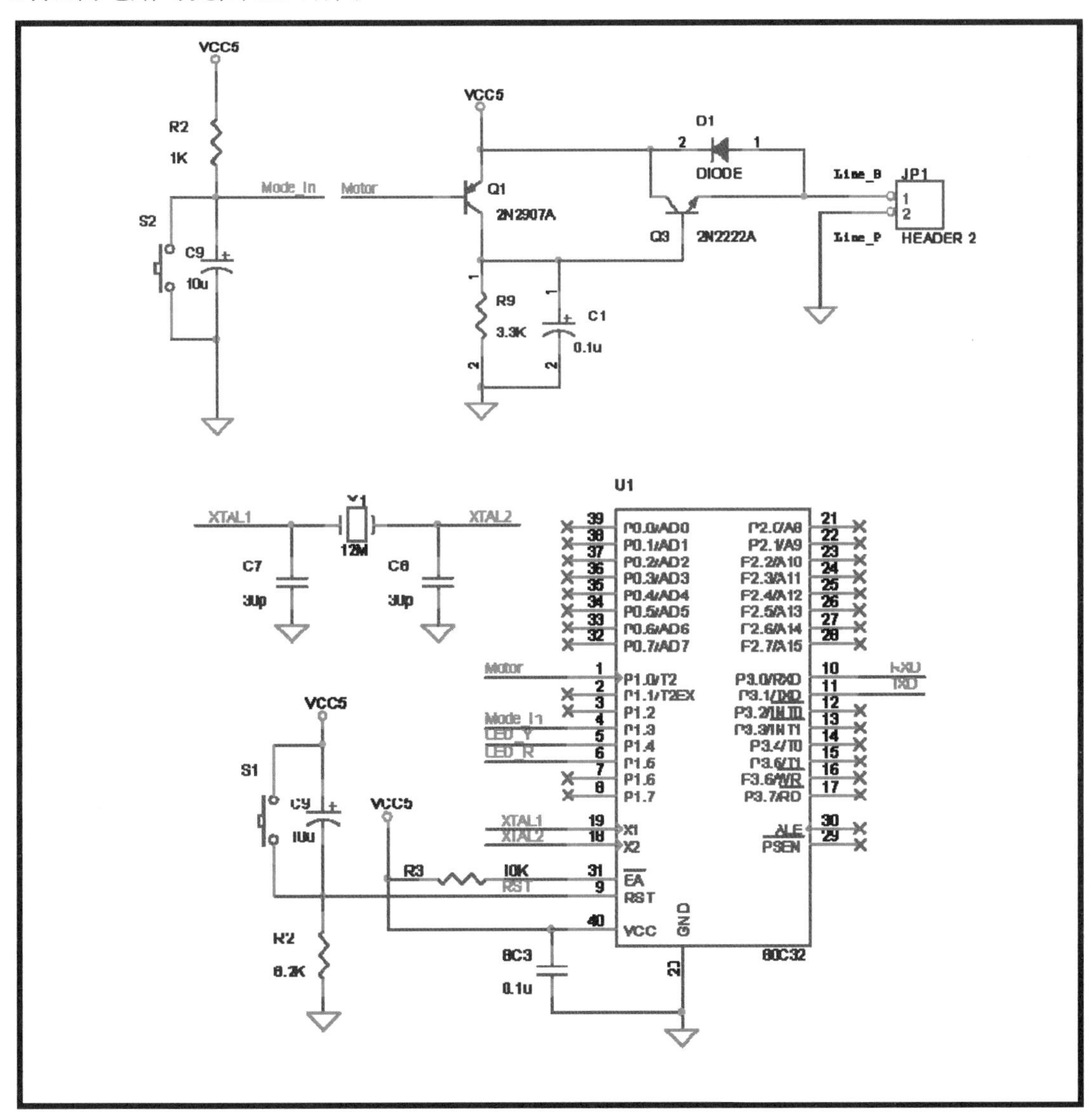

圖 8.14 玩具直昇機之串列傳輸與控制相關電路圖

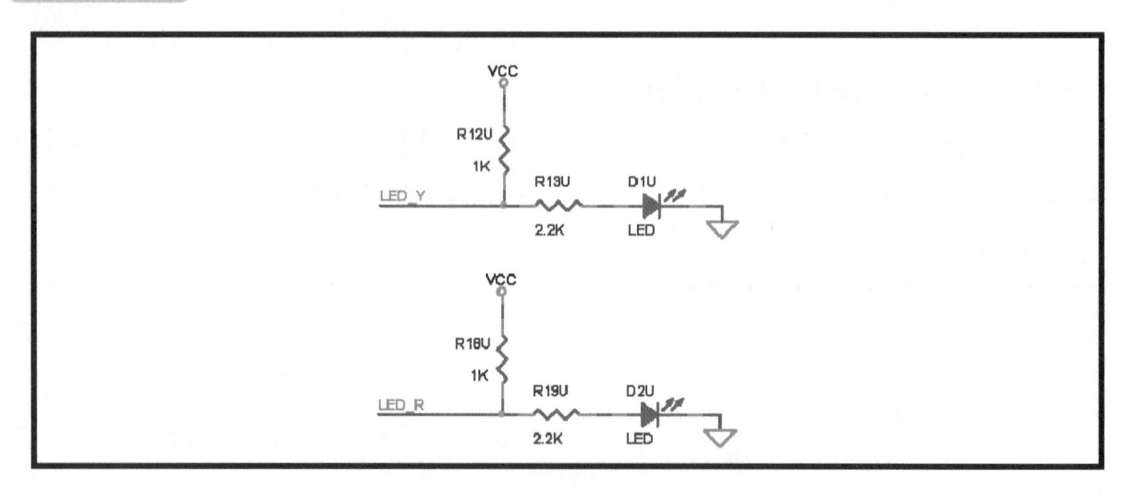

圖 8.14 玩具直昇機之串列傳輸與控制相關電路圖(續)

8.4.2 玩具直昇機之控制動作規劃

玩具直昇機之控制動作，規劃爲透過 UART 的資料傳輸方式，持續地等待接收電腦端人機之動作命令碼，再依命令碼內容來進行馬達調速控制、LED 控制等功能。其中，規劃馬達調速控制及 LED 之操控週期爲 100ms，且動作持續 1s，整個動作的流程圖，可見圖 8.15 所示。

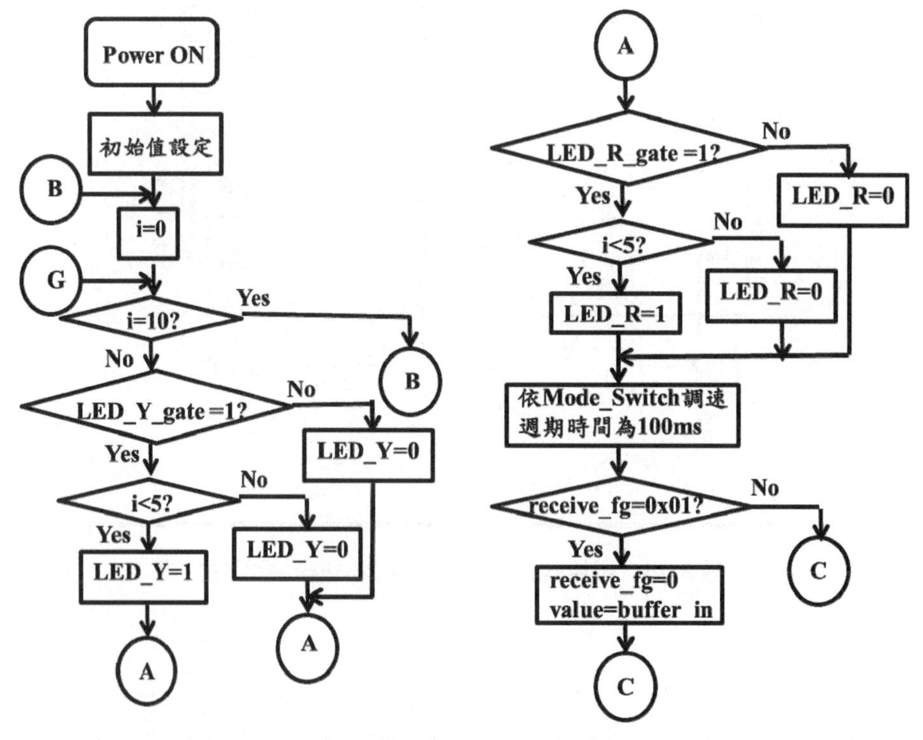

圖 8.15 玩具直昇機之串列傳輸與控制流程圖

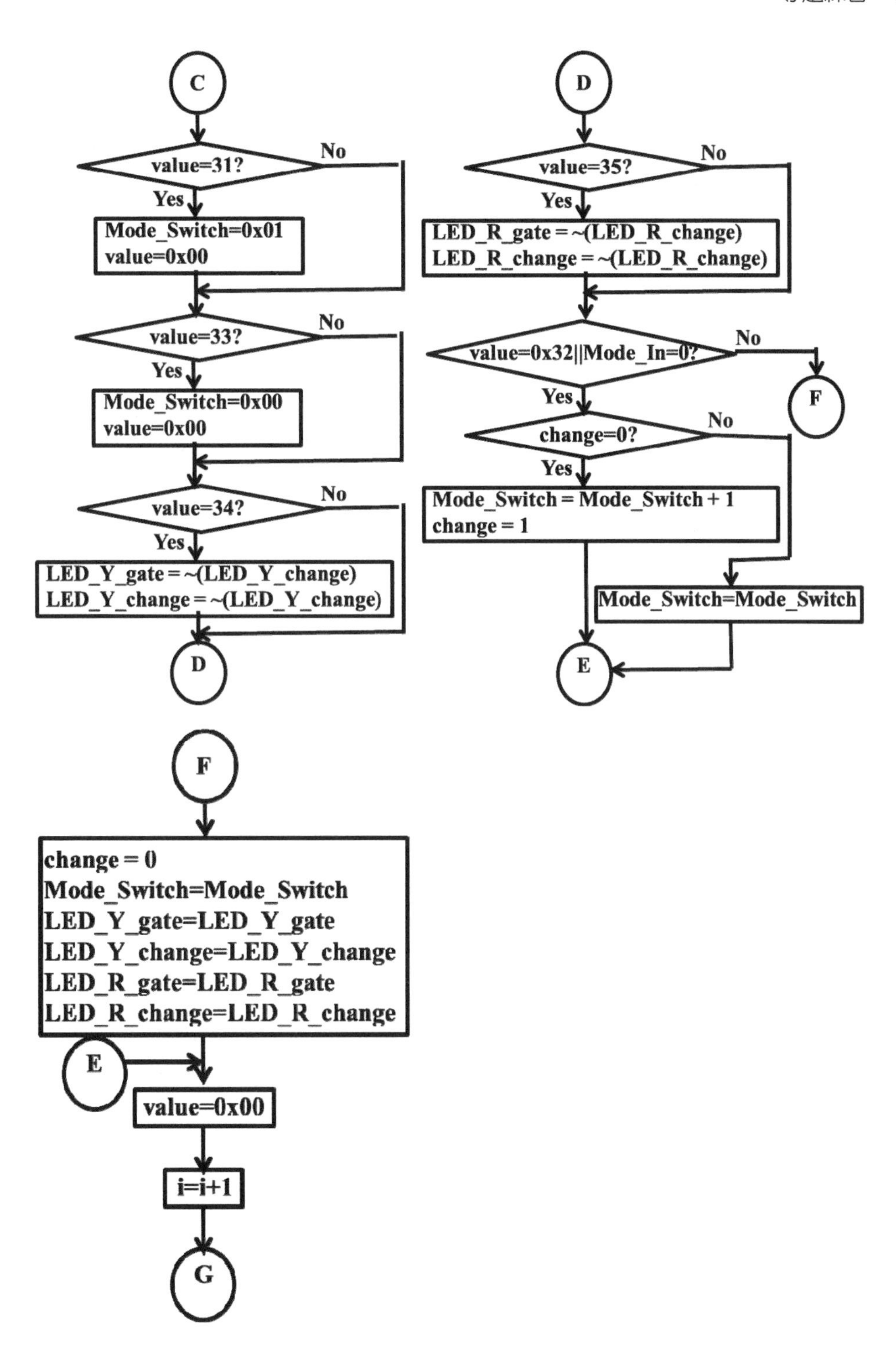

圖 8.15　玩具直昇機之串列傳輸與控制流程圖(續)

8.4.3 玩具直昇機之串列傳輸與控制

本案例選擇以 C51 語言來設計程式。以下，就上述的玩具直昇機之串列傳輸與控制之控制動作的流程圖來進行設計，其 C51 程式編寫如下：

```
#include <reg52.h>
#include <math.h>
void  Delay500us(int t);
void  Initial8032(void);
sbit  Motor = P1^0;                     //Motor Control Signal "1" enable
sbit  Mode_In = P1^3;                   //Mode Change Command Input
sbit  LED_Y = P1^4;
sbit  LED_R=P1^5;
unsigned char  buffer_in, buffer_out, receive_fg;
unsigned char  Mode_Switch=0x00, value=0x00;
int change=0, i;
bit LED_Y_change =0, LED_Y_gate=0;
bit LED_R_change =0, LED_R_gate=0;
void main(void)
{  Motor = 1; LED_Y = 0; LED_R = 0; receive_fg = 0x00;
Initial8032();
 while(1)
 {
  for(i=0;i<10; i++)                    //執行 10 次
   { if  (LED_Y_gate ==1)               //若 LED_Y_gate=1
      { if  (i<5) LED_Y = 1;            //執行明滅控制
         else LED_Y = 0;
      }
    else LED_Y = 0;                     //否則，LED_Y 熄滅
    if  (LED_R_gate ==1)                //若 LED_R_gate=1
      { if  (i<5) LED_R = 1;            //執行明滅控制
else LED_R = 0;
       }
else LED_R = 0;                         //否則，LED_R 熄滅
switch (Mode_Switch)                    //馬達控速
```

```
{ case 0x00: Motor = 1; Delay500us(100); Delay500us(100); break;
  case 0x01: Motor = 0; Delay500us(20); Motor = 1; Delay500us(180); break;
  case 0x02: Motor = 0; Delay500us(30); Motor = 1; Delay500us(170); break;
  case 0x03: Motor = 0; Delay500us(40); Motor = 1; Delay500us(160); break;
  case 0x04: Motor = 0; Delay500us(60); Motor = 1; Delay500us(140); break;
  case 0x05: Motor = 0; Delay500us(80); Motor = 1; Delay500us(120); break;
  case 0x06: Motor = 0; Delay500us(90); Motor = 1; Delay500us(110); break;
  case 0x07: Mode_Switch = 0; break;
}
if(receive_fg == 0x01)                   //若收到UART中斷之接收旗標設定
{ receive_fg = 0; value = buffer_in; } //接收旗標設定清除，且讀入命令值
switch (value)                           //命令值解譯
{ case 0x31: Mode_Switch = 0x01; value = 0x00; break;
  case 0x33: Mode_Switch = 0x00; value = 0x00; break;
  case 0x34:      LED_Y_gate = ~(LED_Y_change);
                  LED_Y_change = ~(LED_Y_change); break;
  case 0x35:      LED_R_gate = ~(LED_R_change);
                  LED_R_change = ~(LED_R_change); break;
}
if(value == 0x32 || Mode_In ==0)         //若命令值為0x32，或有手動模式輸入
   { if (change == 0)                    //若change=0
{ Mode_Switch = Mode_Switch + 1; change = 1; }  //則調速，且設定change=1
   else
{ Mode_Switch = Mode_Switch; }           //否則，保持原設定
  }
  else                                   //否則，保持原設定及狀態
 { change = 0; Mode_Switch = Mode_Switch;
  LED_Y_gate=LED_Y_gate; LED_Y_change=LED_Y_change;
  LED_R_gate=LED_R_gate; LED_R_change=LED_R_change;
  }
  value = 0x00;                          //命令值清除
}
 }
}//end of main
```

```
void Initial8032(void)
{ PSW = 0x00;                           //Clear Status
 SCON = 0x00;                           //Disable Series Control
TMOD=0x21;                              //Timer0 模式 1, Timer1 模式 2
TH1 = 0xFD;                             //設定鮑率爲 9600 bit/sec
RI = 0;                                 //Clear Receiver Interrupt
TI = 0;                                 //Clear Transmit Interrupt
IE = 0xA0;                              //Enable All Interrupt
TR1=1;                                  //啓動 Timer1
}

void UART_int(void) interrupt 4
{ if(RI == 1)                           //Receive Data
 { buffer_in = SBUF;
  receive_fg = 0x01;
  RI = 0;                               //Clear Receive Interrupt
 }
 if(TI == 1)                            //Transmit Data
 { TI = 0;                              //Clear Transmit Interrupt
 }
}//end of UART_int
void Delay500us(int t)
{
  TR0=1;
  while(t !=0)
  { TH0=(65536-500)/32;
   TL0=(65536-500)%32;
   while(TF0!=1);
   TF0=0;
   t--;
  }
  TR0=0;
}
```

將上述的程式設計依之前章節所介紹之編寫及編譯程序，將可得到該程式的燒錄檔，再將其載入所設計的實驗平台，可以進一步地驗證其功能動作是否與所規劃之控制時序一致。(可見圖 8.16)

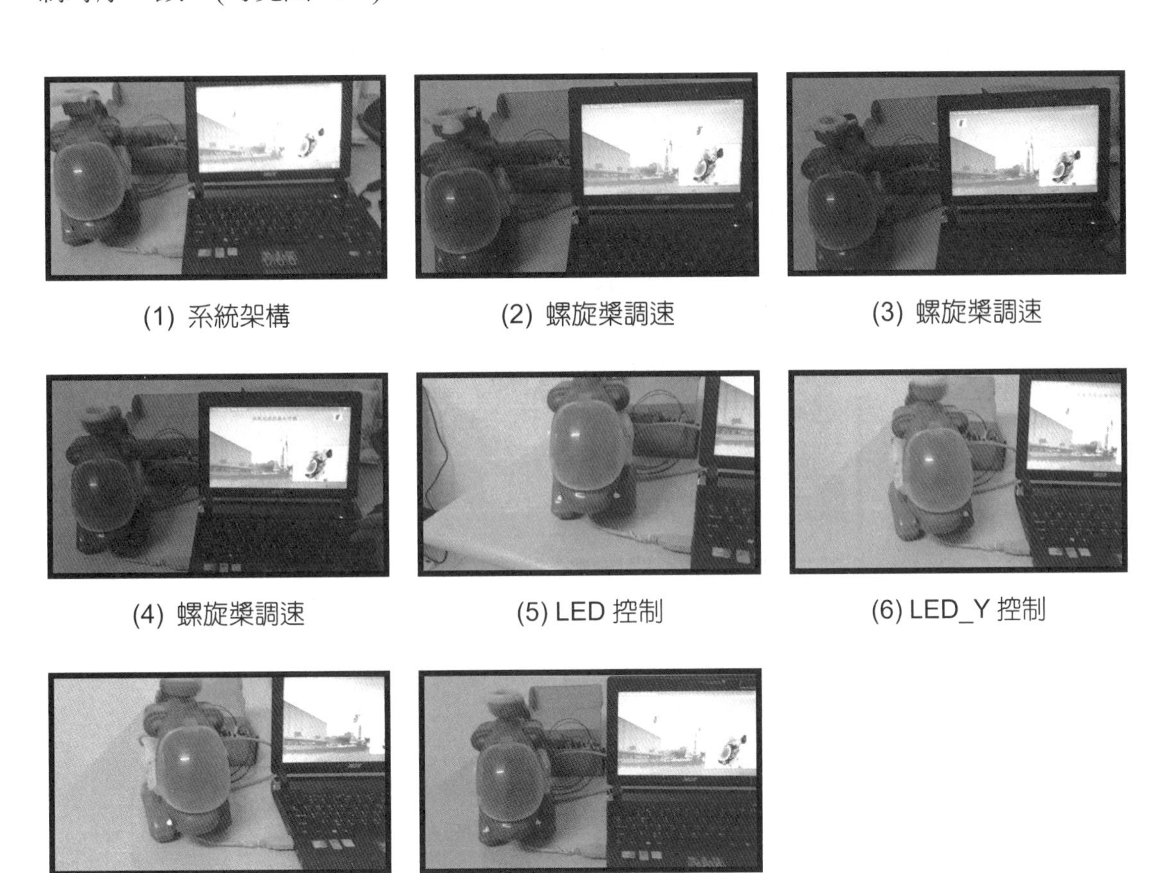

(1) 系統架構　(2) 螺旋槳調速　(3) 螺旋槳調速

(4) 螺旋槳調速　(5) LED 控制　(6) LED_Y 控制

(7) LED_R 控制　(8) 螺旋槳及 LED 控制

圖 8.16　玩具直昇機之串列傳輸與控制的結果

8.5 無線 ZigBee 之資料傳輸與控制設計

無線 ZigBee 之資料傳輸與控制，乃是將產學合作的無線傳輸與控制之技術加以延伸，藉由 ZigBee 的無線傳輸，以達到系統物聯操控的目的，整個系統的外觀，可見圖 8.17 所示。

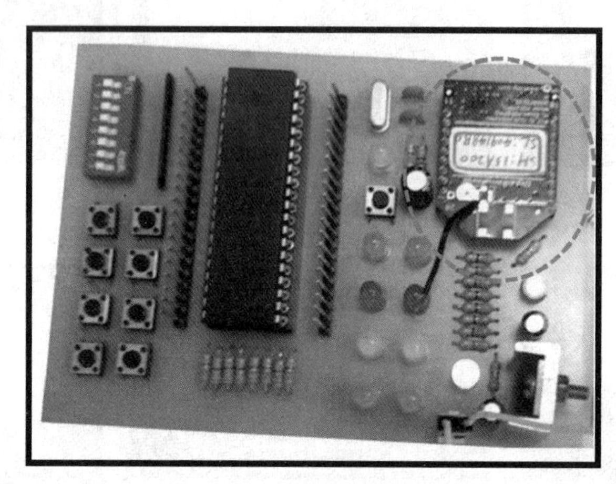

圖 8.17 無線 ZigBee 之資料傳輸與控制系統外觀圖

有關 ZigBee 的相關規格，條列如表 8.1 所示：

表 8.1 ZigBee 之規格表

項目	規格
Protocol	IEEE 802.15.4
Product	XBee 802.15.4
Frequency Band	2.4GHz
Product Position	Low-cost / Low-power / multipoint
RF Range Outdoor / Indoor	90m / 30m
Transmit Power	1 mW
RF Data	250 kbps
Serial Data Interface	3.3V CMOS UART
Supply Voltage	2.8 - 3.4VDC
Transmit Current	45 mA @ 3.3VDC
Receive Current	50 mA @ 3.3VDC

最常見的無線傳輸的途徑有以下三種：ZigBee、Blue Tooth 及 Wi-Fi，各有其優缺點，其特性比較可見表 8.2 所示：

表 8.2　ZigBee、Blue Tooth 及 Wi-Fi 之特性比較表

項目	ZigBee	Blue Tooth	Wi-Fi
單點涵蓋距離	50-1600m	10m	50m
網路擴展性	自動擴展	無	依賴現有網路
電池壽命	數年	數天	數小時
複雜性	簡單	複雜	複雜
傳輸速率	250Kbps	1Mbps	1 to 54Mbps
頻段	868M、916MHz、2.4GHz	2.4GHz	2.4GHz
網路節點數	65535	8	50
連網時間	30ms	10s	3s
終端設備費用	低	低	高
使用費用	無	無	無
安全性	128 bit AES	64bit、128 bit	SSID
集成度和可靠性	高	高	一般
成本	低	低	一般
使用難度	簡單	一般	難

由上表之特性比較中，可以發現，不管是涵蓋距離、網路擴展性、網路節點數、連網時間、可靠度及成本等，ZigBee 的無線傳輸方式有其優勢，對於系統物聯的應用，將是一個不錯的選擇。(見圖 8.18)

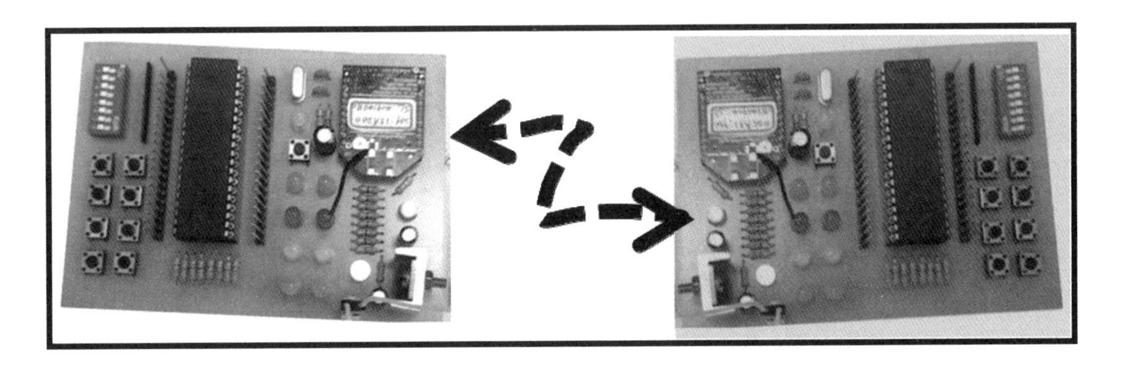

圖 8.18　ZigBee 的無線互聯

8.5.1 無線 ZigBee 之資料傳輸與控制電路

無線 ZigBee 之資料傳輸與控制模組，因其互傳及物聯控制功能需要，規劃有 ZigBee 的傳輸控制、LED 的顯示控制及按鈕輸入控制等部份，而相關的控制電路，可見圖 8.19，且相關的輸出埠腳位設定，也可見電路圖中規劃所示。

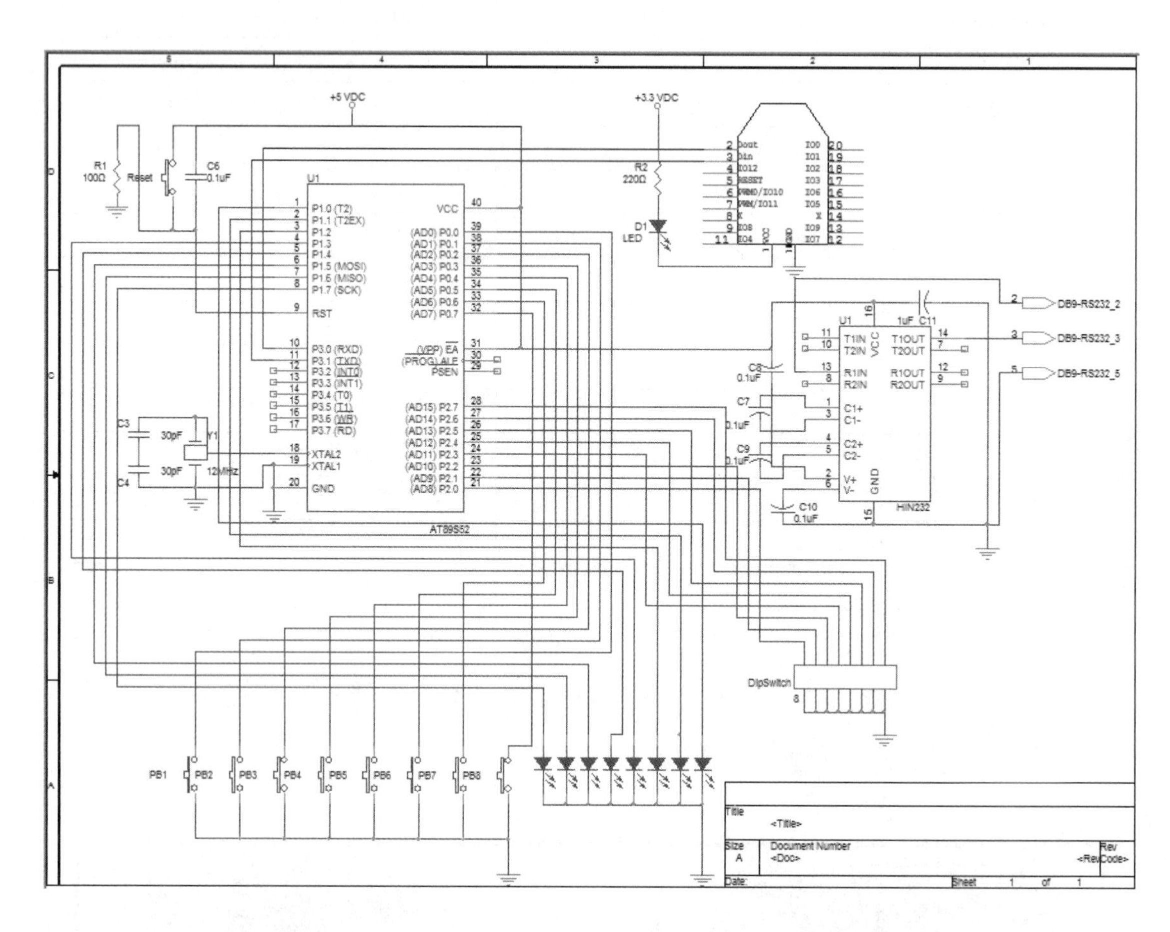

▲ 圖 8.19 無線 ZigBee 之資料傳輸與控制系統電路圖

8.5.2 無線 ZigBee 之資料傳輸與控制動作規劃

無線 ZigBee 之資料傳輸與控制動作，規劃爲可發收之雙工互傳能力。模組可依按鍵及 Switch 的編號，以 UART 透過 ZigBee 無線模組而送出編號碼。ZigBee 模組接收到訊號後，觸發 UART 的中斷，接著，解譯編碼且點亮 LED。整個操控動作的流程圖，可見圖 8.20 所示。

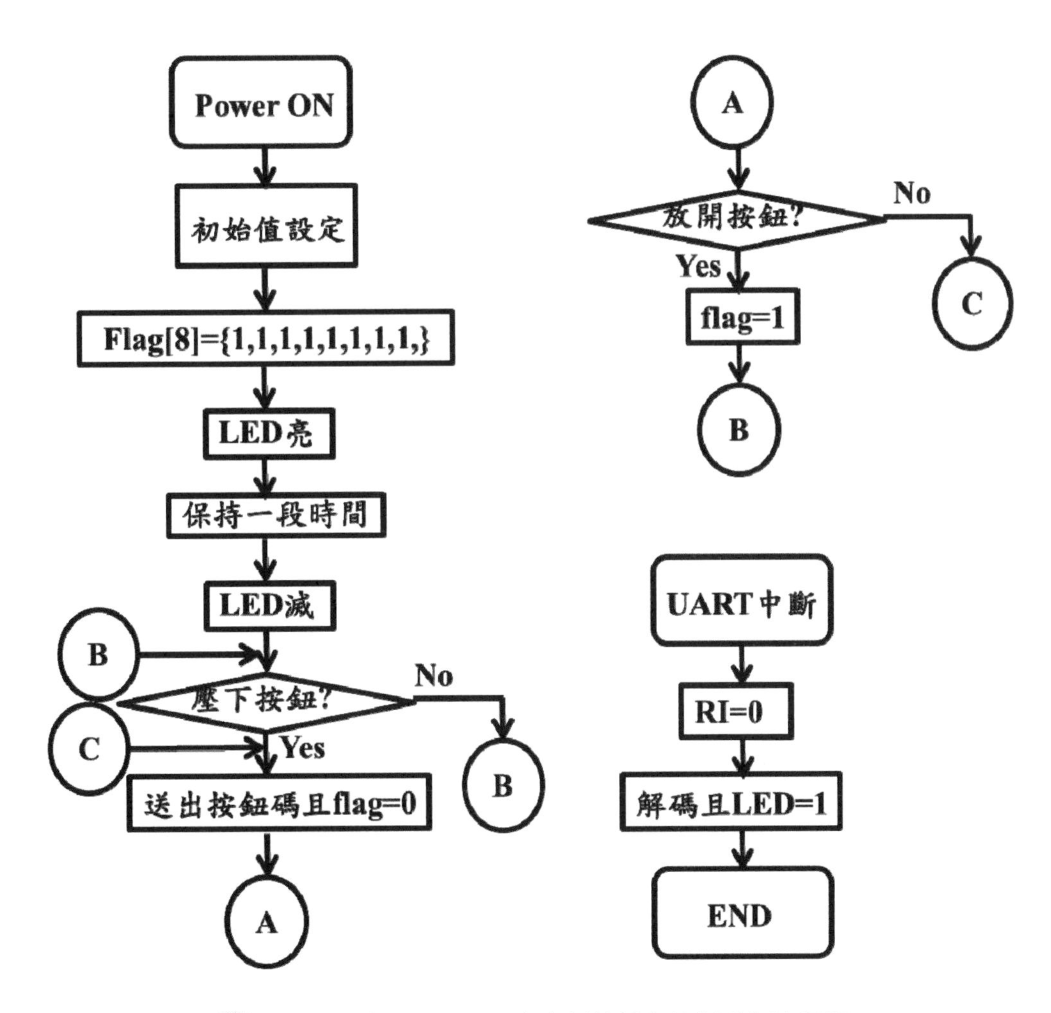

圖 8.20　無線 ZigBee 之資料傳輸與控制動作流程圖

8.5.3 無線 ZigBee 之資料傳輸與控制

本案例選擇以 C51 語言來設計程式。以下，就上述的無線 ZigBee 之資料傳輸與控制之控制動作的流程圖來進行設計，其 C51 程式編寫如下：

```
#include <reg52.h>
#include <math.h>
sbit  PB0 = P0^0;
sbit  PB1 = P0^1;
sbit  PB2 = P0^2;
sbit  PB3 = P0^3;
sbit  PB4 = P0^4;
sbit  PB5 = P0^5;
sbit  PB6 = P0^6;
sbit  PB7 = P0^7;
sbit  LED0 = P1^0;
sbit  LED1 = P1^1;
sbit  LED2 = P1^2;
sbit  LED3 = P1^3;
sbit  LED4 = P1^4;
sbit  LED5 = P1^5;
sbit  LED6 = P1^6;
sbit  LED7 = P1^7;
sbit  SW0 = P2^0;
sbit  SW1 = P2^1;
sbit  SW2 = P2^2;
sbit  SW3 = P2^3;
sbit  SW4 = P2^4;
sbit  SW5 = P2^5;
sbit  SW6 = P2^6;
sbit  SW7 = P2^7;
void  RS232_Init(void);
void  Rs232_Send(unsigned char sendData);
void  delay1(int x);
```

```
char  flag[8]={1,1,1,1,1,1,1,1};
void main( )
{
P0 = 0x00; //PB 按鈕
P1 = 0xFF; //LED 亮
delay1(1000);     //保持一段時間
P1 = 0x00; //LED 熄滅
P2 = 0xFF; //SW 指撥
RS232_Init( );    //RS232 初始化
            while(1)
            {
             if(PB0==1 && flag[0]==1) { Rs232_Send(0x30); flag[0]=0; }
             if(PB0==0) { flag[0]=1;}
             if(PB1==1 && flag[1]==1) { Rs232_Send(0x31); flag[1]=0; }
             if(PB1==0) { flag[1]=1;}
             if(PB2==1 && flag[2]==1) { Rs232_Send(0x32); flag[2]=0; }
             if(PB2==0) { flag[2]=1;}
             if(PB3==1 && flag[3]==1) { Rs232_Send(0x33); flag[3]=0; }
             if(PB3==0) { flag[3]=1;}
             if(PB4==1 && flag[4]==1) { Rs232_Send(0x34); flag[4]=0; }
             if(PB4==0) { flag[4]=1;}
             if(PB5==1 && flag[5]==1) { Rs232_Send(0x35); flag[5]=0; }
             if(PB5==0) { flag[5]=1;}
             if(PB6==1 && flag[6]==1) { Rs232_Send(0x36); flag[6]=0; }
             if(PB6==0) { flag[6]=1;}
             if(PB7==1 && flag[7]==1) { Rs232_Send(0x37); flag[7]=0; }
             if(PB7==0) { flag[7]=1;}
             if(SW0==0) { Rs232_Send(0x30); delay1(100); }
             if(SW0==1) { TI=0;}
             if(SW1==0) { Rs232_Send(0x31); delay1(100); }
             if(SW1==1) { TI=0;}
             if(SW2==0) { Rs232_Send(0x32); delay1(100); }
             if(SW2==1) { TI=0;}
```

```
            if(SW3==0) { Rs232_Send(0x33); delay1(100); }
            if(SW3==1) { TI=0;}
            if(SW4==0) { Rs232_Send(0x34); delay1(100); }
            if(SW4==1) { TI=0;}
            if(SW5==0) { Rs232_Send(0x35); delay1(100); }
            if(SW5==1) { TI=0;}
            if(SW6==0) { Rs232_Send(0x36); delay1(100); }
            if(SW6==1) { TI=0;}
            if(SW7==0) { Rs232_Send(0x37); delay1(100); }
            if(SW7==1) { TI=0;}
           }
}
void RS232_Init(void)                    //By 12M Hz
{  PSW = 0x00;                           //Clear Status
 SCON = 0x00;     //Disable Series Control
TMOD=0x21; //Timer0 模式 1, Timer1 模式 2
TH1 = 0xFD;                              //設定鮑率為 9600 bit/sec
RI = 0;     //Clear Receiver Interrupt
TI = 0;     //Clear Transmit Interrupt
IE = 0xA0;        //Enable All Interrupt
TR1=1;      //啓動 Timer1
}
void Rs232_Send(unsigned char sendData)
{           TI=0;
            SBUF=sendData;
            while(!TI);
            TI=0;
}
void Rs232_Read(void) interrupt 4
{  if(RI==1)
   { RI=0;
if(SBUF==0x30)  { LED0=0; delay1(100); LED0=1; }
            if(SBUF==0x31)  { LED1=0; delay1(100); LED1=1; }
```

```
            if(SBUF==0x32)  { LED2=0; delay1(100); LED2=1; }
            if(SBUF==0x33)  { LED3=0; delay1(100); LED3=1; }
            if(SBUF==0x34)  { LED4=0; delay1(100); LED4=1; }
            if(SBUF==0x35)  { LED5=0; delay1(100); LED5=1; }
            if(SBUF==0x36)  { LED6=0; delay1(100); LED6=1; }
            if(SBUF==0x37)  { LED7=0; delay1(100); LED7=1; }
            }
}
void delay1(int x)
{           int i, j;
            for (i=1;i<x;i++)
              for (j=1;j<120;j++);
}
```

將上述的程式設計依之前章節所介紹之編寫及編譯程序，將可得到該程式的燒錄檔，再將其載入所設計的實驗平台，可以進一步地驗證其功能動作是否與所規劃之控制時序一致。(可見圖 8.21)

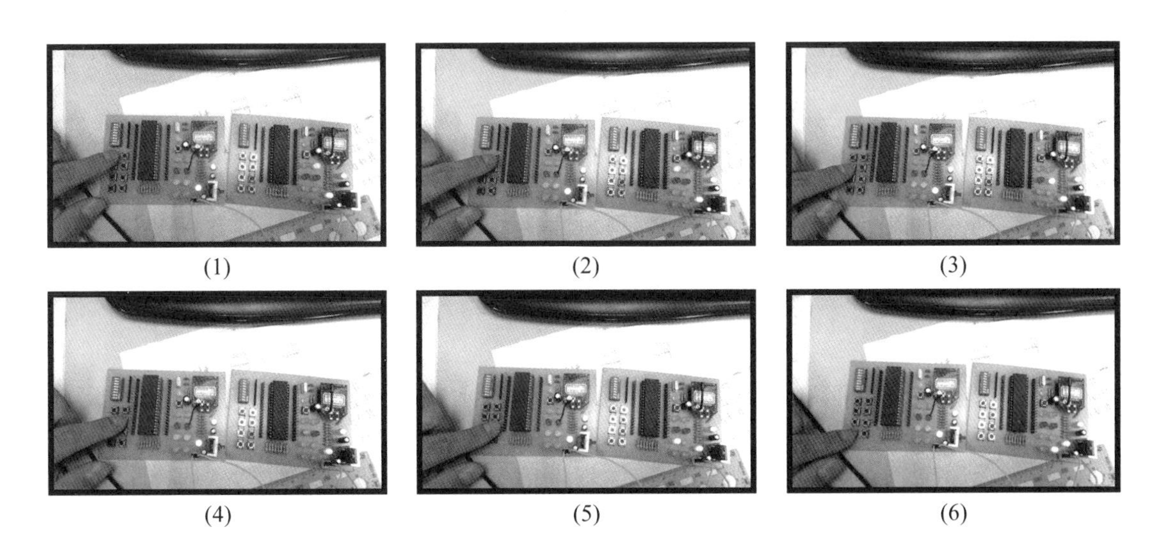

圖 8.21　無線 ZigBee 之資料傳輸與控制之控制結果

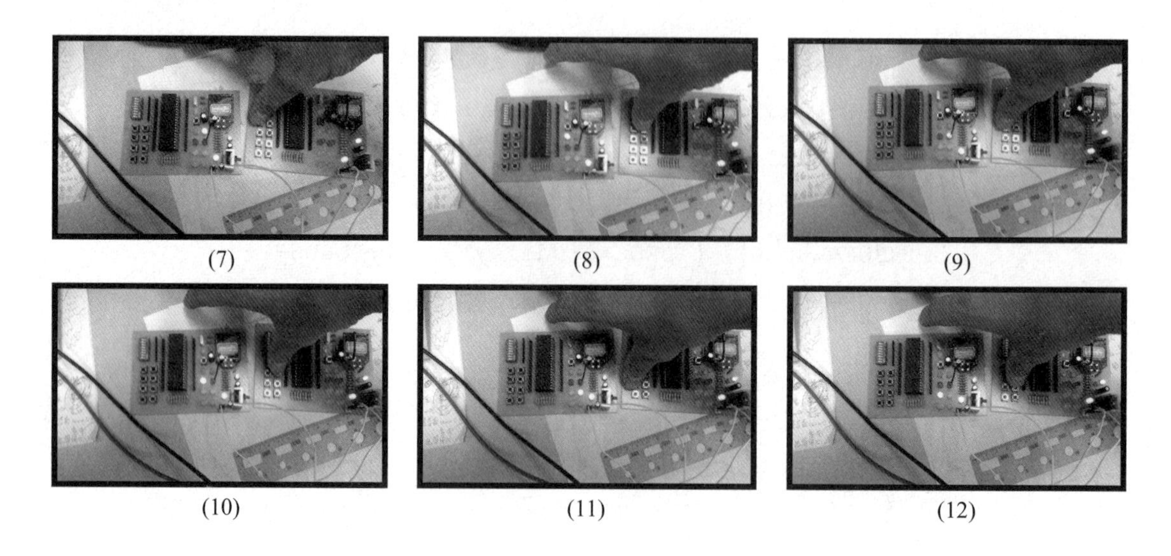

(7) (8) (9)

(10) (11) (12)

圖 8.21　無線 ZigBee 之資料傳輸與控制之控制結果(續)

Appendix 附錄

A. 單晶片 8051 之組合語言指令集

B. 單晶片 8051 之 KEIL C 語言指令集

C. Mega Win 規格資料

A. 單晶片 8051 之組合語言指令集

1. 算術指令

指令	說明	位元組	機械週期
ADD A，Rn	將暫存器內容加入 A 累加器	1	1
ADD A，direct	將直接位址內容加入 A 累加器	2	1
ADD A，@Ri	將間接位址內容加入 A 累加器	1	1
ADD A，#data	將 8 位元常數資料加入 A 累加器	2	1
ADDC A，Rn	將暫存器與進位 C_F 加入 A 累加器	1	1
ADDC A，direct	直接位址內容與進位 C_F 加入累加器	2	1
ADDC A，@Ri	間接位址內容與進位 C_F 加入累加器	1	1
ADDC A，#data	將 8 位元常數資料與進位加入累加器	2	1
SUBB A，Rn	A 累加器內容減暫存器與借位 C_F	1	1
SUBB A，direct	A 累加器內容減直接位址內容與借位	2	1
SUBB A，@Ri	A 累加器內容減間接位址內容與借位	1	1
SUBB A，#data	累加器內容減 8 位元常數資料與借位	2	1
INC A	A 累加器內容加 1	1	1
INC Rn	暫存器內容加 1	1	1
INC direct	直接位址內容加 1	2	1
INC @Ri	間接位址內容加 1	1	1
INC DPTR	資料指標 DPTR 內容加 1	1	2
DEC A	A 累加器內容減 1	1	1
DEC Rn	暫存器內容減 1	1	1
DEC direct	直接位址內容減 1	2	1
DEC @Ri	間接位址內容減 1	1	1
MUL AB	A 累加器乘以暫存器 B，相乘結果之高 8 位元存入 B，低 8 位元存入 A	1	4
DIV AB	A 累加器除以暫存器 B，相除結果之商存入 A，餘數存入 B	1	4
DA A	A 累加器內容調整成 10 進制 BCD 數	1	1

2. 邏輯運算指令

指令	說明	位元組	機械週期
ANL A，Rn	暫存器 AND 至 A 累加器內	1	1
ANL A，direct	直接位址內容 AND 至 A 累加器內	2	1
ANL A，@Ri	間接位址內容 AND 至 A 累加器內	1	1
ANL A，#data	8 位元資料 AND 至 A 累加器內	2	1
ANL direct，A	A 累加器內容 AND 至直接位址內	2	1
ANL direct，#data	8 位元資料 AND 至直接位址內	3	2
ORL A，Rn	暫存器 OR 至 A 累加器內	1	1
ORL A，direct	直接位址內容 OR 至 A 累加器內	2	1
ORL A，@Ri	間接位址內容 OR 至 A 累加器內	1	1
ORL A，#data	8 位元資料 OR 至 A 累加器內	2	1
ORL direct，A	A 累加器內容 OR 至直接位址內	2	1
ORL direct，#data	8 位元資料 OR 至直接位址內	3	2
XRL A，Rn	暫存器 XOR 至 A 累加器內	1	1
XRL A，direct	直接位址內容 XOR 至 A 累加器內	2	1
XRL A，@Ri	間接位址內容 XOR 至 A 累加器內	1	1
XRL A，#data	8 位元資料 XOR 至 A 累加器內	2	1
XRL direct，A	A 累加器內容 XOR 至直接位址內	2	1
XRL direct，#data	8 位元資料 XOR 至直接位址內	3	2
CLR A	清除 A 累加器	1	1
CPL A	A 累加器內容取補數	1	1
RL A	A 累加器內容向左旋轉 1 位元	1	1
RLC A	A 累加器與進位 C_F 一起左旋 1 位元	1	1
RR A	A 累加器內容向右旋轉 1 位元	1	1
RRC A	A 累加器與進位 C_F 一起右旋 1 位元	1	1
SWAP A	A 累加器的高低 4 位元互相交換	1	1

3. 布林運算指令

指令	說明	位元組	機械週期
CLR C	清除進位旗標 C_F＝0	1	1
CLR bit	清除位元位址內容	2	1
SETB C	設定進位旗標 C_F＝1	1	1
SETB bit	設定位元位址內容	2	1
CPL C	將進位旗標 C_F 內容取補數	1	1
CPL bit	將位元位址內容取補數	2	1
ANL C，bit	將位元位址內容 AND 至 C_F 內	2	1
ANL C，/bit	將位元位址內容取補數 AND 至 C_F 內	2	2
ORL C，bit	將位元位址內容 OR 至 C_F 內	2	2
ORL C，/bit	將位元位址內容取補數 OR 至 C_F 內	2	2
MOV C，bit	將位元位址內容移入進位旗標 C_F 內	2	1
MOV bit，C	將進位旗標 C_F 移入位元位址內	2	2
JC rel	若 C_F＝1，則跳至相對位址 rel	2	2
JNC rel	若 C_F＝0，則跳至相對位址 rel	2	2
JB bit，rel	若 (bit)＝1，則跳至相對位址 rel	3	2
JNB bit，rel	若 (bit)＝0，則跳至相對位址 rel	3	2
JBC bit，rel	若 (bit)＝1，則跳至相對位址 rel，同時清除位元位址 bit 內容	3	2

4. 程式分支指令

指令	說明	位元組	機械週期
ACALL addrl1	副程式呼叫 (可定址 2KB 範圍)	2	2
ACALL addrl6	副程式呼叫 (可定址 64KB 範圍)	3	2
RET	自副程式返回主程式	1	2
RETI	自中斷副程式返回主程式	1	2
AJMP addrl1	絕對跳躍 (2KB 範圍)	3	2
LJMP addrl6	遠程跳躍 (64KB 範圍)	3	2
SJMP rel	相對跳躍 (–128byte～+127byte)	2	2
JMP @A+DPTR	間接跳躍 (64KB 範圍)	1	2
JZ rel	若 A＝0，則跳至 rel 位址 範圍–128byte～+127byte	2	2
JNZ rel	若 A≠0，則跳至 rel 位址 範圍–128byte～+127byte	2	2
CJNE A，direct，rel	若 A 累加器與直接位址內 容不相等，則跳至 rel 位址 範圍–128byte～+127byte	3	2
CJNE A，#data，rel	若 A≠data，則跳至 rel 位址，範圍–128byte～ +127byte	3	2
CJNE Rn，#data，rel	若暫存器內容≠data，則跳至 rel 位址 範圍–128byte～+127byte	3	2
CJNE @Ri，#data，rel	若間接位址內容≠data，則跳至 rel 位址，範圍 –128byte～+127byte	3	2
DJNZ Rn，rel	暫存器內容減 1，若不等於 0，則跳 至 rel 位址	2	2
DJNZ direct，rel	直接位址內容減 1，若不等於 0，則 跳至 rel 位址	3	2
NOP	無動作	1	1

B. 單晶片 8051 之 KEIL C 語言指令集

高階語言與組合語言在資料存取的處理上，有很大的差異。組合語言是透過搬移指令(MOV、MOVC、MOVX)與定址方式，直接操作與存取暫存器與特定記憶體位址(ROM、RAM、擴充記憶體與 I/O 界面)的資料。C 語言的資料存取方式與一般高階程式相同，必須經由資料的宣告後，在記憶體中保留空間給某個資料，至於實際記憶體位址的配置，則由編譯器統一分配。爲了配合單晶片 8051 的操作， C51 額外定義 bit、sfr、sfr16、sbit、等資料型態。

符號	位元(bit)	說明
Bit	1	1 位元(0、1)的變數型態
Sbit	1	存取 1 位元定址區(20H-2FH)或 sfr
Sfr	8	一次存取 8 位元特殊暫存器
sfr16	16	一次存取 16 位元的特殊暫存器

將單晶片 8051 的算術邏輯運算功能轉換爲 C51 的高階語言，可以讓程式的運算處理更爲簡便容易。因爲只要透過一般常見的數學符號，就可以很快速的做複雜計算。這種數學符號又稱爲”運算子(Operator)”。

1. 算術運算子：

運算	符號	表示式	說明
加	+	a+b	a+b 的加法運算
減	-	a-b	a-b 的減法運算
乘	*	a*b	a*b 的乘法運算
除	/	a/b	a/b 的€除法運算
餘數	%	a%b	a 除 b 的餘數法運算
遞增	++	a++	a+1 的遞增運算
遞減	--	a--	a-1 的遞減運算

2. 係運算子：

運算	符號	表示式	說明
小於	<	a<b	判斷 a 是否小於 b，成立爲 1
大於	>	a>b	判斷 a 是否大於 b，成立爲 1
小於等於	<=	a<=b	判斷 a 是否小於等於 b，成立爲 1
大於等於	>=	a>=b	判斷 a 是否大於等於 b，成立爲 1
等於	==	a==b	判斷 a 是否等於 b，成立爲 1
不等於	!=	a!=b	判斷 a 是否不等於 b，成立爲 1

3. 邏輯運算子：

<table>
<tr><th>運算</th><th>符號</th><th>表示式</th><th>說明</th></tr>
<tr><td>AND</td><td>&&</td><td>a&&b</td><td>若 ab 兩數都非零，得出結果 1，否則爲 0</td></tr>
<tr><td>OR</td><td>||</td><td>a||b</td><td>若 ab 兩數有一數非零，得出結果 1，否則爲 0</td></tr>
<tr><td>NOT</td><td>!</td><td>!a</td><td>置於 a 數前方!表示 a 數反相</td></tr>
</table>

4. 位元運算子：

<table>
<tr><th>運算</th><th>符號</th><th>表示式</th><th>說明</th></tr>
<tr><td>AND</td><td>&</td><td>a&b</td><td>a 與 b 兩變數的相對位元做 AND 運算</td></tr>
<tr><td>OR</td><td>|</td><td>A|b</td><td>a 與 b 兩變數的相對位元做 OR 運算</td></tr>
<tr><td>XOR</td><td>^</td><td>a^b</td><td>a 與 b 兩變數的相對位元做 XOR 運算</td></tr>
<tr><td>補數</td><td>~</td><td>a~b</td><td>a 變數的每一位元做反相運算</td></tr>
<tr><td>右移</td><td>>></td><td>a>>n</td><td>a 變數內位元右移 n 次(n=1,2,3…)</td></tr>
</table>

5. 指定運算子：

<table>
<tr><th>運算</th><th>符號</th><th>表示式</th><th>說明</th></tr>
<tr><td>加法</td><td>+=</td><td>a+=b</td><td>等同於 a=a+b</td></tr>
<tr><td>減法</td><td>-=</td><td>a-=b</td><td>等同於 a=a-b</td></tr>
<tr><td>乘法</td><td>*=</td><td>a*=b</td><td>等同於 a=a*b</td></tr>
<tr><td>除法</td><td>/=</td><td>a/=b</td><td>等同於 a=a/b</td></tr>
<tr><td>餘數</td><td>%=</td><td>a%=b</td><td>等同於 a=a%b</td></tr>
<tr><td>且</td><td>&=</td><td>a&=b</td><td>等同於 a=a&b</td></tr>
<tr><td>或</td><td>|=</td><td>a|=b</td><td>等同於 a=a&b</td></tr>
<tr><td>互斥</td><td>^=</td><td>a^=b</td><td>等同於 a=a&b</td></tr>
<tr><td>左移</td><td><<=</td><td>a<<=b</td><td>等同於 a=a&b</td></tr>
<tr><td>右移</td><td>>>=</td><td>a>>=b</td><td>等同於 a=a&b</td></tr>
</table>

C. Mega Win 規格資料

在 Mega Win 屬 1T 系列中，若以 MPC82G516 爲例，含有時脈電路、程式記憶體(ROM)、資料記憶體(RAM)及各種週邊設備(如輸出入埠、外部中斷、按鍵中斷、計時器、UART、PCA、SPI、ADC 及 OCD 等)，共有 14 個中斷源及 4 層中斷優先設定。其結構如圖 1 所示。

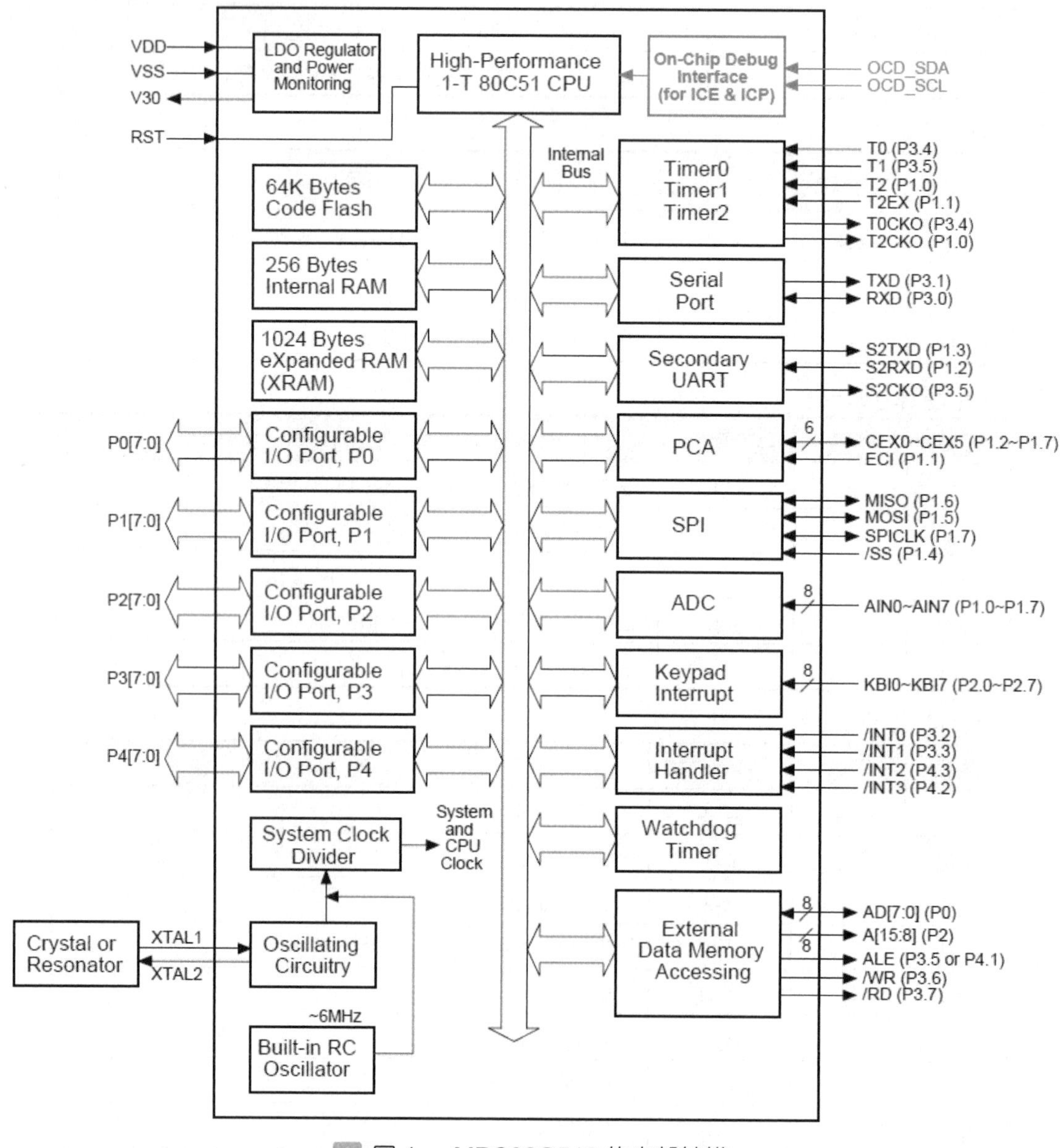

圖 1 MPC82G516 的內部結構

1. 工作電源：由 VDD 輸入電源(如 5V)提供輸出入埠使用，再經過低電壓差穩壓電路(LDO Regulator)成 3V 後，提供內部系統及週邊設備、記憶體、ADC 及類比電路使用，並在接腳 V30 輸出。同時內含電源監控(Power Monitor)，當電源電壓不足時會產生中斷或重置。
2. CPU 核心：可使用外接石英晶體(Crystal)頻率 0~24MHz 或內部 RC 振盪器頻率 6MHz，經系統時脈除頻(System Clock Divider)產生系統頻率(Fosc)。高效率的 1T 架構 MCU，使用標準 8051 指令集，大部份指令僅 1 個時脈週期(1T)即可完成，其執行速度，以每秒執行百萬指令(MIPS:Million Instruction Per Second)計算，最高可達 24-MIPS。同時內含偵錯(OCD：On-Chip Debug)界面，可用於 Flash ROM 的程式燒錄及可在 Keil 系統下進行硬體偵錯(Debug)工作。
3. 程式記憶體(Flash ROM)：內部有 64K-byte 提供線上燒錄(ISP：In-System Programming)功能可重覆燒錄及清除致少 20,000 次以上。同時具有操作燒錄(IAP：In-Application Programming)功能，在程式執行過程中可存取資料。
4. 資料記憶體(RAM)：內部有 RAM 256-byte 及擴充 XRAM 1K-byte，可再外部擴充到 64K-byte。
5. 雙向 I/O 埠有 32(P0~P3)、36 或 40(P0~P4)支腳，可設定四種操作模式。
6. 三組 16-bit 上數計時/計數器(Timer0-2)，其中 Timer2 有下數功能。
7. 有二組全雙工非同步串列埠(UART1-2)，其中 UART1 有進階(Enhanced)功能，可偵測傳輸的資料框(FE)是否正常。同時 UART2 內含鮑率(Baud Rate)產生器，不佔用一般計時器。
8. 六組可規劃計數陣列(PCA：Programmable Counter Array)，可分別設定爲 16-bit 軟體計時(Software Timer)模式、高速(High Speed)輸出模式、脈波寬度調變(PWM：Pulse Width Modulator)輸出模式及捕捉(Capture)模式。
9. 串列週邊界面(SPI：Serial Peripheral Interface)：可外接 SPI 界面晶片。
10. 類比/數位轉換器(ADC)：爲 10-bit 的 ADC 含 8 個通道(AIN0-7)，可輸入 8 個類比電壓。
11. 按鍵中斷(Keypad Interrupt)：有 8 支(KBI0-7)腳，用於輸入腳和內部資料相比較，若相符則產生中斷。

12. 外部中斷(Interrupt Handler)：有四支(INT0-3)腳，可輸入低準位或負緣觸發信號來產生外部中斷。
13. 可規劃的看門狗計時器(WDT：Watchdog Timer)：可防止當機時間過長。
14. 外部資料 RAM 控制接腳。

MPC82G516 的包裝型式有 DIP、SSOP、PLCC、PQFP 及 LQFP。

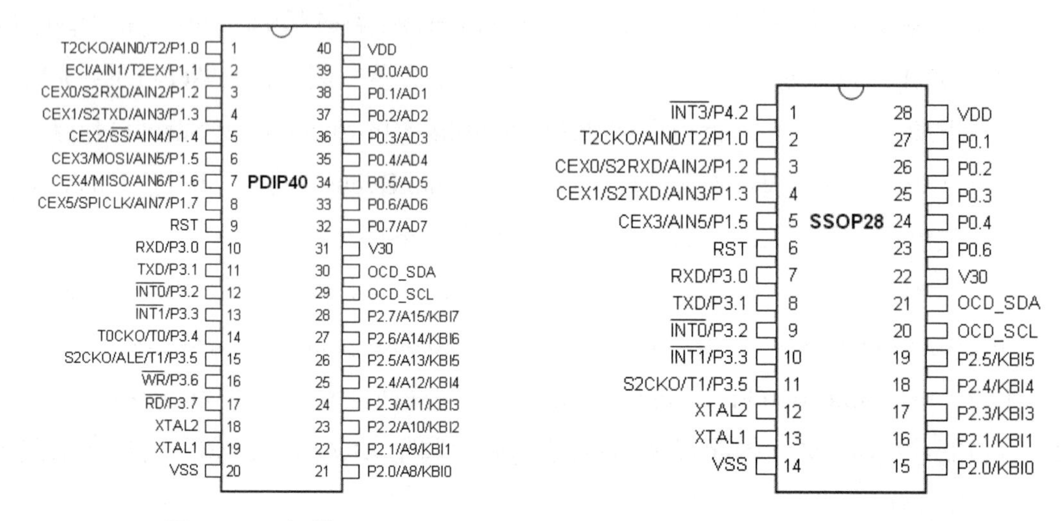

圖 2　DIP 包裝

圖 3　SSOP 包裝

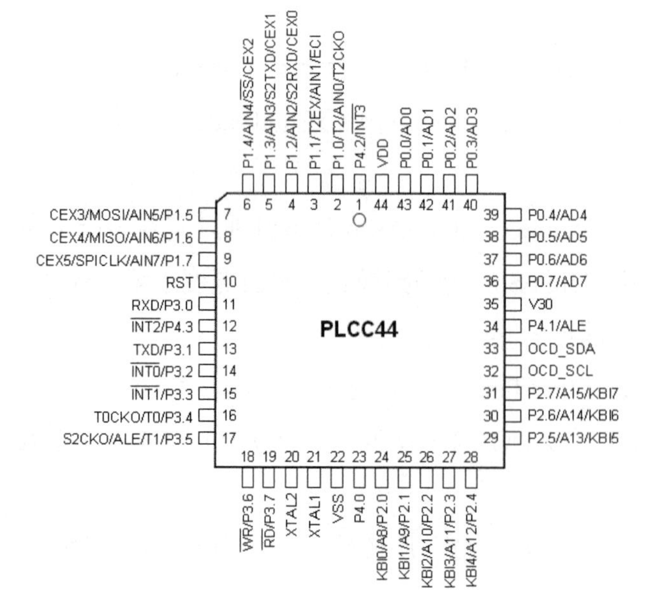

圖 4　PLCC 包裝

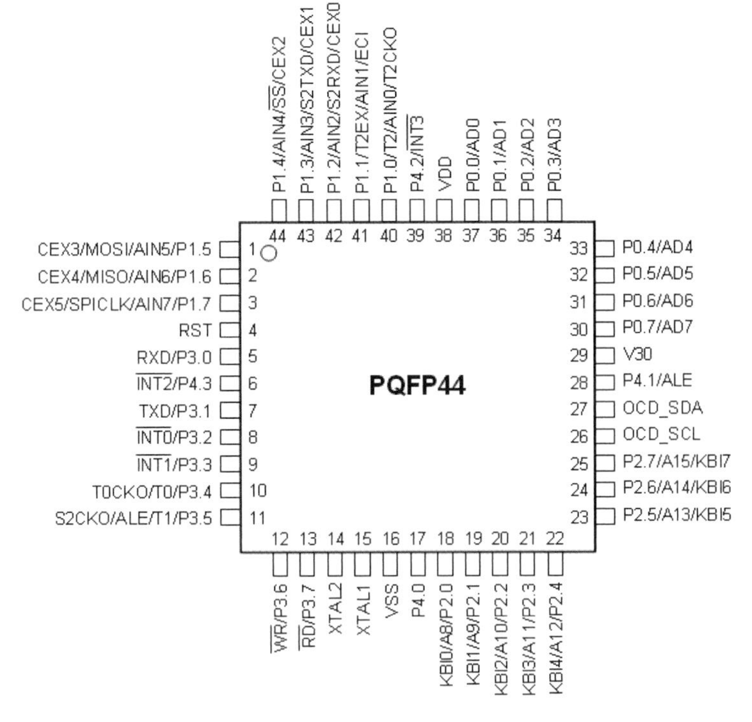

圖 5　PQFP 包裝

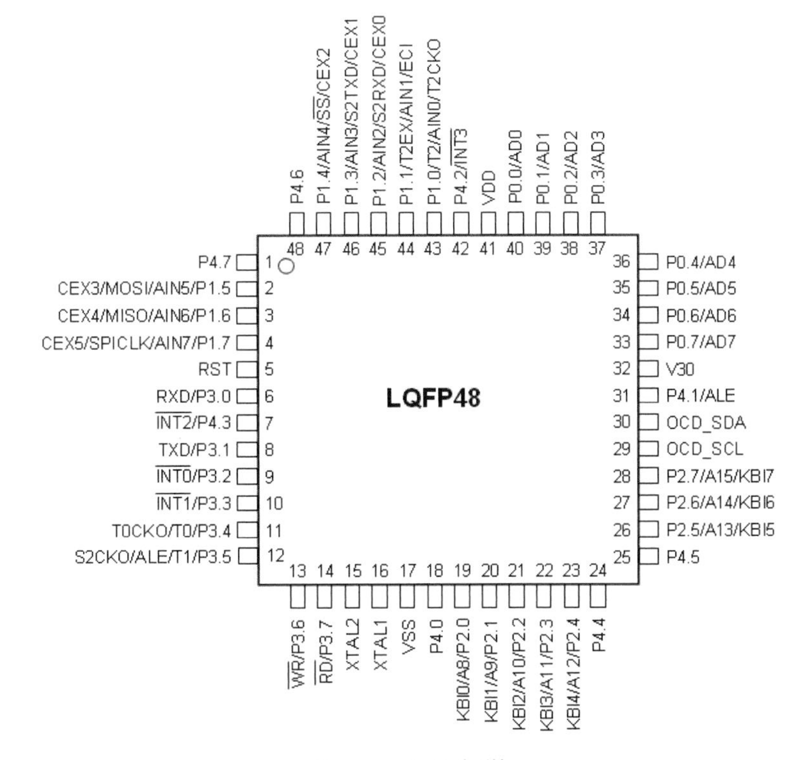

圖 6　LQFP 包裝

MPC82G516 的記憶體有：程式記憶體、資料記憶體、擴充資料記憶體、非揮發性資料記憶體及非揮發性暫存器。

1. 程式記憶體(Program Memory)：爲內部(on-chip) ROM，如圖 7 所示。

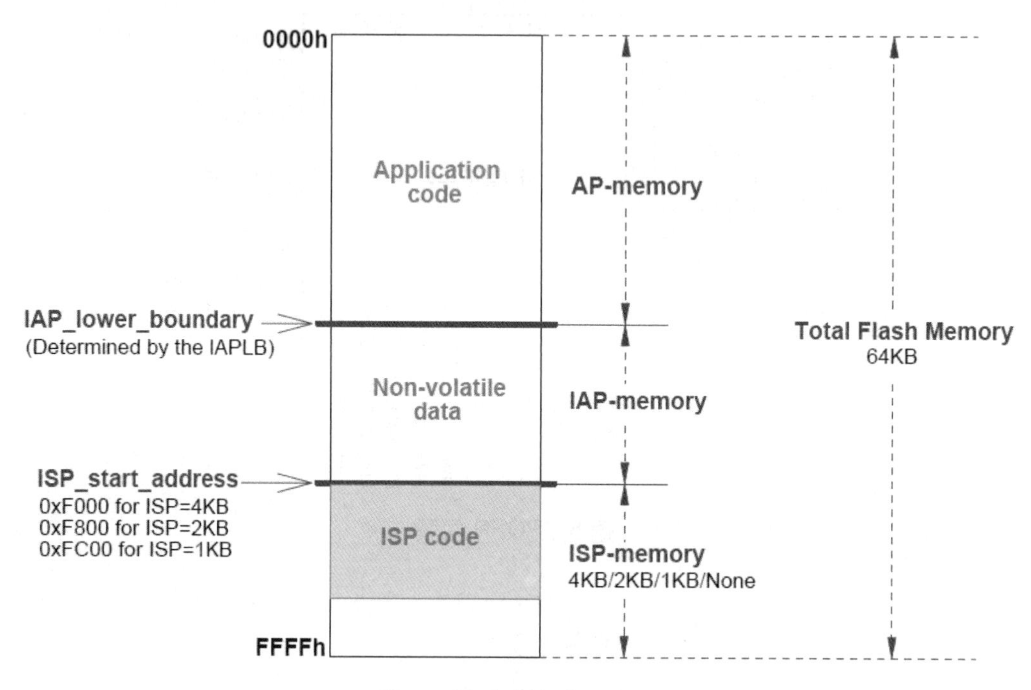

圖 7　程式記憶體分佈圖

2. 資料記憶體(Data Memory)：資料記憶體(RAM)定址的方式和 ROM 不同，必須藉由指令來指定存取資料的空間。如圖 8 所示：

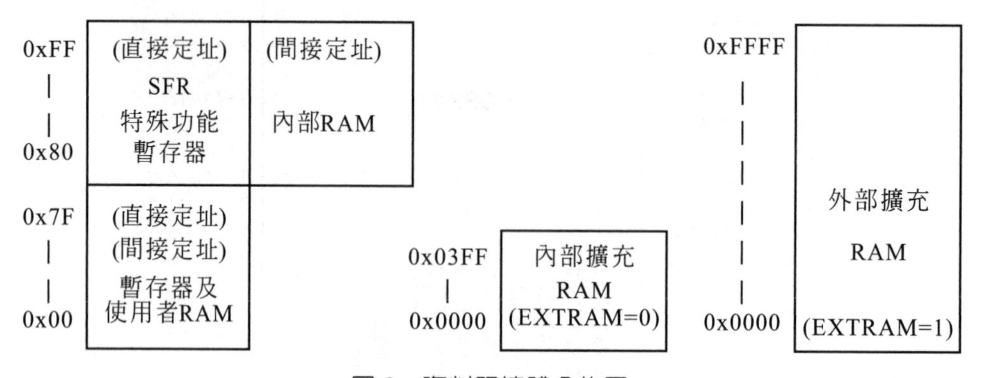

圖 8　資料記憶體分佈圖

3. 外部擴充 RAM 控制：MPC82G516 已內含 1K-byte 的擴充 RAM，若須要再外接擴充 RAM，使用位址栓鎖致能 ALE(P4.1 或 P3.5)、寫入 WR 控制(P3.6)及讀取控制 RD(P3.7)由程式來存取外部擴充 RAM 的資料。如圖 9 所示。

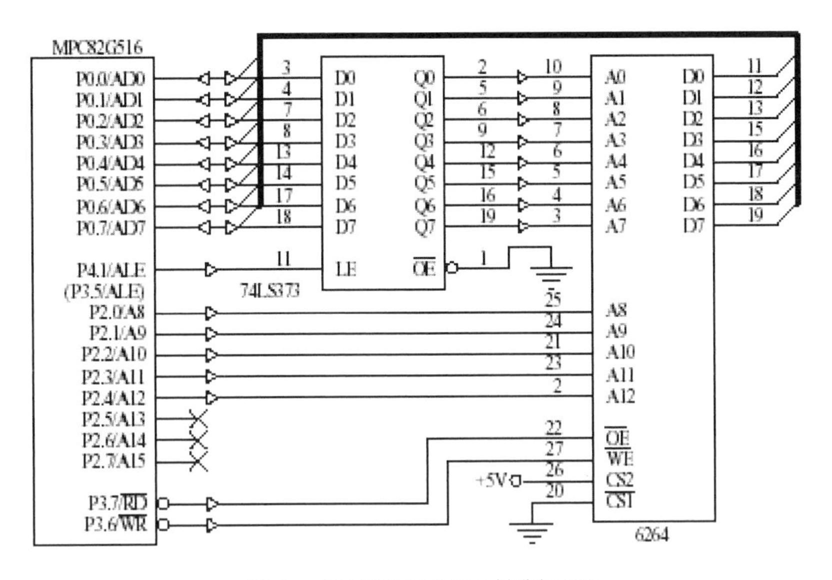

圖 9 外部擴充 RAM 控制電路

4. 非揮發性(Nonvolatile)暫存器：有選項(Option)暫存器(OR0~OR4)且可永久保存。它不在記憶體位址內，必須透過特定的 ICP 燒錄器來設定內部硬體配置選項(Hardware configuration option)，如內部 RC 振盪器、低電源電壓偵測、保密位元、IAP 及 ISP 記憶體的容量等。

歡迎加入 全華會員

● 會員獨享

會員享購書折扣、紅利積點、生日禮金、不定期優惠活動…等。

● 如何加入會員

填妥讀者回函卡直接傳真（02）2262-0900 或寄回，將由專人協助登入會員資料，待收到 E-MAIL 通知後即可成為會員。

如何購買 全華書籍

1. 網路購書

全華網路書店「http://www.opentech.com.tw」，加入會員購書更便利，並享有紅利積點回饋等各式優惠。

2. 全華門市、全省書局

歡迎至全華門市（新北市土城區忠義路 21 號）或全省各大書局、連鎖書店選購。

3. 來電訂購

(1) 訂購專線：(02) 2262-5666 轉 321-324

(2) 傳真專線：(02) 6637-3696

(3) 郵局劃撥（帳號：0100836-1　戶名：全華圖書股份有限公司）

※ 購書未滿一千元者，酌收運費 70 元。

全華網路書店 www.opentech.com.tw
E-mail: service@chwa.com.tw

※ 本會員制如有變更則以最新修訂制度為準，造成不便請見諒。

廣告回信
板橋郵局登記證
板橋廣字第540號

行銷企劃部　收

23671
新北市土城區忠義路21號
全華圖書股份有限公司

讀者回函卡

填寫日期：　/　/

姓名：＿＿＿＿ 生日：西元＿＿年＿＿月＿＿日 性別：□男 □女

電話：（ ）＿＿＿＿ 傳真：（ ）＿＿＿＿ 手機：＿＿＿＿

e-mail：（必填）＿＿＿＿

註：數字零，請用 Φ 表示，數字 1 與英文 L 請另註明並書寫端正，謝謝。

通訊處：□□□□□

學歷：□博士 □碩士 □大學 □專科 □高中・職

職業：□工程師 □教師 □學生 □軍・公 □其他

學校／公司：＿＿＿＿ 科系／部門：＿＿＿＿

・需求書類：

□ A. 電子 □ B. 電機 □ C. 計算機工程 □ D. 資訊 □ E. 機械 □ F. 汽車 □ I. 工管 □ J. 土木

□ K. 化工 □ L. 設計 □ M. 商管 □ N. 日文 □ O. 美容 □ P. 休閒 □ Q. 餐飲 □ B. 其他

・本次購買圖書為：＿＿＿＿ 書號：＿＿＿＿

・您對本書的評價：

封面設計：□非常滿意 □滿意 □尚可 □需改善，請說明＿＿＿＿

內容表達：□非常滿意 □滿意 □尚可 □需改善，請說明＿＿＿＿

版面編排：□非常滿意 □滿意 □尚可 □需改善，請說明＿＿＿＿

印刷品質：□非常滿意 □滿意 □尚可 □需改善，請說明＿＿＿＿

書籍定價：□非常滿意 □滿意 □尚可 □需改善，請說明＿＿＿＿

整體評價：請說明＿＿＿＿

・您在何處購買本書？

□書局 □網路書店 □書展 □團購 □其他＿＿＿＿

・您購買本書的原因？（可複選）

□個人需要 □幫公司採購 □親友推薦 □老師指定之課本 □其他＿＿＿＿

・您希望全華以何種方式提供出版訊息及特惠活動？

□電子報 □ DM □廣告（媒體名稱＿＿＿＿）

・您是否上過全華網路書店？（www.opentech.com.tw）

□是 □否 您的建議＿＿＿＿

・您希望全華出版那方面書籍？＿＿＿＿

・您希望全華加強那些服務？＿＿＿＿

～感謝您提供寶貴意見，全華將秉持服務的熱忱，出版更多好書，以饗讀者。

全華網路書店 http://www.opentech.com.tw　　客服信箱 service@chwa.com.tw

2011.03 修訂

親愛的讀者：

感謝您對全華圖書的支持與愛護，雖然我們很慎重的處理每一本書，但恐仍有疏漏之處，若您發現本書有任何錯誤，請填寫於勘誤表內寄回，我們將於再版時修正，您的批評與指教是我們進步的原動力，謝謝！

全華圖書　敬上

勘誤表

書號		書名		作者	
頁數	行數	錯誤或不當之詞句		建議修改之詞句	

我有話要說：（其它之批評與建議，如封面、編排、內容、印刷品質等・・・）